21世纪高等学校规划教材｜计算机应用

从实例中学
C/C++程序设计

何克右 主编

清华大学出版社
北京

内 容 简 介

本书通过 192 个精心挑选的实例分析和解答,阐述了 C/C++程序设计的方法和技巧。本书内容既涉及 C/C++语言的使用方法,包括程序控制结构、数组和结构体、函数、指针等;典型数据结构的定义和应用,包括顺序表、链表、二叉树等;也涉及程序设计中常用算法的基本思想和应用方法,包括递推和迭代、穷举、递归、贪心法、分治法、回溯法、动态规划等。这些内容的学习和掌握,对于提高读者的程序设计能力大有裨益。

本书语言简洁、通俗易懂,注重理论与实践相结合。全书实例丰富,每个实例的思路分析清晰,逻辑性强。书中所有程序均在 Visual C++ 6.0 上运行通过。

本书可作为高等院校计算机专业和相关专业程序设计课程的教学参考书,也可作为数据结构和算法的课外辅导用书,还可供有兴趣参加各类程序设计竞赛的读者作为基础训练用书,同时可供各类程序设计培训班学员和 C/C++语言自学者参考。

图书在版编目(CIP)数据

从实例中学 C/C++程序设计/何克右主编.--北京:清华大学出版社,2014

21 世纪高等学校规划教材·计算机应用

ISBN 978-7-302-35058-3

Ⅰ. ①从… Ⅱ. ①何… Ⅲ. ①C 语言—程序设计 Ⅳ. ①TP312

中国版本图书馆 CIP 数据核字(2014)第 006770 号

责任编辑:闫红梅　赵晓宁
封面设计:傅瑞学
责任校对:焦丽丽
责任印制:沈　露

出版发行:清华大学出版社
　　　　　　网　　　址:http://www.tup.com.cn,http://www.wqbook.com
　　　　　　地　　　址:北京清华大学学研大厦 A 座　　　邮　　编:100084
　　　　　　社 总 机:010-62770175　　　　　　　　　　　邮　　购:010-62786544
　　　　　　投稿与读者服务:010-62776969,c-service@tup.tsinghua.edu.cn
　　　　　　质 量 反 馈:010-62772015,zhiliang@tup.tsinghua.edu.cn
　　　　　　课 件 下 载:http://www.tup.com.cn,010-62795954
印 装 者:北京国马印刷厂
经　　销:全国新华书店
开　　本:185mm×260mm　　　**印　张:**28.75　　　**字　数:**697 千字
版　　次:2014 年 3 月第 1 版　　　　　　　　　　　**印　次:**2014 年 3 月第 1 次印刷
印　　数:1~2000
定　　价:54.50 元

产品编号:057350-01

出 版 说 明

    随着我国改革开放的进一步深化,高等教育也得到了快速发展,各地高校紧密结合地方经济建设发展需要,科学运用市场调节机制,加大了使用信息科学等现代科学技术提升、改造传统学科专业的投入力度,通过教育改革合理调整和配置了教育资源,优化了传统学科专业,积极为地方经济建设输送人才,为我国经济社会的快速、健康和可持续发展以及高等教育自身的改革发展做出了巨大贡献。但是,高等教育质量还需要进一步提高以适应经济社会发展的需要,不少高校的专业设置和结构不尽合理,教师队伍整体素质亟待提高,人才培养模式、教学内容和方法需要进一步转变,学生的实践能力和创新精神亟待加强。

    教育部一直十分重视高等教育质量工作。2007 年 1 月,教育部下发了《关于实施高等学校本科教学质量与教学改革工程的意见》,计划实施"高等学校本科教学质量与教学改革工程(简称'质量工程')",通过专业结构调整、课程教材建设、实践教学改革、教学团队建设等多项内容,进一步深化高等学校教学改革,提高人才培养的能力和水平,更好地满足经济社会发展对高素质人才的需要。在贯彻和落实教育部"质量工程"的过程中,各地高校发挥师资力量强、办学经验丰富、教学资源充裕等优势,对其特色专业及特色课程(群)加以规划、整理和总结,更新教学内容、改革课程体系,建设了一大批内容新、体系新、方法新、手段新的特色课程。在此基础上,经教育部相关教学指导委员会专家的指导和建议,清华大学出版社在多个领域精选各高校的特色课程,分别规划出版系列教材,以配合"质量工程"的实施,满足各高校教学质量和教学改革的需要。

    为了深入贯彻落实教育部《关于加强高等学校本科教学工作,提高教学质量的若干意见》精神,紧密配合教育部已经启动的"高等学校教学质量与教学改革工程精品课程建设工作",在有关专家、教授的倡议和有关部门的大力支持下,我们组织并成立了"清华大学出版社教材编审委员会"(以下简称"编委会"),旨在配合教育部制定精品课程教材的出版规划,讨论并实施精品课程教材的编写与出版工作。"编委会"成员皆来自全国各类高等学校教学与科研第一线的骨干教师,其中许多教师为各校相关院、系主管教学的院长或系主任。

    按照教育部的要求,"编委会"一致认为,精品课程的建设工作从开始就要坚持高标准、严要求,处于一个比较高的起点上;精品课程教材应该能够反映各高校教学改革与课程建设的需要,要有特色风格、有创新性(新体系、新内容、新手段、新思路,教材的内容体系有较高的科学创新、技术创新和理念创新的含量)、先进性(对原有的学科体系有实质性的改革和发展,顺应并符合 21 世纪教学发展的规律,代表并引领课程发展的趋势和方向)、示范性(教材所体现的课程体系具有较广泛的辐射性和示范性)和一定的前瞻性。教材由个人申报或各校推荐(通过所在高校的"编委会"成员推荐),经"编委会"认真评审,最后由清华大学出版社审定出版。

目前,针对计算机类和电子信息类相关专业成立了两个"编委会",即"清华大学出版社计算机教材编审委员会"和"清华大学出版社电子信息教材编审委员会"。推出的特色精品教材包括:

(1) 21世纪高等学校规划教材·计算机应用——高等学校各类专业,特别是非计算机专业的计算机应用类教材。

(2) 21世纪高等学校规划教材·计算机科学与技术——高等学校计算机相关专业的教材。

(3) 21世纪高等学校规划教材·电子信息——高等学校电子信息相关专业的教材。

(4) 21世纪高等学校规划教材·软件工程——高等学校软件工程相关专业的教材。

(5) 21世纪高等学校规划教材·信息管理与信息系统。

(6) 21世纪高等学校规划教材·财经管理与应用。

(7) 21世纪高等学校规划教材·电子商务。

(8) 21世纪高等学校规划教材·物联网。

清华大学出版社经过三十多年的努力,在教材尤其是计算机和电子信息类专业教材出版方面树立了权威品牌,为我国的高等教育事业做出了重要贡献。清华版教材形成了技术准确、内容严谨的独特风格,这种风格将延续并反映在特色精品教材的建设中。

清华大学出版社教材编审委员会

联系人:魏江江

E-mail:weijj@tup.tsinghua.edu.cn

前 言

　　目前,国内高校普遍开设了"高级语言程序设计"之类的课程,绝大多数高校将 C 语言或 C++语言作为程序设计语言课程的首选语言。"高级语言程序设计"是计算机类专业必修的重要专业基础课程,也是计算机专业入门课程,在课程体系中地位十分重要。这一课程的学习效果将直接关系到学生对"数据结构"、"操作系统"、"编译原理"等课程的学习,锻炼出的程序设计能力也将直接关系到学生的软件开发能力。

　　在多年的教学实践中,我们发现学生在学习程序设计过程中通常会面临一个"概念知识点都能理解,但就是编写不出程序"的问题。如何解决好这样的问题,我们也进行了探索和实践。在教学过程中,精心设计实例,给学生一个比较实际的切入点,通过老师的分析和讲解,使学生感觉能够入手,然后再通过将此实例不断修改、扩充,引导学生参与到程序的设计过程中,并通过实例问题的不断扩展和同一个问题的多种解决方法,有效开阔学生的思路,使得学生能获得用高级语言进行程序设计的技能,培养学生的独立思考能力和一定的自主创新能力。

　　本书就是我们多年教学实践过程的一个成果总结。全书通过 192 个精心挑选的实例的分析和解答,阐述了 C/C++程序设计的方法和技巧。从内容上组织为 7 章。第 1 章是程序设计的概述,介绍程序设计语言和算法、程序设计的步骤和结构化程序设计方法等;第 2 章是程序控制结构,包括选择结构和循环结构程序设计的方法、递推和迭代、穷举法的基本思想和应用方法等;第 3 章是数组和结构体,包括数组的变换、方阵的构造、顺序表等内容;第 4 章是函数,以函数的使用和递归法的应用作为主要内容;第 5 章是指针,在介绍指针的概念的基础上,重点阐述了和指针应用密切相关的链表和二叉树的操作处理方法;第 6 章是算法,介绍了贪心法、分治法、回溯法和动态规划等算法的基本思路和应用方法;第 7 章从实践的角度阐述了如何通过实践提高自己的程序设计能力。

　　本书第 1、第 3 和第 4 章由何克右编写,第 5 和第 7 章由刘传文编写,第 2 章由闵联营编写,第 6 章由谭新明编写,全书由何克右统稿。

　　由于作者水平有限,书中难免有不足之处,恳请读者批评指正。

编　者

2014 年 2 月

目　录

第 1 章 程序设计概述

程序设计是给出解决特定问题程序的过程,是软件构造活动中的重要组成部分。程序设计往往以某种程序设计语言为工具,编写出这种语言下的程序。程序设计过程包括分析、设计、编码、测试、排错等不同阶段。

1.1 程序设计语言和算法

1.1.1 程序设计语言

要使计算机完成各种预定的操作,不仅应该告诉计算机做什么,而且还要告诉计算机如何做,这都是通过计算机执行一条条指令来完成的。

指令是指挥计算机完成某种操作的命令,它在计算机中是以一组二进制代码来表示的,一条指令对应计算机的一定动作。一台计算机所有指令的集合称为这台计算机的指令系统。指令系统的完善和齐全程度在一定程度上反映了这台计算机的功能与作用的强弱,是由计算机在硬件设计时所决定的。不同的 CPU 具有不同的指令系统,通过执行各种指令可以使计算机完成预定的操作。

用计算机进行数据处理时,要把处理过程的内容、步骤和运算规则用一系列指令表达出来,这一系列指令的有序集合就称为程序。程序通过输入设备送入计算机的存储器中存储起来,然后根据程序的要求一条条执行其中的指令,这样计算机的各部件就会在程序控制下自动完成指令规定的各种操作,操作完毕后,通过输出设备送出结果。这就是存储程序的基本思想,它是由美国计算机科学家冯·诺依曼提出来的。

程序是用计算机程序设计语言编写的。程序设计语言是人们为了描述计算机解决问题时的计算过程而设计的一种具有语法语义描述的记号。程序设计语言在发展的过程中经历了由低级到高级的发展过程,可以分为机器语言、汇编语言和高级语言。

C++语言是一种面向过程和面向对象都适用的混合型语言,是在 C 语言的基础上逐步发展和完善起来的,而 C 语言则是在吸收了其他语言的一些优点后逐步发展为实用性很强的语言。

由于 C++语言应用广泛,本书采用 C++语言编写程序。

1.1.2 算法的概念

日常生活中,无论做什么事情都要有一定的步骤,算法是为解决一个问题而采取的方法和步骤。程序设计的关键是将解决问题的方法和步骤（即算法）描述出来，因而算法是程序设计的核心，只要设计好了算法，就可以采用任何程序设计语言来实现。可见算法在程序设计中起着举足轻重的作用，著名计算机科学家尼·沃思曾提出一个公式：

程序＝数据结构＋算法

数据结构是对数据的描述，在程序中指数据的类型和数据的组织形式。算法是程序的基石，数据结构是加工的对象。算法是解决计算机"做什么"和"怎么做"的问题，而程序中的操作语句，实际上就是算法的体现。

可以说，不了解算法，就无法进行程序设计。因此程序设计初学者一定要重视算法的设计，多了解、掌握和积累一些计算机常用的算法，不要急于编写程序，应该养成编写程序之前先把算法设计好的习惯。实际上，编写程序的大部分时间还是用在算法的设计上，把一个设计好的算法用具体的程序设计语言表达出来，是一件比较容易的事情。

1. 算法的特点

一个算法具有以下特点。

（1）有穷性：一个算法在执行有限步之后必须终止。即每条指令的执行次数必须是有限的。

（2）确定性：一个算法所给出的每一步计算步骤必须是精确定义的。即每一条指令的含义必须是明确的，无二义性。

（3）可行性：算法中要执行的每一步计算步骤都可在有限时间内完成。即每一条指令的执行时间都是有限的。可行性与有穷性和确定性是相容的。

（4）输入：一个算法一般具有零个或多个输入信息，这些输入量是算法所需的初始数据，它取自某一个特定的集合。

（5）输出：一个算法一般有一个或多个输出信息，它是算法对输入信息的运算结果。

2. 基本结构

1966 年，Bohra 和 Jacopinij 提出了顺序结构、选择结构和循环结构 3 种基本结构。经过理论证明，无论多么复杂的算法，都可以表示为这 3 种基本结构的组合。

1）顺序结构

顺序结构是 3 种基本结构中最简单的一种，算法在执行过程中会按照语句的先后顺序依次执行。例如，A、B 两个操作，在执行完 A 的操作之后，才能执行 B 的操作。

2）选择结构

选择结构也称为分支结构，是指在算法执行过程中根据判定条件的真假来选择执行下一步的操作。例如，A、B 两个操作，当满足判断条件 P 时，执行操作 A，当不满足判断条件 P 时，执行操作 B。在算法的一次执行中，操作 A 和操作 B 只可能执行其中的一个。

3）循环结构

循环结构用于重复执行相似或相同的操作。循环结构的特点是在给定条件 P 成立时，反复执行某个操作段 A。通常我们称给定条件 P 为循环条件，称反复执行的操作段 A 为循环体。循环结构一般分成两种情形：一种是当型循环，一种是直到型循环。在程序执行时，当型循环是先判断条件 P 是否成立，当条件 P 成立时，执行操作段 A 中的语句，然后再判断条件 P,条件 P 成立时,再执行操作段 A 的语句,这样循环往复,直到当条件 P 不成立时,才退出循环体,执行后继的操作。

直到型循环是先执行一次操作段 A 中的语句,然后判断条件 P 是否成立,如果条件 P 不成立,则继续执行操作段 A 中的语句,然后再判断,如此往复。直到所给的条件成立时,才退出循环程序。

以上 3 种结构具有以下共同特性:

- 只有一个入口和一个出口;
- 结构中的每一个部分都有可能被执行到;
- 结构内不存在"死循环"。

1.1.3 算法的表示方法

一个算法可以用自然语言、传统流程图、N-S 流程图或伪代码等方式来描述。

传统流程图用一些图框、流程线以及一些文字说明来描述操作过程。用流程图表示算法,更加直观、易于理解。常用流程图符号如图 1-1 所示。

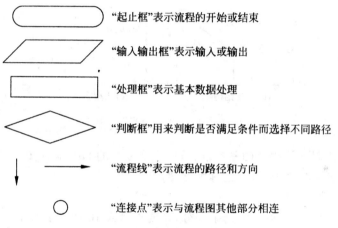

图 1-1 常用流程图符号

上面提出的 3 种基本结构用传统流程图表示如图 1-2 所示。其中,顺序结构如图 1-2(a)所示,分支结构如图 1-2(b)所示,当型循环结构如图 1-2(c)所示,直到型循环结构如图 1-2(d)所示。

传统流程图虽然形象直观,但对流程线的使用没有限制,使用者可以不受限制地使流程随意跳转,流程图可能变得毫无规律,不便于阅读。为了提高算法表示的质量,使算法更便于阅读,人们对流程图的表示方法进行了改进。1973 年,美国学者 I. Nassi 和 B. Shneiderman 提出了 N-S 流程图。这种流程图去掉了带有箭头的流程线,全部的算法写在一个矩形框之内,在矩形框内可以包含其他从属于它的框图,从而更适合于结构化程序设计,因此更多地被应用于算法设计中。

N-S 流程图用以下流程图符号:

(1)顺序结构:如图 1-3(a)所示。A 和 B 两个框依次放置组成一个顺序结构。

(2)分支结构:如图 1-3(b)所示。当条件 P 成立时,执行 A 操作,P 不成立时,执行 B

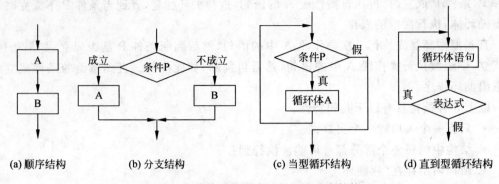

图 1-2　用传统流程图表示的 3 种基本结构

操作。

（3）循环结构：当型循环用图 1-3(c)表示。当条件 P 成立时，反复执行 A 操作，直到条件 P 不成立为止。直到型循环用图 1-3(d)表示。条件 P 不成立时反复执行 A 操作，直到条件 P 成立为止。

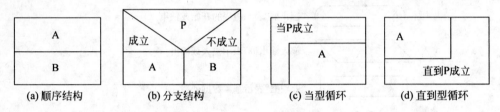

图 1-3　N-S 流程图

用以上的三种 N-S 流程图的基本框，可以组成复杂的 N-S 流程图，用来表示算法。N-S 流程图就像一个多层的盒子，所以也称为盒图。

【实例 1-1】　选手的得分。

在歌唱比赛中有 10 位评委为选手评分，现要求输入 10 位评委对某位选手的评分（设给定评分范围为 0～10 分）后，输出该选手的最高得分、最低得分和平均分（计算平均分时去掉一个最高分和一个最低分）。

（1）用自然语言表示算法。

① 初始化程序中用到的各个数据量的值。选手总分 sum＝0，当前最高分 max＝0，当前最低分 min＝10。

② 打分的评委号 i＝1。

③ 所有评委评分完毕了吗（即 i＞10 吗）？全部评分完毕转第⑧步，否则往下继续执行。

④ 输入当前评委 i 的评分 num。

⑤ 如果 num 大于最高分 max，则修改最高分 max 为 num，即 max＝num。

⑥ 如果 num 小于最低分 min，则修改最低分 min 为 num，即 min＝num。

⑦ 将 num 累加到总分上，即 sum＝sum＋num。

⑧ 打分评委号加 1，即 i＝i＋1，准备下一个评委打分，转第③步。

⑨ 输出最高得分 max、最低得分 min 和平均分（sum－max－min）/8。

（2）用传统流程图表示。

用传统流程图表示如图 1-4 所示。

（3）用 N-S 盒图表示。

用 N-S 盒图表示如图 1-5 所示。

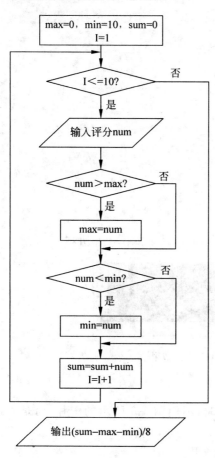

图 1-4　用传统流程图表示的算法

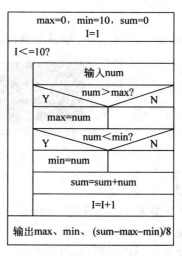

图 1-5　用 N-S 盒图表示的算法

（4）用伪代码表示。

初始化最高分 max = 0.0,最低分 min = 10.0,总分 sum = 0.0;
当前打分评委号 i = 1
While　(i <= 10)
{
　　输入评委 i 的评分 score;
　　if　(score > max)　则 max = score;
　　if　(score < min)　则 min = score;
　　总分 sum = sum + score;
　　评委号 i = i + 1
}
平均分 avg = (sum − max − min)/(10 − 2);
输出选手最高得分 max、最低得分 min 和平均分 avg;
程序结束

（5）源程序及运行结果。

```cpp
#include <iostream>
using namespace std;
int main()
{
    float  score,max,min,sum,avg;
    max = 0.0;      min = 10.0;        sum = 0.0;
    for (int i = 1;i <= 10;i++)
    {
        cin >> score;
        if (score > max)  max = score;
        if (score < min)  min = score;
        sum = sum + score;
    }
    avg = (sum - max - min)/(10 - 2);
    cout <<"Max = "<< max <<"  Min = "<< min;
    cout <<"   Average = "<< avg << endl;
    return 0;
}
```

在 Visual C++6.0 中,编译并执行以上程序,运行结果如图 1-6 所示。

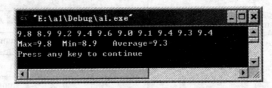

图 1-6　实例 1-1 运行结果

说明:

（1）本书为了版面整洁,在表示运行结果时,不用图 1-6 所示的图片,而是直接将运行结果复制下来,采用如下的描述方法。

编译并执行以上程序,可得到如下所示的结果。

```
9.8 8.9 9.2 9.4 9.6 9.0 9.1 9.4 9.3 9.4
Max = 9.8  Min = 8.9  Average = 9.3
Press any key to continue
```

（2）本书的程序采用 C++语言描述,又由于全书实例主要用于讲解结构化程序设计的方法,没有涉及面向对象的相关内容。因此,对于学习 C 语言的读者而言,本书亦是一本很好的参考书。书中绝大多数源程序只需将有关的输入输出流改写成 C 语言中的输入输出库函数,即可正确编译运行。

例如,上面的源程序用 C 语言描述为:

```c
#include <stdio.h>                     /* 改写为包含C的输入输出头文件 */
int main()
{
    float  score,max,min,sum,avg;
    max = 0.0;     min = 10.0;        sum = 0.0;
    for (int i = 1;i <= 10;i++)
```

```
    {
        scanf("%f",&score);              /* 改写为 C 的格式化输入函数 scanf */
        if (score > max)   max = score;
        if (score < min)   min = score;
        sum = sum + score;
    }
    avg = (sum − max − min)/(10 − 2);
    printf("Max = %.2f  Min = %.2f  Average = %.2f\n",max,min,avg);
                                         /* 改写为 C 的格式化输出函数 printf */
    return 0;
}
```

1.2　程序设计的步骤和方法

1.2.1　编写程序解决问题的一个例子

下面举例说明如何通过编写程序来解决实际问题。

【实例 1-2】　最简真分数的个数。

以 2010 为分母的最简真分数有多少个？所谓最简真分数是一个分数的分子小于分母，且分子分母无公因数。

（1）问题分析。

这是一道小学奥数试题。它考察的是学生对集合包含和容斥知识的掌握情况。

由于 $2010 = 2 \times 3 \times 5 \times 67$，因此以 2010 为分母的最简真分数的分子必须小于 2010 且不能被 2、3、5 或 67 整除。

解决这个问题的计算过程如下：

在 1～2010 共 2010 个数中，

- 能被 2 整除的数有 $2010 \div 2 = 1005$(个)；
- 能被 3 整除的数有 $2010 \div 3 = 670$(个)；
- 能被 5 整除的数有 $2010 \div 5 = 402$(个)；
- 能被 67 整除的数有 $2010 \div 67 = 30$(个)；
- 能同时被 2 和 3 整除的数有 $2010 \div (2 \times 3) = 335$(个)；
- 能同时被 2 和 5 整除的数有 $2010 \div (2 \times 5) = 201$(个)；
- 能同时被 2 和 67 整除的数有 $2010 \div (2 \times 67) = 15$(个)；
- 能同时被 3 和 5 整除的数有 $2010 \div (3 \times 5) = 134$(个)；
- 能同时被 3 和 67 整除的数有 $2010 \div (3 \times 67) = 10$(个)；
- 能同时被 5 和 67 整除的数有 $2010 \div (5 \times 67) = 6$(个)；
- 能同时被 2、3 和 5 整除的数有 $2010 \div (2 \times 3 \times 5) = 67$(个)；
- 能同时被 2、3 和 67 整除的数有 $2010 \div (2 \times 3 \times 67) = 5$(个)；
- 能同时被 2、5 和 67 整除的数有 $2010 \div (2 \times 5 \times 67) = 3$(个)；
- 能同时被 3、5 和 67 整除的数有 $2010 \div (3 \times 5 \times 67) = 2$(个)；
- 能同时被 2、3、5 和 67 整除的数有 $2010 \div (2 \times 3 \times 5 \times 67) = 1$(个)。

这样,1～2010 中能被 2 或 3 或 5 或 67 整除的数有

$(1005+670+402+30)-(335+201+15+134+10+6)+(67+5+3+2)-1$

$=2107-701+77-1$

$=1482(个)$

因此,1～2010 中既不能被 2 整除,也不能被 3 整除,也不能被 5 整除,也不能被 67 整除的数有 $2010-1482=528$ 个。

即以 2010 为分母的最简真分数有 528 个。

可以看出,上面的计算过程还是比较繁琐的,需要认真仔细。

下面讲一个真实的故事。2010 年时,一个小朋友问到我这个问题,我跟他讲了上面方法后,让他自己计算。他计算完后,问我正确的答案,当时我正好在上网,因此编写了一个简单的程序解决这个问题。

(2) 编程思路。

用一个变量 cnt 来保存最简真分数的个数,初始值为 0。

对 1～2010 中的每一个数 num,进行判断,这是一个循环,写成

```
for(num = 1; num < = 2010;num++)
```

循环体中的判断方法为:如果 num 既不能被 2 整除,也不能被 3 整除,也不能被 5 整除,也不能被 67 整除,则计数。写成

```
if(num % 2!= 0 && num % 3!= 0  && num % 5!= 0  && num % 67!= 0)
    cnt++;
```

最后,输出结果 cnt。编写一个简单的程序,就得到问题的答案。

(3) 源程序及运行结果。

```
#include < iostream >
using namespace std;
int main()
{
    int cnt,num;
    cnt = 0;
    for(num = 1; num < = 2010;num++)
        if(num % 2!= 0 && num % 3!= 0  && num % 5!= 0  && num % 67!= 0)
            cnt++;
    cout << cnt << endl;
    return 0;
}
```

编译并执行以上程序,可得到如下所示的结果。

```
528
Press any key to continue
```

通过这个实例,可以体会,编写程序让计算机解决问题有时是一个很好很有趣的事情。上面的实例再引申为,如统计分母在指定区间[10,100]的最简真分数共有多少个? 显然,如果人工计算,因为需要对分母为 10～100 之间的 91 个数每个进行穷举计算,非常繁琐耗时,

利用计算机易于重复计算的特点,编写程序来解决就很有意义了。

(4) 引申问题的编程思路。

- 定义变量 cnt 保存最简真分数的个数,同时设分数的分母为 i,分子为 j;
- 在指定范围[10,100]内穷举分数的分母 i(10≤i≤100);
- 对于每一个分母 i,再穷举分子 j (1≤j≤i-1)。

因此,程序可先写成如下的二重循环:

```
for(i = 10; i < = 100; i++)
    for (j = 1;   j < = i - 1;   j++)
    {
            对每一分数 j/i,进行是否存在公因数的检测,根据检测的结果决定是否计数;
    }
```

在上面的循环体中需要对每一分数 j/i,进行是否存在公因数的检测。如果分子 j 与分母 i 存在大于 1 的公因数 u,说明 j/i 不是最简真分数,不予计数。怎样进行检测呢?

因为公因数 u 的取值范围为[2,j],因而设置 u 循环在[2,j]中穷举 u,若满足条件

```
j % u == 0 && i % u == 0
```

说明分子分母存在公因数 u,标记 t=1 后退出。

在对因子 u 进行循环穷举前,可设置标志 t=0。退出因子穷举循环后,若 t=1,说明分子和分母存在公因子;若保持原 t=0,说明分子分母无公因数,统计个数。

(5) 引申问题的源程序及运行结果。

```
#include < iostream >
using namespace std;
int main( )
{
    int i,j,u,t,cnt;
    cnt = 0;
    for(i = 10;i < = 100;i++)                  //穷举分母
        for(j = 1;j < = i - 1;j++)             //穷举分子
        {
            t = 0;
            for(u = 2;u < = j;u++)             //穷举因数
                if(j % u == 0 && i % u == 0)
                {
                    t = 1;
                    break;                     //分子分母有公因数舍去
                }
            if(t == 0)
                cnt++;                         //统计最简真分数个数
        }
    cout << cnt << endl;
    return 0;
}
```

编译并执行以上程序,可得到如下所示的结果。

```
3016
Press any key to continue
```

1.2.2　程序设计的步骤

一般而言,程序设计的过程如下。

1.分析问题

对于需要解决的问题要进行认真的分析,研究所给定的条件,分析最后应达到的目标,找出解决问题的规律,选择解题的方法。

2.设计算法

确定解决问题所采用的数据结构,设计解题的方法和具体步骤。

3.编写程序

将算法翻译成计算机程序设计语言,对源程序进行编辑、编译和连接。

4.运行程序,分析结果

运行可执行程序,得到运行结果。能得到运行结果并不意味着程序正确,要对结果进行分析,看它是否合理。不合理要对程序进行调试,即通过上机发现和排除程序中的问题。

5.编写程序文档

大多数程序是提供给别人使用的,如同正式的产品应当提供产品说明书一样,正式提供给用户使用的程序,必须向用户提供程序说明书。其内容应包括程序名称、程序功能、运行环境、程序的装入和启动、需要输入的数据,以及使用注意事项等。

【实例 1-3】　和积三角形。

把和为正整数 s 的 8 个互不相等的正整数填入 8 数字三角形(如图 1-7 所示)中,若三角形三边上的数字之和相等且三边上的数字之积也相等,该三角形称为和积三角形。

编写一个程序,输出 s=45 时的和积三角形。

(1)分析问题

设图 1-7 中数字三角形的 8 个数分布如图 1-8 所示。

因为三角形的两个腰可以互相交换,为避免重复,不妨约定三角形中数字"下小上大、左小右大",即 $b1 < b7$、$b2 < b3$ 且 $b6 < b5$。

这样,可以根据约定对 $b1$、$b7$ 的值进行循环探索,设置:

- $b1$ 的取值范围为 1~(s−21)/2(因除 b1、b7 外,其他 6 个数之和至少为 21);
- $b7$ 的取值范围为 b1+1~(s−28)(因除 b7 外,其他 7 个数之和至少为 28);
- $b4$ 的取值范围为 1~(s−28)(因除 b4 外,其他 7 个数之和至少为 28);

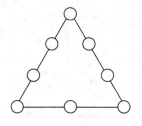

图 1-7 数字三角形

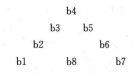

图 1-8 三角形分布示意图

同理,根据约定 b2<b3,b6<b5,可设置:

- b2 的取值范围为 1~(s-21)/2(因除 b2、b3 外,其他 6 个数之和至少为 21);
- b3 的取值范围为 b2+1~(s-28);
- b6 的取值范围为 1~(s-21)/2(因除 b5、b6 外,其他 6 个数之和至少为 21);
- b5 的取值范围为 b6+1~(s-28);
- b8 = s-(b1+b2+b3+b4+b5+b6+b7)。

对所取的 8 个整数,需要进行以下 4 道检测:

① 若 b8≤0,则不符合要求。

② 若这 8 个数出现相同数,则不符合要求。

③ 若三边之和不等,则不符合要求。

④ 若三边之积不等,则不符合要求。

若某 8 个数通过以上 4 道检测,即为一个解,打印输出,并统计解的个数。

(2) 算法设计。

由于需要对 8 个整数中是否出现相同数进行检测,因此可以将 8 个数保存在一个一维数组中,定义一维数组"int b[9];",其中数组元素 b[1]~b[8]分别对应图 1-8 中的 b1~b8。

程序总体可以写成一个 7 重循环结构,如下:

```
for(b[1] = 1;b[1]< = (s-21)/2;b[1]++)
  for(b[7] = b[1] + 1;b[7]< = s-28;b[7]++)
    for(b[4] = 1;b[4]< = s-28;b[4]++)
      for(b[2] = 1;b[2]< = (s-21)/2;b[2]++)
        for(b[3] = b[2] + 1;b[3]< = s-28;b[3]++)
          for(b[6] = 1;b[6]< = (s-21)/2;b[6]++)
            for(b[5] = b[6] + 1;b[5]< = s-28;b[5]++)
            {
                根据穷举的 8 个数,进行 4 道检测,确定是否为一组解;
            }
```

4 道检测中,除检查 8 个数中是否出现相同数复杂点外,其他均是简单计算并判断即可。

为检测 8 个数中是否出现相同的数,可以先设定一个标志 t=0;然后用循环依次将每个数与其后的每个数进行比较,若出现相同,则置 t=1 并退出循环。

循环执行结束后,若 t==1,则说明 8 个数中出现了相同的数;若 t 保持初始设定值 0,则说明 8 个数中不存在相同的数。算法描述为:

```
    t = 0;
    for(i = 1;i < = 7;i++)
        for(j = i + 1;j < = 8;j++)
            if(b[i] == b[j])
            {
                t = 1; i = 7; break;
            }
```

(3) 编写程序。

```
#include < iostream >
using namespace std;
int main()
{
    int i,j,t,s,s1,s2,cnt,b[9];
    s = 45;
    cnt = 0;
    for(b[1] = 1;b[1]< = (s - 21)/2;b[1]++)
      for(b[7] = b[1] + 1;b[7]< = s - 28;b[7]++)
        for(b[4] = 1;b[4]< = s - 28;b[4]++)
        for(b[2] = 1;b[2]< = (s - 21)/2;b[2]++)
            for(b[3] = b[2] + 1;b[3]< = s - 28;b[3]++)
            for(b[6] = 1;b[6]< = (s - 21)/2;b[6]++)
              for(b[5] = b[6] + 1;b[5]< = s - 28;b[5]++)
              {
                  b[8] = s - (b[1] + b[2] + b[3] + b[4] + b[5] + b[6] + b[7]);
                  if(b[8]< = 0)   continue;
                  t = 0;
                  for(i = 1;i < = 7;i++)
                    for(j = i + 1;j < = 8;j++)
                        if(b[i] == b[j])
                        {   t = 1; i = 7; break; }
                  if(t == 1)   continue;
                  s1 =  b[1] + b[2] + b[3] + b[4];
                  if(b[4] + b[5] + b[6] + b[7]!= s1 || b[1] + b[8] + b[7]!= s1)
                      continue;
                  s2 = b[1] * b[2] * b[3] * b[4];
                  if(b[4] * b[5] * b[6] * b[7]!= s2 || b[1] * b[8] * b[7]!= s2)
                      continue;
                  cnt++;
                  cout << cnt <<" : ";
                  for(i = 1; i < = 8; i++)
                      cout << b[i]<<" , ";
                  cout <<"   s1 = "<< s1 <<", s2 = "<< s2 << endl;
              }
    cout <<"共"<< cnt <<"个解."<< endl;
    return 0;
}
```

(4) 运行程序并优化。

编译并执行以上程序,可得到如下所示的结果。

```
1：2，8，9，1，4，3，12，6，s1 = 20，s2 = 144
共 1 个解。
Press any key to continue
```

和为 45 的和积三角形如图 1-9 所示。

由图 1-9 看出,上面的穷举程序设计是可行的。但是,这个程序的运行速度太慢。例如,将程序中的 s＝45 改成 s＝89,即计算和为 89 的 8 个整数组成的和积三角形,程序运行后,得到如下所示的结果。

图 1-9　s＝45 的和积三角形

```
1：6，14，18，1，9，8，21，12，s1 = 39，s2 = 1512
2：8，12，15，1，16，9，10，18，s1 = 36，s2 = 1440
3：8，4，27，2，12，3，24，9，s1 = 41，s2 = 1728
4：15，9，16，1，12，10，18，8，s1 = 41，s2 = 2160
共 4 个解。
Press any key to continue
```

程序得到以上 4 个解需等待较长时间。为了提高求解效率,必须对程序进行优化,可以从循环设置入手。具体思路为:

① 增加 $s+b_1+b_7+b_4$ 是否为 3 的倍数检测。

因为三角形三个顶点的元素在计算三边时各计算了两次,即 $s+b_1+b_7+b_4=3*s_1$,则在 b_1、b_4、b_7 循环中增加对 $s+b_1+b_7+b_4$ 是否能被 3 整除的检测。

若 $(s+b_1+b_7+b_4)\%3\neq0$,则直接 continue,继续新的 b_1、b_4、b_7 探索,而无须探索后面的 b_2、b_3、b_5 和 b_6;否则,记 $s_1=(s+b_1+b_7+b_4)/3$,往下进行探索。

② 精简循环,把 7 重循环精简为 5 重。

保留根据约定对 b_1、b_7 和 b_4 的值进行的循环探索,设置同前。优化对 b_2、b_3、b_5 和 b_6 的循环探索。可根据约定对 b_3、b_5 的值进行探索,设置:

- b_3 的取值范围为 $(s_1-b_1-b_4)/2+1\sim s_1-b_1-b_4$(注 $s_1=(s+b_1+b_7+b_4)/3$);
- b_5 的取值范围为 $(s_1-b_4-b_7)/2+1\sim s_1-b_4-b_7$;

同时根据各边之和为 s_1,计算出 b_2、b_6 和 b_8,即

$b_2=s_1-b_1-b_4-b_3$

$b_6=s_1-b_4-b_5-b_7$

$b_8=s_1-b_1-b_7$

这样,同时精简了关于 b_8 是否为正的检测,也精简了三边和是否相等的检测。只需检测 b 数组是否存在相同正整数与三边积是否相同即可。

改进后的源程序为:

```
#include < iostream >
using namespace std;
int main()
```

```
{
    int i,j,t,s,s1,s2,cnt,b[9];
    s = 45;
    cnt = 0;
    for(b[1] = 1;b[1]<= (s-21)/2;b[1]++)
     for(b[7] = b[1] + 1;b[7]<= s-28;b[7]++)
      for(b[4] = 1;b[4]<= s-28;b[4]++)
      {
          if((s+b[1]+b[4]+b[7]) % 3!= 0)
            continue;
          s1 = (s+b[1]+b[4]+b[7])/3;
          for(b[3] = (s1-b[1]-b[4])/2 + 1;b[3]< s1-b[1]-b[4];b[3]++)
            for(b[5] = (s1-b[4]-b[7])/2 + 1;b[5]< s1-b[4]-b[7];b[5]++)
            {
              b[2] = s1-b[1]-b[4]-b[3];
              b[6] = s1-b[4]-b[7]-b[5];
              b[8] = s1-b[1]-b[7];
              t = 0;
              for (i = 1; i<= 7; i++)
                for(j = i + 1;j<= 8;j++)
                  if(b[i] == b[j])
                  { t = 1;   i = 7; break; }
              if(t == 1)   continue;
              s2 = b[1] * b[2] * b[3] * b[4];
              if(b[4] * b[5] * b[6] * b[7]!= s2 ‖ b[1] * b[8] * b[7]!= s2)
                  continue;
              cnt++;
              cout << cnt <<" : ";
              for(i = 1; i<= 8; i++)
                  cout << b[i]<<" , ";
              cout <<"   s1 = "<< s1 <<", s2 = "<< s2 << endl;
            }
      }
    cout <<"共"<< cnt <<"个解."<< endl;
    return 0;
}
```

运行以上改进穷举的程序,当 s=89 时所得解与前相同,但时间大大缩短。

1.2.3   结构化程序设计方法简介

结构化程序设计(Structured Programming)是以模块功能和处理过程设计为主的详细设计的基本原则。其概念最早由迪克斯特拉(E. W. Dijikstra)在 1965 年提出的,是软件发展的一个重要的里程碑。它的主要观点是:采用自顶向下、逐步求精的程序设计方法;使用三种基本控制结构构造程序,任何程序都可由顺序、选择、循环三种基本控制结构构造;以模块化设计为中心,将待开发的软件系统划分为若干个相互独立的模块,这样可使完成每一个模块的工作变得单纯而明确,为设计一些较大的软件打下了良好的基础。

1. 自顶向下

自顶向下是指从问题的全局下手,把一个复杂的任务分解成许多个易于控制和处理的子任务,子任务还可能做进一步分解,如此重复,直到每个子任务都容易解决为止。这样,在程序设计时,应先考虑总体,后考虑细节;先考虑全局目标,后考虑局部目标。不要一开始就过多追求众多的细节,先从最上层总目标开始设计,逐步使问题具体化。

2. 逐步求精

将现实问题经过几次抽象(细化)处理,最后到求解域中只是一些简单的算法描述和算法实现问题。即将系统功能按层次进行分解,每一层不断将功能细化,到最后一层都是功能单一、简单易实现的模块。

下面通过两个实例来阐述结构化程序设计的方法。

【实例 1-4】 Eratosthenes 筛法。

用 Eratosthenes 筛法求 n(n≤1000)以内的所有质数。

Eratosthenes 筛法的基本思想是,把某范围内的自然数从小到大依次排列好。宣布 1 不是素数,把它去掉;然后从余下的数中取出最小的数,宣布它为素数,并去掉它的倍数。在第 1 步之后,得到素数 2,筛中只包含奇数;第 2 步之后,得到素数 3,一直做下去,当筛中为空时结束。

(1) 编程思路。

① 先写出程序的总体框架。

```
初始化,将所有的数都放在筛子中;
k = 2;
while(k <= N)
{
    将筛子中 k 的倍数 2k,3k,4k,…,一一筛去;
    从当前下标 k 的下一个开始找到下一个仍在筛子中的数,并赋值给 k;
}
    从 2 开始,将所有留在筛子中的数(即为质数)打印出来;
```

② 筛子的构造。

为了表示一个筛子,并将给定范围 N 以内的数放入筛子中,可以定义一个一维数组

```
int prime[N + 1];
```

其中,元素 prime[i]==1 表示整数 i 在筛子中;prime[i]==0 表示整数 i 不在筛子中。

因此,初始化数组 prime 使所有的数都在筛子中,即使 prime[2]~ prime[N]的值全部等于 1。程序描述为:

```
for (k = 2; k <= N;k++)
    prime[k] = 1;
```

③ 将筛子中 k 的倍数 2k,3k,4k,…,一一筛去。

```
n = 2;
while(n * k < N)
{
    prime[n * k] = 0;
    n++;
}
```

④ 从当前数 k 的下一个数开始找到下一个仍在筛子中的数,并赋值给 k。

```
k++;
while(k <= N && prime[k] == 0)
    k++;
```

⑤ 从 2 开始,将仍然在筛子中的数打印出来。

```
k = 2;
while(k < N)
{
    if(prime[k])
        cout << k <<"   " ;
    k++;
}
```

(2) 源程序及运行结果。

```
#include < iostream >
using namespace std;
#define N 1000
int main()
{
    int prime[N + 1],k,n,cnt = 0;
    for (k = 2; k <= N;k++)
        prime[k] = 1;
    k = 2;
    while(k <= N)
    {
        n = 2;
        while(n * k <= N)
        {
            prime[n * k] = 0;
            n++;
        }
        k++;
        while(k <= N && prime[k] == 0)
            k++;
    }
    k = 2;
    while(k <= N)
    {
        if (prime[k] == 1)
```

```
            {
                cout << k <<"   ";
                cnt++;
            }
            k++;
        }
        cout << endl;
        cout <<"共"<< cnt <<"个质数."<< endl;
        return 0;
}
```

编译并执行以上程序,可得到如下所示的结果。

```
2   3   5   7   11  13  17  19  23  29  31  37  41  43  47  53  59  61  67  71  73
79  83  89  97  101 103 107 109 113 127 131 137 139 149 151 157 163
167 173 179 181 191 193 197 199 211 223 227 229 233 239 241 251
257 263 269 271 277 281 283 293 307 311 313 317 331 337 347 349
353 359 367 373 379 383 389 397 401 409 419 421 431 433 439 443
449 457 461 463 467 479 487 491 499 503 509 521 523 541 547 557
563 569 571 577 587 593 599 601 607 613 617 619 631 641 643 647
653 659 661 673 677 683 691 701 709 719 727 733 739 743 751 757
761 769 773 787 797 809 811 821 823 827 829 839 853 857 859 863
877 881 883 887 907 911 919 929 937 941 947 953 967 971 977 983
991 997
共 168 个质数.
Press any key to continue
```

【实例 1-5】 分糖果。

10 个小孩围坐一圈分糖果,开始时,老师随机分给每位小孩若干糖果,如果哪位小孩的糖果数为一个奇数,可以向老师补要一块。为了公平,现进行调整,调整规则:所有小孩同时把自己糖果的一半分给左边的小孩,糖的块数变为奇数的小孩向老师补要一块(设老师手中的糖果足以满足这些要求)。问经过多少次调整,大家的糖果数都一样?每人多少块?

(1) 编程思路。

用逐步求精的方法来分析这个问题的解决方法。

① 先写出程序的总体框架如下:

```
输入 10 个小孩的初始糖果数(记为问题 a);
While(10 个小孩的糖果数不全相等(记为问题 b))
{
    要进行一次调整过程,调整次数加 1;
    糖的块数为奇数的小孩向老师补要一块(记为问题 c);
    所有小孩同时把自己糖果的一半分给左边的小孩(记为问题 d);
}
输出结果信息;
```

在这个总体框架中需要具体解决的 4 个问题。

② 设定义一个整型数组 a 来保存 10 个小孩的糖果数,问题 a 就是需要输入 10 个数组元素的初始值,程序代码为:

```
for (i = 0; i < 10; i++)
    cin >> a[i];
```

③ 问题 b 需要判断 10 个小孩的糖果数是否相等,显然是一个操作序列,其判断结果是 while 循环的条件,因此将问题 b 抽象成一个函数 AllEqual。该函数用来判断数组中所有元素的值是否都相等,如果都相等则返回 1,否则返回 0。其函数原型为:

```
int AllEqual(int x[]);
```

为判断一个数组中所有元素的值是否全相等,最简单的办法为将数组中的第 2 个数至最后一个数与第 1 个数相比较,只要它们中有一个不相等,就返回 0(不全相等),如果比较完后,没有返回 0,则它们全相等,返回 1。

程序描述为:

```
int AllEqual(int x[10])
{
    int i;
    for (i = 1; i < 10; i++)
        if (x[i] != x[0]) return 0;
    return 1;
}
```

④ 问题 c 可以用一个循环程序解决,对数组中的每个元素判断其奇偶性,如果为奇数,则将该元素值加 1。程序代码为:

```
for (i = 0; i < 10; i++)
    if (a[i] % 2 != 0) a[i]++;
```

将这个循环操作写成一个函数。函数定义如下:

```
void supply(int x[10])
{
    int i;
    for (i = 0; i < 10; i++)
        if (x[i] % 2 != 0) x[i]++;
}
```

主函数中的调用语句为:

```
supply(a);
```

⑤ 完成一次调整过程,所有小孩需要同时把自己糖果的一半分给左边的小孩,如图 1-10 所示。

可以看出,当 $i = 1 \sim 9$ 时,有 $a(i) = (a(i) + a(i-1))/2$;$i = 0$ 时,$a(0) = (a(0) + a(9))/2$。

因此,很容易地想到可以写成如下的代码段:

```
a[0] = a[0]/2 + a[9]/2;
for (i = 1; i < 9; i++)
    a[i] = a[i]/2 + a[i-1]/2;
```

这样写是错误的，因为先修改 a[1]，当计算 a[2]时，用到的 a[1]已经被修改了。
应该写成：

```
temp = a[9];
for ( i = 9;i > 0;i -- )
    a[ i ] = a[ i ]/2 + a[ i - 1]/2;
a[ 0 ] = a[ 0 ]/2 + temp/2;
```

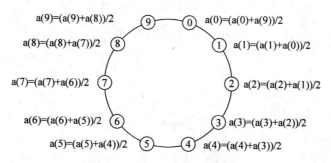

图 1-10 一次调整过程示例图

问题 d 同样将它写成一个函数，函数定义为：

```
void exchange( int x[10])
{
    int temp,i;
    temp = x[9];
    for ( i = 9;i > 0;i -- )
        x[ i ] = x[ i ]/2 + x[ i - 1]/2;
    x[ 0 ] = x[ 0 ]/2 + temp/2;
}
```

至此，可以写出完整的源程序。

（2）源程序及运行结果。

```
#include < iostream >
using namespace std;
int AllEqual(int x[ ]);
void exchange( int x[ ]);
void supply( int x[ ]);
int main( )
{
    int a[10],i,count = 0;
    cout <<"Please input the number sugar of every child:"<< endl;
    for ( i = 0;i < 10;i++)
        cin >> a[ i ];
    supply( a );
    while (AllEqual(a)!= 1)
    {
        count++;
        exchange( a );
        supply( a );
```

```
    }
    cout <<"After "<< count <<" times,all children have same number of sugar."<< endl;
    cout <<"Every child has "<< a[0] <<" sugars." << endl;
    return 0;
}


int AllEqual(int x[10])
{
    int i;
    for (i = 1;i < 10;i++)
        if (x[i]!= x[0]) return 0;
    return 1;
}

void exchange(int x[10])
{
    int temp,i;
    temp = x[9];
    for (i = 9;i > 0;i-- )
        x[i] = x[i]/2 + x[i-1]/2;
    x[0] = x[0]/2 + temp/2;
}
void supply(int x[10])
{
    int i;
    for (i = 0;i < 10;i++)
        if (x[i] % 2!= 0) x[i]++;
}
```

编译并执行以上程序,可得到如下所示的结果。

```
Please input the number sugar of every child:
15 23 18 6 14 22 9 13 8 10
After 14 times,all children have same number of sugar.
Every child has 20 sugars.
Press any key to continue
```

第2章
程序控制结构

通常的计算机程序总是由若干条语句组成,从执行方式上看,从第一条语句到最后一条语句完全按顺序执行,是简单的顺序结构;若在程序执行过程当中,根据用户的输入或中间结果有选择地去执行若干不同的任务则为选择结构;如果在程序的某处,需要根据某项条件重复地执行某项任务若干次,直到满足或不满足某条件为止,这就构成循环结构。大多数情况下,程序都不会是简单的顺序结构,而是顺序、选择、循环三种结构的复杂组合。

在 C/C++ 中,选择控制语句有 if…else、switch…case;循环控制语句有 while、do…while、for;转移控制语句有 break、continue、goto。

2.1 选择结构

选择结构是三种基本结构之一。在大多数程序中都会包含选择结构。它的作用是,根据所指定的条件是否满足,决定从给定的两组操作选择其一。

2.1.1 选择语句

在 C/C++ 语言中,选择控制语句主要有 if…else 和 switch…case。

1. if…else 语句

if 语句是用来判定所给定的条件是否满足,根据判定的结果(真或假)决定执行给出的两种操作之一。

C/C++ 语言提供了三种形式的 if 语句:

(1)"if(表达式)语句 1"。

它的执行过程是:当表达式为真时,执行语句 1;否则不做任何操作,直接执行 if 语句后面的语句,如图 2-1(a)所示。

(2)"if(表达式) 语句 1 else 语句 2"。

它的执行过程是:当表达式为真时,执行语句 1;表达式为假时,执行语句 2。无论如何,语句 1 与语句 2 每次只能有一个被执行,如图 2-1(b)所示。

(3) if…else if 语句。

在 C/C++ 程序还经常使用如下结构:

```
if(表达式 1)语句 1
    else if(表达式 2)语句 2
        else if(表达式 3)语句 3
            ⋮
            else if(表达式 n)语句 n
            else 语句 n＋1
```

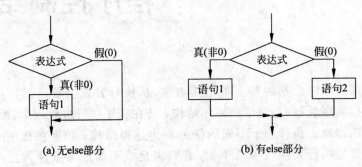

(a) 无else部分　　　　　(b) 有else部分

图 2-1　if 语句的执行流程

　　这种嵌套的 if 语句构成的序列是编写多路判定的最一般的方法。它的执行过程是：如果表达式 1 的值为真,则执行语句 1；否则,如果表达式 2 的值为真,则执行语句 2；…；如果 if 后的表达式都不为真,则执行语句 n＋1。当 n＝3 时,程序执行的流程如图 2-2 所示。

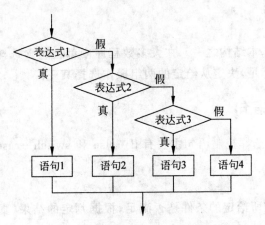

图 2-2　if…else if 语句的执行流程

　　if 语句只能处理从两者间选择之一,当要实现几种可能选择之一时,就要用 if…else if 甚至多重的嵌套 if 来实现。当分支较多时,则嵌套的 if 语句层数多,程序变得复杂冗长,可读性降低。

2. switch…case 语句

C/C++语言提供了 switch 开关语句专门处理多分支选择的情形,使程序变得简洁。

switch 开关语句的一般形式如下：

switch (表达式)

```
{
    case 常量表达式 1: 语句 1
    case 常量表达式 2: 语句 2
            ⋮
    case 常量表达式 n: 语句 n
    default: 语句 n + 1
}
```

执行 switch 语句时,将 switch 后的表达式的值逐个与 case 后的常量进行比较,若与其中一个相等,则执行该常量之后的语句,若不与任何一个常量相等,则执行 default 之后的语句。也就是说,switch 语句根据一个表达式的取值来执行不同的语句,就像一堆开关,可以控制电流往哪个方向流动一样。

2.1.2 选择结构程序设计

【实例 2-1】 找三者中最大数。

输入三个整数,找出其中的最大数并输出。

(1)编程思路。

求 a、b、c 三个数的最大数,可以先比较 a 和 b,将较大者赋值给 max,再将 c 与 max 比较,如果 c 大于 max,则将 max 修改为 c。

(2)源程序及运行结果。

```cpp
#include < iostream >
using namespace std;
int   main()
{
    int a,b,c,max;
    cin >> a >> b >> c;
    if (a > b) max = a;
    else   max = b;
    if (c > max) max = c;
    cout <<"The max is "<< max << endl;
    return 0;
}
```

编译并执行以上程序,可得到如下所示的结果。

```
12 5 18
The max is 18
Press any key to continue
```

【实例 2-2】 三角形面积。

任意输入三条边的边长(a、b、c,实型),若能构成三角形,则计算并输出其面积,否则输出标志"No Triangle!"。

三角形面积计算公式:
$$\begin{cases} t = \dfrac{a+b+c}{2} \\ s = \sqrt{t(t-a)(t-b)(t-c)} \end{cases}$$

（1）编程思路。

输入的 a、b、c 三个数，只有当 a+b>c、a+c>b 和 b+c>a 同时满足时，才能构成一个三角形。因此，用选择结构

```
if (a+b>c && a+c>b && b+c>a)
{   计算三角形面积并输出；}
else
{   输出不能构成三角形的提示信息；   }
```

（2）源程序及运行结果。

```cpp
#include <iostream>
#include <cmath>
using namespace std;
int main()
{
    float a,b,c,t,s;
    cout <<"Please input three edges :"<< endl;
    cin >> a >> b >> c;
    if (a+b>c && a+c>b && b+c>a)
    {
        t = (a+b+c)/2.0;
        s = sqrt(t*(t-a)*(t-b)*(t-c));
        cout <<"Area is "<< s << endl;
    }
    else
        cout <<"No Triangle!"<< endl;
    return 0;
}
```

编译并执行以上程序，可得到如下所示的结果。

```
Please input three edges :
3 4 5
Area is 6
Press any key to continue
```

【实例 2-3】　解一元二次方程。

从键盘输入系数 a、b 和 c，求方程 $ax^2+bx+c=0$ 的根。

（1）编程思路。

根据输入的系数 a，可以分为 a 不等于 0 和 a 等于 0 两种情况。

① 当 a!=0 时，计算 $\Delta=b^2-4ac$，根据计算结果，又可分成 3 种情况：

• $\Delta>0$，此时方程有两个不相等的实根 $x_1=\dfrac{-b+\sqrt{\Delta}}{2a}$，$x_2=\dfrac{-b-\sqrt{\Delta}}{2a}$。

• $\Delta==0$，此时方程有两个相等的实根 $x_1=x_2=\dfrac{-b}{2a}$。

• $\Delta<0$，此时方程没有实根，有两个共轭复根 $x_1=\dfrac{-b}{2a}+\dfrac{\sqrt{|\Delta|}}{2a}i$，$x_2=\dfrac{-b}{2a}-\dfrac{\sqrt{|\Delta|}}{2a}i$。

② 当 a==0 时,根据系数 b 的值,又分为两种情况:

- b!=0,此时方程为一个一元一次方程,有一个根 x =−c/b。
- b==0,若 c==0,则为恒等式,方程有无数解;若 c!=0,方程无解。这里不过多区
  分,统一认为输入的系数无意义,输出简单提示信息。

程序可以写成 if 的嵌套结构。

(2) 源程序及运行结果。

```cpp
#include <iostream>
#include <cmath>
using namespace std;
int main()
{
    float a,b,c,dlt,real,imag,x1,x2;
    cout <<"Please input three coefficient:"<< endl;
    cin >> a >> b >> c;
    if (a!= 0)
    {
        dlt = b * b - 4 * a * c;
        if (dlt > 0)
        {
            x1 = ( - b + sqrt(dlt))/(2 * a);
            x2 = ( - b - sqrt(dlt))/(2 * a);
            cout <<"x1 = "<< x1 <<" ,x2 = "<< x2 << endl;
        }
        else if (dlt == 0)
        {
            x1 = x2 = ( - b)/(2 * a);
            cout <<"x1 = x2 = "<< x1 << endl;
        }
        else
        {
            real = ( - b)/(2 * a);
            imag = sqrt( - dlt)/(2 * a);
            cout <<"x1 = "<< real <<" + "<< imag <<"i , " ;
            cout <<"x2 = "<< real <<" - "<< imag <<"i"<< endl;
        }
    }
    else
    {
        if (b!= 0)
        {
            cout <<"x = "<< - c/b << endl;
        }
        else
            cout <<"Your input is Wrong!"<< endl;
    }
    return 0;
}
```

编译并执行以上程序,可得到如下所示的结果。

```
Please input three coefficient:
1 - 3 2
x1 = 2 , x2 = 1
Press any key to continue
```

【实例 2-4】 个人所得税计算。

个人所得税是以个人(自然人)取得的应税所得为征税对象所征收的一种税。按照我国现行个人所得税制,工薪所得费用扣除标准为 3500 元/月,同时个人按照国家规定缴纳的基本养老保险、基本医疗保险、失业保险、住房公积金等"三险一金"均可在税前扣除。工薪所得适用 3%~45% 的 7 级超额累进税率表如表 2-1 所示。

表 2-1　个人所得税税率表

级　　数	每月应纳税所得额	税率/%	速算扣除数
1	不超过 3500 元的	3	0
2	超过 3500 元至 4500 元的部分	10	105
3	超过 4500 元至 9000 元的部分	20	555
4	超过 9000 元至 35 000 元的部分	25	1005
5	超过 35 000 元至 55 000 元的部分	30	2755
6	超过 55 000 元至 80 000 元的部分	35	5505
7	超过 80 000 元的部分	45	13 505

请编写程序,输入职工月收入(为简化计,设输入的月输入已扣除了"三险一金"),输出应纳税额。

(1) 编程思路。

程序根据表格给出的级数,可以写成 if…else if 嵌套结构。

(2) 源程序及运行结果。

```cpp
#include < iostream >
using namespace std;
int  main()
{
    float income, taxable, tax;
    cout <<"Please input the Monthly Income:";
    cin >> income;
    taxable = income - 3500;
    if (taxable <= 0)  tax = 0;
    else if (taxable <= 1500)  tax = taxable * 0.03;
      else if (taxable <= 4500)  tax = taxable * 0.1 - 105;
        else if (taxable <= 9000)  tax = taxable * 0.2 - 555;
          else if (taxable <= 35000)  tax = taxable * 0.25 - 1005;
            else if (taxable <= 55000)  tax = taxable * 0.3 - 2755;
              else if (taxable <= 80000)  tax = taxable * 0.35 - 5505;
                else  tax = taxable * 0.45 - 13505;
    cout <<"Tax liability is "<< tax << endl;
    return 0;
}
```

编译并执行以上程序,可得到如下所示的结果。

```
Please input the Monthly Income:8200
Tax liability is 385
Press any key to continue
```

【实例 2-5】 今天星期几。

编写一个程序,由键盘输入年、月、日后,输出该日期是星期几。

(1) 编程思路。

设变量 year、month 和 day 分别表示输入的年、月和日。

① 算出 year 这一年的元旦是星期几。

根据公式计算 d= year+(year-1)/4-(year-1)/100+(year-1)/400,计算 d 值后,d%7==0 则表示为 Sunday、d%7==1 则表示为 Monday……依此类推。因此 week= d%7 可表示 year 这一年的元旦是星期几。

② 根据月份 month 和日期 day,计算该日期是 year 这一年中的第几天。

对于 month 月,需要累计 1~month-1 月的各个月份的天数。例如,month 等于 8,需要累计 1~7 月的天数,即 d=0+31(1月)+28(或 29、2 月天数)+31(3 月)+30(4 月)+31(5 月)+30(6 月)+31(7 月),这个操作可以写成循环,如下:

```
d = 0;
for( i = 1; i <= month - 1; i++)
  d = d + 第 i 月的天数;
```

但也可以不写成循环,用 switch…case 结构来解决。因为,大的月份一定包含小的月份的累计,在 case 常量表达式的安排时,可以从大到小,并且每个入口进入后,不用 break 语句退出 switch 结构,这样可以完成累计,具体描述为:

```
d = 0;
switch(month - 1)
{
  case 11:d += 30;
  case 10:d += 31;
  case 9:d += 30;
  case 8:d += 31;
  case 7:d += 31;
  case 6:d += 30;
  case 5:d += 31;
  case 4:d += 30;
  case 3:d += 31;
  case 2:d += 28(或 d += 29);
  case 1:d += 31;
}
```

在程序中,需要判断某一年是否闰年,因为闰年的 2 月份为 29 天,而非闰年的 2 月份为 28 天。

闰年的判定条件是:能被 4 整除,但不能被 100 整除的年份都是闰年,如 1996 年,2004 年是闰年;能被 100 整除,又能被 400 整除的年份也是闰年,如 2000 年是闰年。可以用一个逻辑表达式来表示：

$$(year\%4==0\&\&year\%100!=0)\ \|\ year\%400==0$$

当 year 为某一整数值时，如果上述表达式值为 true(1)，则 year 为闰年；否则 year 为非闰年。

（2）源程序及运行结果。

```cpp
#include < iostream >
using namespace std;
int main()
{
    int year,month,day,week,d;
    cout <<"请按 年 月 日 的方式输入一个日期: "<< endl;
    cin >> year >> month >> day;
    d = year + (year - 1)/4 - (year - 1)/100 + (year - 1)/400;
    week = d % 7;
    d = 0;
    switch(month - 1)
    {
      case 11:d += 30;
      case 10:d += 31;
      case 9:d += 30;
      case 8:d += 31;
      case 7:d += 31;
      case 6:d += 30;
      case 5:d += 31;
      case 4:d += 30;
      case 3:d += 31;
      case 2:d += 28;
              if (year % 4 == 0 && year % 100!= 0  ||  year % 400 == 0) d++;
      case 1:d += 31;
    }
    d = d + day;
    week = (week + (d - 1) % 7) % 7;
    if(week == 0)
        cout << year <<"年"<< month <<"月"<< day <<"日是星期日"<< endl;
    else
        cout << year <<"年"<< month <<"月"<< day <<"日是星期"<< week << endl;
    return 0;
}
```

编译并执行以上程序，可得到如下所示的结果。

```
请按 年 月 日 的方式输入一个日期:
2012 10 1
2012 年 10 月 1 日是星期 1
Press any key to continue
```

2.2　循环结构

循环控制结构(又称重复结构)是程序中的另一个基本结构。在实际问题中,常常需要进行大量的重复处理,循环结构可以使程序设计者只写很少的语句,而让计算机反复执行,从而完成大量类同的计算。

2.2.1　循环语句

C++提供了 while 语句、do…while 语句和 for 语句实现循环结构。

1. while 语句

while 语句是当型循环控制语句,一般形式为:

```
while(表达式)语句
```

其中,语句部分称为循环体,当需要执行多条语句时,应使用复合语句。while 语句的执行流程如图 2-3 所示,其特点是先判断,后执行,若条件不成立,循环体有可能一次也不执行。

2. do…while 语句

do… while 语句是直到型循环控制语句,它的一般形式为:

```
do
  语句
while(表达式);
```

其中,语句通常为复合语句,称为循环体。do…while 语句的执行流程如图 2-4 所示。其基本特点是:先执行后判断,因此循环体至少被执行一次。

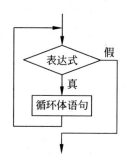

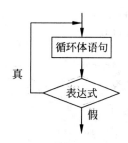

图 2-3　while 语句执行流程　　　　　图 2-4　do…while 语句的执行流程

3. for 语句

for 语句是循环控制结构中使用最广泛的一种循环控制语句,特别适合已知循环次数的情况。它的一般形式为:

for（表达式 1；表达式 2；表达式 3）
　语句

其中,表达式 1 一般为赋值表达式,给循环控制变量赋初值;表达式 2 一般为关系表达式或逻辑表达式,给出循环控制条件;表达式 3 一般为赋值表达式,给控制变量增量或减量。语句就是循环体,当有多条语句时,必须使用复合语句。

for 循环的执行过程为:首先计算表达式 1,然后计算表达式 2,若表达式 2 为真,则执行循环体;否则,退出 for 循环,执行 for 循环后的语句。如果执行了循环体,则循环体每执行一次,都计算表达式 3,然后重新计算表达式 2,依此循环,直至表达式 2 的值为假,退出循环。执行流程如图 2-5 所示。

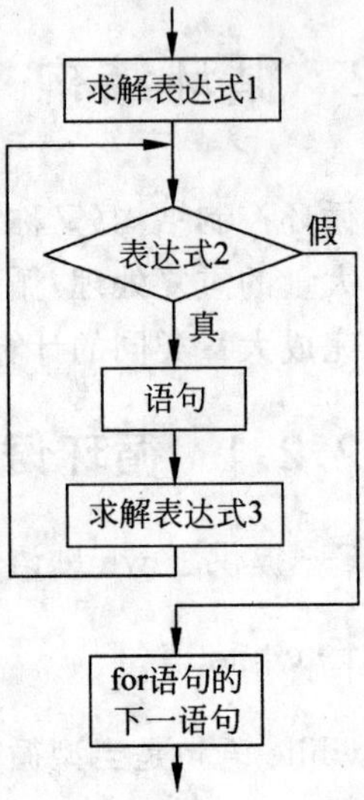

2.2.2　循环结构程序设计

图 2-5　for 语句的执行流程

【实例 2-6】　找最大者。

输入 10 个整数,找出最大数。

（1）编程思路。

先将输入的第 1 个数 x 记为最大数 max(即 max＝x),然后循环依次输入 9 个数,每输入一个数,将其与最大数 max 比较,如果输入的数大于最大数 max,则修改 max 为当前输入的数。

```
for(k = 2;  k <= 10; k++)
{
    cin >> x;
    if (max < x)   max = x;
}
```

循环结束后,max 中保存的数就是 10 个数中的最大数。

（2）源程序及运行结果。

```
#include <iostream>
using namespace std;
int main()
{
    int  k,x,max;
    cin >> x;
    max = x;
    for(k = 2;  k <= 10; k++)
    {
        cin >> x;
        if (max < x)   max = x;
    }
    cout <<"Max = "<< max << endl;
    return 0;
}
```

编译并执行以上程序,可得到如下所示的结果。

```
85 87 78 65 53 92 84 75 90 71
Max = 92
Press any key to continue
```

【实例 2-7】 选票统计。

选票的格式为：1. Zhang   2. Li   3. Wang

编写一个程序,根据输入的投票情况,统计各候选人得票结果。每张有效选票只许选 1 人,输入时输入候选人代号,弃权票输入 0,无效票输入 4(选择人数超过 1),以 −1 作为输入终止标志。

(1) 编程思路。

程序中用 5 个计数器(zhang、wang、li、nosele、other)来分别统计三位候选人、弃权票和无效票的情况,可以用 switch 语句来区分这 5 种情况。

```
switch (sele)
{
    case 1: zhang++;break;
    case 2:li++;break;
    case 3:wang++;break;
    case 0:nosele++;break;
    case 4:other++;break;
}
```

本例是一个非计数循环,循环次数事先是未知的,但是可以用输入 sele 为 −1 判断循环是否结束。方法如下：

```
cin >> sele;
while (sele!= − 1)
{
    根据输入的 sele 进行统计;
    cin >> sele;
}
```

(2) 源程序及运行结果。

```
#include < iostream >
using  namespace  std;
int   main()
{
    int sele,zhang,li,wang,nosele,other;
    zhang = li = wang = nosele = other = 0;
    cin >> sele;
    while (sele!= − 1)
    {
        switch (sele)
        {
            case 1: zhang++;break;
            case 2:li++;break;
            case 3:wang++;break;
```

```
            case 0:nosele++;break;
            case 4:other++;break;
            default: cout <<"Input Error!"<< endl;
        }
        cin >> sele;
    }
    cout <<"Zhang  = "<< zhang << endl;;
    cout <<"Li = "<< li << endl;
    cout <<"Wang = "<< wang << endl;
    return 0;
}
```

编译并执行以上程序,可得到如下所示的结果。

```
1 2 1 3 1 1 2 3 4 0 2 1 3 3 2 1 1 1 2 2 3 1  - 1
Zhang = 9
Li = 6
Wang = 5
Press any key to continue
```

【实例 2-8】 逆序数。

从键盘输入一个非负整数,将它反向显示出来。例如,输入 1234,输出 4321。

(1) 编程思路。

将一个非负整数 number 逆序显示,其操作步骤为:

① 显示 number 的个位数,即 number%10。

② 将 number 除以 10,作为新的 number,即新的 number 丢掉了个位数。

③ 如果 number 等于 0,显示完毕,结束; 否则,转步骤①,继续显示。

(2) 源程序及运行结果。

```
#include < iostream >
using namespace std;
int   main()
{
    int number,digit;
    do
    {
        cout <<"请输入一个非负整数 ";
        cin >> number;
    } while(number < 0);
    cout << number <<" 的逆序数为 ";
    do
    {
        digit = number % 10;
        number = number/10;
        cout << digit;
    } while(number > 0);
    cout << endl;
    return 0;
}
```

编译并执行以上程序,可得到如下所示的结果。

```
请输入一个非负整数 1235
1235 的逆序数为 5321
Press any key to continue
```

【实例 2-9】 爱因斯坦的阶梯问题。

设有一阶梯,每步跨 2 阶,最后剩 1 阶;每步跨 3 阶,最后剩 2 阶;每步跨 5 阶,最后剩 4 阶;每步跨 6 阶,最后剩 5 阶;每步跨 7 阶,正好到阶梯顶。问满足条件的最少阶梯数是多少?

(1) 编程思路 1。

让阶梯数 x 从 1 开始进行判断,如果 x 满足条件,即 x%2==1 && x%3==2 && x%5==4 && x%6==5 && x%7==0,则 x 即为所求;否则 x=x+1,再继续判断。程序为一个简单的循环,描述为:

```
x=1;
do {
  x++;
} while(!(x%2==1 && x%3==2 && x%5==4 && x%6==5 && x%7==0));
```

(2) 源程序 1 及运行结果。

```cpp
#include < iostream >
using namespace std;
int main()
{
    int x=1;
    do {
      x++;
    } while(!(x%2==1 && x%3==2 && x%5==4 && x%6==5 && x%7==0));
    cout <<"爱因斯坦的阶梯数为: "<< x << endl;
    return 0;
}
```

编译并执行以上程序,可得到如下所示的结果。

```
爱因斯坦的阶梯数为: 119
Press any key to continue
```

(3) 编程思路 2。

由于所求的阶梯数应是 7 的倍数,因此只需从 7 的倍数中找就可以了。即 x 赋初值 7,循环中,x 的每次增量为 7。

(4) 源程序 2。

```cpp
#include < iostream >
using namespace std;
int main()
{
```

```
    int x;
    x = 7;
    while(1)
    {
      if(x % 2 == 1 && x % 3 == 2 && x % 5 == 4 && x % 6 == 5) break;
      else x = x + 7;
    }
    cout << "爱因斯坦的阶梯数为: " << x << endl;
    return 0;
}
```

【实例 2-10】 有趣的数表。

把分数按下面的办法排成一个数表。

1/1   1/2   1/3   1/4   …

2/1   2/2   2/3   …

3/1   3/2   …

4/1   …

⋮

现以 z 字型方法给上表的每项编号。方法为：第一项是 1/1，然后是 1/2,2/1,3/1, 2/2,1/3,1/4,2/3,…。

编写一个程序输入项号 N(1<=N<=100000)，输出表中第 N 项。

(1) 编程思路。

可以把上面的数表右转 45 度，成一金字塔形状，如下所示：

            1/1

          2/1   1/2

        3/1   2/2   1/3

      4/1   3/2   2/3   1/4

            ⋮

该金字塔第 1 行有 1 个数，第 2 行有 2 个数，…，第 i 行有 i 个数。并且第 i 行上的 i 个分数的分子为 i~1，分母为 1~i，即第 1 个分数为 i/1，最后一个分数为 1/i。

为输出数表中的第 N 项，先需计算这一项在第几行。设第 N 项在 x 行，由于前 x−1 行共有 $1+2+3+\cdots+(x-1)$ 项，前 x 行有 $1+2+\cdots+x$ 项，因此有：$\frac{(x-1)^* x}{2} < N \leqslant \frac{x^*(x+1)}{2}$。

可以用一个循环计算第 n 项所在的行数，如下：

for (i = 1; i * (i + 1)/2 < n; i++) ;

循环退出后，i * (i+1)/2 刚好大于或等于 n，因此，i 就是第 n 项所在的行。

第 n 项在第 i 行中属于第几项又可以计算出来，公式为 $k = n - \frac{(i-1)^* i}{2}$，即 n 减去前 i−1 行中的全部项数。

　　由于是以 z 字型方法给数表的每项编号,因此当行号为奇数时,编号从左往右进行;当行号为偶数时,编号从右往左进行。

　　这样,当 i 为奇数时,第 i 行的第 k 项为(i+1−k)/k;当 i 为偶数时,第 i 行的第 k 项为 k/(i+1−k)。

　　(2) 源程序及运行结果。

```cpp
#include <iostream>
using namespace std;
int main()
{
    int i,k,n;
    cin >> n;
    for (i=1; i*(i+1)/2<n; i++) ;
    k=n-(i*(i-1)/2);
    if (i%2!=0)
        cout << i+1-k << "/" << k << endl;
    else
        cout << k << "/" << i+1-k << endl;
    return 0;
}
```

　　编译并执行以上程序,可得到如下所示的结果。

```
1000
36/10
Press any key to continue
```

【实例 2-11】　人民币兑换。

将 1 元人民币兑换成 1 分、2 分、5 分的硬币,共有多少种不同的兑换方法?

(1) 编程思路。

　　为简单计,先将 1 角钱人民币(10 分)兑换成 1 分、2 分、5 分,看看共有多少种不同的兑换方法?

　　为了不遗漏掉一种有效兑换方法,列举如图 2-6 所示。

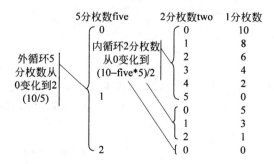

图 2-6　1 角钱人民币兑换成 1 分、2 分、5 分

　　显然,将 1 元兑换成 1 分、2 分、5 分硬币,也是一个二重循环,外循环控制 5 分枚数(five:0~20 (100/5)),内循环控制 2 分枚数(two:0~(100−5 * five)/2),剩下即是 1 分

硬币。

　　(2) 源程序及运行结果。

```cpp
#include <iostream>
using namespace std;
int  main()
{
    int five,two,count;
    count = 0;
    for (five = 0;five <= 100/5;five++)
    {
        for (two = 0; two <= (100 - five * 5)/2;two++)
            count++;
    }
    cout << "共有 " << count << " 种兑换方法" << endl;
  return 0;
}
```

编译并执行以上程序,可得到如下所示的结果。

```
共有 541 种兑换方法
Press any key to continue
```

【实例 2-12】 分解质因数。

将一个正整数分解质因数。例如,输入 90,输出 $90 = 2 \times 3 \times 3 \times 5$。

(1) 编程思路。

对整数 n 进行分解质因数,应让变量 i 等于最小的质数 2,然后按下述步骤完成:

① 如果 i 恰等于 n,则说明分解质因数的过程已经结束,输出即可。

② 如果 n<>i,但 n 能被 i 整除,则应输出 i 的值,并用 n 除以 i 的商,作为新的正整数 n,转步骤①。

③ 如果 n 不能被 i 整除,则用 i+1 作为新的 i 值,转步骤①。

因此,程序主体是一个循环,在循环中根据 n 能否整除 i,进行两种不同处理,描述为:

```cpp
i = 2;
while(i < n)
{
    if(n % i == 0)
    {
        cout << i <<" * ";              //i 是 n 的因数,输出 i
        n = n/i;                        //对除以因数后的商在进行分解
    }
    else
        i++;                            //找下一个因数
}
```

(2) 源程序及运行结果。

```cpp
#include <iostream>
using namespace std;
```

```
int main()
{
    int n,i;
    cout <<"please input a number:";
    cin >> n;
    cout << n <<" = ";
    i = 2;
    while(i < n)
    {
        if(n % i == 0)
        {
            cout << i <<" * ";
            n = n/i;
        }
        else
            i++;
    }
    cout << n << endl;
    return 0;
}
```

编译并执行以上程序，可得到如下所示的结果。

```
please input a number:90
90 = 2 * 3 * 3 * 5
Press any key to continue
```

【实例 2-13】 完全数。

完全数(Perfect Number)又称完美数或完备数，是一些特殊的自然数。它所有的真因子(即除了自身以外的约数)的和，恰好等于它本身。

例如，第一个完全数是 6，它有约数 1、2、3、6，除去它本身 6 外，其余 3 个数相加，1+2+3=6。第二个完全数是 28，它有约数 1、2、4、7、14、28，除去它本身 28 外，其余 5 个数相加，1+2+4+7+14=28。

编写一个程序，求 10000 以内完全数。

(1) 编程思路。

要求 10000 以内的所有完全数，需要对 2～10000 范围内的每一个数 n，计算 n 的所有真因子之和 s，若 n==s，则 n 就是一个完全数。框架描述为：

```
for(n = 2;n <= 10000;n++)
{
    计算 n 的真因子之和 s ;
    if(s == n)
        是完全数,输出结果;
}
```

为计算 n 的所有真因子之和 s，可令 s 初值为 1(1 是 n 的真因子)，然后用 2～n-1 范围内的每个 i 去除 n，如果 n 能被 i 整除(即 n%i==0)，则 i 是 n 的真因子，s=s+i。

实际上，i(i>1)是 n 的真因子，则 n/i 也是 n 的真因子。因此，可以将 i 的范围缩小为

$2\sim\sqrt{n}$。这样,计算 n 的真因子之和 s 的操作描述为:

```
s = 1;                                    //s 为 n 的真因子之和
for(i = 2;i < = sqrt(n);i++)              //求解真因子之和
    if(n % i == 0)
        if (i!= n/i)   s = s + i + n/i;
        else   s = s + i;
```

因此,程序可以写成一个嵌套的二重循环。

(2) 源程序及运行结果。

```cpp
#include < iostream >
#include < math. h >
using namespace std;
int main()
{
    int i,n,s;
    int cnt = 0;
    for(n = 2;n < = 10000;n++)
    {
        s = 1;                            //s 为 n 的真因子之和
        for(i = 2;i < = sqrt(n);i++)      //求解真因子之和
            if(n % i == 0)
                if (i!= n/i)   s = s + i + n/i;
                else   s = s + i;
        if(s == n)                        //是完数,输出
        {
            cnt++;
            cout <<"第"<< cnt <<"个完数 ";
            cout << n <<"  =  1";
            for(i = 2;i < = sqrt(n);i++)
                if(n % i == 0)
                    cout <<" + "<< i <<" + "<< n/i;
            cout << endl;
        }
    }
    return 0;
}
```

编译并执行以上程序,可得到如下所示的结果。

```
第 1 个完数 6  =  1 + 2 + 3
第 2 个完数 28  =  1 + 2 + 14 + 4 + 7
第 3 个完数 496  =  1 + 2 + 248 + 4 + 124 + 8 + 62 + 16 + 31
第 4 个完数 8128  =  1 + 2 + 4064 + 4 + 2032 + 8 + 1016 + 16 + 508 + 32 + 254 + 64 + 127
Press any key to continue
```

【实例 2-14】 求质数。

求 100～200 之间的所有质数。

（1）编程思路。

判断一个数 m 是否为质数的方法是，用 $2\sim\sqrt{m}$ 中的每一个整数 i 去除 m，若某一个 i 能整除 m，则 m 不是质数；否则，m 是质数。判断操作可以写成一个循环：

```
s = 0;                                    //s 为标志,s=0,表示 m 是质数
for  ( i = 2;  i <= sqrt(m);  i++)
    if (m % i == 0)  { s = 1;  break; }   //m 不是质数,修改标志 s 为 1
```

循环退出后，根据标志 s 的值，可确定 m 是否为质数。

求 100～200 之间的所有质数，写成一个嵌套的二重循环，外循环令 m 为 100～200，循环体内判断每个 m 是否为质数，若是质数则输出。

（2）源程序及运行结果。

```
#include < iostream >
#include < cmath >
using namespace std;
int main()
{
    int  i,  k,  m,  s;
    for  (m = 101;  m <= 200;  m = m + 2)
    {
        k = sqrt(m);
        s = 0;
        for  ( i = 2;  i <= k;  i++)
            if (m % i == 0)  { s = 1;  break; }
        if  (s == 0)    cout << m << "  ";
    }
    cout << endl;
    return 0;
}
```

编译并执行以上程序，可得到如下所示的结果。

```
101   103   107   109   113   127   131   137   139   149   151   157
163   167   173   179   181   191   193   197   199
Press any key to continue
```

【实例 2-15】 乘积全是 1。

由键盘输入一个奇数 P（P＜100000），其个位数字不是 5，求一个整数 S，使 P×S＝1111…1（在给定的条件下，解 S 必存在）。

要求在屏幕上依次输出以下结果：

① S 的全部数字。除最后一行外，每行输出 50 位数字。

② 乘积的数字位数。

例如，输入 p＝13，由于 13×8547＝111111，则应输出①8547；②6。

（1）编程思路。

由于在给定的条件（奇数 P 的个位数不为 5）下，解 S 必存在，即一定存在 S，使 P×S＝Y，乘积 Y 为全 1。为求 S，可以反过来，用 Y（各位全为 1 的整数）除以 P，直到余数为 0。用竖式做除法运算时，采用一位一位试商，程序中就模拟这个过程进行处理。

程序中,先构造一个刚好大于或等于 P 的各位全为 1 的数 a,这也是做竖式除法时的起始点。之后,不断将 a 除以 P,得到商 b 和余数 r,如果余数 r 不为 0,则将 1 接下来继续除(也就是新的 a 修改为 10 * r+1),直到余数 r 为 0 结束,依次所得的商 b 即是所求整数 S 的高位到低位排列结果。

初始 a 怎样构造呢?例如,设 P=237,构造的初始 a 应为 1111。

由于,$1111 = 1 \times 1000 + 1 \times 100 + 1 \times 10 + 1$

$\qquad\qquad = 111 \times 10 + 1$

$\qquad\qquad = (11 \times 10 + 1) \times 10 + 1$

$\qquad\qquad = [(1 \times 10 + 1) \times 10 + 1] \times 10 + 1$

$\qquad\qquad = \{[(0 \times 10 + 1) \times 10 + 1] \times 10 + 1\} \times 10 + 1$

因此,可令 a 初始值为 0,然后将 a 不断乘以 10 加 1 即可。算法描述为:

```
a = 0;
while (a < p)
{
    a = a * 10 + 1;
}
```

(2) 源程序及运行结果。

```cpp
#include < iostream >
using namespace std;
int main()
{
    int   p,a,b,r,t,n;
    while (1)
    {
        cout <<"输入自然数 p, 最后一位为 1 或 3 或 7 或 9:"<< endl;
        cout <<"p = ";
        cin >> p;
        if ( p % 2!= 0 && p % 5!= 0 )
            break;
    }
    a = 0;
    n = 0;
    while (a < p)
    {
        a = a * 10 + 1; n++;
    }
    t = 0;
    cout <<"s = ";
    do
    {
        b = a/p;
        cout << b;
        t++;
        if (t % 50 == 0)  cout << endl <<"   ";
        r = a % p;
```

```
        a = r * 10 + 1;
        n++;
    } while (r > 0);
    cout << endl <<"n = "<< -- n << endl;
    return 0;
}
```

编译并执行以上程序,可得到如下所示的结果。

```
输入自然数 p, 最后一位为 1 或 3 或 7 或 9:
p = 123
s = 903342366757
n = 15
Press any key to continue
```

【实例 2-16】 尼科彻斯定理。

尼科彻斯定理可以叙述为：任何一个整数的立方都可以表示成一串连续的奇数的和。需要注意的是,这些奇数一定是连续的,如 1,3,5,7,9,…。

(1) 编程思路。

先计算输入数 n 的立方 num,然后从 1(用变量 i 记录)开始累计和 sum,累计每次 j 加 2 保证下个数也为奇数,如果累加和 sum 大于立方数 num 时,跳出本次循环,进行下一次的尝试(i＝3 或 5,7,…开始累积和)。当找到后,记录开始位置(即 i),结束位置(即 j),输出。

程序写成一个嵌套的二重循环。外循环 i 控制累计和的起点,内循环累计 i,i+2,i+4,…的和。

(2) 源程序及运行结果。

```
#include < iostream >
using namespace std;
int main()
{
    int n,num,sum,i,j,flag;
    cout <<"请输入一个待验证的自然数: ";
    cin >> n;
    num = n * n * n;
    flag = 0;
    for(i = 1; i < num && flag == 0; i = i + 2)
    {
        sum = 0;
        for(j = i; j < num; j = j + 2)
        {
            sum += j;
            if(sum == num)
            {
                cout << num <<" = "<< i <<" + "<< i + 2 <<" + ... + "<< j << endl;
                flag = 1;
                break;
            }
            else if (sum > num)
                break;
```

```
        }
    }
    return 0;
}
```

编译并执行以上程序,可得到如下所示的结果。

```
请输入一个待验证的自然数: 51
132651 = 171 + 173 + ... + 747
Press any key to continue
```

【实例 2-17】 末尾 0 的个数。

对任意给定的正整数 n,求 n!中末尾 0 的个数。

(1)编程思路。

n!是一个很大的数,不能将其求出后,再统计其末尾 0 的个数。由于 $10 = 2 \times 5$,且 n!中因子 2 的个数一定超过因子 5 的个数。因此,对于 $1,2,3,\cdots,n$ 中的每一个数 i 求 5 的因子个数,然后将所有 5 的因子个数加起来就是 n!中末尾 0 的个数。

(2)源程序及运行结果。

```
#include < iostream >
using namespace std;
int   main()
{
    int i, j, k = 0, n;
    cin >> n;
    for (i = 5; i <= n; i = i + 5)
    {
        j = i;
        while (j % 5 == 0)
        {
                k++;
                j = j/5;
        }
    }
    cout << n << "!中末尾 0 的个数为" << k << endl;
    return 0;
}
```

编译并执行以上程序,可得到如下所示的结果。

```
1949
1949! 中末尾 0 的个数为 484
Press any key to continue
```

2.3 递推和迭代

递推和迭代算法的基本思想都是把一个复杂的庞大的求解过程转化为简单过程的多次重复,算法充分利用了计算机的运算速度快和适合做重复操作的特点,在程序控制结构上表现为循环结构。

2.3.1　递推

1. 递推算法的基本思想

所谓递推,是指从已知的初始条件出发,依据某种递推关系,逐次推出所要求的各中间结果及最后结果。其中,初始条件或是问题本身已经给定,或是通过对问题的分析与化简后确定。

利用递推算法求问题规模为 n 的解的基本思想是:当 n＝1 时,解或为已知,或能非常方便地求得;通过采用递推法构造算法的递推性质,能从已求得的规模为 1,2,…,i−1 的一系列解,构造出问题规模为 i 的解。这样,程序可从 i＝0 或 i＝1 出发,重复地由已知至 i−1 规模的解,通过递推,获得规模为 i 的解,直至获得规模为 n 的解。

可用递推算法求解的问题一般有以下两个特点:问题可以划分成多个状态;除初始状态外,其他各个状态都可以用固定的递推关系式来表示。当然,在实际问题中,大多数时候不会直接给出递推关系式,而是需要通过分析各种状态,找出递推关系式。

利用递推算法解决问题,需要做好以下 4 个方面的工作:

(1) 确定递推变量。

应用递推算法解决问题,要根据问题的具体实际设置递推变量。递推变量可以是简单变量,也可以是一维或多维数组。从直观角度出发,通常采用一维数组。

(2) 建立递推关系。

递推关系是指如何从变量的前一些值推出其下一个值,或从变量的后一些值推出其上一个值的公式(或关系)。递推关系是递推的依据,是解决递推问题的关键。有些问题,其递推关系是明确的,大多数实际问题并没有现成的明确的递推关系,需根据问题的具体实际,通过分析和推理,才能确定问题的递推关系。

(3) 确定初始(边界)条件。

对所确定的递推变量,要根据问题最简单情形的数据确定递推变量的初始(边界)值,这是递推的基础。

(4) 对递推过程进行控制。

递推过程不能无休止地重复执行下去。递推过程在什么时候结束,满足什么条件结束,这是编写递推算法必须考虑的问题。

递推过程的控制通常可分为两种情形:一种是所需的递推次数是确定的值,可以计算;另一种是所需的递推次数无法确定。对于前一种情况,可以构建一个固定次数的循环来实现对递推过程的控制;对于后一种情况,需要进一步分析出用来结束递推过程的条件。

递推通常由循环来实现,一般在循环外确定初始(边界)条件,在循环中实施递推。

递推法从递推方向可分为顺推与倒推。

所谓顺推法是从已知条件出发,通过递推关系逐步推算出要解决的问题的结果的方法。如求斐波那契数列的第 20 项的值,设斐波那契数列的第 n 项的值为 $f(n)$,已知 $f(1)＝1$,$f(2)＝1$;通过递推关系式 $f(n)＝f(n−2)+f(n−1)$ $(n>=3,n\in N)$,可以顺推出 $f(3)＝f(1)+f(2)＝2,f(4)＝f(2)+f(3)＝3,\cdots$直至要求的解 $f(20)＝f(18)+f(19)＝6765$。

所谓倒推法,就是在不知初始值的情况下,经某种递推关系而获知了问题的解或目标,从这个解或目标出发,采用倒推手段,一步步地倒推到这个问题的初始情况。

一句话概括:顺推是从条件推出结果,倒推从结果推出条件。

顺推法是从前往后推,从已求得的规模为 $1,2,\cdots,i-1$ 的一系列解,推出问题规模为 i 的解,直至得到规模为 n 的解。顺推算法可描述为:

```
for (k = 1; k <= i-1; k++)
    f[k] = <初始值>;                    //按初始条件,确定初始值
for (k = i; k <= n; k++)
    f[k] = <递推关系式>;                //根据递推关系实施递推
cout << f[n];                          //输出 n 规模的解 f(n)
```

倒推法是从后往前推,从已求得的规模为 $n,n-1,\cdots,i+1$ 的一系列解,推出问题规模为 i 的解,直至得到规模为 1 的解(即初始情况)。倒推算法可描述为:

```
for (k = n; k >= i+1; k--)
    f[k] = <初始值>;                    //按初始条件,确定初始值
for (k = i; k >= 1; k--)
    f[k] = <递推关系式>;                //根据递推关系实施递推
cout << f[1];                          //输出问题的初始情况 f(1)
```

递推问题一般定义一维数组来保存各项推算结果,较复杂的递推问题还需定义二维数组。例如,当"规模为 i"的解为"规模为 $1,2,\cdots,i-1$"的解通过计算处理决定时,可利用二重循环处理这一较为复杂的递推。这样复杂问题的递推读者可参考第 6.4 节中的相关内容。

2. 递推法的应用

【实例 2-18】 走楼梯。

设有一个共有 n 级的楼梯,某人每步可走 1 级,也可走 2 级,也可走 3 级,编写一个程序,输入楼梯的级数 n,输出某人从底层开始走完全部楼梯的走法的种数。

例如,当 n=3 时,共有 4 种走法,即 1+1+1(走 1 级、再走 1 级,最后走 1 级),1+2(先走 1 级,再走 2 级),2+1(先走 2 级,再走 1 级),3(直接走 3 级)。

(1) 编程思路。

本题可用递推法求解。先推导出递推公式。

设 f(k)表示从底层开始走完全部 k 级楼梯的走法种数。

对于 n 级楼梯,可以有下面几种走法:

① 最后走一级,则有 f(n-1)种。

② 最后走两级,则有 f(n-2)种。

③ 最后走三级,则有 f(n-3)种。

因此,$f(n)=f(n-1)+f(n-2)+f(n-3)$ $(n\geq 4)$。

初始情况:f(1)=1;f(2)=2;f(3)=4。

程序中定义 4 个变量 a、b、c 和 d 分别表示 f(n-3)、f(n-2)、f(n-1)和 f(n),初始时 a=1、b=2、c=4。

当 n<4 时,根据初始情况直接输出结果。

当 n≥4 时,用循环递推计算 f(n)。程序段描述为:

```
for(i = 4;i <= n;i++)
{
    d = a + b + c;                        //计算当前 f(i)
    a = b;   b = c;   c = d;              //为下一次递推做准备
}
```

循环结束后,变量 d 的值即为输出结果。

(2) 源程序及运行结果。

```
#include < iostream >
using namespace std;
int main()
{
    int a,b,c,d,i,n;
    cout <<"请输入楼梯级数: ";
    cin >> n;
    a = 1;   b = 2;   c = 4;
    if (n <= 0)
        cout <<"楼梯级数应为正整数,输入错误!"<< endl;
    else
    {
        if (n == 1)
            d = a;
        else if (n == 2)
            d = b;
        else if (n == 3)
            d = c;
        else
            for(i = 4;i <= n;i++)
            {
              d = a + b + c;                  //计算当前 f(i)
              a = b;   b = c;   c = d;        //为下一次递推做准备
            }
        cout <<"走完"<< n <<"级楼梯的全部走法有"<< d <<"种."<< endl;
    }
    return 0;
}
```

编译并执行以上程序,可得到如下所示的结果。

```
请输入楼梯级数: 10
走完 10 级楼梯的全部走法有 274 种。
Press any key to continue
```

【实例 2-19】　RPG 涂色问题。

有排成一行的 n 个方格,用红(Red)、粉(Pink)、绿(Green)三种颜色涂每个格子,每个格子涂一种色,要求任何相邻的方格不能同色,且首尾两格也不同色。

编写一个程序,输入方格数 n(0<n≤30),输出满足要求的全部涂法的种数。

（1）编程思路。

设满足要求的 n 个方格的涂色方法数为 F(n)。

因为 RPG 有三种颜色，可以先枚举出当方格数为 1、2、3 时的涂法种数。

显然，F(1)=3（即 R、P、G 三种）；F(2)=6（即 RP、RG、PR、PG、GR、GP 六种）；F(3)=6（即 RPG、RGP、PRG、PGR、GRP、GPR 六种）。

当方格的个数大于 3 时，n 个方格的涂色方案可以由 n−1 方格的涂色方案追加最后一个方格的涂色方案得出，分两种情况：

① 对于已按要求涂好颜色的 n−1 个方格，在 F(n−1)种合法的涂色方案后追加一个方格（第 n 个方格），由于合法方案的首尾颜色不同（即第 n−1 个方格的颜色不与第 1 个方格的相同）。这样，第 n 个方格的颜色也是确定的，它必定是原 n−1 个方格的首尾两种颜色之外的一种，因此在这种情况下的涂色方法数为 F(n−1)。

② 对于已按要求涂好颜色的 n−2 个方格，可以在第 n−1 个方格中涂与第 1 个方格相同的颜色，此时由于首尾颜色相同，这是不合法的涂色方案，但可以在第 n 个方格中涂上一个合法的颜色，使其成为方格长度为 n 的合法涂色方案（注意，当 n 等于 3 时，由于第 1(3−2)个方格与第 2(3−1)个方格颜色相同，第 3 个方格不论怎样涂都不会合法，因此递推的前提是 n 大于 3），在第 n 个方格中可以涂上两种颜色（即首格外的两种颜色，因为与它相连的第 n−1 个方格和第 1 个方格的颜色是一样的），因此在这种情况下的涂色方法数为 $2 * F(n-2)$。

由此，可得递推公式：$F(n) = F(n-1) + 2 * F(n-2)$ $(n \geqslant 4)$。

程序中定义 3 个变量 f1、f2 和 f3 分别表示 F(n−2)、F(n−1)和 F(n)，初始时 f1=6、f2=6。

当 n<4 时，根据初始情况直接输出结果。

当 n≥4 时，用循环递推计算 F(n)。程序段描述为：

```
for(i = 4;i < = n;i++)
{
    f3 = f1 + f2;                          //计算当前 F(i)
    f1 = f2;   f2 = f3;                    //为下一次递推做准备
}
```

（2）源程序及运行结果。

```
#include < iostream >
using namespace std;
int main()
{
    int i,n,f1,f2,f3,num;
    cout <<"请输入方格的数目 n (0 < n < = 30):";
    cin >> n;
    if (n == 1)   num = 3;
    else if (n == 2 || n == 3)   num = 6;
    else
    {
        f1 = 6;   f2 = 6;
        for(i = 4;i < = n;i++)
```

```
        {
            f3 = 2 * f1 + f2;                    //递推求 F(i)
            f1 = f2;    f2 = f3;                  //为下次递推做准备
        }
        num = f3;
    }
    cout << n <<"个方格的正确涂色方案一共有"<< num <<"种."<< endl;
    return 0;
}
```

编译并执行以上程序,可得到如下所示的结果。

```
请输入方格的数目 n (n<= 30):10
10 个方格的正确涂色方案一共有 1026 种。
Press any key to continue
```

为更清晰地描述递推过程并保存中间结果,可以定义一个一维数组 f[31],数组元素 f[i]保存总数为 i 个方格的涂色方法数。初始值 f[1]=3、f[2]=6、f[3]=6。源程序清单如下。

```
#include < iostream >
using namespace std;
int main()
{
    int i,n,f[31];
    f[0] = 0;
    f[1] = 3;
    f[2] = 6;
    f[3] = 6;
    for(i = 4;i < 31;i++)
        f[i] = f[i-1] + 2 * f[i-2];
    cout <<"请输入方格的数目 n (n<= 30):";
    cin >> n;
    cout << n <<"个方格的正确涂色方案一共有"<< f[n]<<"种."<< endl;
    return 0;
}
```

【实例 2-20】 马的行走路径。

设有一个 n×m 的棋盘(2≤n≤50,2≤m≤50),在棋盘上任一点有一个中国象棋马,如图 2-7(a)所示。马行走的规则为,马走日字;马只能向右走,如图 2-7(b)所示的 4 种走法。

编写一个程序,输入 n 和 m,找出一条马从棋盘左下角(1,1)到右上角(n,m)的路径。例如,输入 n=4、m=4 时,输出路径 (1,1)→(2,3)→(4,4)。这一路径如图 2-7(c)所示。若不存在路径,则输出"No!"。

(1) 编程思路。

先将棋盘的横坐标规定为 i,纵坐标规定为 j,对于一个 n×m 的棋盘,i 的值为 1~n,j 的值为 1~m。棋盘上的任意点都可以用坐标(i,j)表示。

对于马的移动方法,用变量 k 来表示 4 种移动方向(1、2、3、4);而每种移动方法用偏移值来表示,并将这些偏移值分别保存在数组 dx 和 dy 中,如表 2-2 所示。

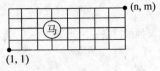
(a) 棋盘上的马

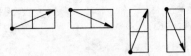
(b) 马的4种走向

(c) 一条行走路径

图 2-7　棋盘及马的行走

表 2-2　4 种移动方法对应偏移值

K	Dx[k]	Dy[k]	K	Dx[k]	Dy[k]
1	2	1	3	1	2
2	2	−1	4	1	−2

根据马走的规则,马可以由$(i-dx[k],j-dy[k])$走到(i,j)。只要马能从$(1,1)$走到$(i-dx[k],j-dy[k])$,就一定能走到(i,j),当然马走的坐标必须保证在棋盘上。

以(n,m)为起点向左递推,当递推到$(i-dx[k],j-dy[k])$的位置是$(1,1)$时,就找到了一条$(1,1)\sim(n,m)$的路径。

程序中可用一个二维数组 a 表示棋盘,使用倒推法,从终点(n,m)往左递推,设初始值$a[n][m]$为$(-1,-1)$(表示终点),如果从(i,j)一步能走到(n,m),就将(n,m)存放在$a[i][j]$中。如表 2-3 所示,$a[3][2]$和$a[2][3]$的值是$(4,4)$,表示从这两个点都可以到达坐标$(4,4)$。从$(1,1)$可到达$(2,3)$、$(3,2)$两个点,所以 $a[1][1]$存放两个点中的任意一个即可。递推结束以后,如果 $a[1][1]$值为$(0,0)$说明不存在路径;否则 $a[1][1]$值就是马走下一步的坐标,以此顺推输出路径。

表 2-3　N=4,M=4 时,数组 a 的赋值情况

			A[4][4]={−1,−1}
	A[2][3]={4,4}		
		A[3][2]={4,4}	
A[1][1]={2,3}			

(2) 源程序及运行结果。

```cpp
#include < iostream >
using namespace std;
int main()
{
    int dx[5] = {0,2,2,1,1},dy[5] = {0,1, - 1,2, - 2};
    struct point
    {
        int x;
        int y;
    };
    point a[51][51];
    int i,j,n,m,k;
    for(i = 0;i < 51;i++)
```

```
        for (j = 0;j < 51;j++)
            a[i][j].x = a[i][j].y = 0;
    cout <<"请输入终点的位置坐标: ";
    cin >> n >> m;
    a[n][m].x = -1;                            //标记为终点
    a[n][m].y = -1;
    for (i = n;i >= 2;i -- )                    //倒推
      for (j = 1;j <= m;j++)
      if (a[i][j].x!= 0)
        for (k = 1;k <= 4;k++)
        {
                a[i - dx[k]][j - dy[k]].x = i;
                a[i - dx[k]][j - dy[k]].y = j;
        }
    if (a[1][1].x == 0)
        cout <<"No!"<< endl;
    else                                       //存在路径
    {
        i = 1;   j = 1;
        cout <<"("<< i <<","<< j <<")";
        while (a[i][j].x!= -1)
        {
            k = i;
            i = a[i][j].x;   j = a[k][j].y;
            cout <<" ->("<< i <<","<< j <<")";
        }
    }
    cout << endl;
    return 0;
}
```

编译并执行以上程序,可得到如下所示的结果。

```
请输入终点的位置坐标: 10 10
(1,1) ->(2,3) ->(3,5) ->(4,7) ->(5,9) ->(6,7) ->(7,9) ->(9,8) ->(10,10)
Press any key to continue
```

【实例 2-21】 储油点。

一辆重型卡车欲穿过 1000 公里的沙漠,卡车耗油为 1 升 / 公里,卡车总载油能力为 500 升。显然卡车装一次油是过不了沙漠的。因此司机必须设法在沿途建立几个储油点,使卡车能顺利穿越沙漠,试问司机如何建立这些储油点? 每一储油点应存多少汽油,才能使卡车以消耗最少汽油的代价通过沙漠?

编程计算及打印建立的储油点序号,各储油点距沙漠边沿出发的距离以及存油量。

No.	distance(k.m.)	oil(litre)
1	× ×	× ×
2	× ×	× ×
3	× ×	× ×

（1）编程思路。

定义两个一维数组 oil[10] 和 dis[10]，其中 oil[i] 表示第 i 个储油点的存储油量，dis[i] 表示第 i 个储油点至终点（i=0）的距离。

可以用倒推法来解决这个问题。从终点向始点倒推，逐一求出每个储油点的位置及存油量。图 2-8 所示为倒推时的返回点。

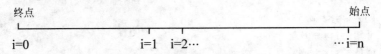

图 2-8　从终点向起点倒推示意图

从储油点 i 向储油点 i+1 倒推的策略是，卡车在点 i 和点 i+1 间往返若干次。卡车每次返回 i+1 处时正好耗尽 500L 汽油，而每次从 i+1 处出发时又必须装足 500L 汽油。两点之间的距离必须满足在耗油最少的条件下使 i 点储足 i×500L 汽油的要求（$0 \leqslant i \leqslant n-1$）。

具体地讲，第一个储油点 i=1 应距终点 i=0 处 500km 且在该处储藏 500L 汽油，这样才能保证卡车能由 i=1 处到达终点 i=0 处，这就是说：dis[1]=500；oil[1]=500。为了在 i=1 处储藏 500L 汽油，卡车至少从 i=2 处开两趟满载油的车至 i=1 处。所以 i=2 处至少存储 2×500L 汽油，即 oil[2]=500×2=1000。另外，再加上从 i=1 返回至 i=2 处的一趟空载，合计往返 3 次。三次往返路程的耗油量按最省要求只能为 500L，即 $d_{1,2}$=500/3 km，如图 2-9 所示。

因此，dis[2]=dis[1]+$d_{1,2}$=dis[1]+ 500/3。

为了在 i=2 处储存 1000L 汽油，卡车至少从 i=3 处开三趟满载油的车至 i=2 处。所以 i=3 处至少存储 3×500L 汽油，即 oil[3]=500×3=1500。加上 i=2 至 i=3 处的二趟返程空车，合计 5 次。路途耗油量亦应 500L，即 $d_{2,3}$=500/5 km，如图 2-10 所示。

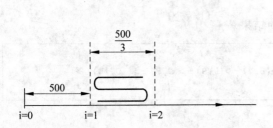
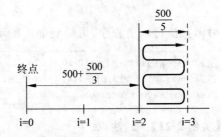

图 2-9　由储油点 1 推至储油点 2 的示意图　　图 2-10　由储油点 1 推至储油点 2 的示意图

因此，dis[3]=dis[2]+$d_{2,3}$=dis[2]+ 500/5。

依次类推，为了在 i=k 处储藏 k*500L 汽油，卡车至少从 i=k+1 处开 k 趟满载车至 i=k 处，即 oil[k+1]=(k+1)*500=oil[k]+500，加上从 i=k 返回 i=k+1 的 k-1 趟返程空车，合计 2*k-1 次。这 2*k-1 次总耗油量按最省要求为 500L，即 $d_{k,k+1}$=500/(2k-1) km。

因此，dis[k+1]=dis[k]+$d_{k,k+1}$=dis[k]+ 500/(2k-1)

最后，i=n 至始点的距离为 1000-dis[n]，oil[n]=500*n。为了在 i=n 处取得 n*

500L 汽油,卡车至少从始点开 n+1 次满载车至 i=n,加上从 i=n 返回始点的 n 趟返程空车,合计 2*n+1 次,2*n+1 趟的总耗油量应正好为(1000-dis[n])*(2*n+1),如图 2-11 所示。即始点藏油为 oil[n]+(1000-dis[n])*(2*n+1)。

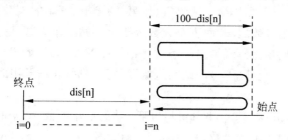

图 2-11　由储油点 n 推至起点的示意图

（2）源程序及运行结果。

```cpp
#include <iostream>
using namespace std;
int main()
{
    int k;                              //储油点位置序号
    float d,d1;                         //d 为终点至当前储油点的距离,d1:i=n 至始点的距离
    float oil[10],dis[10];              //dis 为各储油点至终点的距离
    int i;
    cout <<"序号\t 离出发点距离(公里)\t 储油量(L)"<< endl;
    k = 1;
    d = 500;                            //从 i=1 处开始向始点倒推
    dis[1] = 500;   oil[1] = 500;       //离终点最近的储油点作为递推的开始
    do {
        k = k + 1;   d = d + 500/(2*k-1);
        dis[k] = d;
        oil[k] = oil[k-1] + 500;
    }   while (d<1000);                 //递推结束条件为 储油点到终点的距离超过 1000
    dis[k] = 1000;                      //置始点至终点的距离值
    d1 = 1000 - dis[k-1];               //求储油点 k 处至始点的距离
    oil[k] = d1*(2*k+1) + oil[k-1];     //求始点藏油量
    for (i = 0; i < k; i++)
        cout << i <<"\t"<< 1000 - dis[k-i]<<"\t\t\t"<< oil[k-i]<< endl;
    return 0;
}
```

编译并执行以上程序,可得到如下所示的结果。

序号	离出发点距离(km)	储油量(L)
0	0	3925
1	25	3500
2	63	3000
3	108	2500
4	163	2000
5	234	1500
6	334	1000
7	500	500
Press any key to continue		

【实例 2-22】　乘火车。

火车从始发站(编号为 1,称为第 1 站)开出,在始发站上车的人数为 a,然后到达第 2 站,在第 2 站有人上、下车,但上、下车的人数相同,因此在第 2 站开出时(即在到达第 3 站之前)车上的人数保持为 a 人。从第 3 站起(包括第 3 站)上、下车的人数有一定的规律:上车的人数都是前两站上车人数之和,而下车人数等于上一站上车人数,一直到终点站的前一站(第 n−1 站),都满足此规律。现给出的条件是:共有 N 个车站,始发站上车的人数为 a,最后一站下车的人数是 m(全部下车)。试问从始发站开出后,各站开出时车上的人数是多少?

(1) 编程思路。

定义三个数组 up、down 和 p,设 up[i]为第 i 站的上车人数、down[i]为第 i 站的下车人数、p[i]为第 i 站开出时车上的人数(1≤i≤n)。初始时:up[1]=a,down[1]=0,p[1]=a。

① 依次枚举第 2 站的上车人数为 1,2,…。

设第 2 站的上车人数为 k,则 up[2]=down[2]=k,p[2]=p[1]+up[2]−down[2]=a。

② 按照下式递推第 3 站~第 n−1 站的车上人数

up[i]=up[i−1]+up[i−2]

down[i]=up[i−1]

p[i]=p[i−1]+up[i]−down[i]=p[i−1]+up[i−2] (3≤i≤n−1)

③ 若 p[n−1]==m,则输出各站开出时车上的人数,并退出;否则 k←k+1,返回步骤①继续枚举,直至 p[n−1]>m 为止。

因为 p[i] 相对 k 是递增的,因此在当前 p[n−1]>m 的情况下,无论 k 值怎样增加也不会使得 p[n−1]==m,所以根据输入情况是无解的。

(2) 源程序及运行结果。

```cpp
#include <iostream>
#include <iomanip>
using namespace std;
#define MAXS 101
int main()
{
    int a,n,m,k,i;
    int p[MAXS],down[MAXS],up[MAXS];
    cout <<"请输入车站数 n、始发站上车人数 a 和终点站下车人数 m : "<< endl;
    cin >> n >> a >> m;
    up[1] = a;   down[1] = 0;   p[1] = a;
    k = 1;
    do {
        up[2] = k; down[2] = k;   p[2] = p[1];       //枚举第 2 站的上、下车人数和车上人数
        for  (i = 3;i < n;i++)                        //递推第 3 站…第 n−1 站的车上人数
        {
            up[i] = up[i-1] + up[i-2];
            down[i] = up[i-1];
            p[i] = p[i-1] + up[i-2];
        }
        if (p[n-1] == m)               //若 n−1 站车上人数为 m,则输出从各站开出时车上的人数
        {
            up[n] = 0;   down[n] = m;   p[n] = 0;
```

```
            cout <<"上下车情况如下: "<< endl;
            cout <<"车站编号: ";
            for (i = 1;i <= n;i++)
                cout << setw(4)<< i <<"   ";
            cout << endl;
            cout <<"上车人数: ";
            for (i = 1;i <= n;i++)
                cout << setw(4)<< up[i]<<"   ";
            cout << endl;
            cout <<"下车人数: ";
            for (i = 1;i <= n;i++)
                cout << setw(4)<< down[i]<<"   ";
            cout << endl;
            cout <<"车上人数: ";
            for (i = 1;i <= n;i++)
                cout << setw(4)<< p[i]<<"   ";
            cout << endl;
            break;
        }
        k = k + 1;                          //第 2 站上车人数增加 1
    } while (p[n - 1]< m);                   //直至无法满足此规律为止
    if (p[n - 1]> m) cout <<"No Answer!"<< endl;
    return 0;
}
```

编译并执行以上程序,可得到如下所示的结果。

```
请输入车站数 n、始发站上车人数 a 和终点站下车人数 m :
10 15 530
上下车情况如下:
车站编号:   1    2    3    4    5    6    7    8    9   10
上车人数:  15   16   31   47   78  125  203  328  531    0
下车人数:   0   16   16   31   47   78  125  203  328  530
车上人数:  15   15   30   46   77  124  202  327  530    0
Press any key to continue
```

2.3.2 迭代

1. 迭代算法的基本思想

迭代法也称辗转法,是一种不断用变量的旧值推出新值的过程。它是解决问题的一种基本方法,通过让计算机对一组指令(或一定步骤)进行重复执行,在每次执行这组指令(或这些步骤)时,都从变量的原值推出它的一个新值。

迭代算法的基本思想是:为求一个问题的解 x,可由给定的一个初值 x0,根据某一迭代公式得到一个新的值 x1,这个新值 x1 比初值 x0 更接近要求的值 x;再以新值作为初值,即:x1→x0,重新按原来的方法求 x1,重复这一过程直到|x1-x0|<ε(某一给定的精度)。此时可将 x1 作为问题的解 x。

利用迭代算法解决问题,需要做好以下三个方面的工作:

　　(1) 确定迭代变量。在可以用迭代算法解决的问题中,至少存在一个直接或间接地不断由旧值推出新值的变量,这个变量就是迭代变量。

　　(2) 建立迭代关系式。所谓迭代关系式,指如何从变量的前一个值推出其下一个值的公式(或关系)。迭代关系式的建立是解决迭代问题的关键。

　　(3) 对迭代过程进行控制。在什么时候结束迭代过程? 这是编写迭代程序必须考虑的问题。不能让迭代过程无休止地重复执行下去。迭代过程的控制通常可分为两种情况:一种是所需的迭代次数是个确定的值,可以计算出来;另一种是所需的迭代次数无法确定。对于前一种情况,可以构建一个固定次数的循环来实现对迭代过程的控制;对于后一种情况,需要进一步分析出用来结束迭代过程的条件。

　　迭代也是用循环结构实现,只不过要重复的操作是不断从一个变量的旧值出发计算它的新值。其基本格式描述如下:

```
迭代变量赋初值;
while (迭代终止条件)
{
        根据迭代表达式,由旧值计算出新值;
        新值取代旧值,为下一次迭代做准备;
}
```

【实例 2-23】　验证谷角猜想。

　　日本数学家谷角静夫在研究自然数时发现了一个奇怪现象:对于任意一个自然数 n,若 n 为偶数,则将其除以 2;若 n 为奇数,则将其乘以 3,然后再加 1。如此经过有限次运算后,总可以得到自然数 1。人们把谷角静夫的这一发现叫做“谷角猜想”。

　　要求:编写一个程序,由键盘输入一个自然数 n,把 n 经过有限次运算后,最终变成自然数 1 的全过程打印出来。

　　(1) 编程思路。

　　定义迭代变量为 n,按照谷角猜想的内容,可以得到两种情况下的迭代关系式:当 n 为偶数时,n=n/2;当 n 为奇数时,n=n*3+1。

　　这就是需要计算机重复执行的迭代过程。这个迭代过程需要重复执行多少次,才能使迭代变量 n 最终变成自然数 1,这是无法计算的。因此,还需进一步确定用来结束迭代过程的条件。由于对任意给定的一个自然数 n,只要经过有限次运算后,能够得到自然数 1,从而完成验证工作。因此,用来结束迭代过程的条件可以定义为 n==1。

　　(2) 源程序及运行结果。

```cpp
#include < iostream >
using namespace std;
int main()
{
    unsigned int data;
    cout <<"请输入一个自然数: ";
    cin >> data;
    while(data!= 1)
    {
        if((data % 2 == 0))
```

```
        {
            cout << data <<"/2 = ";
            data/ = 2;
            cout << data << endl;
        }
        else
        {
            cout << data <<" * 3 + 1 = ";
            data = data * 3 + 1;
            cout << data << endl;
        }
    }
    return 0;
}
```

编译并执行以上程序,可得到如下所示的结果。

```
请输入一个自然数: 34
34/2 = 17
17 * 3 + 1 = 52
52/2 = 26
26/2 = 13
13 * 3 + 1 = 40
40/2 = 20
20/2 = 10
10/2 = 5
5 * 3 + 1 = 16
16/2 = 8
8/2 = 4
4/2 = 2
2/2 = 1
Press any key to continue
```

2. 迭代法的应用

【实例 2-24】 埃及分数。

分子是1的分数,叫单位分数。古代埃及人在进行分数运算时,只使用分子是1的分数,因此这种分数也叫做埃及分数。

设 a、b 为互质正整数,且 a<b,分数 a/b 可以分解成若干个埃及分数之和。

例如:

$$3/7 = 1/3 + 2/21 = 1/3 + 1/11 + 1/231$$
$$13/23 = 1/2 + 3/46 = 1/2 + 1/16 + 1/368$$

(1) 编程思路。

数学家斐波那契曾提出了一种求解埃及分数的迭代算法,算法描述为:

设某个真分数的分子为 a,分母为 b。

① 把 b 除以 a 的商加1后的值作为埃及分数的某一个分母 c,c=b/a+1。

② 将 a 乘以 c 再减去 b,作为新的 a,a=a*c-b。

③ 将 b 乘以 c,得到新的 b,b＝b∗c。

④ 如果 a 能整除(b%a==0),则最后一个分母为 b/a,算法结束；否则,转步骤①重复上面的步骤。

(2) 源程序及运行结果。

```cpp
#include < iostream >
using namespace std;
int main()
{
    int a,b,c;
    cout <<"输入给定分数的分子 a 和分母 b：";
    cin >> a >> b;
    cout << a <<"/"<< b <<" = ";
    while (b % a!= 0)
    {
        c = b/a + 1;
        cout <<" 1/"<< c <<" + ";
        a = a ∗ c - b;
        b = b ∗ c;
    }
    cout <<"1/"<< b/a << endl;
    return 0;
}
```

编译并执行以上程序,可得到如下所示的结果。

```
输入给定分数的分子 a 和分母 b：3 7
3/7 =   1/3 +   1/11 + 1/231
Press any key to continue
```

【实例 2-25】 求平方根。

用迭代法求某个数的平方根。已知求平方根的迭代公式为：

$$x_1 = \frac{1}{2}\left(x_0 + \frac{a}{x_0}\right)$$

(1) 编程思路。

用迭代法求某个数 a 的平方根的算法为：

① 先自定一个初值 x0,作为 a 的平方根值,如取 a/2 作为 x0 的初值。利用迭代公式求出一个 x1。此值与真正的 a 的平方根值相比,误差可能很大。

② 把新求得的 x1 代入 x0 中,准备用此新的 x0 再去求出一个新的 x1。

③ 利用迭代公式再求出一个新的 x1 的值,也就是用新的 x0 又求出一个新的平方根值 x1,此值将更趋近于真正的平方根值。

④ 比较前后两次求得的平方根值 x0 和 x1,如果它们的差值小于指定的值(如0.000001),即达到要求的精度,则认为 x1 就是 a 的平方根值,执行步骤 5；否则执行步骤 2,即循环进行迭代。

⑤ 迭代结束,输出结果 x1。

(2) 源程序及运行结果。

```cpp
#include <iostream>
#include <cmath>
using namespace std;
int main()
{
    double x0,x1,a ;
    cin>>a;
    x0 = a/2;                          //迭代初值
    x1 = 0.5*(x0 + a/x0);
    do
    {
        x0 = x1;                        //为下一次迭代作准备
        x1 = 0.5*(x0 + a/x0);
    } while (fabs(x1-x0)>0.000001);
    cout << x1 << endl;                 //输出结果
    return 0 ;
}
```

编译并执行以上程序,可得到如下所示的结果。

```
3
1.73205
Press any key to continue
```

【实例 2-26】 迭代法求方程的根。

迭代法是用于求方程或方程组近似根的一种常用的算法设计方法。设方程为 $f(x)=0$,用某种数学方法导出等价的形式 $x=g(x)$,然后按以下步骤执行:

① 选一个方程的近似根,赋给变量 x0。

② 将 x0 的值保存于变量 x1,然后计算 g(x1),并将结果存于变量 x0。

③ 当 x0 与 x1 的差的绝对值还小于指定的精度要求时,重复步骤②的计算。

若方程有根,并且用上述方法计算出来的近似根序列收敛,则按上述方法求得的 x0 就认为是方程的根。上述算法用 C++程序的形式表示为:

```cpp
x0 = 初始近似根;
do {
  x1 = x0;
  x0 = g(x1);                          //按特定的方程计算新的近似根
  } while ( fabs(x0-x1)>Epsilon);
cout <<"方程的近似根是"<< x0;
```

编写一个程序,用迭代法求方程 $x^3-x-1=0$ 在区间[0,2]中的根。

(1) 编程思路 1。

用二分迭代法求解。

二分迭代法的原理:先取方程 $f(x)=0$ 的两个粗略解 x1 和 x2,若 $f(x1)$ 与 $f(x2)$ 的正负符号相反,则表明区间(x1,x2)中至少有方程的一个解。如果 $f(x)$ 在区间(x1,x2)内单调递增或单调递减,则(x1,x2)内只有方程的一个解。具体做法:取 x1,x2 的中点 x3,计算

f(x3)的值。在 x1，x2 中去掉函数值与 f(x3)同号者(假设 f(x2)和 f(x3)同号)，得到一个由
x1 和 x3 构成的区间，这个区间是原来的一半，并且包含精确解。不断重复(不是无穷多次)
上述步骤，可以得到一个序列：x1，x2，x3，…，xn，…这个序列的极限便是方程的精确值。

（2）源程序 1 及运行结果。

```
#include <iostream>
#include <cmath>
using namespace std;
int main()
{
    double x1,x2,x3 ;
    x1 = 0; x2 = 2 ;                        //初始区间
    do
    {
        x3 = (x1 + x2) / 2;
        if ((x1 * x1 * x1 - x1 - 1) * (x3 * x3 * x3 - x3 - 1) > 0 )
            x1 = x3 ;                       //改变区间
        else
            x2 = x3 ;                       //改变区间
    } while (fabs(x2 - x1)> 0.000001);      //判断是否满足精度要求
    cout << x1 << endl;                     //输出结果
    return 0 ;
}
```

编译并执行以上程序，可得到如下所示的结果。

```
1.32472
Press any key to continue
```

（3）编程思路 2。

用牛顿迭代法求解。

牛顿迭代法的基本原理是：设已知方程 f(x)＝0 的近似根 x_0，则在 x_0 附近 f(x)可用一
阶泰勒多项式 p(x)＝f(x_0)＋f′(x_0)(x－x_0)近似代替。因此，方程 f(x)＝0 可近似地表示为
p(x)＝0，用 x_1 表示 p(x)＝0 的根，它与 f(x)＝0 的根差异不大。

设 f′(x_0)≠0，由于 x_1 满足 f(x_0)＋f′(x_0)(x_1－x_0)＝0，解得

$$x_1 = x_0 - \frac{f(x_0)}{f'(x_0)}$$

重复这一过程，得到迭代公式：

$$x_{n+1} = x_n - \frac{f(x_n)}{f'(x_n)}$$

牛顿迭代法的几何解析是：在 x_0 处作曲线的切线，切线方程为 y＝f(x_0)＋f′(x_0)(x－
x_0)。令 y＝0，可得切线与 x 轴的交点坐标 $x_1 = x_0 - \frac{f(x_0)}{f'(x_0)}$，这就是牛顿法的迭代公式。
因此，牛顿法又称"切线法"。

（4）源程序 2 及运行结果。

```
#include <iostream>
```

```
#include <cmath>
using namespace std;
int main()
{
    double x1,x2 ;
    x1 = x2 = 2 ;                              //初始点 x0 = 2
    do
    {
        x1 =    x2;
        x2 = x1 - (x1 * x1 * x1 - x1 - 1)/ (3 * x1 * x1 - 1) ;
    } while (fabs(x2 - x1)> 0.000001);          //判断是否满足精度要求
    cout <<"方程的一个根为 "<< x2 << endl;
    return 0 ;
}
```

编译并执行以上程序,可得到如下所示的结果。

```
方程的一个根为 1.32472
Press any key to continue
```

（5）编程思路 3。

用弦截法求解。

弦截法是在牛顿法的基础上得出的求解非线性方程 $f(x)=0$ 的一种十分重要的插值方法。用牛顿法求解非线性方程的根时,每一步都要计算导数值,如果函数 $f(x)$ 比较复杂时,计算导数 $f'(x)$ 往往比较困难。而弦截法使用差商 $\dfrac{f(x_k)-f(x_k-1)}{x_k-x_{k-1}}$ 来代替牛顿法中的导数值进行迭代,避免了计算函数的导数值,并且收敛速度很快。

弦截法的算法步骤如下：

① 确定初始值 x_0, x_1；

② 计算函数值 $f(x_0)$, $f(x_1)$；

③ 利用迭代公式 $x = x_1 - \dfrac{f(x_1)}{f(x_1)-f(x_0)}(x_1-x_0)$ 计算方程新的近似根值 x；

④ 若满足 $|x-x_1|\leqslant\varepsilon$ 时便可停止迭代,x 作为方程 $f(x)=0$ 的近似根,算法结束；否则取 $x_0 = x_1$, $x_1 = x$,转步骤②,重复迭代计算 x,直到满足要求。

（6）源程序 3 及运行结果。

```
#include <iostream>
#include <cmath>
using namespace std;
int main()
{
    double x0,x1,x,f0,f1 ;
    x1 = 0;   x = 2 ;                          //初始区间
    do
    {
        x0 = x1;   x1 = x;
        f0 = x0 * x0 * x0 - x0 - 1 ;
        f1 = x1 * x1 * x1 - x1 - 1 ;
```

```
        x = x1 - f1/(f1 - f0) * (x1 - x0);
    } while (fabs(x - x1)> 0.000001);          //判断是否满足精度要求
    cout <<"方程的一个根为 "<< x << endl;
    return 0 ;
}
```

编译运行源程序 3,得到和源程序 2 相同的运行结果。比较牛顿迭代法和弦截法可知:牛顿法是用切线与 x 轴的交点,逼近曲线 f(x)与 x 轴的交点。迭代公式为 $x_{n+1} = x_n - \dfrac{f(x_n)}{f'(x_n)}$。

弦截法是用两点之间的连线与 x 轴的交点,逼近曲线 f(x)与 x 轴的交点。迭代公式为 $x_{n+1} = x_n - \dfrac{f(x_n)}{f(x_n) - f(x_{n-1})}(x_n - x_{n-1})$。

2.3.3 递推和迭代的比较

迭代是一种不断用变量的旧值推出新值的过程。例如,程序设计中常用到的计数 cnt=cnt+1(或 cnt++),就是用变量 cnt 的值加上 1 后赋值给 cnt;对 k 的求和 s=s+k,就是用变量 s 的值加上 k 后赋值给 s。这种用变量 cnt、s 的新值取代旧值的过程,实际上就是迭代。

递推实际上也是根据递推关系式不断推出新值的过程,与迭代有很多共同之处。很多迭代过程可以应用递推来解决;反过来,很多递推过程也可以应用迭代来解决。

例如,下面的水手分椰子问题,既可以采用递推法求解,也可以用迭代法求解。

【实例 2-27】 水手分椰子。

5 个水手来到一个岛上,采了一堆椰子后,因为疲劳都睡着了。一段时间后,第一个水手醒来,悄悄地将椰子等分成 5 份,多出一个椰子,便给了旁边的猴子,然后自己藏起一份,再将剩下的椰子重新合在一起,继续睡觉。不久,第二名水手醒来,同样将椰子等分成 5 份,恰好也多出一个,也给了猴子。然后自己也藏起一份,再将剩下的椰子重新合在一起。以后每个水手都如此分了一次并都藏起一份,也恰好都把多出的一个给了猴子。第二天,5 个水手醒来,发现椰子少了许多,心照不宣,便把剩下的椰子分成 5 份,恰好又多出一个,给了猴子。问原来这堆椰子至少有多少个?

(1) 编程思路 1。

应用递推来求解,按时间来实施递推。

设第 i 个水手藏椰子数为 y(i)(i=1,2,…,5)个,第二天 5 个水手醒来后各分得椰子为 y(6)个,则原来这堆椰子数为

$$x = 5 * y(1) + 1$$

① 如何求取 y(1)呢?

由于第二个水手醒来所面临的椰子数为 4y(1),同时也为 5y(2)+1,于是有

$$4 * y(1) = 5 * y(2) + 1$$

同样,y(2)与 y(3)之间的关系为

$$4 * y(2) = 5 * y(3) + 1$$

一般地,有递推关系为

$$4 * y(i) = 5 * y(i+1) + 1 \ (i=1,2,\cdots,5)$$

② 递推的初始(边界)值如何确定?

问题本身没有初始(边界)条件限制,只要求上面 5 个递推关系式涉及的 6 个量 y(i) 都是正整数。也就是说,若有 6 个整数 y(i) 满足 5 个方程 $4 * y(i) = 5 * y(i+1) + 1$ (i=1, 2,$\cdots$,5),即为所求的一个解。

③ 采用顺推法求解。

将递推式变形为从 y(i) 推出 y(i+1) 的形式

$$y(i+1) = (4 * y(i) - 1)/5 \quad (i=1,2,\cdots,5)$$

首先 y(1) 赋初值 k 后推出 y(2),由 y(2) 推出 y(3),$\cdots$,依此经 5 次递推得 y(6)。如果某一次推出的不是整数,则中止继续往后推,k 增 1 后赋值给 y(1),从头开始。

这样按时间顺序从前往后递推,若每次递推所得都是整数,则找到了解,打印输出。

为保证推出的 y(i) 为整数,则要求 $4 * y(i-1) - 1$ 能被 5 整除(即前一个水手藏起一份后,剩下的 4 份能够给猴子一个,再被分成 5 份)。因此,可确定最小的 k 值为 4,即 y(1) 赋初值 4;若在递推过程中,某次 y(i) 不为整数,则重新赋 y(1) 从头再来,为保证 $4 * y(1) - 1$ 能被 5 整除,因此 k 的增量可设置为 5。

(2) 源程序 1 及运行结果。

```cpp
#include < iostream >
using namespace std;
int main()
{
    int i,k,x,y[7];
    k = 4;   y[1] = k;
    i = 2;
    while (i <= 6)
    {
        if ((4 * y[i-1] - 1) % 5!= 0)
        {
            k = k + 5;   y[1] = k; i = 2;          //若 y(i) 不是整数,k 增 1 重试
        }
        else
        {
            y[i] = (4 * y[i-1] - 1)/5;             //递推求后一个水手藏起的椰子 y(i)
            i++;
        }
    }
    x = 5 * y[1] + 1;
    cout <<"原有椰子至少"<< x <<"个."<< endl;
    for (i = 1; i <= 5; i++)
        cout <<"第 "<< i <<" 个水手面临椰子 "<< 5 * y[i] + 1 <<" 个,藏 "<< y[i]<<"个."<< endl;
    cout <<"最后一起分时有椰子 "<< 5 * y[6] + 1 <<"个,每人分得"<< y[6]<<"个."<< endl;
    return 0;
}
```

编译并执行以上程序,可得到如下所示的结果。

```
原有椰子至少 15621 个.
第 1 个水手面临椰子 15621 个,藏 3124 个。
第 2 个水手面临椰子 12496 个,藏 2499 个。
第 3 个水手面临椰子 9996 个,藏 1999 个。
第 4 个水手面临椰子 7996 个,藏 1599 个。
第 5 个水手面临椰子 6396 个,藏 1279 个。
最后一起分时有椰子 5116 个,每人分得 1023 个。
Press any key to continue
```

(3) 编程思路 2。

采用倒推法求解,即改为 y(6)赋初值 k 后递推出 y(5),由 y(5)递推出 y(4),依此经 5 次递推得 y(1),"由后向前"递推式为:

$$y(i) = (5 * y(i+1)+1)/4 \quad (i=1,2,\cdots,5)$$

为确保从 y(6)推出整数 y(5),显然 y(6)(即初始参数 k)只能取 3,7,11,…,即取 k%4==3。因而 k 赋初值为 3,k 的增量为 4。

(4) 源程序 2。

```cpp
#include < iostream >
using namespace std;
int main()
{
    int i,k,x,y[7];
    k = 3;   y[6] = k;
    i = 5;
    while (i>= 1)
    {
        if ((5 * y[i+1] + 1) % 4!= 0)
        {
            k = k + 4;   y[6] = k; i = 5;          //若 y(i)不是整数,k 增 1 重试
        }
        else
        {
            y[i] = (5 * y[i+1] + 1)/4;             //递推求前一个水手藏起的椰子 y(i)
            i -- ;
        }
    }
    x = 5 * y[1] + 1;
    cout <<"原有椰子至少"<< x <<"个."<< endl;
    for (i=1; i<= 5; i++)
    cout <<"第 "<< i <<" 个水手面临椰子 "<< 5 * y[i] + 1 <<" 个,藏 "<< y[i]<<"个."<< endl;
    cout <<"最后一起分时有椰子 "<< 5 * y[6] + 1 <<" 个,每人分得"<< y[6]<<"个."<< endl;
    return 0;
}
```

在思路 1 中,采用顺推法,从前向后推,即从大到小推,试到 k=3124 才完成,从 k=4 到 k=3124,试了 625 次;在思路 2 中,采用倒推法,从后往前推,即从小往大推,只要试到 k= 1023 即可完成,从 k=3 到 k=1023,试了 256 次。可见,在应用递推时,选用合适的递推方向关系到递推的效率。

（5）编程思路 3。

用迭代法求解。

从最后 5 位水手一起分椰子时的椰子数 residual 入手，设 residual 的初始值为 6（每个水手至少能分 1 个，丢 1 个给猴子），但这不可能，因为 residual 的值一定是第 5 位水手分成 5 份后，藏 1 份，剩下的 4 份，即每次剩下的一定是 4 的倍数，因此 residual 值一定满足两个条件：是 4 的倍数；减 1 后能被 5 整除。即 residual 的值为 $16,36,56,76,\cdots$。

对 residual 值向前推导。看看能否前推 5 次，且每次剩下的椰子数均是 4 的倍数。例如，当 residual＝16 时，第 5 位水手面临的椰子数应为 peachNum＝present/4 * 5＋1＝16/4 * 5＋1＝21，而第 5 位水手面临的椰子数是第 4 位水手藏起 1 份后剩下的 4 份，显然 21 不是 4 的倍数，因此 residual＝16 不可行，修改 residual 的值，使 residual＝residual＋20＝36，重新推导。

迭代时，迭代初值为 present＝residual，迭代关系式为 peachNum＝present/4 * 5＋1，present＝peachNum。迭代控制条件为，在保证每次迭代后，present 的值为 4 的倍数的情况下，迭代次数能达到 5 次。若迭代过程中，得到的 present 的值不是 4 的倍数，则修改 residual 的值，使 residual＝residual＋20，重新迭代求解。

（6）源程序 3 及运行结果。

```cpp
#include < iostream >
using namespace std;
int main()
{
    int residual,present,peachNum,count;
    residual = 16;
    count = 0;
    present = residual;
    while (count < = 4)
    {
        if(present % 4!= 0)
        {
            count = 0;
            residual += 20;
            present = residual;
        }
        peachNum = present/4 * 5 + 1;
        count++ ;
        present = peachNum;
    }
    cout <<"原有椰子至少"<< peachNum <<"个."<< endl;
    return 0;
}
```

编译并执行以上程序，可得到如下所示的结果。

```
原有椰子至少 15621 个。
Press any key to continue
```

比较递推与迭代，两者的时间复杂度是相同的。所不同的是，递推往往设置数组，而迭代只要设置迭代的简单变量即可。

递推过程中数组变量带有下标,推出过程比迭代更为清晰。也正因为递推中应用数组,因此保留了递推过程中的中间数据。例如,每个水手i藏起的椰子都保存在数组y[i]中,随时可以查看;而迭代过程中不保留中间数据。

2.4　穷举法

2.4.1　穷举法的基本思想

穷举法(枚举法)的基本思想是:列举出所有可能的情况,逐个判断有哪些是符合问题所要求的条件,从而得到问题的全部解答。

它利用计算机运算速度快、精确度高的特点,对要解决问题的所有可能情况,一个不漏地进行检查,从中找出符合要求的答案。

用穷举算法解决问题,通常可以从两个方面进行分析。

(1) 问题所涉及的情况:问题所涉及的情况有哪些,情况的种数可不可以确定。把它描述出来。应用穷举时对问题所涉及的有限种情形必须一一列举,既不能重复,也不能遗漏。重复列举直接引发增解,影响解的准确性;而列举的遗漏可能导致问题解的遗漏。

(2) 答案需要满足的条件:分析出来的这些情况,需要满足什么条件,才成为问题的答案。把这些条件描述出来。

只要把这两个方面分析好了,问题自然会迎刃而解。

穷举通常应用循环结构来实现。在循环体中,根据所求解的具体条件,应用选择结构实施判断筛选,求得所要求的解。

穷举法的程序框架一般为:

```
cnt = 0;                              //解的个数初值为 0
for(k =<区间下限>; k <=<区间上限>; k++)   //根据指定范围实施穷举
    if (<约束条件>)                     //根据约束条件实施筛选
    {
      cout <<(<满足要求的解>);          //输出满足要求的解
      cnt++;                          //统计解的个数
    }
```

有些问题没有明确的区间限制,可根据问题的具体实际试探性的从某个数开始,增值穷举,对每一个数都进行判断,若满足条件即输出结果,结束穷举。例如,前面介绍的实例 2-9"爱因斯坦的阶梯问题"。

【实例 2-28】　百钱买百鸡。

公元前 5 世纪,我国数学家张丘建在《算经》一书中提出了一个"百钱买百鸡问题"。问题如下:鸡翁一值钱 5,鸡母一值钱 3,鸡雏三值钱 1。百钱买百鸡,问鸡翁、鸡母和鸡雏各几何?

(1) 编程思路。

这个问题是可以使用穷举法来解决的一个典型实例。

设公鸡数为 x,母鸡数为 y,小鸡数为 z,则有方程:

$$x+y+z=100$$
$$5*x+3*y+z/3=100$$

根据题目意思可知:

$$0 \leqslant x \leqslant 100$$
$$0 \leqslant y \leqslant 100$$
$$0 \leqslant z \leqslant 100$$

由于 100 钱全部买公鸡,最多可买 20 只;全部买母鸡,最多可买 33 只,如果先买公鸡,再买母鸡,那么母鸡最多可买(100−5*x)/3 只,因此穷举范围可优化为:

$$0 \leqslant x \leqslant 100 / 5$$
$$0 \leqslant y \leqslant (100-5*x) / 3$$
$$z=100-x-y \qquad ;剩下的全部买小鸡$$

程序框架描述为:

```
买法种数 cnt 赋初值 0;
for(x = 0; x <= 100/5; x++)
    for (y = 0;y <= (100 - 5 * x)/3 ; y++)
    {
        z = 100 - x - y;
        if (z % 3!= 0) continue;
        if (5 * x + 3 * y + z/3 == 100)
                输出解并对买法种数计数;
    }
```

(2) 源程序及运行结果。

```
#include < iostream >
using namespace std;
int main()
{
    int x, y, z, cnt;
    cnt = 0;
    for(x = 0; x <= 100/5; x++)
        for (y = 0;y <= (100 - 5 * x)/3 ; y++)
        {
            z = 100 - x - y;
            if (z % 3!= 0) continue;
            if (5 * x + 3 * y + z/3 == 100)
            {
                cout << x <<"   "<< y <<"   "<< z << endl;
                cnt++;
            }
        }
    cout <<"共有买法"<< cnt <<"种."<< endl;
    return 0;
}
```

编译并执行以上程序,可得到如下所示的结果。

```
0   25  75
4   18  78
8   11  81
12  4   84
共有买法 4 种。
Press any key to continue
```

【实例 2-29】 水仙花数。

一个三位整数(100~999),若各位数的立方和等于该数自身,则称其为"水仙花数"(如:$153=1^3+5^3+3^3$),找出所有的这种数。

(1) 编程思路 1。

对三位数 n(n 为 100~999 之间的整数)进行穷举。对每个枚举的 n,分解出其百位 a(a=n/100)、十位 b(b=n/10%10)和个位 c(c=n%10),若满足 a * a * a+b * b * b+c * c * c== n,则 n 是水仙花数。

(2) 源程序 1 及运行结果。

```cpp
#include <iostream>
using namespace std;
int main()
{
    int n, a, b, c;                    //n、a、b 和 c 分别为三位数自身及其百位、十位和个位
    for(n=100 ;n<=999;n++)
    {
        a=n/100;
        b=n/10%10;
        c=n%10;
        if(a*a*a+b*b*b+c*c*c== n)
            cout <<n<<"   ";
    }
    cout << endl;
    return 0;
}
```

编译并执行以上程序,可得到如下所示的结果。

```
153   370   371   407
Press any key to continue
```

(3) 编程思路 2。

用一个三重循环对一个 3 位数的百位 a(a 的范围为 1~9)、十位 b(b 的范围为 0~9)和个位 c(c 的范围为 0~9)进行穷举,在循环体中,计算出 3 位数 n(n=100 * a+10 * b+c),然后进行判断,若满足 a * a * a+b * b * b+c * c * c== n,则 n 是水仙花数。

(4) 源程序 2。

```cpp
#include <iostream>
using namespace std;
int main()
{
```

```
        int n, a, b, c;                        //n、a、b和c分别为三位数自身及其百位、十位和个位
        for(a=1;a<=9;a++)
          for (b=0; b<=9;b++)
            for(c=0;c<=9;c++)
            {
              n=100*a+10*b+c;
              if(a*a*a+b*b*b+c*c*c==n)
                  cout<<n<<"  ";
            }
        cout<<endl;
        return 0;
    }
```

从上面两个实例可以看出,用穷举法编写程序解决问题比较简单,但在应用时,需要注意准确选定穷举范围与约束条件。

【实例 2-30】 4 位分段和平方数。

一个 4 位自然数分为前后两个 2 位数,若该数等于所分两个 2 位数和的平方,则称为 4 位分段和平方数。例如,2025=(20+25)^2。

编写程序求出所有 4 位分段和平方数。

(1) 编程思路 1。

对所有的 4 位整数 n 进行穷举,n 的范围为 1000~9999,共 9000 个数。对每个数 n,分离出高两位数 x(x=n/100)和低两位数 y(y=n%100),然后进行判断,若满足 n==(x+y)*(x+y),则 n 是一个 4 位分段和平方数。

(2) 源程序 1 及运行结果。

```
#include <iostream>
using namespace std;
int main()
{
    int n,x,y;
    for(n=1000;n<=9999;n++)
    {
        x=n/100;
        y=n%100;
        if (n==(x+y)*(x+y))
            cout<<n<<"  ";
    }
    cout<<endl;
    return 0;
}
```

编译并执行以上程序,可得到如下所示的结果。

```
2025   3025   9801
Press any key to continue
```

(3) 编程思路 2。

思路 1 的穷举次数为 9000 次。实际上,由于 4 位分段和平方数一定首先是一个平方

数,因此只需要穷举 4 位数中的平方数即可,即穷举 $\sqrt{1000}\sim\sqrt{9999}$ 之间的数 a,在循环体中,先计算出 4 位数 n=a*a,再分离出高两位数 x(x=n/100)和低两位数 y(y=n%100),然后进行判断,若满足 a==(x+y),则 n 是一个 4 位分段和平方数。显然,这样穷举,循环次数会大为减少。

（4）源程序 2。

```
#include <iostream>
#include <cmath>
using namespace std;
int main()
{
    int a,n,x,y;
    for(a=(int)sqrt(1000);a<=(int)sqrt(9999);a++)
    {
        n=a*a;
        x=n/100;
        y=n%100;
        if (a==x+y)
            cout << n <<"   ";
    }
    cout << endl;
    return 0;
}
```

2.4.2　逻辑推理

【实例 2-31】　疑案分析。

某地刑侦大队对涉及 6 个嫌疑人的一桩疑案进行分析,明确的分析结论如下:

① A、B 至少有一人作案。

② A、D 不可能是同案犯。

③ A、E、F 三人中至少有两人参与作案。

④ B、C 或同时作案,或与本案无关。

⑤ C、D 中有且仅有一人作案。

⑥ 如果 D 没有参与作案,则 E 也不可能参与作案。

试编一程序,将作案人找出来。

（1）编程思路。

定义 6 个整型变量,分别表示 6 个人 A、B、C、D、E 和 F。每个变量取值为 0 或 1,如 A=0 表示 A 不是罪犯,A=1 表示 A 就是罪犯。

然后将案情分析的每一条写成计算机可解的逻辑表达式。

① A 和 B 至少有一人作案。写成 CC1=(A || B)。

② A 和 D 不可能是同案犯。可以分析为:

• A 如果是案犯,D 一定不是案犯,写成 A&&(!D);

• D 如果是案犯,A 一定不是案犯,写成 D&&(!A)。

这两者之间是或的关系,因此有 CC2=!(A&&D)。

③ A、E、F 中有两人涉嫌作案。分析有三种可能：

- A 和 E 作案，(A&&E)；
- A 和 F 作案，(A&&F)；
- E 和 F 作案，(E&&F)。

这三种可能性是或的关系，因此有 CC3＝(A&&E) ‖ (A&&F) ‖ (E&&F)。

④ B 和 C 或同时作案，或都与本案无关。分析有两种情况：

- 同时作案(B && C)；
- 都与本案无关(!B && !C)。

两者为或的关系，因此有 CC4＝(B && C) ‖ (!B && !C)。

⑤ C、D 中有且仅有一人作案。分析有两种情况：

- C 作案，D 没有参与作案(C && !D)；
- C 没有作案，D 参与作案(D && !C)。

两者为或的关系，因此有 CC5＝(C && !D) ‖ (D && !C)。

⑥ 如果 D 没有参与作案，则 E 也不可能参与作案。这一条的意思是如果 D 参与作案，不管 E 是否作案，说法都成立；如果 D 没有参与作案，E 也没有参与作案，说法成立；只有 D 没有作案，E 参与作案的情况，这一条不成立。因此，可归纳为 CC6＝D ‖ !E。

6 个人每个人都有作案或不作案两种可能，因此有 64 种组合情况，通过枚举这些组合情况，从中挑出符合 6 条分析的作案者。程序描述为：

```
for(a = 0; a <= 1; a++)
    for(b = 0;b <= 1;b++)
        for(c = 0;c <= 1;c++)
            for(d = 0;d <= 1;d++)
                for(e = 0;e <= 1;e++)
                    for(f = 0;f <= 1;f++)
                    {
                        计算 cc1、cc2、cc3、cc4、cc5 和 cc6;
                        if(cc1 + cc2 + cc3 + cc4 + cc5 + cc6 == 6)      //全部为真
                        {
                            输出解;
                        }
```

（2）源程序及运行结果。

```
#include < iostream >
using namespace std;
int main()
{
    int a,b,c,d,e,f,cc1,cc2,cc3,cc4,cc5,cc6,g;
    for(a = 0; a <= 1; a++)
        for(b = 0;b <= 1;b++)
            for(c = 0;c <= 1;c++)
                for(d = 0;d <= 1;d++)
                    for(e = 0;e <= 1;e++)
                        for(f = 0;f <= 1;f++)
                        {
```

```
                    cc1 = a || b;
                    cc2 = ! (a&&d);
                    cc3 = (a&&e) || (a&&f) || (e&&f);
                    cc4 = (b&&c) || (!b&&!c);
                    cc5 = (c&&!d) || (d && !c);
                    cc6 = d || (!e);
                    if(cc1 + cc2 + cc3 + cc4 + cc5 + cc6 == 6)    //全部为真
                    {
                        cout <<"These men are ";
                        if (a == 1) cout <<"A ";
                        if (b == 1) cout <<"B ";
                        if (c == 1) cout <<"C ";
                        if (d == 1) cout <<"D ";
                        if (e == 1) cout <<"E ";
                        if (f == 1) cout <<"F "<< endl;
                        g = 1;                        //让有解标志置1
                    }
                }
        if (g!= 1) cout <<"Can't found!"<< endl;           //如 g 不为 1,则输出无解信息
        return 0 ;
    }
```

编译并执行以上程序,可得到如下所示的结果。

```
These men are A B C F
Press any key to continue
```

【实例 2-32】 比赛预测。

5 位跳水高手将参加 10 米高台跳水决赛,有好事者让 5 个人据实力预测比赛结果。

A 选手说:B 第二,我第三。

B 选手说:我第二,E 第四。

C 选手说:我第一,D 第二。

D 选手说:C 最后,我第三。

E 选手说:我第四,A 第一。

决赛成绩公布之后,每位选手的预测都只说对了一半,即一对一错,请编程解出比赛的实际名次。

(1) 编程思路。

定义 5 个整型变量 A、B、C、D、E 分别表示每个选手所得名次。每个变量取 1~5 之间的一个值,值 1、2、3、4、5 分别表示名次第一、第二、第三、第四、第五。

先将 5 个人的预测写成逻辑表达式。

A 选手说:B 第二,我第三;即 B==2,A==3。由于他说的话是一对一错,即一真一假,如 B==2 为真,则 A==3 为假,关系表达式为真时取值为 1,为假时取值为 0,因此 A 所说的两个关系表达式之和必为 1,即 (B==2)+(A==3) 应该是 1。因此,A 选手的预测写成逻辑表达式为 ta=((B==2)+(A==3))==1。

同理,B 选手预测为 tb=((B==2)+(E==4))==1;C 选手预测为 tc=((C==1)+(D==2))==1;D 选手预测为 td=((C==5)+(D==3))==1;E 选手预测为 te=

$((E==4)+(A==1))==1$。

根据 A、B、C、D、E 的具体取值，可以计算 ta,tb,…,te(这 5 个值非 1 即 0)，5 个值都加在一起只有等于 5 时才都符合每个人所说的话，但这仅是有解的一个必要条件，另外，还得考虑 A、B、C、D、E 的取值不得有相同者，为确保 5 个变量取值各不相同，只要同时满足 A+B+C+D+E==15(1+2+3+4+5=15)和 A＊B＊C＊D＊E==120(1＊2＊3＊4＊5=120)即可。

每位选手的名次都有 1~5 的可能，因此对 5 位选手的名次进行枚举，让变量 A、B、C、D、E 在 1~5 中取值，形成满足上述条件的 A~E 的组合，即是所求。程序用四重循环结构，分别枚举 A、B、C、D 的取值，因为 4 位选手之外的名次一定为 E 所得，故 E 的名次通过计算求得，算法描述如下：

```
for(a = 1; a <= 5; a++)
    for(b = 1;b <= 5 ;b++)
        for(c = 1;c <= 5;c++)
            for(d = 1;d <= 5;d++)
            {
                e = 15 - (a + b + c + d);        //4 位选手没取的名次就是 E 的名次
                if (e < 1 ‖ e > 5) continue;     //E 的名次必须为 1~5
                if (a * b * c * d * e!= 120) continue;  //5 位选手名次必须各不相同
                计算每位选手预测值 ta,tb,tc,td,te
                if(ta + tb + tc + td + te == 5)  //全部为真
                    输出解；
            }
```

(2) 源程序及运行结果。

```cpp
#include <iostream>
using namespace std;
int main()
{
    int a,b,c,d,e,cc1,cc2,cc3,cc4,cc5,g;
    for(a = 1; a <= 5; a++)
        for(b = 1;b <= 5 ;b++)
            for(c = 1;c <= 5;c++)
                for(d = 1;d <= 5;d++)
                {
                    e = 15 - (a + b + c + d);
                    if (e < 1 ‖ e > 5) continue;
                    if (a * b * c * d * e!= 120) continue;
                    cc1 = ((b == 2) + (a == 3)) == 1;
                    cc2 = ((b == 2) + (e == 4)) == 1;
                    cc3 = ((c == 1) + (d == 2)) == 1;
                    cc4 = ((c == 5) + (d == 3)) == 1;
                    cc5 = ((e == 4) + (a == 1)) == 1;
                    if(cc1 + cc2 + cc3 + cc4 + cc5 == 5)   //全部为真
                    {
                        cout <<"A is "<< a << endl;
                        cout <<"B is "<< b << endl;
```

```
                              cout <<"C is "<< c << endl;
                              cout <<"D is "<< d << endl;
                              cout <<"E is "<< e << endl;
                              g = 1;                        //让有解标志置1
                          }
                    }
      if (g!= 1) cout <<"Can't found!"<< endl;           //如 g 不为 1,则输出无解信息
      return 0 ;
}
```

编译并执行以上程序,可得到如下所示的结果。

```
A is 3
B is 1
C is 5
D is 2
E is 4
Press any key to continue
```

2.4.3 数学趣题

【实例 2-33】 四方定理。

数论中著名的"四方定理"是:所有自然数至多只要用 4 个数的平方和就可以表示。编写一个程序验证此定理。

(1) 编程思路。

对于待验证的自然数 n,用 4 个变量 i、j、k、l 采用试探的方法,穷举进行计算,满足要求 $(i*i+j*j+k*k+l*l==n)$ 时输出计算结果。

在穷举时,不妨设 $i \geq j \geq k \geq l$。因此,穷举的范围可确定为:

$1 \leq i \leq n/2$

$0 \leq j \leq i$

$0 \leq k \leq j$

$0 \leq l \leq k$

(2) 源程序及运行结果。

```cpp
#include < iostream >
using namespace std;
int main()
{
    long n,i,j,k,l;
    cout <<"请输入一个待验证的自然数:";
    cin >> n;
    for (i = 1; i <= n/2; i++)                        //对 i、j、k、l 进行穷举
        for (j = 0; j <= i; j++)
            for (k = 0; k <= j; k++)
                for (l = 0; l <= k; l++)
                    if (i * i + j * j + k * k + l * l == n)
                    {
```

```
cout << i <<" * "<< i <<" + "<< j <<" * "<< j <<" + ";
cout << k <<" * "<< k <<" + "<< l <<" * "<< l <<" = "<< n << endl;
    }
    return 0;
}
```

编译并执行以上程序,可得到如下所示的结果。

```
请输入一个待验证的自然数:147
7 * 7 + 7 * 7 + 7 * 7 + 0 * 0 = 147
8 * 8 + 7 * 7 + 5 * 5 + 3 * 3 = 147
9 * 9 + 5 * 5 + 5 * 5 + 4 * 4 = 147
9 * 9 + 7 * 7 + 4 * 4 + 1 * 1 = 147
9 * 9 + 8 * 8 + 1 * 1 + 1 * 1 = 147
11 * 11 + 4 * 4 + 3 * 3 + 1 * 1 = 147
11 * 11 + 5 * 5 + 1 * 1 + 0 * 0 = 147
12 * 12 + 1 * 1 + 1 * 1 + 1 * 1 = 147
Press any key to continue
```

【实例 2-34】 对调数。

一个两位的正整数,如将它的个位数字与十位数字对调,则产生另一个正整数,称这两个整数互为对调数。如给定一个两位的正整数,可找到另一个两位的正整数,值得这两个整数之和等于它们各自的对调数之和。例如,12+32=21+23。编写程序,输入一个两位的正整数,把具有这种特征的每一对两位正整数都找出来。

(1) 编程思路。

对于输入的一个合法的两位正整数 n,它的十位数为 n/10,个位数为 n%10,其对调数 z 为(n%10) * 10+n/10。

对所有两位数进行穷举,穷举范围为 $11 \leqslant i \leqslant 99$。枚举处理时,对每一个 i,计算出其对调数 z1=(i%10) * 10+in/10。然后进行条件判断,如果 n+i==z+z1 && n!=z1,则 i 就是找到的一个解,输出并对解的个数进行计数。

(2) 源程序及运行结果。

```
#include < iostream >
using namespace std;
int main()
{
  int n, x, y, z, x1, y1, z1, i, cnt = 0;
  while(1)
  {
    cout <<"请输入一个两位整数,且个位数不为 0: ";
    cin >> n;
    if(n <= 10 || n >= 100)            //当输入的数不是两位数时输出错误
    {
      cout <<"输入错误!"<< endl;
      continue;
    }
    else if(n % 10 == 0)               //当输入两位数的个位为 0 时输出错误
    {
```

```
        cout <<"输入错误!"<< endl;
        continue;
    }
    else
    {
        x = n/10;                          //x 为输入的两位数中的十位
        y = n % 10;                        //y 为输入的两位数中的个位
        z = 10 * y + x;                    //z 为 n 的对调数
        break;                             //跳出循环
    }
}
for(i = 11; i < 100; i++)                  //穷举所有的两位数
{
    if(i % 10 == 0)                        //去掉所有的对调数是个位的数
        continue;
    x1 = i/10;                             //x1 为 i 的十位
    y1 = i % 10;                           //y1 为 i 的个位
    z1 = 10 * y1 + x1;                     //z1 为 i 的对调数
    if(n + i == z + z1 && n!= z1)
    {
        cout << n <<" + "<< i <<" = "<< z <<" + "<< z1 << endl;
        cnt++;
    }
}
if (cnt == 0)
    cout <<"所求的对调数不存在!"<< endl;
return 0;
}
```

编译并执行以上程序,可得到如下所示的结果。

```
请输入一个两位整数,且个位数不为 0: 49
49 + 61 = 94 + 16
49 + 72 = 94 + 27
49 + 83 = 94 + 38
Press any key to continue
```

【实例 2-35】 亲和数。

遥远的古代,人们发现某些自然数之间有特殊的关系:如果两个数 a 和 b,a 的所有真因子之和等于 b,b 的所有真因子之和等于 a,则称 a、b 是一对亲和数。

例如,220 和 284,1184 和 1210,2620 和 2924,5020 和 5564,6232 和 6368。

编写程序求 10000 以内的亲和数。

(1) 编程思路

程序对 2~10000 范围内的自然数进行穷举,算法描述为:

```
解的个数 cnt = 0 ;
for(n = 2; n <= 10000; n++)
{
    计算 n 的真因子之和 s;
    计算 s 的真因子之和 m;
```

```
    if(m == n)                          //如果两数相等,是解
    {
        cnt++;
        输出解的情况;
    }
```

计算自然数的真因子之和及输出真因子情况的方法,可以参见前面的实例 2-13"完全数"。

(2) 源程序及运行结果。

```
#include <iostream>
#include <math.h>
using namespace std;
int main()
{
    unsigned int i,n,s,m,k;
    int cnt = 0;
    for(n = 2;n <= 10000;n++)
    {
        s = 1;                          //s 为 n 的真因子之和
        k = 1;                          //k 为 n 的真因子个数
        for(i = 2;i <= sqrt(n);i++)     //求解真因子之和
            if(n % i == 0)
            {
                s = s + i + n/i;
                k += 2;
            }
        if(k == 1 || s <= n)            //若 n 为质数或 s 小于等于 n,进行下次循环
            continue;
        m = 1;                          //m 为 s 的真因子之和
        for(i = 2;i <= sqrt(s);i++)
            if(s % i == 0)
                m += i + s/i;           //计算 s 的真因子之和
        if(m == n)                      //如果两数相等,输出亲和数
        {
            cnt++;
            cout <<"第"<< cnt <<"对亲和数!"<< endl;
            cout << n <<" : 1";
            for(i = 2;i <= sqrt(n);i++)
                if(n % i == 0)
                    cout <<" + "<< i <<" + "<< n/i;
            cout <<" = "<< s << endl;
            cout << s <<" : 1";
            for(i = 2;i <= sqrt(s);i++)
                if(s % i == 0)
                    cout <<" + "<< i <<" + "<< s/i;
            cout <<" = "<< n << endl;
        }
    }
    return 0;
}
```

编译并执行以上程序,可得到如下所示的结果。

```
第 1 对亲和数!
220 : 1 + 2 + 110 + 4 + 55 + 5 + 44 + 10 + 22 + 11 + 20 = 284
284 : 1 + 2 + 142 + 4 + 71 = 220
第 2 对亲和数!
1184 : 1 + 2 + 592 + 4 + 296 + 8 + 148 + 16 + 74 + 32 + 37 = 1210
1210 : 1 + 2 + 605 + 5 + 242 + 10 + 121 + 11 + 110 + 22 + 55 = 1184
第 3 对亲和数!
2620 : 1 + 2 + 1310 + 4 + 655 + 5 + 524 + 10 + 262 + 20 + 131 = 2924
2924 : 1 + 2 + 1462 + 4 + 731 + 17 + 172 + 34 + 86 + 43 + 68 = 2620
第 4 对亲和数!
5020 : 1 + 2 + 2510 + 4 + 1255 + 5 + 1004 + 10 + 502 + 20 + 251 = 5564
5564 : 1 + 2 + 2782 + 4 + 1391 + 13 + 428 + 26 + 214 + 52 + 107 = 5020
第 5 对亲和数!
6232 : 1 + 2 + 3116 + 4 + 1558 + 8 + 779 + 19 + 328 + 38 + 164 + 41 + 152 + 76 + 82 = 6368
6368 : 1 + 2 + 3184 + 4 + 1592 + 8 + 796 + 16 + 398 + 32 + 199 = 6232
Press any key to continue
```

【实例 2-36】 三个三位数。

将 1,2,…,9 共 9 个数分成三组,分别组成三个三位数,且使这三个三位数构成 1∶2∶3 的比例,试求出所有满足条件的三个三位数。

例如,三个三位数 192、384、576 满足以上条件。

(1) 编程思路 1。

三个三位数,一共 9 个位,可以将每一个数位为枚举对象,一位一位地去枚举。

定义 9 个整型变量 A、B、C、D、E、F、G、H、I 分别表示三个数的 9 个位,每个变量取 1~9 之间的一个值。如 ABC 表示第 1 个数 x、DEF 表示第 2 个数 y,GHI 表示第 3 个数 z。

根据 A~I 的具体取值,可以计算 x、y、z,三个数需要满足条件 2 * x==y && 3 * x==z(构成 1∶2∶3 的比例);另外,还得考虑 A~I 各个数位的数字取值不相同,为确保 9 个变量取值各不相同,只要同时满足 A+B+C+D+E+F+G+H+I==45(1+2+3+4+5+6+7+8+9=45)和 A * B * C * D * E * F * G * H * I==362880(1 * 2 * 3 * 4 * 5 * 6 * 7 * 8 * 9=362880)即可。

(2) 源程序 1 及运行结果。

```cpp
#include < iostream >
using namespace std;
int main()
{
    int a,b,c,d,e,f,g,h,i,x,y,z;
    for (a = 1;a < = 9;a++)
      for (b = 1;b < = 9;b++)
       for (c = 1;c < = 9;c++)
        for (d = 1;d < = 9;d++)
         for (e = 1;e < = 9;e++)
          for (f = 1;f < = 9;f++)
           for (g = 1;g < = 9;g++)
            for (h = 1;h < = 9;h++)
```

```
        for (i = 1;i <= 9;i++)
        {
            x = a * 100 + b * 10 + c;
            y = d * 100 + e * 10 + f;
            z = g * 100 + h * 10 + i;
            if (a + b + c + d + e + f + g + h + i == 45  && a * b * c * d * e * f * g * h * i ==
362880 && 2 * x == y && 3 * x == z)
                    cout << x <<"   " << y <<"   " << z << endl;
        }
    return 0;
}
```

编译并执行以上程序,可得到如下所示的结果。

```
192    384    576
219    438    657
273    546    819
327    654    981
Press any key to continue
```

（3）编程思路 2。

按程序 1 的思路,穷举次数有 9^9 次,如果分别设三个数为 x、2x 和 3x,以 x 为枚举对象,则 x 的最小值为 123、最大值为 329（因为下一个数 341 * 3 = 1023 > 987）,穷举的范围就减少为 107。

由于对 x 进行穷举,因此需要将 3 个三位数的各个位上的数字分离出来。这 9 个数字可以像程序 1 中一样,用 A~I 这 9 个变量来保存。在程序 2 中,采用另外一种方法。定义一个一维数组 a[9],把组成整数 x、2x、3x 的 9 个数字存放在数组 a 中。然后用一个二重循环统计 1~9 这 9 个数字是否全在数组中出现。

（4）源程序 2。

```
#include < iostream >
using namespace std;
int main()
{
    int a[9], x, cnt, i, j, flag;
    for (x = 123;x <= 329;x++)          //枚举所有可能的解
    {                                   //把组成整数 x、2x、3x 的 9 个数字存放在数组 a 中
        a[0] = x/100;   a[1] = x/10 % 10;   a[2] = x % 10;
        a[3] = (2 * x)/100;   a[4] = (2 * x)/10 % 10;   a[5] = (2 * x) % 10;
        a[6] = (3 * x)/100;   a[7] = (3 * x)/10 % 10;   a[8] = (3 * x) % 10;
        cnt = 0;
        for (i = 1;i <= 9;i++)          //检查 1~9 这 9 个数字是否都在 a 中
        {
            flag = - 1;
            for (j = 0;j < 9;j++)
                if (i == a[j])
                {   flag = j; break;   }
            if (flag!= - 1)
                cnt++;
```

```
            else
                break;              //如果有数字不在 a 中,则退出循环
        }
        if (cnt == 9)
            cout << x <<"   "<< x * 2 <<"   "<< x * 3 << endl;
    }
    return 0;
}
```

【实例 2-37】 双和数组。

把 6 个互不相等的正整数 a、b、c、d、e、f 分成(a,b,c)与(d,e,f)两个组,若这两组数具有以下两个相等特性:

① a+b+c=d+e+f。

② $\frac{1}{a}+\frac{1}{b}+\frac{1}{c}=\frac{1}{d}+\frac{1}{e}+\frac{1}{f}$。

则把数组(a,b,c)与(d,e,f)称为双和数组。

① 设 a+b+c=d+e+f=s 存在双和数组,s 至少为多大?

② 当 s=98 时,有多少个不同的双和数组(约定 a<b<c,d<e<f,a<d)?

(1) 编程思路。

先确定 s 的范围,因 6 个不同正整数之和至少为 21,即 s≥11。

在 s 给定后,对 a、b 与 d、e 进行穷举。注意到 a+b+c=s,且 a<b<c,因而 a、b 循环取值范围为:

a:1~(s−3)/3。因 b 比 a 至少大 1,c 比 a 至少大 2。

b:a+1~(s−a−1)/2。因 c 比 b 至少大 1。

c=s−a=b。

d、e 循环范围基本同上,只是 d>a,因而 d 起点为 a+1。

把比较倒数和相等 1/a+1/b+1/c=1/d+1/e+1/f 转化为比较整数相等

d * e * f * (b * c+c * a+a * b)==a * b * c * (e * f+f * d+d * e)

同时注意到两个 3 元组中若部分相同部分不同,不能有倒数和相等,因而可省略排除以上 6 个正整数中是否存在相等的检测。

若式 d * e * f * (b * c+c * a+a * b)==a * b * c * (e * f+f * d+d * e)成立,打印输出和为 s 的双和数组,并用 x 统计解的个数。

(2) 源程序及运行结果。

```
#include < iostream >
using namespace std;
int   main()
{
    int a,b,c,d,e,f,x,s;
    for(s = 11;s <= 100;s++)
    {
        cout <<"s = "<< s <<" : "<< endl;
        x = 0;
        for (a = 1;a < = (s − 3)/3;a++)
```

```
        for (b = a + 1;b <= (s - a - 1)/2;b++)
          for (d = a + 1;d <= (s - 3)/3;d++)
            for (e = d + 1;e <= (s - d - 1)/2;e++)
            {
                c = s - a - b; f = s - d - e;
                if(a * b * c * (e * f + f * d + d * e)!= d * e * f * (b * c + c * a + a * b))
                    continue;          //排除倒数和不相等
                x++;
                cout << x <<" : ("<< a <<","<< b <<","<< c <<") , ";
                cout <<" ("<< d <<","<< e <<","<< f <<")"<< endl;
            }
        if(x == 0)  cout <<"   无解!"<< endl;
    }
    return 0;
}
```

编译并执行以上程序,可得到如下所示的部分结果(全部结果未详细列出)。

```
s = 96 :
    无解!
s = 97 :
1 : (7,42,48) ,   (9,16,72)
2 : (15,40,42) ,   (20,21,56)
3 : (16,33,48) ,   (20,22,55)
s = 98 :
1 : (2,36,60) ,   (3,5,90)
2 : (7,28,63) ,   (8,18,72)
3 : (7,35,56) ,   (8,20,70)
4 : (10,33,55) ,   (12,20,66)
s = 99 :
    无解!
s = 100 :
    无解!
Press any key to continue
```

【实例 2-38】 完美运算式。

把数字 1,2,…,9 这 9 个数字填入以下含加减乘除与乘方的综合运算式中的 9 个□中,使得该式成立

$$□^□+□□÷□□-□□×□=0$$

要求数字 1,2,…,9 这 9 个数字在式中都出现一次且只出现一次。

(1) 编程思路 1。

设式右的 6 个整数从左至右分别为 a、b、x、y、z、c,其中 x、y、z 为 2 位整数,范围为 12～98;a、b、c 为一位整数,范围为 1～9。

设置 a、b、c、x、y、z 循环,对穷举的每一组 a、b、c、x、y、z,进行以下检测:

① 若 x 不是 y 的倍数,即 x % y!=0,则返回继续下一次穷举。

② 若等式不成立,即 a^b+x/y-z*c!=0,则返回继续下一次穷举。

③ 式中 9 个数字是否存在相同数字。将式中 6 个整数共 9 个数字进行分离,分别赋值

给数组元素 f[1]~f[9]。连同附加的 f[0]＝0(为保证 9 个数字均不为 0)，共 10 个数字在二重循环中逐个比较。

若存在相同数字，t＝1，不是解，继续下一次穷举。

若不存在相同数字，即式中 9 个数字为 1~9 不重复，保持标记 t＝0，是一组解，输出所得的完美运算式。并统计解的个数 n。

(2) 源程序 1 及运行结果。

```cpp
#include < iostream >
using namespace std;
int main()
{
    int a,b,c,x,y,z;
    int i,j,k,t,n,f[10];
    cout <<"   □^□ + □□/□□ - □□ * □ = 0 "<< endl;
    n = 0;
    for(a = 1;a < = 9;a++)
      for(b = 1;b < = 9;b++)
       for(c = 1;c < = 9;c++)
        for(x = 12;x < = 98;x++)
         for(y = 12;y < = 98;y++)
          for(z = 12;z < = 98;z++)
          {
              if (x % y!= 0) continue;
              k = 1;
              for (i = 1;i < = b;i++)      //计算 k = a^b
                 k = a * k;
              if(k + x/y - z * c!= 0) continue;
              f[0] = 0;
              f[1] = a;f[2] = b;f[3] = c;//9 数字个赋给 f 数组
              f[4] = x/10; f[5] = x % 10;
              f[6] = y/10; f[7] = y % 10;
              f[8] = z/10; f[9] = z % 10;
              t = 0;
              for(i = 0;i < = 8;i++)
                for(j = i + 1;j < = 9;j++)
                  if(f[i] == f[j])
                  { t = 1; break; }        //检验数字是否有重复
              if(t == 0)
              {
                  n++;                     //输出一个解,用 n 统计个数
      cout << n <<":"<< a <<" ^ "<< b <<" + "<< x <<" / "<< y <<" - "<< z <<" * "<< c <<" = 0"<< endl;
              }
          }
       return 0;
}
```

编译并执行以上程序，可得到如下所示的结果。

```
      □^□ + □□/□□ - □□ * □ = 0
1:3 ^5 + 87 / 29 - 41 * 6 = 0
2:7 ^3 + 28 / 14 - 69 * 5 = 0
3:7 ^3 + 82 / 41 - 69 * 5 = 0
Press any key to continue
```

（3）编程思路 2。

对上面的程序进行优化。

由于要求的综合运算式为 a^b+x/y−z*c=0，那么，x=(z*c−a^b)*y。因此可设置 a、b、c、y、z 循环，对穷举的每一组 a、b、c、y、z，计算 x。这样处理，可省略 x 循环，同时省略 x 是否能被 y 整除，省略等式是否成立的检测。

计算 x 后，只要检测 x 是否为两位数即可。若计算所得 x 不是两位整数，则返回继续下一次穷举。

另外，式中 9 个数字是否存在相同数字可采用这样的方法：

定义 f 数组对 6 个整数分离出的 9 个数字的出现次数进行统计，即 f[i] 的值为式中数字 i 的个数，初值全赋值为 0。统计后，若某一 f[i]（i=1～9）不为 1，则一定不满足数字 1，2，…，9 这 9 个数字都出现一次且只出现一次，标记 t=1，不是解，返回继续下一次穷举；若所有 f[i] 全为 1，满足数字 1，2，…，9 这 9 个数字都出现一次且只出现一次，保持标记 t=0，是解，输出所得的完美综合运算式。

（4）源程序 2。

```cpp
#include <iostream>
using namespace std;
int main()
{
    int a,b,c,x,y,z;
    int i,k,t,n,f[10];
    cout <<"   □^□ + □□/□□ - □□ * □ = 0 "<< endl;
    n = 0;
    for(a = 1;a <= 9;a++)
      for(b = 1;b <= 9;b++)
       for(c = 1;c <= 9;c++)
        for(y = 12;y <= 98;y++)
          for(z = 12;z <= 98;z++)
          {
              k = 1;
              for (i = 1;i <= b;i++)
                  k = a * k;
              x = (z * c - k) * y;
              if(x < 10 || x > 98)  continue;
              for(i = 1;i <= 9;i++)
                  f[i] = 0;
          f[a]++; f[b]++; f[c]++; //记录 9 个数字各自出现的次数
          f[x/10]++;  f[x%10]++;  f[y/10]++;  f[y%10]++;
          f[z/10]++;  f[z%10]++;
          t = 0;
```

```
                    for(i = 1;i < = 9;i++)
                        if(f[i]!= 1)
                        { t = 1; break; }        //检验数字是否有重复
                    if(t == 0)
                    {
                        n++;
    cout << n <<":"<< a <<" ^ "<< b <<" + "<< x <<" / "<< y <<" - "<< z <<" * "<< c <<" = 0"<< endl;
                    }
                }
        return 0;
    }
```

第3章 数组和结构体

数组和结构体是由用户声明的构造数据类型。

3.1 概述

3.1.1 数组概述

数组是有序数据的集合。数组中的每一个元素都属于同一种数据类型,用一个统一的数组名和下标来唯一地确定数组中的元素。

一维数组的定义方式为:

类型说明符　数组名[常量表达式];

二维数组定义的一般形式为:

类型说明符　数组名[常量表达式 1][常量表达式 2];

数组定义后,可以对其中的元素的进行使用。C/C++规定只能逐个引用数组元素而不能一次引用整个数组。

一维数组中数组元素的引用方式为:

数组名[下标]

下标可以是整型常量或整型表达式,如 a[0]、a[2 * 3]、a[i+5]。

二维数组的元素的引用方式为:

数组名[下标][下标]

如 a[2][3]、a[3-1][2 * 2-1]。但不要写成 a[2,3]。

在使用数组元素时,应该注意下标值在已定义的数组大小的范围内。

数组的处理通常采用循环程序来完成。

例如,有定义

```
int a[N];                //N是事先定义好的一个符号常量
```

则输入 N 个数组元素值的程序段为:

```
for (i = 0; i < N; i++)  cin >> a[i];
```

依次输出 N 个数组元素值的程序段为：

```
for (i = 0; i < N; i++)  cout << a[i]<<"  ";
```

【实例 3-1】 百灯判亮。

有序号为 1,2,3,…,99,100 的 100 盏灯从左至右排成一横行,且每盏灯各由一个拉线开关控制着,最初它们全呈关闭状态。有 100 个小朋友,第 1 位走过来把凡是序号为 1 的倍数的电灯开关拉一下;接着第 2 位小朋友走过来,把凡是序号为 2 的倍数的电灯开关拉一下;第 3 位小朋友走过来,把凡是序号为 3 的倍数的电灯开关拉一下;如此下去,直到第 100 个小朋友把序号为 100 的电灯开关拉一下。问这样做过一遍之后,哪些序号的电灯是亮着的?

(1) 编程思路。

要判定哪些序号的灯是亮的,需要知道 100 个小朋友操作过后,每盏灯的拉线开关被拉的次数,这样凡是被拉了奇数次开关的灯最后就是亮的。

为了保存每盏灯的拉线开关被拉的次数,需要定义一个一维数组"int a[101];",用数组元素 a[1]～a[100]保存 1～100 号灯的开关被拉的次数(初始值为 0,表示开关没有被拉 1 次)。

程序用一个二重循环来模拟小朋友的操作过程。外循环控制小朋友 1～100,对于第 i 个小朋友,他拉第 i,2i,3i,…号灯的拉线开关的操作构成内循环。具体描述为：

```
for (child = 1;child <= 100;child++)                    //小朋友 1～100
    for (lamp = child;lamp <= 100;lamp += child)        //第 i 个小朋友从第 i 号灯开始操作
        a[lamp]++;
```

经过循环模拟小朋友拉开关的动作后,判定元素 a[i]的奇偶性,如果 a[i]为奇数,则第 i 盏灯是亮的。

(2) 源程序及运行结果。

```
#include < iostream >
using namespace std;
int  main( )
{
    int a[101],child,lamp;                      //a[1]～a[100]保存 1～100 盏灯的开关被拉的次数
    for (lamp = 0;lamp <= 100;lamp++)
        a[lamp] = 0;
    for (child = 1;child <= 100;child++)
        for (lamp = child;lamp <= 100;lamp += child)
            a[lamp]++;
    for (lamp = 1;lamp <= 100;lamp++)
        if (a[lamp] % 2!= 0) cout << lamp <<"  ";
    cout << endl;
    return 0;
}
```

编译并执行以上程序,可得到如下所示的结果。

```
1   4   9   16   25   36   49   64   81   100
Press any key to continue
```

【**实例 3-2**】 页码中的数字。

一本书的页码从自然数 1 开始顺序编码直到自然数 n。书的页码按照通常的习惯编排,每个页码都不含多余的前导数字 0。例如,第 6 页用 6 表示而不是 06 或 006。编写一个程序,对给定书的总页码,计算出该书的全部页码中分别用到多少次数字 0,1,…,9。

(1) 编程思路 1。

定义一个数组 count[10],元素 count[0]～count[9]分别保存数字 0～9 在全部页码中用到的次数。初始值全为 0,表示开始时每个数字均没用到。

程序可以写成一个循环,框架为:

```
for (页码 i = 1; 页码 i <= n ; 页码 i++)
{
        对每个页码 i,依次分离出 i 的各位数字 k,对应的 count[k]++;
}
```

对于整数 i,分离出各位数字的操作为:不断除以 10,记下余数,直到商为 0。所得余数序列就是整数 i 从低位到高位的各位数字。具体描述为:

```
while (i)
{   count[ i % 10] ++;
    i = i/10;
}
```

(2) 源程序 1 及运行结果。

```cpp
#include < iostream >
using namespace std;
int main()
{
    int n, i, t;
    int count[10] = {0};
    cin >> n;
    for(i = 1; i <= n; i++)
    {
        t = i;
        while(t)
        {
          count[t % 10]++;        t/ = 10;
        }
    }
    for(i = 0; i < 10; i++)
    {
        cout << i <<" : "<< count[i]<<"      ";
        if (i == 4) cout << endl;
    }
    cout << endl;
    return 0;
}
```

编译并执行以上程序,可得到如下所示的结果。

```
328
0：62    1：173    2：172    3：92    4：63
5：63    6：63    7：63    8：63    9：62
Press any key to continue
```

（3）编程思路 2。

程序 1 中页码数字的统计用一个二重循环完成，外循环处理 n 个页码，内循环处理 n 的每位数字，n 的数字位数为 $\log_{10}n+1$，所以这个算法的时间复杂度为 $O(n*\log_{10}n)$。

下面给出一种更高效解决这个问题的方法。

① 考察由 $0,1,2,\cdots,9$ 十个数字组成的所有 n 位数。从 n 个 0 到 n 个 9 共有 10^n 个 n 位数。在这 10^n 个 n 位数中，$0,1,2,\cdots,9$ 这十个数字使用次数相同，设为 $f(n)$。$f(n)$ 满足如下递推式：

当 n＞1 时，$f(n) = 10*f(n-1)+10^{n-1}$。

当 n = 1 时，$f(n) =1$。

由此可知，$f(n) = n*10^{n-1}$。

② 对于一个 m 位整数，可以把 0～n 之间的 n+1 个整数从小到大这样来排列：

$000\cdots0$

⋮

$099\cdots9$

$100\cdots0$

⋮

$199\cdots9$

⋮

这样一直排到自然数 n。对于 0～099……9 这个区间来说，抛去最高位的数字不看，其低 m-1 位恰好就是 m-1 个 0～m-1 个 9 共 10^{m-1} 个数。利用上面的递推公式，在这个区间里，每个数字出现的次数（不包括最高位数字）为 $(m-1)*10^{m-2}$。假设 n 的最高位数字是 x，那么在 n 之间上述所说的区间共有 x 个。那么每个数字出现的次数 x 倍就可以统计完这些区间。再看最高位数字的情况，显然 0 到 x-1 这些数字在最高位上再现的次数为 10^{m-1}，因为一个区间长度为 10^{m-1}；而 x 在最高位上出现次数就是 $n\%10^{m-1}+1$。接下来对 $n\%10^{m-1}$，即 n 去掉最高位后的那个数字再继续重复上面的方法。直到个位，就可以完成各个数字的统计了。当然，由于前导 0 不使用，还需减去前导 0 的个数。

例如，对于一个数字 3482，可以这样来计算 1～3482 所有数字中每个数字出现的次数。

0～999 这个区间的每个数字的出现次数可以使用前面给出的递推公式，即每个数字出现 300 次。1000～1999，中间除去千位的 1 不算，又是一个 000～999 的排列，这样的话，0～3482 之间共有 3 个。所以 0000～2999 之间除千位外，每个数字（0～9）出现次数均为 3 * 300 次。

然后再统计千位数字，每个区间长度为 1000，所以 0，1，2 在千位上各出现 1000 次。而 3 则出现 482+1=483 次。

之后，抛掉千位数字，对于 482，再使用上面的方法计算，一直计算到个位即可。

（4）源程序 2。

```cpp
#include < iostream >
#include < math.h >
using namespace std;
int main()
{
    int n, i, len, m, k, h;
    int pow10[10] = {1}, count[10] = {0};
    char d[11];
    for(i = 1; i < 10; i++) {
        pow10[i] = pow10[i-1] * 10;
    }
    cin >> n;
    len = log10(n);                   //len 表示当前数字的位权, 一个 5 位数,
                                      //最高位权为 10 的 4 次方, len = 4
    m = len;
    sprintf(d, "%d", n);              //将数 n 转换为字符串存入数组 d 中
    k = 0;                            //k 存储当前最高位数字在 d 数组中的下标
    h = d[k] - '0';                   //h 存储当前最高位的数字
    n %= pow10[len];                  //去掉 n 的最高位
    while(len > 0)
    {
        if(h == 0)                    //当前数字如果为 0
        {
            count[0] += n + 1;
            h = d[++k] - '0';
            len--;
            n %= pow10[len];
            continue;
        }
        for(i = 0; i < 10; i++)
            count[i] += h * len * pow10[len-1];   //x * (m-1) * 10^(m-2)
        for(i = 0; i < h; i++)        //最高位 0~h-1 出现次数
            count[i] += pow10[len];
        count[h] += n + 1;            //最高位 h 出现次数
        len--;          h = d[++k] - '0';
        n %= pow10[len];              //n 抛掉最高位
    }
    for(i = 0; i <= h; i++)           //个位上 0~h 出现次数
        count[i] += 1;
    for(i = 0; i <= m; i++)           //减去前导 0 的个数
        count[0] -= pow10[i];
    for(i = 0; i < 10; i++)
    {
        cout << i <<" : "<< count[i]<<"       ";
        if (i == 4) cout << endl;
    }
    cout << endl;
    return 0;
}
```

【**实例 3-3**】　Josephus 问题。

Josephus 问题是说，一群小孩围成一圈，任意假定一个数 m，从第 1 个小孩起，顺时针方向数，每数到第 m 个小孩时，该小孩便离开。小孩不断离开，圈子不断缩小。最后，剩下的一个小孩便是胜利者。

编写程序，顺序打印离开的小孩及最后的胜利者。

(1) 编程思路。

为解决这个问题，可以定义一个数组 a，元素的个数就是小孩个数。每个数组元素初始赋一个非 0 值作为小孩的序号，当小孩离开时，修改对应的数组元素的值为 0 来标识小孩的离开。另外，因为小孩是围成圈的，在数小孩时，当数到数组尾的时候，下一个数组元素下标值通过"加 1 求模"运算就可以算得为 0，从而回到数组首部。

(2) 源程序及运行结果。

```cpp
#include< iostream>
#define NUM 10                  //定义小孩个数
using namespace std;
int main()
{
    int m;                      //每次数 m 个小孩,便让小孩离开
    int a[NUM];                 //小孩数组
    int i,j,k,s;                //数组下标变量 i、数数记数变量 j、离开小孩记数变量 k
                                //游戏标志变量 s
    for (i = 0;i < NUM;i++)
        a[i] = i + 1;           //给小孩编号
    for (i = 0;i < NUM;i++)
        cout << a[i]<<" , ";     //顺序输出开始时的小孩编号
    cout << endl;
    cout <<"请输入数小孩的间隔数: ";
    cin >> m;                   //输入数小孩的间隔数到 m
    k = 1;                      //游戏开始,标识处理第 k 个离开的小孩
    i = - 1;   s = 1;           //设数组下标初值(下一个值 0 即第一个
                                //开数小孩的下标)和标志 s 初值
    while(s)                    //剩下的小孩多于一个
    {
        j = 0;                  //设置开始记数初值
        while(j < m)            //数 m 个小孩
        {
            i = (i + 1) % NUM;  //对下标加 1 求模
            if (a[i]!= 0)   j++;  //如果该元素的小孩在圈中,则数数有效
        }
        if(k == NUM)
            s = 0;
        else
        {
            cout << a[i]<<"   ,   ";   //输出本次离开的小孩的编号
            a[i] = 0;           //标识小孩已离开
            k++;                //准备处理圈中下一个小孩
        }
    }
```

```
        cout << endl;
        cout <<"第 "<< a[i]<<" 号小孩获胜!"<< endl;
        return 0;
}
```

编译并执行以上程序,可得到如下所示的结果。

```
1,2,3,4,5,6,7,8,9,10,
请输入数小孩的间隔数: 4
4 , 8 , 2 , 7 , 3 , 10 , 9 , 1 , 6 ,
第 5 号小孩获胜!
Press any key to continue
```

3.1.2 结构体概述

在程序设计中,有时需要将不同类型的数据组合成一个有机的整体,以便于引用。这些组合在一个整体中的数据是互相联系的。例如,一个学生的学号、姓名、性别、年龄等项,这些项都与某一学生相联系。如果将学号(num)、姓名(name)、性别(sex)、年龄(age)分别定义为互相独立的简单变量,难以反映它们之间的内在联系。应当把它们组织成一个组合项,在一个组合项中包含若干个类型不同(当然也可以相同)的数据项。C++允许用户自己指定这样一种数据类型,它称为结构体(structure)。

定义一个结构体类型的一般形式为:

```
struct   结构体名
{
        成员表列
};
```

成员列表依次定义结构体中的各个成员,由它们组成一个结构体。对各成员都应进行类型声明,即

```
类型名   成员名
```

也可以把"成员表列"称为"域表"。每一个成员也称为结构体中的一个域。

定义了结构体类型后,可以定义这种类型的变量。定义结构体类型变量的方法为:

```
结构体名   结构体变量名
```

在定义了结构体变量后,系统会为之分配内存单元。程序中可以引用这个变量。引用结构体变量中成员的方式为:

```
结构体变量名.成员名
```

【实例 3-4】 洗扑克牌。

在扑克牌游戏中,每次游戏开始都要求把 54 张牌重新排列一下,称为洗牌。试编写程序将一副扑克牌随机洗好后,顺序输出 54 张牌的情况。

(1)编程思路。

一张扑克牌包含花色和点数两个量,因此可以定义一个结构体类型 Poker 来保存一张

扑克牌的信息。

```
struct  Poker{
    int  d;                          //点
    char  s;                         //花色
};
```

其中,花色有黑、红、梅、方四种,ASCII 码值对应为:

红桃——3、方块——4、梅花——5、黑桃——6。

另外,小王和大王的花色均可设为空格,ASCII 为 32。

点数设为一个 1～15 之间的整数,1 代表 A、2～10 代表对应点数 2～10、11 代表 J、12 代表 Q、13 代表 K、14 代表小王、15 代表大王。

洗牌可以这样来模拟。开始生成按顺序排列的 54 张牌(用结构体数组来保存),再生成 0～53 之间的一个随机数,按这个随机数从已有扑克牌中取出一张牌,与当前位置的牌进行交换。这样重复 54 次,即可将所有牌顺序打乱,达到模拟洗牌的目的。

为使用随机数,C++中有如下两个函数:

① 原型：int rand(void)。

功能：函数返回一个在零到 RAND_MAX 之间的伪随机整数。

② 原型：void srand(unsigned seed)。

功能：设置 rand()随机序列种子。对于给定的种子 seed,rand()会反复产生特定的随机序列。

(2) 源程序。

```
#include <iostream>
#include <time.h>
using namespace std;
struct  Poker{
    int  d;                          //点
    char  s;                         //花色
};
int  main()
{
    Poker poker[54], * p, temp;
    int  i, j;
    p = poker;
    for(i = 0; i < 52; i++)              //初始一副牌,顺序为: 红 A～红 K,
                                        //方 A～方 K,梅 A～梅 K,黑 A～黑 K,小王、大王
    {   p->d = i%13 + 1;
        p->s = i/13 + 3;                //ASCII 码 红桃:3 方块:4 梅花:5 黑桃:6
        p++;
    }
    poker[52].d = 14; poker[52].s = ' ';    //小王
    poker[53].d = 15; poker[53].s = ' ';    //大王
    srand(time(0));
    for(i = 0; i < 54; i++)             //洗牌
    {   j = rand() % 54;        temp = poker[i];
        poker[i] = poker[j];        poker[j] = temp;
```

```
    }
    p = poker;
    for(i = 0; i < 54; i++)                    //显示 54 张牌的点数和花色
    {   cout << p -> s;
        if (p -> d >= 2 && p -> d <= 10)   cout << p -> d <<"  ";
      else    switch(p -> d)
                   {   case  1:   cout <<'A'<<"  "; break;
                       case  11:   cout <<'J'<<"  "; break;
                       case  12:   cout <<'Q'<<"  "; break;
                       case  13:   cout <<'K'<<"  "; break;
                       case  14:   cout <<'s'<<"  "; break;
                       case  15:   cout <<'S'<<"  ";
                   }
        if ((i + 1) % 17 == 0) cout << endl;
        p++;
    }
    cout << endl;
    return   0;
}
```

3.2　数组的变换

在对数组进行操作时,经常涉及数组中元素顺序的调整,如将一个数组逆置,或将一个
数组的各元素循环移动若干次等。

3.2.1　逆置

【实例 3-5】　数组元素逆置。

编写一个程序,将数组 A 中的元素逆置。例如,原来 A 中的元素依次为 10、20、30、40、
50、60、70、80,逆置后为 80、70、60、50、40、30、20、10。

(1) 编程思路 1。

若数组中有 n 个元素,则分别将第 1 个元素(a[0])和第 n 个元素(a[n−1])对换,第 2
个元素(a[1])和第 n−1 个元素(a[n−2])对换……因此,逆置操作可写成一个循环,循环次
数为数组元素个数的一半。当 n 为偶数,"一半"恰好是数组长度的二分之一;若 n 是奇数,
"一半"是小于 n/2 的最大整数,这时取大于 n/2 的最小整数的位置上的元素,恰是数组中间
位置的元素,不需要逆置。描述为:

```
for (i = 0; i < n/2; i++)
  {
      将 a[i]   和   a[n − 1 − i]互换;
  }
```

(2) 源程序 1 及运行结果。

```
#include < iostream >
using namespace std;
int   main()
```

```cpp
{
    int   a[10], i, temp, n;
    for (i = 0; i < 10; i++)
        cin >> a[i];
    cout <<"Before reverse, a is ";
    for (i = 0; i < 10; i++)
        cout << a[i]<<"   ";
    cout << endl;
    n = 10;
    for (i = 0; i < n/2; i++)
    {
        temp = a[i];      a[i] = a[n - 1 - i];         a[n - 1 - i] = temp;
    }
    cout <<"After reversed, a is ";
    for (i = 0; i < 10; i++)
        cout << a[i]<<"   ";
    cout << endl;
    return  0;
}
```

编译并执行以上程序,可得到如下所示的结果。

```
1 2 3 4 5 6 7 8 9 10
Before reverse, a is 1  2  3  4  5  6  7  8  9  10
After reversed, a is 10  9  8  7  6  5  4  3  2  1
Press any key to continue
```

(3) 编程思路 2。

设置两个变量 low 和 bottom 分别指向数组的首尾。逆置操作过程如下:

① 将 low 指向的内容和 bottom 指向的内容相交换;

② 修改变量 top 和 bottom,使 top 后移(top++),bottom 前移(bottom——);

③ 重复①和②的操作,直到 low≥bottom 为止。

(4) 源程序 2。

```cpp
#include < iostream >
using namespace std;
int   main()
{
    int   a[10], i, temp, top, bottom;
    for (i = 0; i < 10; i++)
        cin >> a[i];
    cout <<"Before reverse, a is ";
    for (i = 0; i < 10; i++)
        cout << a[i]<<"   ";
    cout << endl;
    top = 0;
    bottom = 10 - 1;
    while(top < bottom)
    {
        temp = a[top];     a[top] = a[bottom];     a[bottom] = temp;
```

```
            top++;    bottom -- ;
        }
        cout <<"After reversed, a is ";
        for (i = 0;i < 10;i++)
            cout << a[i]<<"   ";
        cout << endl;
        return  0;
}
```

3.2.2 循环移位

【实例3-6】 循环左移一位。

输入 10 个整数到数组 a 中,将数组各元素依次循环左移一个位置(如图 3-1 所示),输出移动后的数组 a。

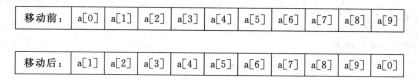

图 3-1 数组元素循环左移一位

(1)编程思路。

先将 a[0]保存起来(t＝a[0]),再用一个循环将 a[1]～a[9]依次前移一位,最后将预存起来的 a[0]送至 a[9]即可。

(2)源程序及运行结果。

```
#include < iostream >
using namespace std;
int   main( )
{
    int   a[10],i,t ;
    for (i = 0;i < 10;i++)
        cin >> a[i];
    t = a[0];
    for(i = 0;i < 9;i++)
        a[i] = a[i + 1];
    a[9] = t;
    for (i = 0;i < 10;i++)
    cout << a[i]<<"   ";
    cout << endl;
    return 0;
}
```

编译并执行以上程序,可得到如下所示的结果。

```
1 2 3 4 5 6 7 8 9 10
2  3  4  5  6  7  8  9  10  1
Press any key to continue
```

【实例 3-7】 循环左移 p 位。

设有 n(n>1)个整数存放在一维数组 R 中。试设计一个在时间和空间两方面尽可能高效的算法。将 R 中的序列循环左移 $p(0<p<n)$ 个位置,即将 R 中的数据由 $(X_0,X_1,\cdots X_{n-1})$ 变换为 $(X_p,X_{p+1},\cdots,X_{n-1},X_0,X_1,\cdots,X_{p-1})$。

(1) 编程思路 1。

上一个实例中,程序段:

```
t = a[0];
for(i = 0;i < 9;i++)
    a[i] = a[i+1];
a[9] = t;
```

实现了循环左移一位。将这个程序段循环执行 p 次,即可完成循环左移 p 位的操作。

按这一思路所设计的算法的时间复杂度为 $O(p*n)$,空间复杂度为 $O(1)$。

(2) 源程序 1 及运行结果。

```cpp
#include <iostream>
using namespace std;
int main()
{
    int   r[10] = {1,2,3,4,5,6,7,8,9,10};
    int i,p,t,times;
    cout <<"请输入需要左移的次数 p (0<p<10):";
    cin >> p;
    cout <<"数组初始情况为: ";
    for (i = 0; i < 10 ; i++)
      cout << r[i]<<"   ";
    cout << endl;
    for(times = 1;   times <= p; times++)
    {
        t = r[0];
        for(i = 0;i < 9;i++)
            r[i] = r[i+1];
        r[9] = t;
    }
    cout <<"循环左移"<< p <<"位后,数组变换为: ";
    for (i = 0; i < 10 ; i++)
      cout << r[i]<<"   ";
    cout << endl;
    return 0;
}
```

编译并执行以上程序,可得到如下所示的结果。

```
请输入需要左移的次数 p (0<p<10):4
数组初始情况为: 1  2  3  4  5  6  7  8  9  10
循环左移 4 位后,数组变换为: 5  6  7  8  9  10  1  2  3  4
Press any key to continue
```

(3) 编程思路2。

定义一个可以放下 p 个整数的辅助数组 temp,将数组 R 中的前 p 个整数依次存入辅助数组 temp 中,将 R 中后面的 n−p 个整数依次前移 p 个位置,将辅助数组中的数据依次取出,放入 R 中第 n−p 个整数开始的位置。

按这一思路所设计的算法的时间复杂度为 O(n),空间复杂度为 O(p)。

(4) 源程序2。

```cpp
#include < iostream >
using namespace std;
int main()
{
    int   r[10] = {1,2,3,4,5,6,7,8,9,10};
    int temp[10];                      //辅助数组,存放要移出的整数
    int i,p;
    cout <<"请输入需要左移的次数 p (0 < p < 10):";
    cin >> p;
    cout <<"数组初始情况为: ";
    for (i = 0; i < 10 ; i++)
      cout << r[i]<<"   ";
    cout << endl;
    for(i = 0;i < p;i++)               //将 R 中前 p 个数据存入辅助数组中
        temp[i] = r[i];
    for(i = 0;   i < 10 - p;i++)       //将 R 中从第 p 个整数开始的整数前移 p 个位置
        r[i] = r[p + i];
    for(i = 0; i < p; i++)             //将辅助数组中的 p 个数据放到 R 中第 n - p 个数据的后面
        r[10 - p + i] = temp[i];
    cout <<"循环左移"<< p <<"位后,数组变换为: ";
    for (i = 0; i < 10 ; i++)
      cout << r[i]<<"   ";
    cout << endl;
    return 0;
}
```

(5) 编程思路3。

将数组 R 循环左移 p 位后,前 p 个数一定移动到后面,而后 n−p 移动到前面,因此可先将数组 R 逆置,然后再将 R 中前 n−p 个元素原地逆置,再将后 p 个元素原地逆置,如图 3-2 所示。

为了程序编写简捷,可以将数组 R 中从 begin 开始到 end 结束(包括 end)的元素进行逆置的操作写成如下的函数:

```cpp
void Reverse( int r[ ], int begin, int end)
{
    int i, temp;
    for(i = 0;i <(end - begin + 1)/2;i++)
    {
        temp = r[begin + i];   r[begin + i] = r[end - i]; r[end - i] = temp;
    }
}
```

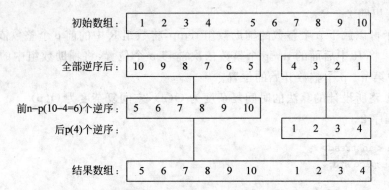

图 3-2　用逆置的方法将数组 R 中的数据循环移位

这样，上述算法中三个 Reverse 函数的时间复杂度分别为 O(n/2)、O((n－p)/2) 和 O(p/2)，故所设计的算法的时间复杂度为 O(n)，空间复杂度为 O(1)。

(6) 源程序 3。

```cpp
#include <iostream>
using namespace std;
void Reverse(int r[],int begin,int end)
{
    int i,temp;
    for(i = 0;i <(end - begin + 1)/2;i++)
    {
        temp = r[begin + i];   r[begin + i] = r[end - i]; r[end - i] = temp;
    }
}
int main()
{
    int   r[10] = {1,2,3,4,5,6,7,8,9,10};
    int i,p;
    cout <<"请输入需要左移的次数 p (0<p<10):";
    cin >> p;
    cout <<"数组初始情况为: ";
    for (i = 0; i <10 ; i++)
      cout << r[i]<<"   ";
    cout << endl;
    Reverse(r,0,10 - 1);            //全部逆置
    Reverse(r,0,10 - p - 1);        //前 n - p 个元素逆置
    Reverse(r,10 - p,10 - 1);       //后 p 个元素逆置
    cout <<"循环左移"<< p <<"位后,数组变换为: ";
    for (i = 0; i <10 ; i++)
      cout << r[i]<<"   ";
    cout << endl;
    return 0;
}
```

3.2.3 顺序调整

【实例 3-8】 前负后正。

设有 n(n>1)个整数存放在一维数组 R 中。每个元素均为整数且不为 0,试设计用最少时间把所有值为负数的元素移到全部正数值元素前面的算法。

(1) 编程思路

设置两个变量 i 和 j 分别指向数组的首尾(i=0,j=n−1),调整操作的过程为:

① 从左向右找到正数 r[i],即

```
while(r[i]<0) i++;
```

② 从右向左找到负数 r[j],即

```
while(r[j]>=0) j--;
```

③ 将找到的正数 r[i] 和负数 r[j] 交换,从而将负数往前移,正数往后移。

④ 循环上述过程直到 i 大于等于 j 为止。

(2) 源程序及运行结果。

```cpp
#include <iostream>
using namespace std;
int main()
{
    int  r[10] = {1, −2,3, −4, −5,6,7, −8,9, −10};
    int i,j,temp;
    cout <<"数组初始情况为: ";
    for (i = 0; i < 10 ; i++)
      cout << r[i]<<"  ";
    cout << endl;
    i = 0;
    j = 10 − 1;
    while(i < j)
    {
        while(i < j && r[i]<0)   i++;
        while(j > i && r[j]>= 0)  j--;
        if( i < j)
          {  temp = r[i];   r[i] = r[j];   r[j] = temp;  }
    }
    cout <<"顺序调整后,数组变换为: ";
    for (i = 0; i < 10 ; i++)
      cout << r[i]<<"  ";
    cout << endl;
    return 0;
}
```

编译并执行以上程序,可得到如下所示的结果。

```
数组初始情况为: 1   −2  3   −4  −5  6  7  −8  9  −10
顺序调整后,数组变换为: −10  −2  −8  −4  −5  6  7  3  9  1
Press any key to continue
```

【实例 3-9】 快速划分。

编写一个程序将数组 r 划分成两部分,其中左半部分的每个元素的值均小于 r[0],右半部分的每个元素的值均大于等于 r[0]。

(1)编程思路。

一般地,设待划分数组的下界为 low,上界为 high,则快速划分操作的步骤如下:

① 设两个指针 i,j 分别指向序列的第一个元素和最后一个元素(即 i=low=0;j=high=n-1),并将第一个元素(r[0]作为基准记录)保存在 x 中。

② 用 x 与 j 指向的数组元素的值比较,若 x≤r[j],则再比较 j 的前一个数组元素的值(j=j-1);否则,将数组元素 r[j]和 r[i]互换位置。

③ 用 x 与 i 指向的数组元素的值比较。若 x≥r[i],则再比较 i 的后一个数组元素的值(i=i+1);否则,将记录 r[i]和 r[j]互换位置。

④ 反复交替执行步骤②和③操作,直到 i == j 时,划分操作结束。i 便是基准记录 r[0]在序列中应放置的位置号。

设数组中有 10 个元素,它们的初始值为{34,18,23,89,39,15,56,14,48,24},若选取第 1 个元素(r[0])作为基准记录,则划分操作过程如图 3-3 所示。

```
初始元素序列     34  18  23  89  39  15  56  14  48  24
                 i                                    j
第1次交换后      24  18  23  89  39  15  56  14  48  34
                 i→i→i→i                              j
第2次交换后      24  18  23  34  39  15  56  14  48  89
                         i                  j←j←j
第3次交换后      24  18  23  14  39  15  56  34  48  89
                         i→i                j
第4次交换后      24  18  23  14  34  15  56  39  48  89
                             i    j←j←j
第5次交换后      24  18  23  14  15  34  56  39  48  89
                                 i→ij
完成划分        [24  18  23  14  15] 34 [56  39  48  89]
```

图 3-3 快速划分的过程示例

(2)源程序及运行结果。

```cpp
#include <iostream>
using namespace std;
int main()
{
    int r[10] = {34,18,23,89,39,15,56,14,48,24};
    int i,j, x;
    cout <<"数组初始状态为: ";
    for(i = 0;i < 10;i++)
        cout << r[i]<<"  ";
    cout << endl;
    x = r[0];
    i = 0;  j = 10 - 1;
```

```
while(i < j)
{
  while (i < j && r[j] >= x) j = j - 1;
  if (i < j) {r[i] = r[j];i = i + 1;}
  while (i < j && r[i] <= x) i = i + 1;
  if (i < j) {r[j] = r[i];j = j - 1;}
}
r[i] = x;
cout << "以" << x << "划分后,数组状态为: ";
for(i = 0;i < 10;i++)
    cout << r[i] << "  ";
cout << endl;
return 0;
}
```

编译并执行以上程序,可得到如下所示的结果。

```
数组初始状态为: 34  18  23  89  39  15  56  14  48  24
以 34 划分后,数组状态为: 24  18  23  14  15  34  56  39  48  89
Press any key to continue
```

【实例3-10】　三色旗问题。

假设有一根绳子,上面有一些红、白、蓝色的旗子。起初旗子的顺序是任意的,现在要求用最少的次数移动这些旗子,使得它们按照蓝、白、红的顺序排列。移动时,一次只能调换两个旗子。

例如,初始时为 R,B,B,W,W,B,R,B,W。

经过移动后为 B,B,B,B,W,W,W,R,R。

(1) 编程思路。

问题的解法很简单,基本思想是:从绳子开头进行,遇到蓝色往前移,遇到白色留在中间,遇到红色往后移。具体实现思路为:

设置三个变量 Blue、white 和 red,初始时,blue 和 white 指向第 1 面旗子(blue=white=0),red 指向最后一面旗子(red=n-1)。

绳子上的旗子经过移动后,按照蓝色旗、白色旗和红色旗的顺序排列,也就是顺序分成三块区域,进行调整前先让 blue 指向蓝色区域旗子的后面,white 指向白色区域旗子的后面,red 指向红色区域旗子的前面。可以用三个循环做到这一点。

```
while (color[blue] == 'b')        //若是蓝旗
{
  blue++;                         //向后移动蓝旗标识
  white++;                        //向后移动白旗标识
}
while (color[white] == 'w')       //若是白色旗
    white++;                      //向后移动白旗标识
while (color[red] == 'r')         //若是红旗
  red--;                          //向前移动红旗标识
```

经过这样三个循环操作后,在 0 到 blue-1 之间是蓝色旗子,blue 到 white-1 之间是白色旗子,red+1 到 n-1 之间是红色旗子,而 white 到 red 之间的旗子未曾处理,需要调整。下面就从前往后(用 white 指向)循环处理这段区域,分三种情况:

① 如果 white 指向的是蓝色旗子,一般情况下(在 blue 和 white 不指向同一位置时,if(blue!=white)),将 blue 所指向的旗子(一定是白色旗子)和 white 所指向的旗子(蓝色旗子)交换位置,同时 blue 往后移一位(blue++,因为交换后 blue 指向的已经是蓝色旗子了,所以可以往后移一位),white 也要后移一位(white++,因为交换过来的是白色旗子,所以也可以往后移一位)。

为什么会出现 white 指向的是蓝色旗子,而 blue 和 white 指向同一个位置呢?初始时,若第 1 面旗子是红色(或连续几面蓝色旗子之后是一面红色旗子),则 blue 和 white 就指向同一位置(都指向这面红色旗)。将这面红色旗子换到后面的红色旗区域,换过来的旗子可能是蓝色,也可能是白色。如果是蓝色,就出现了 white 指向的是蓝色旗子,而 blue 和 white 指向同一个位置的情况。如果是这种情况,不能交换,直接 blue++ 和 white++,分别后移即可。这一点一定要考虑到。

② 如果 white 指向的是白色旗子,则不移动任何旗子(因为要求白色的旗子在中间,所以不去动它),将 white 往后移一位(white++)。

③ 如果 white 指向的是红色旗子,此时将 white 所指向的旗子和 red 所指向的旗子交换位置,同时 red 往前移一位(red--,因为交换后 red 指向的已经是红色旗子了,所以可以往前移一位),red 前移后,如果指向的还是红色旗,需要继续前移,直到其指向红色旗区域的前面。因为,换过来的可能是蓝色旗,也可能是白色旗,所以 white 保持不变。

在三种情况的处理中,可以看到 white 后移(white++),red 前移(red--),当 white 指到 red 的后面去的时候(即 white>red),结束循环,调整操作全部完成。

(2) 源程序及运行结果。

```cpp
#include <iostream>
#include <string.h>
using namespace std;
int main()
{
    char color[] = "bbwrwbwbrrwbrwwbwr";        //表示旗子排列的数组
    int blue = 0, white = 0, red = strlen(color) - 1;
    int i, temp, count = 0;                     //count 保存对调的次数
    cout <<"三色旗最初排列情况为:";
    for (i = 0; i <= red; i++)
      cout << color[i];
    cout << endl;
    while (color[blue] == 'b')                  //若是蓝旗
    {
      blue++;                                   //向后移动蓝旗标识
      white++;                                  //向后移动白旗标识
    }
    while (color[white] == 'w')                 //若是白色旗
        white++;                                //向后移动白旗标识
    while (color[red] == 'r')                   //若是红旗
      red--;                                    //向前移动红旗标识
    while (white <= red)                        //循环执行,直到白色标识大于红色标识
    {
```

```
        if (color[white] == 'b')              //若是蓝色旗
        {
            if(blue!= white)
            {   temp = color[white];
                color[white] = color[blue];
                color[blue] = temp;            //对调白色和蓝色旗
                count++;                       //累加对调次数
            }
            blue++;                            //向后移动蓝旗标识
            white++;                           //向后移动白旗标识
        }
        else if (color[white] == 'w')          //若是白色旗
            white++;                           //向后移动白旗标识
        else                                   //若是红色旗
        {
            temp = color[white];               //对调红色旗和白色旗
            color[white] = color[red];
            color[red] = temp;
            count++;                           //累加对调次数
            red--;                             //向前移动红旗标识
          while (color[red] == 'r')            //若是红旗
              red--;                           //向前移动红旗标识
        }

    }
    cout <<"通过"<< count <<"次对调完成,具体结果如下:"<< endl;
    for (i = 0; i <(int) strlen(color); i++)
      cout << color[i];
    cout << endl;
    return 0;
}
```

编译并执行以上程序,可得到如下所示的结果。

```
三色旗最初排列情况为:bbwrwbwbrrwbrwwbwr
通过 8 次对调完成,具体结果如下:
bbbbbbwwwwwwwrrrrr
Press any key to continue
```

【实例 3-11】 矩阵旋转。

对一个方阵转置,就是把原来的行号变列号,原来的列号变行号。例如,如图 3-4(a)所示的方阵,转置后变为如图 3-4(b)所示的方阵。如果是对该方阵顺时针旋转(不是转置),将是如图 3-4(c)所示的结果。

1	2	3	4
5	6	7	8
9	10	11	12
13	14	15	16

(a) 初始方阵

1	5	9	13
2	6	10	14
3	7	11	15
4	8	12	16

(b) 转置后的方阵

13	9	5	1
14	10	6	2
15	11	7	3
16	12	8	4

(c) 顺时针旋转后的方阵

图 3-4 矩阵的转置和旋转

编写一个程序,将给定的一个方阵顺时针旋转。

(1) 编程思路。

方阵顺时针旋转是将第 1 行变成最后一列,第 2 行变成倒数第 2 列……最后一行变成第 1 列。

设方阵阶数为 N,原始方阵为 X,旋转后的方阵为 Y,则 X 的第 1 行变成 Y 的最后一列的对应关系为:

$X[0][0] \to Y[0][N-1], \cdots, X[0][j] \to Y[j][N-1], \cdots, X[0][N-1] \to Y[N-1][N-1]$

X 的第 i 行变成 Y 的倒数第 i 列的对应关系为:

$X[i][0] \to Y[0][N-1-i], \cdots, X[i][j] \to Y[j][N-1-i], \cdots, X[i][N-1] \to Y[N-1][N-1-i]$

因此,方阵的顺时针旋转可以写成一个二重循环。

```
for(i = 0; i < N; i++)
  for (j = 0;j < N; j++)
    y[j][N - 1 - i] = x[i][j];
```

(2) 源程序及运行结果。

```
#include < iostream >
using namespace std;
#define N 4
int   main()
{
    int x[N][N] = {{1,2,3,4},{5,6,7,8},{9,10,11,12},{13,14,15,16}};
    int y[N][N],i,j;
    for(i = 0; i < N; i++)                    //矩阵的顺时针旋转
      for (j = 0;j < N; j++)
        y[j][N - 1 - i] = x[i][j];
    for(i = 0; i < N; i++)
    {
      for(j = 0; j < N; j++)
          cout << y[i][j]<<"   ";
      cout << endl;
    }
    return  0;
}
```

编译并执行以上程序,可得到如下所示的结果。

```
13  9  5  1
14  10  6  2
15  11  7  3
16  12  8  4
Press any key to continue
```

3.3 排序和查找

3.3.1 排序

排序是计算机程序设计中的一种重要操作,它的功能是将一个数据元素或记录的任意序列,重新排列成一个以关键字递增(或递减)排列的有序序列。

排序的方法有很多,本节介绍简单插入排序、直接选择排序和冒泡排序等几种简单的排序方法。在第 4 章中将介绍快速排序和归并排序等高效的排序算法。

1. 简单插入排序

插入排序的基本思想是顺序将一个待排序的记录按其关键字值的大小插入到一个有序的序列中,插入后该序列仍然是有序的。

简单插入排序是一种最简单的排序方法。它的排序过程为:先将待排序序列中第 1 个记录看成是一个有序的子序列,然后从第 2 个记录起依次逐个地插入到这个有序的子序列中去。这很像玩扑克牌时一边抓牌一边理牌的过程,抓一张牌就插入到其应有的位置上去。

简单插入排序的排序过程如图 3-5 所示。图中方括号[ ]中为已排好序的记录关键字的子序列,下划线的关键字表示当前插入到有序子序列中的记录。

```
初始关键字序列      34   18   23   39   89   15
第 1 趟排序      [18   34]  23   39   89   15
第 2 趟排序      [18   23   34]  39   89   15
第 3 趟排序      [18   23   34   39]  89   15
第 4 趟排序      [18   23   34   39   89]  15
第 5 趟排序      [15   18   23   34   39   89]
```

图 3-5　直接选择排序的排序过程示例

【实例 3-12】 简单插入排序。

编写一个程序,用简单插入排序方法将输入的 10 个整数按从小到大的顺序排列输出。

(1) 编程思路。

将整个数组(n 个元素)看成是由有序的(a[0],…,a[i−1])和无序的(a[i],…,a[n−1])两个部分组成;初始时 i 等于 1,每趟排序时将无序部分中的第一个元素 a[i]插入到有序部分中的恰当位置,共需进行 n−1 趟,最终使整个数组有序。

排序操作是一个二重循环,外循环控制排序趟数(1～n−1),内循环在有序部分中寻找当前元素 a[i]的插入位置。

(2) 源程序。

```cpp
#include <iostream>
using namespace std;
int  main()
{
    int a[10],i,n,j,t;
```

```
for (i = 0;i < 10;i++)
    cin >> a[i];
n = 10;
for(i = 1 ; i < n ; i++)                        //控制 a[1],…, a[n-1]的比较和插入
{
    t = a[i];
    j = i - 1;
    while (j > = 0 && t < a[j])                 //在有序部分中寻找元素 a[i]的插入位置
    {
        a[j + 1] = a[j];
        j -- ;
    }
    a[j + 1] = t;
}
cout << "Atrer sorting" << endl;
for (i = 0;i < 10;i++)
    cout << a[i] << " ";
cout << endl;
return 0;
}
```

2. 直接选择排序

直接选择排序是一种比较简单的排序方法,它的排序过程为:先从待排序的所有记录中选出关键字最小的记录,把它与原始序列中的第一个记录交换位置;然后再从去掉了关键字最小的记录的剩余记录中选出关键字最小的记录,把它与原始序列中第二个记录交换位置;依次类推,直至所有的记录成为有序序列。直接选择排序的排序过程如图3-6所示。图中方括号[ ]中为已排好序的记录关键字的子序列,下划线的关键字表示它对应的记录对需要交换位置。

初始关键字序列	<u>34</u>	18	23	39	89	<u>15</u>
第 1 趟排序	[15]	18	23	39	89	<u>34</u>
第 2 趟排序	[15	18]	23	39	89	<u>34</u>
第 3 趟排序	[15	18	23]	<u>39</u>	89	<u>34</u>
第 4 趟排序	[15	18	23	34]	<u>89</u>	<u>39</u>
第 5 趟排序	[15	18	23	34	39]	89

图 3-6　直接选择排序的排序过程示例

【实例 3-13】　直接选择排序。

编写一个程序,用直接选择排序方法将输入的 10 个整数按从小到大的顺序排列输出。

(1) 编程思路。

直接选择排序的过程是一个二重循环,外循环(i)控制排序趟数(0~n-2),内循环(j)寻找序列 a[i]~a[n-1]中的最小者。

寻找一个序列最小值的方法是:先假定序列的第一个元素是最小值,然后将序列的第2个元素至最后一个元素依次和这个最小值比较,如果某个元素比最小值要小,则最小值就是这个元素。

（2）源程序。

```cpp
#include < iostream>
using namespace std;
int   main()
{
    int a[10],i,j,k,temp;
    for (i = 0;i < 10;i++)
        cin >> a[i];
    for (i = 0;i < 10 - 1;i++)
    {
        k = i;
        for (j = i + 1;j < 10;j++)
            if (a[j]< a[k]) k = j;
        if (k!= i)
        {    temp = a[i];a[i] = a[k];   a[k] = temp;}
    }
    cout <<"Atrer sorting"<< endl;
    for (i = 0;i < 10;i++)
        cout << a[i] <<" ";
    cout << endl;
    return 0;
}
```

3. 冒泡排序

冒泡排序又称起泡排序，它也是一种简单常用的排序方法。其基本思想是通过相邻记录之间关键字的比较和交换，使关键字值较小的记录逐渐从底部移向顶部，即从下标较大的单元移向下标较小的单元，就像水底下的气泡一样逐渐向上冒；而关键字较大的记录就像石块往下沉一样，每一趟有一块"最大"的石头沉到水底。

冒泡排序的排序过程为：先将第 1 个记录和第 2 个记录进行比较，若为逆序，则交换之；接着比较第 2 个记录和第 3 个记录；依次类推，直至第 n−1 个记录和第 n 个记录进行比较、交换为止，称这样的过程为一趟冒泡排序。如此经过一趟排序，关键字最大的记录被安置到最后一个记录的位置上。然后，对前 n−1 个记录进行同样的操作，使具有次大关键字的记录被安置到第 n−1 个记录的位置上。重复以上过程，直到没有记录需要交换为止。冒泡排序的排序过程如图 3-7 所示。

```
初始关键字序列   34   18   23   89   39   15   56   14   48   24
第 1 趟排序       18   23   34   39   15   56   14   48   24  [89]
第 2 趟排序       18   23   34   15   39   14   48   24  [56   89]
第 3 趟排序       18   23   15   34   14   39   24  [48   56   89]
第 4 趟排序       18   15   23   14   34   24  [39   48   56   89]
第 5 趟排序       15   18   14   23   24  [34   39   48   56   89]
第 6 趟排序       15   14   18   23  [24   34   39   48   56   89]
第 7 趟排序       14   15   18  [23   24   34   39   48   56   89]
第 8 趟排序      [14   15   18   23   24   34   39   48   56   89]
```

图 3-7 冒泡排序的排序过程示例

【实例 3-14】 冒泡排序。

编写一个程序,用冒泡排序方法将输入的十个整数按从小到大的顺序排列输出。

(1) 编程思路

冒泡排序的过程是一个二重循环,外循环(i)控制排序趟数(0~n-2),内循环(j)将序列 a[0]~a[n-1-i]中每个元素依次与其后面的一个元素比较,如果前面的元素 a[j]比其后的元素 a[j+1]大,将两者交换。

(2) 源程序。

```cpp
#include <iostream>
using namespace std;
int  main()
{
    int a[10],i,j,temp;
    for (i = 0;i < 10;i++)
        cin >> a[i];
    for (i = 0;i < 10 - 1;i++)
    {
        for (j = 0;j < 10 - 1 - i;j++)
            if (a[j] > a[j + 1])
            {
                temp = a[j];
                a[j] = a[j + 1];
                a[j + 1] = temp;
            }
    }
    cout <<"Atrer sorting"<< endl;
    for (i = 0;i < 10;i++)
        cout << a[i] <<" ";
    cout << endl;
    return 0;
}
```

3.3.2 查找

1. 顺序查找

顺序查找是一种最简单和最基本的检索方法。其基本思想是:从检索表的一端(如表中第一个记录或最后一个记录)开始,逐个进行记录的关键字和给定值的比较。若某个记录的关键字和给定值比较相等,则查找成功;否则,若直至检索表的另一端(如最后一个记录或第一个记录),其关键字和给定值比较都不等,则表明表中没有待查记录,查找不成功。

顺序查找方法既适用于以顺序存储结构组织的检索表,也适用于以链式存储结构组织的检索表。并且在单链表上查找某个记录时,只能从头指针开始,沿链逐个顺序查找。

【实例 3-15】 顺序查找。

输入一个整数,在给定的数组中查找该整数是否存在,若存在,给出其数组的下标;若不存在,输出查找不成功信息。

(1) 编程思路。

顺序查找可以写成一个简单的一重循环,循环中依次将数组中的元素与给定值比较,若相等,用 break 退出循环。算法描述为:

```
for (i = 0; i < n;i++)
        if (a[i] == x) break;
```

这样,循环结束后,若循环控制变量 i 小于数组元素个数 n,则查找成功;否则,查找失败。

(2) 源程序及运行结果。

```
#include < iostream >
using namespace std;
int main( )
{
    int a[10] = {34,18,23,89,39,15,56,14,48,24};
    int i,x;
    cout <<"请输入待查找的整数: ";
    cin >> x;
    for (i = 0;i < 10;i++)
        if (a[i] == x) break;
    if (i < 10)
        cout <<"a["<< i <<"] = "<< a[i]<< endl;
    else
        cout <<"No found! "<< endl;
    return 0;
}
```

编译并执行以上程序,可得到如下所示的结果。

```
请输入待查找的整数: 15
a[5] = 15
Press any key to continue
```

2. 折半查找

折半查找对象的数组必须是有序的,即各数组元素的次序是按其值的大小顺序存储的。其基本思想是先确定待查数据的范围(区间),然后逐步缩小范围直到找到或找不到该记录为止。具体做法是:先取数组中间位置的数据元素与给定值比较。若相等,则查找成功;否则,若给定值比该数据元素的值小(或大),则给定值必在数组的前半部分(或后半部分),然后在新的查找范围内进行同样的查找。如此反复进行,直到找到数组元素值与给定值相等的元素或确定数组中没有待查找的数据为止。因此,折半查找每查找一次,或成功,或使查找数组中元素的个数减少一半,当查找数组中不再有数据元素时,查找失败。

【实例 3-16】 折半查找。

有若干个数按由小到大的顺序存放在一个一维数组中,输入一个数 x,用折半查找法找出 x 是数组中第几个数组元素的值。如果 x 不在数组中,则输出"无此数!"。

（1）编程思路。

设有一数组 a[n]，数组中的元素按值从小到大排列有序。用变量 low、high 和 mid 分别指示待查元素所在区间的下界、上界和中间位置。初始时，low＝0，high＝n－1。

① 令 mid ＝ (low＋ high) /2。

② 比较给定值 x 与 a[mid]值的大小

• 若 a[mid] == x，则查找成功，结束查找；

• 若 a[mid]＞ x，则表明给定值 x 只可能在区间 low～mid－1 内，修改检索范围，令 high＝mid－1，low 值保持不变；

若 a[mid]＜ x，则表明给定值 x 只可能在区间 mid＋1～high 内，修改检索范围。令 low＝mid＋1，high 值保持不变。

③ 比较当前变量 low 和 high 的值，若 low≤high，重复执行步骤①和②，若 low＞high，表明数组中不存在待查找的元素，查找失败。

例如，设一有序的数组中有 11 个数据元素，它们的值依次为{3,8,15,21,35,54,63,79,82,92,97}，用折半查找在该数组中查找值为 82 和 87 的元素的过程如图 3-8 所示。

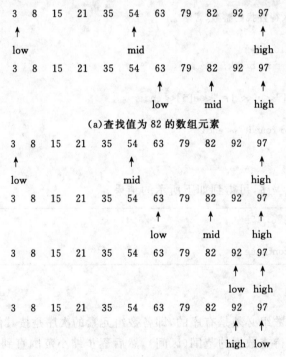

（a）查找值为 82 的数组元素

（b）查找值为 87 的数组元素

图 3-8　折半查找的查找过程

图 3-8(a)所示为查找成功的情况，仅需比较 2 次。若用顺序查找，则需比较 9 次。图 3-8(b)所示为查找不成功的情况，此时因为 low＞high，说明数组中没有元素值等于 87 的元素。得到查找失败信息，也只需比较 4 次。若用顺序查找，则必须比较 12 次。

折半查找过程通常可用一个二叉判定树表示。对于上例给定长度的数组，折半查找过程可用如图 3-9 所示的二叉判定树来描述，树中结点的值为相应元素在数组中的位置。查找成功时恰好走了一条从根结点到该元素相应结点的路径,所用的比较次数是该路径长度加 1 或结点在二叉判定树上的层次数。所以,折半查找在查找成功时所用的比较次数最多不超过相应的二叉判定树的深度 $[\log_2 n] + 1$。同理,查找不成功时,恰好走了一条从根结点到某一终端结点的路径。因此,所用的比较次数最多也不超过 $[\log_2 n] + 1$。

(2) 源程序及运行结果。

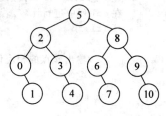

图 3-9 描述折半查找过程的二叉判定树

```cpp
#include < iostream >
using namespace std;
int main()
{
    const int n = 20;
    int a[n] = {1,6,9,14,15,17,18,23,24,28,34,39,48,56,67,72,89,92,98,100};
    int x,low,high,mid;
    cout <<"Please input a number x:";
    cin >> x;
    low = 0;     high = n - 1;              //置区间初值
    while (low < = high)
    {
        mid = (low + high)/2 ;
        if (x == a[mid])  break;            //找到待查记录
          else if (x < a[mid])   high = mid - 1;   //继续在前半区间进行检索
          else   low = mid + 1;             //继续在后半区间进行检索
    }
    if (low < = high)                       //找到待查记录
        cout << x <<" is a["<< mid <<"]"<< endl;
    else
        cout <<"No found! "<< endl;
      return 0;
}
```

编译并执行以上程序,可得到如下所示的结果。

```
Please input a number x:15
15 is a[4]
Press any key to continue
```

3. 基于特定要求的查询判断

【实例 3-17】 寻找鞍点。

编写程序,找出一个二维数组中的鞍点(即该位置上的元素在该行上最大,在该列上最小)。一个二维数组最多有一个鞍点,也可能没有鞍点。

(1) 编程思路。

设二维数组为 a[N][M],即数组有 N 行,每行有 M 列。程序总体写成:

```
for (i = 0;i < N;i++)
{
```

```
            找出第 i 行的最大数 max,并记下其所在列号 col;
            置标志 flag = true,假设本行的最大数 max 是鞍点;
            在 col 列中进行比较,若 max 不是 col 列最小,则不是鞍点,置 flag 为 false;
            if (flag)                                    //flag 为真,表示是鞍点
              {
                    输出鞍点的相应信息;
                    break;
              }
        }
```

（2）源程序及运行结果。

```cpp
#include < iostream >
using namespace std;
#define N 5
#define M 5
int   main( )
{
    int i,j,k,a[N][M],max,col;
    bool flag;
    for(i = 0;i < N;i++)
      for(j = 0;j < M;j++)
        cin >> a[i][j];
    for (i = 0;i < N;i++)
    {
        max = a[i][0];    col = 0;
        for (j = 1;j < M;j++)                        //找出第 i 行的最大数 max
            if (a[i][j]> max)
            {  max = a[i][j];   col = j;  }
        flag = true;                                 //假设本行的最大数 max 是鞍点
        for (k = 0;k < N;k++)
            if (max > a[k][col])
            {  flag = false; break;  }               //如果 max 不是同列最小,则不是鞍点
        if (flag)                                    //flag 为真,表示是鞍点
        {
            cout <<"a["<< i <<"]["<< col <<"] = "<< max << endl;
            break;
        }
    }
    if (!flag)                                       //flag 为假,表示鞍点不存在
    cout <<"It doesn't exist!"<< endl;
    return 0;
}
```

编译并执行以上程序,可得到如下所示的结果。

```
1 3 5 7 9
2 1 4 6 8
4 2 3 6 1
3 7 2 9 4
5 1 4 8 6
a[2][3] = 6
Press any key to continue
```

【实例 3-18】 查找特定二维数组中的元素。

二维数组 a 中，每一行都从左到右递增排序，每一列都从上到下递增排序。编写一个程序，在该数组中查找某一输入的值是否存在，若存在，输出其下标信息；否则，输出查找不成功提示信息。

(1) 编程思路。

一般地，在一个二维数组中查找某个元素 x 是否存在，可以写成一个二重循环，从左到右、从上到下地将数组中的每个元素与 x 进行比较，若相等，则 break 退出循环。算法描述为：

```
置标志 found = false,表示开始时没有找到 x;
for ( i = 0; i < M; i++)
{
    for (j = 0;j < N; j++)
        if (a[i][j] == x)
        {  found = true;  break;  }                    //找到了,置标志并退出
    if  (found)  break;                                //若找到了,直接退出外循环
}
```

由于问题中的数组是按行列有序的，因此这里探讨一种更为快捷的查找方法。先看一个示例，在如图 3-10(a)所示的数组中查找元素 5。

在查找时，从数组的一个角上选取数字来和要查找的数字进行比较。先选取数组右上角的数字 9。由于 9 大于 5，并且 9 还是第 4 列的最小的数字，因此 5 不可能出现在第 4 列。于是下次查找时，可以将第 4 列排除掉，如图 3-10(b)所示，图中加阴影背景的区域是下次要查找的范围。在剩下的区域中，位于右上角的数字是 8，同样 8 大于 5，8 所在的列也可以排除掉，查找区域剩下前面两列，如图 3-10(c)所示。在剩下的区域中，选取右上角的数字 4，由于 4 小于 5，并且剩下区域中，4 是所在的第 1 行的最大的数字，因此 5 不可能在第 1 行，可以将第 1 行也排除掉，下一步的查找区域如图 3-10(d)所示。在剩下的区域中，位于右上角的数字 5 刚好是要查找的数字，查找结束。

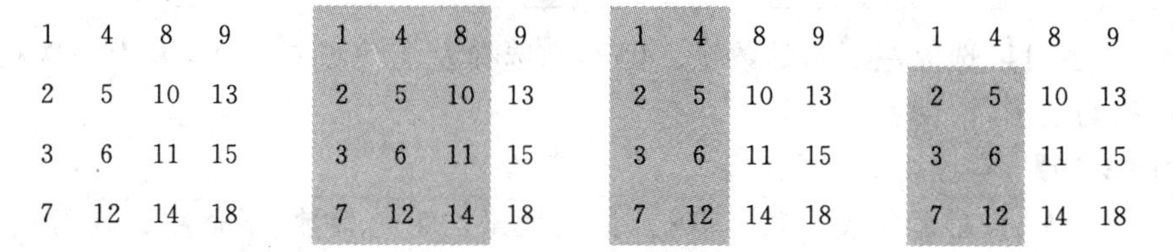

(a) 给定的二维数组　(b) 与 9 比较后　(c) 与 8 比较后　(d) 与 4 比较后

图 3-10 二维数组中的查找

总结图 3-10 中的查找过程，提出快捷的查找算法如下：首先选取数组中右上角的数字。如果该数字等于要查找的数字，查找成功，结束；如果该数字大于要查找的数字，排除这个数字所在的列；如果该数字小于要查找的数字，排除这个数字所在的行。也就是说如果要查找的数字不在数组的右上角，则每一次都在查找范围中去掉一行或一列，这样每一步都可以缩小查找的范围，直到找到要查找的数字或查找范围为空。

（2）源程序及运行结果。

```cpp
#include <iostream>
using namespace std;
int main()
{
    int a[4][4] = {{1,4,8,9}, {2,5,10,13}, {3, 6, 11, 15}, {7,12, 14, 18}};
    int row,col,x;
    bool found;
    cin >> x;
    row = 0;    col = 4 - 1; found = false;
    while(row < 4 && col >= 0)
    {
        if(a[row][col] == x)
        {
            found = true;
            break;
        }
        else if(a[row][col] > x)
            col-- ;
        else
            row++;
    }
    if (found)
        cout <<"a["<< row <<"]["<< col <<"] = "<< x << endl;
    else
        cout <<"No found!"<< endl;
    return 0;
}
```

编译并执行以上程序，可得到如下所示的结果。

```
6
a[2][1] = 6
Press any key to continue
```

实际上，也可以选取左下角的数字。但不能选择左上角或右下角，因为一次比较后，无法缩小查找的范围，请读者自己分析。

【实例 3-19】 最大连续子段和。

给出一个数列（元素个数不多于 100），数列元素均为负整数、正整数、0。请找出数列中的一个连续子数列，使得这个子数列中包含的所有元素之和最大，在和最大的前提下还要求该子数列包含的元素个数最多，并输出这个最大和以及该连续子数列中元素的个数。例如数列为 4，−5，3，2，4 时，输出 9 和 3；数列为 1 2 3 −5 0 7 8 时，输出 16 和 7。

（1）编程思路

可以从长度为 n 的数列的最左端（设为数组元素 a[1]）开始扫描，一直到最右端（设为数组元素 a[n]）为止，记下所遇到的最大总和的子序列。

程序中定义变量 maxsum 保存最大连续子段和，cursum 保存当前连续子段和，len 保存最大连续子段和的元素个数（即长度），startpos 保存当前最大连续子段的起始位置（总是为当前字段中第 1 个数的前一位置)。

初始时,cursum＝0、maxsum＝0、len＝0、startpos＝ 0。用循环 for (i=1;i<=n;i++)对序列中的每一个元素 a[i]进行扫描处理。

在这一扫描过程中,从左到右记录当前子序列的和(即 cursum＝ cursum＋a[i]),若这个和不断增加(即当前 a[i]为正,从而使 cursum＋a[i]>maxsum 成为可能),那么最大子序列的和 maxsum 也增加,从而更新 maxsum。如果往右扫描中遇到负数,那么当前子序列的和 cursum 会减小,此时 cursum 将会小于 maxsum,maxsum 也就不更新;如果扫描到 a[i]时,cursum 降到 0,说明前面已经扫描的那一段就可以抛弃了,这时需要将 cursum 置为 0,新的子序列开始位置 startpos 记为 i。这样,cursum 将从 i 之后的子段进行分析,若有比当前 maxsum 大的子段,需要更新 maxsum。这样一趟扫描结束后,就可以得到正确结果。

(2) 源程序及运行结果。

```cpp
#include < iostream>
using namespace std;
int main()
{
    int a[101];
    int n, i, maxsum, len, cursum, startpos;
    cin >> n;
    for (i = 1; i <= n; i++)
        cin >> a[i];
    cursum = 0;
    maxsum = 0;
    len = 0;
    startpos = 0 ;
    for (i = 1; i <= n; i++)
    {
        if (cursum + a[i] > maxsum)
        {                                   //当前子段和超过记录的最大子段和,更新最大子段
            maxsum = cursum + a[i];
            len = i - startpos;
        }
        else if (cursum + a[i] == maxsum  && i - startpos > len)
            len = i - startpos;
        if (cursum + a[i] < 0)              //当前子序列和降为 0,前面的抛弃,从 0 开始
        {
            startpos = i;
            cursum = 0;
        }
        else
            cursum = cursum + a[i] ;
    }
    cout << maxsum <<"     "<< len << endl;
    return 0;
}
```

编译并执行以上程序,可得到如下所示的结果。

```
10
4 -5 3 2 4 1 2 3 -5 7
17    8
Press any key to continue
```

【实例 3-20】 木材加工。

木材厂有一些原木,现在想把这些木头切割成一些长度相同的小段木头(木头有可能有剩余),需要得到的小段的数目是事先给定的,切割时希望得到的小段越长越好。

请编写程序,输入原木的数目 N、需要得到的小段的数目 K 以及各段原木的长度,计算能够得到的小段木头的最大长度。

木头长度的单位是 cm。原木的长度都是正整数,要求切割得到的小段木头的长度也是正整数。

(1) 编程思路。

这个问题可以采用类似于折半查找的方法进行解决。

设 left 是切割的小段木头的最短长度,right 是最大长度,初始时,left 为 0,right 为最长的原木长度加 1。

每次取 left 和 right 的中间值 mid(mid = (left + right) / 2)进行尝试,测试采用当前长度 mid 进行加工,能否切割出需要的段数 K,测试算法描述为:

```
num = 0;
for (i = 0; i < n; i++)
{
    if (num >= k) break;
    num = num + len[i] / mid ;
}
```

如果当前 mid 值可以加工出所需段数(即 num >= k),就增大 mid 值继续试(通过让 left = mid 的方法来增大 mid),不符合要求就减小 mid 值继续试(通过让 right = mid 的方法来减小 mid)。直到 left + 1 >= right 结束尝试,所得的 left 值就是可以加工出的小段木头的最大长度。

(2) 源程序及运行结果。

```cpp
#include <iostream>
using namespace std;
int main()
{
    int n, k, len[10000], i, left, right, mid,num;
    cout <<"请输入原木的数目 N 和需要得到的小段的数目 K : "<< endl;
    cin >> n >> k;
    right = 0;
    cout <<"请输入各段原木的长度: "<< endl;
    for (i = 0; i < n; i++)
    {
        cin >> len[i];
        if (right < len[i]) right = len[i];
    }
    right++;
```

```
        left = 0                              ;
        while ( left + 1  < right)
        {
            mid = (left + right) / 2;
            num = 0;
            for (i = 0; i < n; i++)
            {
                if (num >= k) break;
                num = num + len[i] / mid ;
            }
            if ( num >= k )
                left = mid;
            else
                right = mid;
        }
        cout <<"能够切割得到的小段的最大长度为 "<< left << endl;
        return 0;
}
```

编译并执行以上程序,可得到如下所示的结果。

```
请输入原木的数目 N 和需要得到的小段的数目 K：
3 8
请输入各段原木的长度：
124 224 319
能够切割得到的小段的最大长度为 74
Press any key to continue
```

3.4 方阵

在数学上,矩阵是指纵横排列的二维数据表格,最早来自于方程组的系数及常数所构成的方阵。所谓的方阵是指行数及列数皆相同的矩阵,即方块矩阵。

若一个矩阵是由 n 个横列与 n 个纵行所构成,共有 n×n 个小方格,则称这个方阵是一个 n 阶方阵。

3.4.1 魔方阵

由 n×n 个数字所组成的 n 阶方阵,若具有各对角线、各横列与纵行的数字和都相等的性质,则称为魔方阵。这个相等的和称为魔术数字。若填入的数字是从 1 到 n×n,称此种魔方阵为 n 阶正规魔方阵。

如下所示为一个 3 阶魔方阵和一个 4 阶魔方阵。

8	1	6
3	5	7
4	9	2

1	14	15	4
8	11	10	5
12	7	6	9
13	2	3	16

魔方阵的构建方法很多,一般将 n 分为三类,这三类 n 构成的魔方阵的算法各不相同。

① 当 n 为奇数,即 n＝2＊k+1 时,常采用简捷连续填数法。

② 当 n 为单偶数(n 是偶数,但又不能被 4 整除),即 n＝4＊k+2 时,常采用井字调整法。

③ 当 n 为双偶数(n 能被 4 整除),即 n＝4＊k 时,常采用双向翻转法。

【实例 3-21】 构造奇数阶魔方阵。

奇数阶魔方阵的构造方法为:

首先把 1 放到顶行的正中间,然后把后继数按顺序放置在右上斜的对角线上,并作如下修改:

① 当到达顶行时,下一个数放到底行,好像它在顶行的上面。

② 当到达最右端列时,下一个数放在最左端列,好像它紧靠在右端列的右方。

③ 当到达的位置已经填好数时,或到达右上角的位置时,下一个数就放在刚填写数的位置的正下方。

下面以构造一个 3 阶魔方阵为例,说明这种方法的构造过程,具体如图 3-11 所示。

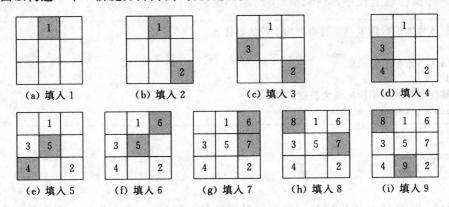

图 3-11 简捷连续填数法构造 3 阶魔方阵

(1)编程思路

程序中定义一个二维数组 a[N][N]来保存方阵,初始时,数组中所有元素均置 0。

用变量 row 和 col 来存储待填数字 num 在方阵中的位置,由于第 1 个数字放在顶行的正中间,因此初始时,行 row＝0,列 col＝n/2,待填写数字 num＝1。

采用简捷连续填数法构造方阵的过程是一个循环程序,描述为:

```
While (待填写数字 num<=n＊n)
{
    确定待填写数字 num 应该填写的位置 row 和 col;
    填写 num,即 a[row][col]=num;
    num++;                          //下一个待填写的数字
}
```

程序中,确定待填写位置的方法是:

① 后继数按顺序放置在右上斜的对角线上,即 row－－; col++;

② 有三种情形需要调整。

- 当到达顶行时(即 row<0),row=n-1;
- 当到达最右端列时(即 col==n),col=0;
- 当到达的位置已经填好数时(即(a[row][col]!=0),row+=2;col--;

③ 有一种情况,当到达右上角的位置时(row==0 && col==n-1),直接进行特殊处理,row++。

(2) 源程序及运行结果。

```cpp
#include <iostream>
#include <iomanip>
using namespace std;
int main()
{
    int a[9][9],row,col,num,n;
      cin>>n;
    for (row = 0;row < n;row++)          //初始化,数组中所有元素均置 0
      for (col = 0;col < n;col++)
          a[row][col] = 0;
    row = 0;     col = n/2;     num = 1;
    a[row][col] = num;
    while (num < n * n)
    {
        num++;
        if (row == 0 && col == n - 1)     //到达右上角的位置
          row++;
        else
        {
          row -- ;     col++;
          if (row < 0)   row = n - 1;
          if (col == n) col = 0;
          if (a[row][col]!= 0)
          {   row += 2;     col -- ;   }
        }
        a[row][col] = num;
    }
    for(row = 0;row < n;row++)
    {
        for(col = 0;col < n;col++)
          cout << setw(4)<< a[row][col]<<"   ";
        cout << endl;
    }
    return 0;
}
```

编译并执行以上程序,可得到如下所示的结果。

```
5
    17    24     1     8    15
    23     5     7    14    16
     4     6    13    20    22
    10    12    19    21     3
    11    18    25     2     9
Press any key to continue
```

【实例 3-22】 验证一个方阵是否为魔方阵。

(1)编程思路。

用数组 int rowa[SIZE]和 int cola[SIZE]分别记录方阵各行和各列的和,变量 diagonal1 和 diagonal2 分别保存正斜两条对角线的和。然后将它们与应该得到的正确和 $s = n*(n*n+1)/2$ 进行比较,若全相等,则方阵是一个魔方阵;否则,输出相应的提示信息。

程序将魔方阵的判断写成函数 int prove(int a[][SIZE],int n),以便在后面的实例中进行引用。

(2)源程序。

```cpp
#define SIZE 20
int prove(int a[][SIZE], int n)
{
    int rowa[SIZE] = {0};
    int cola[SIZE] = {0};
    int row, col, diagonal1 = 0, diagonal2 = 0, s, flag = 1;
    s = n * (n * n + 1) / 2;
    for (row = 0; row < n; row++)
    {
        diagonal1 = a[row][row] + diagonal1;          //证明每一条正对角线的值相等
        diagonal2 = a[row][n-1-row] + diagonal2;      //证明每一条反对角线的值相等
        for (col = 0; col < n; col++)
        {
            rowa[row] = a[row][col] + rowa[row];      //证明每一行的值相等
            cola[row] = a[col][row] + cola[row];      //证明每一列的值相等
        }
    }
    for (row = 0; row < n; row++)
    {
        if (s != rowa[row])
        {
            cout <<"第"<< row <<"行错误!和为"<< rowa[row]<<",不等于"<< s << endl;
            flag = 0;
        }
        if (s != cola[row])
        {
            cout <<"第"<< row <<"列错误!和为"<< cola[row]<<",不等于"<< s << endl;
            flag = 0;
        }
    }
    if (diagonal1 != s)
    {
        cout <<"主对角线错误!和为"<< diagonal1 <<",不等于"<< s << endl;
        flag = 0;
    }
    if (diagonal2 != s)
    {
        cout <<"次对角线错误!和为"<< diagonal2 <<",不等于"<< s << endl;
```

```
        flag = 0;
    }
    return flag;
}
```

【实例3-23】 构造双偶数阶魔方阵。

当 n 为双偶数,即 n＝4＊k 时,采用双向翻转法。双向翻转法构造魔方阵的步骤如下:

① 将数字 1 到 n＊n 按由左至右、由上到下的顺序填入方阵中。

② 将方阵中央部分半数的行中的所有数字左右翻转。

③ 将方阵中央部分半数的列中的所有数字上下翻转。

由于在构造的过程中需要进行两次翻转,因此称为双向翻转法。下面以构造一个 4 阶魔方阵为例,说明这种方法的构造过程,具体如图 3-12 所示。

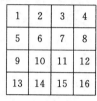 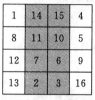

　（a）顺序填入　　　　（b）左右翻转　　　　（c）上下翻转

图 3-12　双向翻转法构造 4 阶魔方阵

（1）编程思路。

程序中定义一个二维数组 a[N][N]来保存方阵,构造时,依次进行三个二重循环。

① 将数字 1 到 n＊n 按由左至右、由上到下的顺序填入方阵中。

```
Num = 1;
for (row = 0; row < n; row++)
    for (col = 0; col < n; col++)
        a[row][col] = num++;
```

② 将方阵中央部分半数的行中的所有数字左右翻转。

对于一个 n＝4＊k 阶的双偶数方阵,若按行分成四组的话,每组行号的范围为 0～k−1、k～2k−1、2k～3k−1、3k～4k−1,中间有 2k 行,中间行的行号为 k～3k−1,由于 k＝n/4,所以中间行的行号为 n/4～n＊3/4−1。

对于每一行,将其中的所有数字左右翻转,实际上就是将一个一维数组逆序排列,参见实例 3-1。

因此,步骤②的操作可以写成如下的循环:

```
for (row = n/4; row <= n * 3/4 - 1; row++)
    for (col = 0; col < n/2; col++)
    {
        temp = a[row][col];
        a[row][col] = a[row][n-1-col];
        a[row][n-1-col] = temp;
    }
```

③ 将方阵中央部分半数的列中的所有数字上下翻转。

步骤③的操作类同于步骤②的操作,只是将行列的关系颠倒了,可以写成如下的循环:

```
for (col = n/4; col <= n * 3/4 - 1; col++)
    for (row = 0; row < n/2; row++)
    {
        temp = a[row][col];
        a[row][col] = a[n-1-row][col];
        a[n-1-row][col] = temp;
    }
```

(2) 源程序及运行结果。

```cpp
#include <iostream>
#include <iomanip>
using namespace std;
#define SIZE 20
int prove(int a[][SIZE], int n);
int main()
{
    int a[SIZE][SIZE], row, col, num, n, temp;
    cin >> n;
    num = 1;
    for (row = 0; row < n; row++)
        for (col = 0; col < n; col++)
            a[row][col] = num++;
    for (row = n/4; row <= n * 3/4 - 1; row++)
        for (col = 0; col < n/2; col++)
        {
            temp = a[row][col];
            a[row][col] = a[row][n-1-col];
            a[row][n-1-col] = temp;
        }
    for (col = n/4; col <= n * 3/4 - 1; col++)
        for (row = 0; row < n/2; row++)
        {
            temp = a[row][col];
            a[row][col] = a[n-1-row][col];
            a[n-1-row][col] = temp;
        }
    for(row = 0; row < n; row++)
    {
        for(col = 0; col < n; col++)
            cout << setw(4) << a[row][col] << "  ";
        cout << endl;
    }
    if(prove(a,n) == 1)
        cout << "魔方阵构造正确!各行、列及对角线的和均为" << n * (n * n + 1)/2 << endl;
    return 0;
}
```

编译并执行以上程序,可得到如下所示的结果。

```
4
    1    14    15    4
    8    11    10    5
   12     7     6    9
   13     2     3   16
魔方阵构造正确!各行、列及对角线的和均为 34
Press any key to continue
```

这个程序输入的阶数要求是 4 的倍数,如果不是这样,程序运行得不到正确结果。例如,输入 6,则得到如下所示的结果。

```
6
    1    32    33    34     5     6
   12    26    27    28     8     7
   18    23    22    21    14    13
   24    17    16    15    20    19
   25    11    10     9    29    30
   31     2     3     4    35    36
第 1 行错误!和为 108,不等于 111
第 4 行错误!和为 114,不等于 111
主对角线错误!和为 129,不等于 111
次对角线错误!和为 93,不等于 111
Press any key to continue
```

【实例 3-24】 构造单偶数阶魔方阵。

当 n 为单偶数,即 $n=4 \times k+2 (6,10,14,18,22,26,30,\cdots)$ 时,采用井字调整法。井字调整法构造魔方阵的步骤如下:

① 将数字 $1 \sim n \times n$ 按由左至右、由上到下的顺序填入方阵中,然后在第 $k+1$、$3k+2$ 行及列做井字标记。

② 将井字两边长方形中的数字和其对称位置的数字交换。注:坐标 (x, y) 的对称位置为 $(n+1-x, n+1-y)$。

③ 将井字分隔线的两横行及第 $k+2$ 行两侧的数字左右对调,两横行中央的数字上下对调。左边纵列的数字除交叉点外垂直翻转。

④ 将井字分隔线的两纵列中央的数字除第 $2k+1$ 行外左右对调,两横行左方的第一个数字上下对调,上横行中央的数字水平翻转。

在构造单偶数阶魔方阵的过程中,为了便于识别,构造时在方阵中有井字形的纵横线标记,因此称为井字调整法。

图 3-13 展示了一个 $6(4 \times 1+2, k=1)$ 阶魔方阵的构造过程,具体步骤如下:

① 先将数字 $1 \sim 36$ 顺序填入方阵,然后在第 $2(1+1)$、$5(3 \times 1+2)$ 列及第 2、5 行做上井字形标记,如图 3-13(a)所示。

② 将井字两边长方形中的数字与其对称位置的数字交换,如图 3-13(b)所示,图中交换的数字用黑框标出。

③ 将第 2、第 3 和第 5 行两侧的数字左右对调,第 2 和第 5 行中央的数字上下对调,第

2 列的数字除交叉点外进行垂直翻转,如图 3-13(c)所示,图中交换的数字依次用波浪线框、单线框和黑框标出。

④ 第 2 和第 5 列中央的数字(第 3 行中的数字除外)左右对调,第 2 行中央的数字水平翻转,第 2 和第 5 行左边的第一个数字上下对调,如图 3-13(d)所示,图中交换的数字依次用波浪线框、单线框和黑框标出。

1	2	3	4	5	6
7	8	9	10	11	12
13	14	15	16	17	18
19	20	21	22	23	24
25	26	27	28	29	30
31	32	33	34	35	36

(a) 井字形标记

1	2	34	33	5	6
7	8	9	10	11	12
24	14	15	16	17	19
18	20	21	22	23	13
25	26	27	28	29	30
31	32	4	3	35	36

(b) 对称交换

1	32	34	33	5	6
12	8	27	28	11	7
19	20	15	16	17	24
18	14	21	22	23	13
30	26	9	10	29	25
31	2	4	3	35	36

(c) 数字对调并垂直翻转

1	32	34	33	5	6
30	8	28	27	11	7
19	20	15	16	17	24
18	23	21	22	14	13
12	26	9	10	29	25
31	2	4	3	35	36

(d) 数字对调并水平翻转

图 3-13　井字调整法构造 6 阶魔方阵

(1) 编程思路。

为构造单偶数阶魔方阵,在将数字 1~n＊n 按由左至右、由上到下的顺序填入方阵后,需要进行三大步的调整。

① 井字两边长方形中的数字与其对称位置的数字交换。

井字两边的长方形共 4 块,其中上下两块互为对称,需要进行互换;左右两块互为对称,也需要进行互换。因此,只需考虑上面和左边的两块的操作方法即可。

上面一块长方形的行号范围为 0~k−1(注意:程序中数组下标从 0 开始,而前面算法描述中,井字标记的行号从 1 开始),列号范围为 k+1~3k,对于这块长方形区域中的任一格子(row,col),其对称位置为(n−1−row,n−1−col),因此,上下数字互换可以写成一个循环。

```
k = (n − 2)/4;
for (row = 0; row <= k − 1;row++)
    for (col = k + 1; col <= 3 * k; col++)
        a[row][col] 和 a[n − 1 − row][n − 1 − col]交换;
```

同理,左边一块长方形的行号范围为 k+1~3k,列号范围为 0~k−1,对于这块长方形区域中的任一格子(row,col),其对称位置也为(n−1−row,n−1−col),因此,左右数字互换可以写成一个循环。

```
k = (n − 2)/4;
```

```
for (row = k + 1; row <= 3 * k;row++)
    for (col = 0; col <= k - 1; col++)
        a[row][col] 和  a[n - 1 - row][n - 1 - col];
```

实际上,由于上面一块长方形和左边一块长方形关于对角线对称,即上面一块长方形中格子的坐标(row,col)变换为(col,row)即为左边长方形中相应格子的坐标,因此,上面的两个循环可以合并为一个循环。

```
k = (n - 2)/4;
for (row = 0; row <= k - 1;row++)
    for (col = k + 1; col <= 3 * k; col++)
    {
        a[row][col] 和 a[n - 1 - row][n - 1 - col]  交换;
        a[col][row] 和 a[n - 1 - col][n - 1 - row] 交换;
    }
```

② 井字分隔线的两横行及第 k + 2 行两侧的数字左右对调。

由于是左右对调,因此考虑左边的情况,列号范围为 0～k - 1。操作可以写成如下循环:

```
for (col = 0; col <= k - 1;col++)
{
    a [k][col] 和 a [k][ n - 1 - col]交换;            //井字分隔线第 k + 1
    a [3 * k + 1][col] 和 a [3 * k + 1][ n - 1 - col]交换;    //井字分隔线第 3k + 2
    a [k + 1][col] 和 a [k + 1][ n - 1 - col]交换;        //第 k + 2 行
}
```

③ 井字分隔线的两横行中央的数字上下对调。

井字分隔线的两横行中央区域的列号范围为 k + 1～3k,数字上下互换可写成一个循环。

```
for (col = k + 1; col <= 3 * k ;col++)
        a [k][col] 和 a [3 * k + 1][ col]交换;
```

④ 井字分隔线的左边列除交叉点外的数字垂直翻转。

井字分隔线的左边列的列号范围为 k,数字垂直翻转就是逆序,但交叉点(行号为 k)除外,因此可写成一个循环。

```
for (row = 0; row < n/2 ; row++)
    if(row!= k)  a [row][k] 和 a [n - 1 - row][k]交换;
```

⑤ 将井字分隔线的两纵列中央的数字除第 2k + 1 行外左右对调,两横行左方的第一个数字上下对调,上横行中央的数字水平翻转。

井字分割线两横行左方的第一个数字上下对调可写为:

```
a [k][0] 和 a [3 * k + 1][0]交换;
```

上横行中央的数字水平翻转可写为:

```
for (col = k + 1; col < n/2 ;col++)
        a [k][col] 和 a [k][n - 1 - col]交换;
```

　　井字分隔线的两纵列中央区域的行号范围为 k+1～3k，因此，井字分隔线的两纵列中央的数字除第 2k+1 行外左右对调可写为：

```
for (row = k + 1; row < = 3 * k ; row++)
    if(row!= 2 * k)   a [row][k] 和 a [row][3 * k + 1]交换；
```

⑥ 两个数字交换写成一个函数。

由于在调整时，涉及到较多的数字交换，因此将其写成一个函数，实现如下：

```
void swap(int * x, int * y)
{
    int t;
    t = * x;   * x = * y;   * y = t;
}
```

（2）源程序及运行结果。

```
#include < iostream >
#include < iomanip >
using namespace std;
#define SIZE 20
int prove( int a[ ][SIZE], int n);
void swap(int * x, int * y)
{
    int t;
    t = * x;   * x = * y;   * y = t;
}
int main()
{
    int a[SIZE][SIZE],row,col,num,n,k;
      cin >> n;
    num = 1;
    for (row = 0; row < n; row++)
        for (col = 0; col < n; col++)
            a[row][col]  = num++;
    k = (n - 2)/4;
    for (row = 0; row < = k - 1;row++)
      for (col = k + 1; col < = 3 * k; col++)
      {
            swap(a[row][col],a[n - 1 - row][n - 1 - col]);
            swap(a[col][row],a[n - 1 - col][n - 1 - row]);
        }
    for (col = 0; col < = k - 1;col++)
    {
            swap(a[k][col],a[k][n - 1 - col]);          //井字分隔线第 k + 1
            swap(a[3 * k + 1][col], a[3 * k + 1][n - 1 - col]);    //井字分隔线第 3k + 2
            swap(a[k + 1][col], a[k + 1][n - 1 - col]);       //第 k + 2 行
    }
    for (col = k + 1; col < = 3 * k ;col++)
            swap(a[k][col], a[3 * k + 1][col]);
    for (row = 0; row < n/2 ; row++)
```

```
            if(row!= k)   swap(a[row][k], a[n-1-row][k]);
        swap(a[k][0], a[3*k+1][0]);
        for (col = k+1; col < n/2 ;col++)
                swap(a[k][col] , a[k][n-1-col]);
        for (row = k+1; row <= 3*k ; row++)
            if(row!= 2*k)   swap(a[row][k] , a[row][3*k+1]);

        for(row = 0;row < n;row++)
        {
            for(col = 0;col < n;col++)
            cout << setw(4)<< a[row][col]<<"  ";
            cout << endl;
        }
        if(prove(a,n) == 1)
          cout <<"魔方阵构造正确!各行、列及对角线的和均为"<< n*(n*n+1)/2 << endl;
        return 0;
}
```

编译并执行以上程序,可得到如下所示的结果。

```
6
    1   32   34   33    5    6
   30    8   28   27   11    7
   19   20   15   16   17   24
   18   23   21   22   14   13
   12   26    9   10   29   25
   31    2    4    3   35   36
魔方阵构造正确!各行、列及对角线的和均为 111
Press any key to continue
```

3.4.2 蛇形方阵

【实例 3-25】 直线蛇形阵。

编写程序,将自然数 $1,2,\cdots,N^2$ 按蛇形方式逐个顺序存入 N 阶方阵。例如,当 N=3 和 N=4 时,直线蛇形阵如图 3-14 所示。

(1) 编程思路。

从图 3-14 可以看出,直线蛇形阵的构造是从最底行(row=N-1)向最顶行(row=0)进行的。每行的填写在两种方式间切换,一种方式是从右到左顺序(即 for(j=n-1;j>=0;j--))依次递增 1 填写,称为方式 1;另一种方式是从左到右顺序(即 for(j=0;j<=n-1;j++))依次递增 1 填写,称为方式 2。

程序中定义一个变量 k 来标志这两种方式,k 初始值为 0,表示采用方式 1,当前行按方式 1 填写完后,改变 k 的值,使其等于 1,表示采用方式 2,当前行按方式 2 填写完后,再改变 k 的值,使其等于 0。

N=3			N = 4			
9	8	7	13	14	15	16
4	5	6	12	11	10	9
3	2	1	5	6	7	8
			4	3	2	1

图 3-14 直线蛇形阵

（2）源程序及运行结果。

```cpp
#include <iostream>
#include <iomanip>
using namespace std;
#define N 10
int main()
{
    int a[N][N];
    int i,j,n,k = 0,t = 1;
    cout <<"请输入矩阵的行数 n(n<= 10): "; cin>> n;
    for(i = n - 1;i >= 0;i -- )                //遍历行
    {
        if(k == 0)                             //从右到左顺序依次递增 1 存数组元素
        {
            for(j = n - 1;j >= 0;j -- )
                a[i][j] = t++;
            k = 1;
        }
        else                                   //从左到右顺序依次递增 1 存数组元素
        {
            for(j = 0;j <= n - 1;j++)
                a[i][j] = t++;
            k = 0;
        }
    }
    for(i = 0;i < n;i++)
    {
        for(j = 0;j < n;j++)
            cout << setw(4)<< a[i][j];         //打印全部数组元素
        cout << endl;
    }
    return 0;
}
```

编译并执行以上程序,可得到如下所示的结果。

```
请输入矩阵的行数 n(n<= 10): 4
  13  14  15  16
  12  11  10   9
   5   6   7   8
   4   3   2   1
Press any key to continue
```

【实例 3-26】 斜线蛇形阵。

编写程序,将自然数 $1,2,\cdots,N^2$ 按蛇形方式逐个顺序存入 N 阶方阵。例如,当 N=3 和 N=4 时,方阵如图 3-15 所示。

（1）编程思路。

观察图 3-15 中的斜线蛇形阵可知,方阵在逐个填数构造的过程中,是沿两种斜线进行的,一种是斜向下;另一种是斜向上,如图 3-16(a)所示。

设当前已填入数字的位置的行号为 row（row 在 0～n−1 之间），列号为 col（col 也在 0～n−1 之间）。若按斜向下填写，则下一位置为 row++、col++；若按斜向上填写，则下一位置为 row−−、col−−。由于下一位置可能超出方阵的边界，因此有时需要调整。调整有 4 种情况，下面分别进行说明。

	N=3			N=4		
6	7	9	7	13	14	16
2	5	8	6	8	12	15
1	3	4	2	5	9	11
			1	3	4	10

图 3-15　斜线蛇形阵

① 斜向下填写时，会出现两种情况：

- 超过了底行的位置（即 row==n），如图 3-16(b)所示，3 填写好后，下一个数 4 的计算位置越界了，此时进行调整，方法为列 col 不变，row 减 1（即 row−−）。

- 超过最右列的位置（即 col==n），如图 3-16(c)所示，15 填写后，下一个数 16 的计算位置越界了，此时进行调整，方法为 col−−、row=row−2。

一种特例，10 填写后，下一个数 11 的计算位置，行和列都越界了，但处理方法同列越界，因此在程序中应先处理 col==n 的情况，再处理 row==n 的情况。这样对于这种特例，由于处理了 col==n 后，row 减了 2，不会越界，因此不会再处理 row==n 的情况。

② 斜向上填写时，也会出现两种情况：

- 超过了首行的位置（即 row==−1），如图 3-16(d)所示，13 填写后，下一个数 14 的计算位置越界了，此时进行调整，方法为 row++、col=col−2。

- 超过最左列的位置（即 col==−1），如图 3-16(e)所示，6 填写好后，下一个数 7 的计算位置越界了，此时进行调整，方法为 row 不变，列号加 1（即 col++）。

一种特例，在如图 3-16(f)所示的 3 阶方阵中，6 填写后，下一个数 7 的计算位置，行和列都越界了，其处理方法同行越界，因此在程序中应先处理 row==−1 的情况，再处理 col==−1 的情况。这样对于这种特例，由于处理了 row==−1 后，col 加了 2，不会越界，因此不会再处理 col==−1 的情况。

每次进行越界调整填数后，填数的方向也会发生变化。因此，可设置一个布尔变量 up，

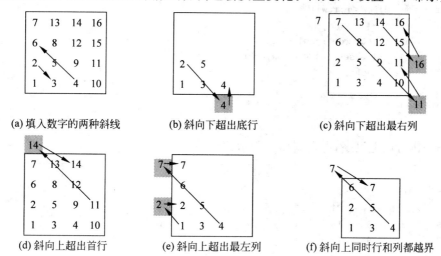

(a) 填入数字的两种斜线　　(b) 斜向下超出底行　　(c) 斜向下超出最右列

(d) 斜向上超出首行　　(e) 斜向上超出最左列　　(f) 斜向上同时行和列都越界

图 3-16　斜线蛇形阵的构造示意图

当 up＝true 时,表示斜向上填数;up＝false 时,表示斜向下填数。

初始化时,令 up ＝ true、row ＝ n－1、col ＝ 0、num ＝ 1;在当前位置填上 1(即 a[row][col]＝1),之后进行循环,直到 n＊n 个数填写完毕。循环中,总是先按 up 的方向,确定下一个位置,然后填上相应的数。例如,1 向上到 2,越界,调整即可,如图 3-16(e)所示。

(2) 源程序及运行结果。

```cpp
#include < iostream >
#include < iomanip >
using namespace std;
int main()  {
    int a[9][9],row,col,num,n;
    bool up = true;
    cin >> n;
    row = n - 1;     col = 0;     num = 1;      a[row][col] = num;
    while (num < n * n)
    {   if (up) {    row -- ; col -- ;}
        else     { row++; col++;}
        if (row == - 1)                       //超过首行的位置
        {      row++; col = col + 2;    up = !up;      }
        if (col == n)                         //超过最右列的位置
        {      row = row - 2; col -- ;    up = !up;      }
        if (row == n)                         //超过底行的位置
        {    row -- ;
          up = !up;
        }
        if (col == - 1)                       //超过最左列的位置
        {col++;
            up = !up;
        }
        num++;
        a[row][col] = num;
    }
    for(row = 0;row < n;row++)
    {
        for(col = 0;col < n;col++)
            cout << setw(4)<< a[row][col]<<"   ";
        cout << endl;
    }
    return 0;
}
```

编译并执行以上程序,可得到如下所示的结果。

```
5
   15    16    22    23    25
    7    14    17    21    24
    6     8    13    18    20
    2     5     9    12    19
    1     3     4    10    11
Press any key to continue
```

若将程序中的 up 的初始值设定为 false,即开始斜向下填写。重新编译并执行以上程序,则得到如下所示的结果。

```
5
   11    19    20    24    25
   10    12    18    21    23
    4     9    13    17    22
    3     5     8    14    16
    1     2     6     7    15
Press any key to continue
```

3.4.3　回旋方阵

【实例 3-27】　由外向内回旋方阵。

编写程序,生成从里到外是连续的自然数排列的回旋方阵。例如,当 n=3 和 n=4 时,回旋方阵如图 3-17 所示。

(1) 编程思路。

由外向内回旋方阵可以通过对方阵的每一圈的各边的各个元素顺序赋值来完成。每一圈的赋值又依次包含 4 个顺序的过程。

```
N=3           N=4
1  8  7       1  12  11  10
2  9  6       2  13  16   9
3  4  5       3  14  15   8
              4   5   6   7
```

图 3-17　由外向内回旋方阵

① 一圈的左列从上至下递增赋值,一直赋值到超过最底行(即 row==n)或下一位置已经赋值了(即 a[row+1][col]!=0)。

```
while(row + 1 < n && !a[row + 1][col])
    a[++row][col] = ++num;              //列号 col 不变,行号 row 递增,数 num 递增
```

② 一圈的下行从左至右递增赋值,一直赋值到超过最右列(即 col==n)或下一位置已经赋值了(即 a[row][col+1]!=0)。

```
while(col + 1 < n&&!a[row][col + 1])
    a[row][++col] = ++num;              //行号 row 不变,列号 col 递增,数 num 递增
```

③ 一圈的右列从下至上递增赋值,一直赋值到超过最顶列(即 row==-1)或下一位置已经赋值了(即 a[row-1][col]!=0)。

```
while(row - 1 >= 0&&!a[row - 1][col])
    a[--row][col] = ++num;              //行号 row 递减,列号 col 不变,数 num 递增
```

④ 一圈的上行从右至左递增赋值,一直赋值到超过最左列(即 col==-1)或下一位置已经赋值了(即 a[row][col-1]!=0)。

```
while(col - 1 >= 0&&!a[row][col - 1])
    a[row][--col] = ++num;              //行号 row 不变,列号 col 递减,数 num 递增
```

初始时,row=0,col=0,num=1。

（2）源程序及运行结果。

```cpp
#include <iostream>
#include <iomanip>
using namespace std;
#define N 10
int main()
{
    int a[N][N] = {0};
    int n, row, col, num = 0;
    cout <<"请输入方阵的行数 n(n<=10): ";cin>>n;
    num = a[row = 0][col = 0] = 1;                      //第 0 行第 0 列输入起始 1
    while(num < n * n)                                   //数组中的数不超过 n*n
    {
        while(row + 1 < n && !a[row + 1][col])          //向下填充
            a[++row][col] = ++num;
        while(col + 1 < n&&!a[row][col + 1])            //向右填充
            a[row][++col] = ++num;
        while(row - 1 >= 0&&!a[row - 1][col])           //向上填充
            a[--row][col] = ++num;
        while(col - 1 >= 0&&!a[row][col - 1])           //向左填充
            a[row][--col] = ++num;
    }
    for(row = 0;row < n;row++)                           //打印全部数组元素
    {
        for(col = 0;col < n;col++)
            cout << setw(4)<< a[row][col];
        cout << endl;
    }
    return 0;
}
```

编译并执行以上程序，可得到如下所示的结果。

```
请输入方阵的行数 n(n<=10): 5
   1   16   15   14   13
   2   17   24   23   12
   3   18   25   22   11
   4   19   20   21   10
   5    6    7    8    9
Press any key to continue
```

【实例 3-28】 由内到外回旋方阵。

编写程序，生成从内到外是连续的自然数排列的回旋方阵。例如，当 n=3 和 n=4 时，回旋方阵如下图 3-18 所示。

（1）编程思路 1。

观察图 3-18 中的由内到外回旋方阵，可以看出，n 阶由内到外回旋方阵可以看成是自然数 n*n～1 由

```
N=3              N=4
7  6  5          7   6   5  16
8  1  4          8   1   4  15
9  2  3          9   2   3  14
               10  11  12  13
```

图 3-18　由内到外回旋方阵

外向内递减填充数字而构造成。

构造时,奇数阶方阵从左下角开始(即 row＝n－1,col＝0),循环经过向上填充、向右填充、向下填充和向左填充的过程,直到全部数字填充完毕;偶数阶方阵从右上角开始(即 row＝0,col＝n－1),循环经过向下填充、向左填充、向上填充和向右填充的过程,直到全部数字填充完毕。由于奇数阶和偶数阶填充顺序有差异,定义一个变量 s 作为标志,s＝＝1时,表示进行向下填充和向左填充;s＝＝－1 表示进行向上填充和向右填充。奇数阶构造时,s 初值为－1;偶数阶时为 1。

为了清楚地标记出每次填充结束的位置,定义 x1、x2、y1 和 y2 这 4 个变量来分别保存向上、向下、向左和向右填充的边界。初始时,x1＝0,y1＝0,x2＝n,y2＝n。

例如,向上填充时,循环过程为

```
while(row > = x1)                        //向上填充
{
    a[row][col] = num;
    row -- ;                             //行号减 1、列号不变,向上填充
    num -- ;
}
```

一次向上填充结束后,x1 加 1(即 x1++),这样向上填充的上边界增大了,下次就会少填一行。同时修改 row 和 col,即 row——、col——,从而得到向左填充的起点。

由于奇数阶方阵先向上填充,这样当向左填充时,最底行的左下角已经填有数字,因此向左填充的边界的初始值应为 1(即 y1＝1)。同理,偶数阶方阵的初始向右填充的边界y2＝n－1。

(2) 源程序 1 及运行结果。

```
#include < iostream >
#include < iomanip >
using namespace std;
int main()
{
    const int N = 20;
    int row,col,a[N][N],n,num;
    int x1,x2,y1,y2,s;
    //x1: 填充上边界   x2: 填充下边界
    //y1: 填充左边界   y2: 填充右边界
    //s: 数组元素升降标记,s 等于 1 为升,s 等于 - 1 为降
    cout <<"Input matrix row N (N>= 2):";
    cin >> n;
    num = n * n;
    x1 = 0;   y1 = 0; x2 = n; y2 = n;
    if (n % 2 == 0)  { row = 0;col = n-1;  y2 = n-1; s = 1;}
    else      { row = n-1; col = 0;  y1 = 1; s = - 1;}
    while (num >= 1)
    {
        if(s == 1)
        {
```

```
        while (row < x2)                        //向下填充
        {   a[row][col] = num -- ;row++;    }
        row -- ;   col -- ;                      //得到向左填充的起点
        x2 -- ;                                  //向下填充的下边界缩小
        while (col >= y1)                        //向左填充
        { a[row][col] = num -- ;col -- ; }
        col++;      row -- ;                      //得到向上填充的起点
        y1++;                                     //向左填充的左边界增大
        s = -1;                                  //切换升降标志
    }
    else
    {
        while(row >= x1)                         //向上填充
        { a[row][col] = num -- ;   row -- ; }
        row++;      col++;                        //得到向右填充的起点
        x1++;                                     //向上填充的上边界增大
        while (col < y2)                         //向右填充
        {a[row][col] = num -- ;col++;}
        col -- ;      row++;                      //得到向下填充的起点
        y2 -- ;                                  //向右填充的右边界缩小
        s = 1;                                   //切换升降标志
    }
    }
    for (row = 0;row < n;row++)
    {
        for (col = 0;col < n;col++)
            cout << setw(4)<< a[row][col];
        cout << endl;
    }
    return 0;
}
```

编译并执行以上程序,可得到如下所示的结果。

```
Input matrix row N (N > = 2):5
   21   20   19   18   17
   22    7    6    5   16
   23    8    1    4   15
   24    9    2    3   14
   25   10   11   12   13
Press any key to continue
```

(3) 编程思路 2。

由于 n 阶由内到外回旋方阵可以看成是自然数 n * n~1 由外向内递减填充数字而构造成,因此也可以对实例 3-27 由外向内回旋方阵的源程序进行修改,从而解决问题。

实例 3-27 源程序的填充起点为左上角(即 row＝0,col＝0),修改为奇数阶起点为左下角、偶数阶起点为右上角,即

```
if (n % 2 == 0)   { row = 0; col = n - 1; }
```

```
else              { row = n – 1; col = 0; }
```

数字填充顺序由 1～n * n，修改为 n * n～1，即 num 初值为 n * n，每填充一个数后，num——。

另外，将填充循环有向下填充、向右填充、向上填充和向左填充的过程，调整为向下填充、向左填充、向上填充和向右填充。注意，一定要调整。但不用区分是奇数阶还是偶数阶。因为尽管奇数阶方阵的填充是从向上开始的。由于奇数阶的填充起点 row＝n－1 因此，向下填充会越界，从而不会执行。这样，开始时，向下填充和向右填充均不执行，从而从向上填充开始。

（4）源程序 2 及运行结果。

```cpp
#include < iostream >
#include < iomanip >
using namespace std;
#define N 10
int main()
{
    int a[N][N] = {0};
    int n, row, col, num;
    cout <<"请输入方阵的行数 n(n <= 10): ";
    cin >> n;
    num = n * n;
    if (n % 2 == 0)   { row = 0; col = n – 1; }
    else              { row = n – 1; col = 0; }
    a[row][col] = num;
    while(num > 1)
    {
        while(row + 1 < n && ! a[row + 1][col])        //向下填充
            a[++row][col] = – – num;
        while(col – 1 >= 0&&! a[row][col – 1])          //向左填充
            a[row][ – – col] = – – num;
        while(row – 1 >= 0&&! a[row – 1][col])          //向上填充
            a[ – – row][col] = – – num;
        while(col + 1 < n&&! a[row][col + 1])           //向右填充
            a[row][++col] = – – num;
    }
    for(row = 0;row < n;row++)                           //打印全部数组元素
    {
        for(col = 0;col < n;col++)
            cout << setw(4)<< a[row][col];
        cout << endl;
    }
    return 0;
}
```

编译并执行以上程序，可得到如下所示的结果。

```
请输入方阵的行数 n(n<=10): 6
21  20  19  18  17  36
22   7   6   5  16  35
23   8   1   4  15  34
24   9   2   3  14  33
25  10  11  12  13  32
26  27  28  29  30  31
Press any key to continue
```

同样,可以对实例 3-28 的源程序 1 进行修改,以实现实例 3-27 的功能。有兴趣的读者可以自己完成。

3.4.4 折叠方阵

折叠方阵有间断折叠方阵和回转折叠方阵两种。

n 阶间断折叠方阵是把从起始数 1 开始的 n^2 个整数折叠为 n 行 n 列的 n 阶方阵:起始数 1 置于方阵的左上角,然后从起始数开始递增,每一层从第 1 行开始,先竖向下再折转向左,层层折叠地排列为间断折叠方阵。

n 阶回转折叠方阵是把起始数 1 置于方阵的左上角,然后从起始数开始递增,偶数层从第 1 行开始,先竖向下再折转向左;奇数层从第 1 列开始,先横向右再竖向上,呈首尾连接,层层折叠地排列为回转折叠方阵。

图 3-19 所示为 5 阶间断折叠方阵和 5 阶回转折叠方阵。

```
 1   2   5  10  17        1   2   9  10  25
 4   3   6  11  18        4   3   8  11  24
 9   8   7  12  19        5   6   7  12  23
16  15  14  13  20       16  15  14  13  22
25  24  23  22  21       17  18  19  20  21
```
　(a) 5 阶间断折叠方阵　　　　(b) 5 阶回转折叠方阵

图 3-19　5 阶折叠方阵

【实例 3-29】 间断折叠方阵。

编写程序,生成图 3-19(a)中的间断折叠方阵。

(1) 编程思路。

定义一个二维数组 a 保存方阵的各元素,从给定的起始数 1 开始,按递增 1 取值,根据间断折叠方阵的构造特点给二维数组 a[n][n]赋值。

起始数 1 赋值给 a[0][0]。

除 a[0][0]外,n 阶方阵还有叠折的 n−1 层:

第 i 层(i=1,2,…,n−1)的起始位置为(0,i),随后列号 col 不变行号 row 递增(即向下填写),至 row=i 时折转;转折后,行号 row 不变列号 col 递减(即向左填写),至 col=0 时该层结束,在每一位置分别按递增值赋值给 a[row][col]。

具体过程描述为:

```
a[0][0] = 1;
num = 2;
for(i = 1;i < m;i++)                           //方阵共 m 层
{
row = 0;   col = i;                            //确定每层起始位置
    a[row][col] = num++;
    while(row < i)   a[++row][col] = num++;    //先向下填
    while(col > 0)   a[row][ -- col] = num++;  //再向左填
}
```

（2）源程序及运行结果。

```
#include < iostream >
#include < iomanip >
using namespace std;
int main()
{
    int i,m,num,row,col,a[20][20];
    cin >> m;
    a[0][0] = 1;
    num = 2;
    for(i = 1;i < m;i++)                           //方阵共 m 层
    {
            row = 0;   col = i;
            a[row][col] = num++;
            while(row < i)   a[++row][col] = num++;
            while(col > 0)   a[row][ -- col] = num++;
    }
    cout << m <<"阶间断折叠方阵: "<< endl;
    for(row = 0;row < m;row++)
    {
        for(col = 0;col < m;col++)
            cout << setw(4)<< a[row][col];
        cout << endl;
    }
    return 0;
}
```

编译并执行以上程序,可得到如下所示的结果。

```
5
5 阶间断折叠方阵:
   1   2   5  10  17
   4   3   6  11  18
   9   8   7  12  19
  16  15  14  13  20
  25  24  23  22  21
Press any key to continue
```

如果将程序中输出方阵的语句修改为"cout<<setw(4)<<a[col][row];",重新编译运行程序,将得到如下的运行结果。

```
5
5 阶间断折叠方阵：
    1    4    9   16   25
    2    3    8   15   24
    5    6    7   14   23
   10   11   12   13   22
   17   18   19   20   21
Press any key to continue
```

【实例 3-30】 回转折叠方阵。

编写程序，生成图 3-19(b)中的回转折叠方阵。

(1) 编程思路。

回转折叠方阵构造过程的奇数层（注意，由于数组下标从 0 开始，因此程序中层号也从 0 开始）与间断折叠构造过程相同，偶数层构造方法改变为：该层的起始位置为(i,0)，随后行号 row 不变列号 col 递增（即向右填写），至 col＝i 时折转；转折后，列号 col 不变行号 row 递减（即向上填写），至 row＝0 时该层结束，在每一位置分别按递增值赋值给 a[row][col]。具体描述为：

```
if (i % 2 == 0)
  {
      row = i;col = 0;                          //确定偶数层的起始位置
      a[row][col] = num++;
      while(col < i) a[row][++col] = num++;     //先向右填
      while(row > 0) a[--row][col] = num++;     //再向上填
  }
```

(2) 源程序及运行结果。

```cpp
#include <iostream>
#include <iomanip>
using namespace std;
int main()
{
    int i,m,num,row,col,a[20][20];
    cin >> m;
    a[0][0] = 1;
    num = 2;
    for(i = 1;i < m;i++)                          //方阵共 m 层
    {
        if (i % 2 == 1)
        {
            row = 0;   col = i;
            a[row][col] = num++;
            while(row < i)   a[++row][col] = num++;
            while(col > 0)   a[row][--col] = num++;
        }
        else
        {
            row = i;col = 0;
```

```
            a[row][col] = num++;
            while(col < i) a[row][++col] = num++;
            while(row > 0) a[ -- row][col] = num++;
        }
    }
    cout << m <<"阶回转折叠方阵: "<< endl;
    for(row = 0;row < m;row++)
    {
        for(col = 0;col < m;col++)
            cout << setw(4)<< a[row][col];
        cout << endl;
    }
    return 0;
}
```

编译并执行以上程序,可得到如下所示的结果。

```
5
5 阶回转折叠方阵:
   1   2   9  10  25
   4   3   8  11  24
   5   6   7  12  23
  16  15  14  13  22
  17  18  19  20  21
Press any key to continue
```

3.4.5　对称方阵

图 3-20 所示为两个 7 阶对称方阵,形象起见,可将图 3-20(a)所示的方阵称为环形对称方阵,图 3-20(b)所示的方阵称为三角形对称方阵。

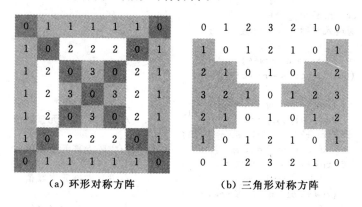

（a）环形对称方阵　　　（b）三角形对称方阵

图 3-20　对称方阵

【实例 3-31】 环形对称方阵。

编写程序,生成如图 3-20(a)中的环形对称方阵。

（1）编程思路。

设方阵中元素的行号为 row,列号为 col。为方便见,row 和 col 均从 1 开始计。

方阵的主对角线(即 row==col)和次对角线(即 row+col==n+1)的各元素均赋值 0。

按两条对角线把方阵可分成上部、左部、右部与下部 4 个区,如图 3-21 所示。

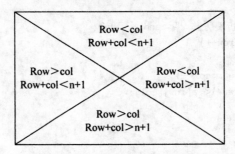

图 3-21　环形对称方阵的四个分区

4 个分区的赋值方式为:

上部按行号 row 赋值,即 if(row+col<n+1 && row<col)　a[row][col]=row。

下部按表达式 n+1−row 赋值,即 if(row+col>n+1 && row>col)　a[row][col]=n+1−row。

左部按列号 col 赋值,即 if(row+col<n+1 && row>col)　a[row][col]=col。

右部按表达式 n+1−col 赋值,即 if(row+col>n+1 && row<col)　a[row][col]=n+1−col。

(2) 源程序及运行结果。

```cpp
#include < iostream >
#include < iomanip >
using namespace std;
int main()
{
    int row,col,n,a[30][30];
    cout <<"请输入对称方阵的阶数 n: ";
    cin >> n;
    for (row = 1; row <= n; row++)
        for (col = 1; col <= n; col++)
        {
            if (row == col ‖ row + col == n + 1)
                a[row][col] = 0;                    //方阵对角线元素赋值
            if (row + col < n + 1 && row < col)
                a[row][col] = row;                  //方阵上部元素赋值
            if (row + col < n + 1 && row > col)
                a[row][col] = col;                  //方阵左部元素赋值
            if (row + col > n + 1 && row > col)
                a[row][col] = n + 1 - row;          //方阵下部元素赋值
            if (row + col > n + 1 && row < col)
                a[row][col] = n + 1 - col;          //方阵右部元素赋值
        }
    cout << n <<" 阶对称方阵为:"<< endl;
    for (row = 1; row <= n; row++)
    {
        for(col = 1; col <= n;col++)
```

```
            cout << setw(3) << a[row][col];
        cout << endl;
    }
    return 0;
}
```

编译并执行以上程序,可得到如下所示的结果。

```
5 阶对称方阵为:
 0  1  1  1  0
 1  0  2  0  1
 1  2  0  2  1
 1  0  2  0  1
 0  1  1  1  0
Press any key to continue
```

【实例 3-32】 三角形对称方阵。

编写程序,生成图 3-20(b)中的三角形对称方阵。

(1) 编程思路。

令 m=(n+1)/2,按图 3-22(a)所示分成 4 个区。

仔细分析 4 个分区的元素值与行号、列号的关系,并参照如图 3-22(b)所示的 7 阶对称方阵各元素的值,可归纳出:

Row<=m Col<=m	Row<=m Col>m
Row>m Col<=m	Row>m Col>m

0	1	2	3	2	1	0
1	0	1	2	1	0	1
2	1	0	1	0	1	2
3	2	1	0	1	2	3
2	1	0	1	0	1	2
1	0	1	2	1	0	1
0	1	2	3	2	1	0

(a) 元素值与行号、列号的关系　　(b) 7 阶对称方阵的情况

图 3-22 三角形对称方阵的 4 个分区

左上区(row<=m && col<=m)与右下区(row>m && col>m)参照主对角线赋值:

a[row][col]=abs(row-col)

右上区((row<=m && col>m)与左下区(row>m && col<=m)参照次对角线赋值:

a[row][col]= abs(row+col-n-1)

(2) 源程序及运行结果。

```
#include < iostream >
#include < cmath >
#include < iomanip >
using namespace std;
int main()
{
```

```
            int row,col,m,n,a[30][30];
            cout <<"请输人对称方阵的阶数 n: ";
            cin >> n;
            m = (n + 1)/2;
            for (row = 1; row <= n; row++)
                for (col = 1; col <= n; col++)
                {
                    if (row <= m && col <= m ‖ row > m && col > m)
                        a[row][col] = abs(row - col);            //方阵左上部与右下部元素赋值
                    if (row <= m && col > m ‖ row > m && col <= m)
                        a[row][col] = abs(row + col - n - 1);    //方阵右上部与左下部元素赋值
                }
            cout << n <<" 阶对称方阵为:"<< endl;
            for (row = 1; row <= n; row++)
            {
                for(col = 1; col <= n;col++)
                    cout << setw(3)<< a[row][col];
                cout << endl;
            }
            return 0;
        }
```

编译并执行以上程序,可得到如下所示的结果。

```
请输人对称方阵的阶数 n: 7
7 阶对称方阵为:
  0  1  2  3  2  1  0
  1  0  1  2  1  0  1
  2  1  0  1  0  1  2
  3  2  1  0  1  2  3
  2  1  0  1  0  1  2
  1  0  1  2  1  0  1
  0  1  2  3  2  1  0
Press any key to continue
```

3.4.6   上/下三角阵

【实例 3-33】   杨辉三角形。

编写一个程序生成杨辉三角形的前 10 行,并把它打印出来。杨辉三角形图案如下:

```
1
1    1
1    2    1
1    3    3    1
1    4    6    4    1
1    5   10   10    5    1
```

(1)编程思路 1。

用一个二维数组 y[10][10]来保存杨辉三角形每一行的值。杨辉三角形第 row 行可以由第 row-1 行来生成,如表 3-1 所示。

表 3-1　用二维数组 y[10][10]来保存杨辉三角形每一行的值的示意表

数组元素	Y[row][0]	Y[row][1]	Y[row][2]	Y[row][3]	Y[row][4]
Row＝3 行	1	3	3	1	0
Row＝4 行	1	4	6	4	1

由表 3-1 知，当 row＝4 时，

$y[4][0] = 1$，

$y[4][1] = y[3][0] + y[3][1]$，

$y[4][2] = y[3][1] + y[3][2]$，

$y[4][3] = y[3][2] + y[3][3]$，

$y[4][4] = y[3][3] + y[3][4]$

一般的，对于第 row(0～9)行，该行有 row＋1 个元素，其中 $y[row][0]＝1$。

第 col(1～row)个元素为 $y[row][col] = y[row-1][col-1] + y[row-1][col]$。

（2）源程序 1 及运行结果。

```
#include < iostream >
#include < iomanip >
using   namespace std;
int main()
{
    int y[10][10] = {1},row,col;
    for (row = 1;row < 10;row++)
    {
        y[row][0] = 1;
        for (col = 1;col <= row;col++)
            y[row][col] = y[row - 1][col] + y[row - 1][col - 1];
    }
    for (row = 0;row < 10;row++)
    {
        for (col = 0;col <= row;col++)
            cout << setw(4)<< y[row][col]<<"   ";
        cout << endl;
    }
    return 0;
}
```

编译并执行以上程序，可得到如下所示的结果。

```
1
1    1
1    2    1
1    3    3    1
1    4    6    4    1
1    5   10   10    5    1
1    6   15   20   15    6    1
1    7   21   35   35   21    7    1
1    8   28   56   70   56   28    8    1
1    9   36   84  126  126   84   36    9    1
Press any key to continue
```

（3）编程思路 2。

用一个一维数组 y[10] 来保存杨辉三角形某一行的值。杨辉三角形第 row 行可以由第 row−1 行来生成，如表 3-2 所示。

表 3-2　用一维数组 y[10] 来保存杨辉三角形某一行的值的示意表

数组元素	Y[0]	Y[1]	y[2]	Y[3]	Y[4]
Row-1＝3 行	1	3	3	1	0
Row＝4 行	1	4	6	4	1

由表 3-2 知：当 row=4 时，$y[4] = y[4]+y[3]$，
$$y[3] = y[3]+y[2],$$
$$y[2] = y[2]+y[1],$$
$$y[1] = y[1]+y[0],$$
$$y[0]=1$$

一般的，对于第 row(0~9)行，该行有 row＋1 个元素，第 col(row~1)个元素为 $y[col]=y[col]+y[col-1]$，$y[0]=1$。

（4）源程序 2。

```cpp
#include < iostream >
#include < iomanip >
using  namespace std;
int main()
{
    int y[10] = {1},row,col;
    cout << setw(4)<< y[0]<< endl;
    for (row = 1;row < 10;row++)
    {
        for (col = row;col > = 1;col -- )
            y[col] = y[col] + y[col - 1];
        for (col = 0;col <= row;col++)
          cout << setw(4)<< y[col]<<"   ";
        cout << endl;
    }
    return 0;
}
```

【实例 3-34】　螺旋下三角阵。

编写程序，将自然数 $1,2,\cdots,(1+N) * N/2$ 按螺旋方式逐个顺序存入 N 阶下三角矩阵。例如，当 N=3 和 N=4 时，矩阵如图 3-23 所示。

（1）编程思路。

螺旋下三角阵的构造可以看成由向右填充（行号不变、列号加 1，即 col＋＋）、斜向下填充（row＋＋、col－－）和向上填充（行号减 1、列号不变，即 row－－）三个子过程不断交替完成的。

```
N=3           N = 4
1  2  3       1  2  3  4
6  4          9  10 5
5             8  6
              7
```

图 3-23　螺旋下三角阵

例如，图 3-23 所示的 3 阶螺旋下三角阵可以看成由向右填充(1、2、3)，斜向下填充(4、5)和向上填充(6)这 3 个子过程完成的。4 阶螺旋下三角阵可以看成由向右填充(1、2、3、4)，斜向下填充(5、6、7)、向上填充(8、9)和向右填充(10)这 4 个子过程完成的。

　　n 阶螺旋下三角阵可以看成由 n 个子过程完成，每个子过程为向右填充、斜向下填充和向上填充这三种中的一种，用变量 direction 来表示，其取值为 0、1 或 2，0 表示向右填充，1 表示斜向下填充，2 表示向上填充。每个子过程结束后，切换填充方向，方式为：

direction＝(direction＋1)%3;

　　n 个子过程中，第 1 个子过程填写 n 个数，第 2 个子过程填写 n−1 个数，…，最后一个子过程填写 1 个数。因此，程序总体写成一个二重循环，描述为：

```
for (i = n;i > = 1;i -- )
{
    for (j = 1;j < = i;j++)
    {
        按填充方向,填充相应数据
    }
    direction = (direction + 1) % 3;                    //切换填充方向
}
```

初始时，注意 row＝0，col＝−1，这样向右 col＋＋后，col 为 0，正好填在第 1 个位置。

（2）源程序及运行结果。

```cpp
#include < iostream >
#include < iomanip >
using namespace std;
int main()
{
  int a[9][9] = {0},row,col,i,j,n,num;
  int direction = 0;
  cin >> n;
  row = 0; col = - 1; num = 1;
  for (i = n;i > = 1;i -- )
  {
    for (j = 1;j < = i;j++)
    {
        switch(direction)  {
            case 0:col++;break;                    //向右填充
            case 1:row++;col -- ;break;            //斜向下填充
            case 2:row -- ;break;                  //向上填充
          }
        a[ row][ col] = num++;
    }
    direction = (direction + 1) % 3;               //切换填充方向
  }
  for(row = 0;row < n;row++)
  {
    for(col = 0;col < n - row;col++)
        cout << setw(4)<< a[row][col]<<"  ";
    cout << endl;
```

```
    }
    return 0;
}
```

编译并执行以上程序,可得到如下所示的结果。

```
5
    1    2    3    4    5
   12   13   14    6
   11   15    7
   10    8
9
Press any key to continue
```

3.5   顺序表

线性表是 n(n≥0)个具有相同数据类型的数据元素的有限序列。数据元素的个数 n 称为线性表的长度,长度等于零的线性表称为空表。

线性表定义中强调 4 点:

① n>=0。

② 所有数据元素类型相同。

③ 数据元素的个数有限,不能是无穷多个。

④ 数据元素排成序列。

非空线性表 $L=(a_1,a_2,\cdots,a_i,\cdots,a_n)$ 中,任意一对相邻的数据元素 a_{i-1} 和 a_i 之间($1<i\leqslant n$)存在序偶关系(a_{i-1},a_i),且 a_{i-1} 称为 a_i 的前驱,a_i 称为 a_{i-1} 的后继。在这个序列中,a_1 无前驱,a_n 无后继,其他每个元素有且仅有一个前驱和一个后继。

线性表的顺序存储结构称为顺序表,它使用一段地址连续的存储单元依次存储线性表中的数据元素。

顺序表存储结构被定义为一个结构体,如下:

```
#define maxsize 100
struct  SqList  {
    Elemtype data[maxsize];          //存储线性表元素,Elemtype 表示数据类型
    int length;                      //存放线性表的长度
};
```

需要注意的是:"数组的长度"与"线性表的长度"是有区别的。顺序表中每个元素 a_i 有一个物理位置,即下标 $i(0\leqslant i\leqslant length-1)$对应逻辑元素 a_{i+1}。

3.5.1   插入操作

设长度为 n 的顺序表为:

$(a_0,a_1,\cdots,a_{i-1},a_i,\cdots,a_{n-1})$

在第 i 个数据元素之前插入一个新元素 x,插入后顺序表的长度为 n +1,成为:

$(a_0,a_1,\cdots,a_{i-1},x,a_i,\cdots,a_{n-1})$

数据元素 a_{i-1} 和 a_i 之间的逻辑关系发生了变化。在顺序表中,由于逻辑上相邻的数据元素在物理位置上也是相邻的,因此,除非 $i=n+1$,否则必须移动元素才能反映这个逻辑关系的变化。首先需将由最后一个元素开始,直到第 i 个元素之间的 $n-i+1$ 个元素依次后移一个位置;然后,将新元素 x 插到第 i 个位置上。

【实例 3-35】 有序插入。

设顺序表 La 中的数据元素递增有序。编写一个程序,将元素 n 插入到顺序表的适当位置上,以保持该表的有序性。

(1)编程思路。

为保持插入有序,可从线性表的最后一个元素 $La.data[i-1]$($i=La.length$)开始,从后往前依次将当前元素 $La.data[i-1]$ 与待插入元素 n 进行比较,若 $n<La.data[i-1]$,则将当前元素 $La.data[i-1]$ 向后移($La.data[i]=La.data[i-1]$),直到线性表为空($i==0$)或当前元素不大于待插入元素($!n<La.data[i-1]$)退出,此时 i 即为插入位置。算法描述为:

```
for (i = La.length; i > 0 && n < La.data[i-1];i--)
    La.data[i] = La.data[i-1];
La.data[i] = n;
La.length++;
```

(2)源程序及运行结果。

```cpp
#include <iostream>
using namespace std;
#define MAXSIZE 100
struct SqList
{
    int data[MAXSIZE];
    int length;
};
int main()
{
    int i,n;
    SqList La = {{1,3,4,7,11,18,29,47,76,123},10};
    cout <<"线性表的初始情况为: ";
    for (i = 0;i < La.length ;i++)
        cout << La.data[i]<<"   ";
    cout << endl <<"请输入待插入的元素 n :";
    cin >> n;
    if(La.length == MAXSIZE)
    {
        cout <<"线性表已满,不能插入!"<< endl;
        return 0;
    }
    for (i = La.length; i > 0 && n < La.data[i-1];i--)
        La.data[i] = La.data[i-1];
    La.data[i] = n;     La.length++;
```

```
cout <<"插入元素 "<< n <<" 后,线性表的情况为: ";
for (i = 0;i < La.length ;i++)
    cout << La.data[i]<<"  ";
cout << endl;
return 0;
}
```

编译并执行以上程序,可得到如下所示的结果。

```
线性表的初始情况为: 1  3  4  7  11  18  29  47  76  123
请输入待插入的元素 n :20
插入元素 20 后,线性表的情况为: 1  3  4  7  11  18  20  29  47  76  123
Press any key to continue
```

3.5.2　删除操作

顺序表的删除操作是使长度为 n 的顺序表$(a_0,a_1,\cdots,a_{i-1},a_i,a_{i+1},\cdots,a_{n-1})$变成长度为 n － 1 的顺序表$(a_0,a_1,\cdots,a_{i-1},a_{i+1},\cdots,a_{n-1})$,数据元素 a_{i-1} 和 a_{i+1} 之间的逻辑关系发生了变化,为了在存储结构上反映这个变化,同样需要移动元素。即删除第 i 个元素 a_i 时,需将从第 i+1 个元素 a_{i+1} 至第 n 个元素 a_{n-1} 共 n－i－1 个数据元素依次前移一个位置。

【实例 3-36】　去掉负数。

编写一个程序,删除顺序表中值为负数的元素。

(1) 编程思路。

为删除表中值为负的元素,可以用循环 while(i<L.length)对表中的每个元素 L.data[i] 进行判断,若 L.data[i]<0,则将其删除,删除第 1 个元素,又可以用一个循环,将表中从第 i+1 个元素至最后一个元素依次前移,表长减1;若 L.data[i]≥0,则 i++进行下一个元素的判断。算法描述为:

```
i = 0;
while(i < L.length)
    if (L.data[i]< 0)
    {
        for(j = i; j<L.length-1; j++)
            L.data[j] = L.data[j + 1];      //删除第 i 个负值元素
        L.length -- ;                        //表长度减 1
    }
    else
        i++;
```

上面的程序段的时间复杂度为 $O(n^2)$。下面给出一种时间复杂度为 $O(n)$ 的解决方法。

由于将负值元素删除后,剩下元素的顺序与其原来顺序一致。可以设置两个变量i和j,用变量 i 指向原来的线性表中的元素(i=0～L.length-1),用 j 指向结果线性表,j 的初始值为 0。用循环 for (i=0；i<L.length；i++)对原来的线性表中的每个元素 L.data[i]进行判断,若 L.data[i]≥0,则将其移到 j 所指的位置(即 L.data[j]=L.data[i]),同时 j++移向下一个位置。这样,循环结束后,表中元素 L.data[0]～L.data[j-1]均为非负的元素,j 就是删除负值元素后的结果表表长。

（2）源程序及运行结果。

```cpp
#include < iostream >
using namespace std;
#define maxsize 100
struct SqList
{
    int data[maxsize];
    int length;
};
int main()
{
    SqList L;
    int   n,i,j;
    cout <<"请输入线性表中元素的个数:"<< endl;
    cin >> n;
    cout <<"请依次输入表中的"<< n <<"个元素: "<< endl;
    for(i = 0;i < n;++i)
        cin >> L.data[i];
    L.length = n;
    for (i = j = 0; i < L.length; i++)
        if(L.data[i]> = 0)
        {
            if(i!= j)L.data[j] = L.data[i];
            j++;
        }
    L.length = j;
    cout <<"删除操作结束后,表中的元素为: "<< endl;
    for(i = 0;i < L.length ;++i)
        cout << L.data[i]<<"   ";
    cout << endl;
    return 0;
}
```

编译并执行以上程序,可得到如下所示的结果。

```
请输入线性表中元素的个数:
9
请依次输入表中的 9 个元素:
21 -7 -8 19 0 -11 34 30 -10
删除操作结束后,表中的元素为:
21  19  0  34  30
Press any key to continue
```

【实例3-37】 删除连续 K 个元素。

编写一个程序,从顺序表中删除自第 i 个元素开始的 k 个元素。

（1）编程思路。

要从顺序表中删除自第 i 个元素开始的 k 个元素,为保持顺序表的逻辑特性,需从第
i+k+1 个位置开始,将 L.length-k-i+1 个元素依次前移。算法描述为:

```
for(count = 0;count < L. length - k - i + 1; count++)
        L. data[i + count - 1] = L. data[i + count + k - 1];      //将第 i + k 个元素后的元素前移
    L. length  -= k;
```

（2）源程序及运行结果。

```cpp
#include < iostream >
using namespace std;
#define maxsize 100
struct SqList
{
    int data[maxsize];
    int length;
};
int main()
{
    SqList L = {{34,18,23,89,39,15,56,14,48,24},10};
    int   i,k,j,count;
    cout <<"表中初始元素为: "<< endl;
    for(j = 0;j < L. length ;j++)
        cout << L. data[j]<<"   ";
    cout << endl;
    cout <<"请输入起始元素位置 i(i >= 1): ";
    cin >> i;
    cout <<"请输入删除元素的个数 k: ";
    cin >> k;
    if(i < 1 || k < 0 || i + k - 1 > L. length)            //判断 i 和 k 是否合法
        cout <<"输入的 i 或 k 不合法!"<< endl;
    else
    {
        for(count = 0;i + count - 1 < L. length - k; count++)
            L. data[i + count - 1] = L. data[i + count + k - 1]; //将第 i + k 个元素后的元素前移
        L. length  -= k;
        cout <<"删除操作结束后,表中的元素为: "<< endl;
        for(i = 0;i < L. length ;++i)
            cout << L. data[i]<<"   ";
        cout << endl;
    }
    return 0;
}
```

编译并执行以上程序,可得到如下所示的结果。

```
表中初始元素为:
34  18  23  89  39  15  56  14  48  24
请输入起始元素位置 i(i >= 1): 3
请输入删除元素的个数 k: 4
删除操作结束后,表中的元素为:
34  18  56  14  48  24
Press any key to continue
```

【实例 3-38】 去掉多余的元素。

编写一个程序,在一个无序的顺序存储线性表中,删除所有值相等的多余元素。

(1) 编程思路。

借鉴实例 3-36 中的思路。设置两个变量 i 和 k,用变量 i 指向原来的线性表中的元素 (i=0~L. length-1),用 k 指向结果线性表,k 的初始值为 0,表示结果表中暂时没有元素,无需删除的元素可以放到 L. data[k]处。

用循环 for (i=0;i<L. length;i++)对原来的线性表中的每个元素 L. data[i]进行判断,若元素 L. data[i]与当前结果表(显然没有重复元素)中的所有元素 L. data[0]~L. data[k-1]均不同,则将其移到 k 所指的位置(即 L. data[k]=L. data[i]),同时 k++移向下一个位置,结果表中多一个元素。这样,循环结束后,表中元素 L. data[0]~L. data[k-1]均互不相等,表中没有值相等的多余元素,k 就是结果表表长。

判断 L. data[i]与当前结果表中所有元素是否均不同,可以用一个循环来完成。

```
for(j = 0; j < k && L.data[i]!= L.data[j] ; j++) ;
```

循环结束后,若 j==k,则均不同;若 j<k,则一定存在某个 L. data[j]与 L. data[i]相等。

(2) 源程序及运行结果。

```cpp
#include < iostream >
using namespace std;
#define maxsize 100
struct SqList
{
    int data[maxsize];
    int length;
};
int main()
{
    SqList L;
    int   n,i,j,k;
    cout <<"请输入线性表中元素的个数:"<< endl;
    cin >> n;
    cout <<"请依次输人表中的"<< n <<"个元素: "<< endl;
    for(i = 0;i < n;++i)
        cin >> L.data[i];
    L.length = n;
    k = 0;
    for(i = 0; i < L.length;i++)
    {
        for(j = 0; j < k && L.data[i]!= L.data[j] ; j++);
        if(j == k)
        {
            if(k!= i)
                L.data[k] = L.data[i];
            k++;
        }
    }
```

```
        }
        L.length = k;
        cout <<"删除操作结束后,表中的元素为: "<< endl;
        for(i = 0;i < L.length ;++i)
            cout << L.data[i]<<"   ";
        cout << endl;
        return 0;
}
```

编译并执行以上程序,可得到如下所示的结果。

```
请输入线性表中元素的个数:
20
请依次输入表中的 20 个元素:
1 2 3 3 2 1 1 2 3 4 5 6 7 7 8 8 7 9 10 2
删除操作结束后,表中的元素为:
1   2   3   4   5   6   7   8   9   10
Press any key to continue
```

【实例 3-39】 去掉连续多余的元素。

在一个非递减的顺序存储线性表中,删除所有值相等的多余元素。

(1) 编程思路 1。

由于线性表中的元素按元素值非递减有序排列,值相同的元素必为相邻的元素,因此依次比较相邻两个元素,若值相等,则删除其中一个; 否则继续向后查找。

(2) 源程序 1 及运行结果。

```
#include < iostream >
using namespace std;
#define maxsize 100
struct SqList
{
    int data[maxsize];
    int length;
};
int main()
{
    SqList L;
    int   n,i,j,len;
    cout <<"请输入线性表中元素的个数:"<< endl;
    cin >> n;
    cout <<"请依次输入表中的"<< n <<"个元素: "<< endl;
    for(i = 0;i < n;++i)
        cin >> L.data[i];
    L.length = n;
    i = 0; len = L.length;
    while (i <= len - 1)
    {
        if (L.data[i]!= L.data[i + 1])        //元素值不相等,继续向下找
            i++;
        else
```

```
        {
            for(j = i; j < len; j++)
                L.data[j] = L.data[j+1];       //删除第 i+1 个元素
            len--;                              //表长度减 1
        }
    }
    L.length = len;
    cout <<"删除操作结束后,表中的元素为: "<< endl;
    for(i = 0;i < L.length ;++i)
        cout << L.data[i]<<"  ";
    cout << endl;
    return 0;
}
```

编译并执行以上程序,可得到如下所示的结果。

```
请输入线性表中元素的个数:
15
请依次输入表中的 15 个元素:
3 3 5 5 5 6 6 8 9 9 9 9 10 12 12
删除操作结束后,表中的元素为:
3  5  6  8  9  10  12
Press any key to continue
```

（3）编程思路 2。

源程序 1 中,将相邻元素两两比较,若相等,马上删除一个,由于删除元素需要进行元素移动,因此其时间复杂度为 $O(n^2)$。同样,借鉴实例 3-36 或实例 3-38 的思路,可编写出时间复杂度为 $O(n)$ 的源程序 2。

（4）源程序 2。

```
#include < iostream >
using namespace std;
#define maxsize 100
struct SqList
{
    int data[maxsize];
    int length;
};
int main()
{
    SqList L;
    int  n,i,k;
    cout <<"请输入线性表中元素的个数:"<< endl;
    cin >> n;
    cout <<"请依次输入表中的"<< n <<"个元素: "<< endl;
    for(i = 0;i < n;++i)
        cin >> L.data[i];
    L.length = n;
    i = 1,k = 0;
    while(i < L.length)
```

```
        {
            if(L.data[i]!= L.data[k])
                L.data[++k] = L.data[i];
            i++;
        }
        L.length = k + 1;
        cout <<"删除操作结束后,表中的元素为: "<< endl;
        for(i = 0;i < L.length ;++i)
            cout << L.data[i]<<"   ";
        cout << endl;
        return 0;
    }
```

【实例 3-40】 删除指定值。

已知长度为 n 的线性表 A 采用顺序存储结构,编写一个程序删除顺序表中所有值为 item(这样的值在表中有多个)的数据元素。要求所写的算法高效,为达到高效,允许删除元素后,元素间的相对位置发生改变。

(1) 编程思路。

在顺序表中删除元素,通常要涉及一系列元素的移动(删除第 i 个元素,第 i+1 至第 n 个元素要依次前移)。程序要求删除顺序表中所有值为 item 的数据元素,并未要求元素间的相对位置不变。因此可以考虑设头尾两个指针(i=0,j=La.length-1),从两端向中间移动,凡遇到值为 item 的数据元素时,直接将右端元素左移至值为 item 的数据元素位置,直到两个指针 i 和 j 重合。

算法具体描述为:

```
i = 0; j = La.length - 1;                //i,j分别指向表的低、高端
while (i < j)
{
while (i < j && La.data[i]!= item) i++;   //若 i 所指元素值不为 item,i 向后移
    while (i < j && La.data[j] == item)  j-- ;
                                          //若 j 所指元素值为 item,应删掉,因此 j 向前移
    if (i < j) La.data[i++] = La.data[j-- ];
}
La.length = j + 1;
```

上面给出的算法,因元素只扫描一趟,因此算法时间复杂度为 O(n),是一种高效的算法。若要求删除 item 后,元素间相对顺序不变,可参见实例 3-36 的源程序,可将实例 3-36 中的无须删除的元素判断条件 if(L.data[i]>=0) 改写为 if(L.data[i]!=item)。

(2) 源程序及运行结果。

```
#include < iostream >
using namespace std;
#define MAXSIZE 100
struct SqList
{
    int data[MAXSIZE];
    int length;
};
```

```
int main()
{
    int i,j,item;
    SqList La = {{1,3,4,2,3,2,3,5,7,3,10},11};
    cout <<"线性表 La 为: ";
    for (i = 0;i < La.length ;i++)
        cout << La.data[i]<<"    ";
    cout << endl;
    cout <<"请输入待删除元素 : ";
    cin >> item;
    i = 0; j = La.length - 1;                    //i,j 分别指向表的低、高端
    while (i < j)
    {
        while (i < j && La.data[i]!= item) i++;   //若值不为 item,i 向后移
        while (i < j && La.data[j] == item) j-- ;  //若右端元素值为 item,j 向前移
        if (i < j) La.data[i++] = La.data[j-- ];
    }
    La.length = j + 1;
    cout <<"删除 "<< item <<" 后,线性表 La 为: ";
    for (i = 0;i < La.length ;i++)
        cout << La.data[i]<<"    ";
    cout << endl;
    return 0;
}
```

编译并执行以上程序,可得到如下所示的结果。

```
线性表 La 为: 1   3   4   2   3   2   3   5   7   3   10
请输入待删除元素 : 3
删除 3 后,线性表 La 为: 1   10   4   2   7   2   5
Press any key to continue
```

3.5.3 表的合并与拆分

【实例 3-41】 两个有序表合并。

顺序结构线性表 LA 与 LB 的结点关键字为整数。LA 与 LB 的元素按非递减有序,线性表存储空间足够大。编写一种程序,采用高效的算法,将 LB 中元素合到 LA 中,使新的 LA 的元素仍保持非递减有序。高效指最大限度地避免移动元素。

(1) 编程思路。

顺序存储结构的线性表的插入,其时间复杂度为 O(n),平均移动近一半的元素。线性表 LA 和 LB 合并时,若从第一个元素开始,经过比较后,将 LB 表的元素插入到 LA 表中,一定会造成元素后移,这不符合"高效算法"的要求。另外,"线性表空间足够大"暗示了另外的合并方式,即应从线性表的最后一个元素开始比较,大者直接放到最终位置上。设两线性表的长度各为 m 和 n,则结果表的最后一个元素应在 m+n 位置上。这样从后向前,直到第一个元素为止。

因为数据合并到 LA 中,所以在退出第一个 while 循环后,只需要一个 while 循环,处理 LB 中剩余元素。并且,第二个循环只有在 LB 有剩余元素时才执行,而在 LA 有剩余元素

时不执行。

在程序中,合并算法中数据移动是主要操作。在最好情况下(LB 的最小元素大于 LA 的最大元素),仅将 LB 的 n 个元素移到(复制)LA 中,时间复杂度为 O(n),最差情况,LA 的所有元素都要移动,时间复杂度为 O(m+n)。

(2) 源程序及运行结果。

```cpp
#include <iostream>
using namespace std;
#define maxsize 100
struct SqList
{
    int data[maxsize];
    int length;
};
int main()
{
    SqList LA,LB;
    int   n,i,j,k;
    cout <<"请输入线性表 LA 中元素的个数:"<< endl;
    cin >> n;
    cout <<"请按非递减有序的方式输入表 LA 中的"<< n <<"个元素: "<< endl;
    for(i = 0;i < n;++i)
        cin >> LA.data[i];
    LA.length = n;
    cout <<"请输入线性表 LB 中元素的个数:"<< endl;
    cin >> n;
    cout <<"请按非递减有序的方式输入表 LB 中的"<< n <<"个元素: "<< endl;
    for(i = 0;i < n;++i)
        cin >> LB.data[i];
    LB.length = n;
    i = LA.length - 1;   j = LB.length - 1;       //i、j 分别指向 LA 和 LB 表的最后一个元素
    k = i + j + 1;                                 //k 为结果线性表的工作指针(下标).
    while (i >= 0 && j >= 0)
    {
        if(LA.data[i]> = LB.data[j])
            LA.data[k -- ] = LA.data[i -- ];
        else
            LA.data[k -- ] = LB.data[j -- ];
    }
    while (j >= 0)
        LA.data[k -- ] = LB.data[j -- ];
    LA.length = LA.length + LB.length ;
    cout <<"合并操作结束后,LA 表中的元素为: "<< endl;
    for(i = 0;i < LA.length ;++i)
        cout << LA.data[i]<<"  ";
    cout << endl;
    return 0;
}
```

编译并执行以上程序,可得到如下所示的结果。

```
请输入线性表 LA 中元素的个数:
10
请按非递减有序的方式输入表 LA 中的 10 个元素:
1 2 3 4 5 6 7 8 9 10
请输入线性表 LB 中元素的个数:
10
请按非递减有序的方式输入表 LB 中的 10 个元素:
1 3 5 7 9 11 13 15 17 19
合并操作结束后,LA 表中的元素为:
1  1  2  3  3  4  5  5  6  7  7  8  9  9  10  11  13  15  17  19
Press any key to continue
```

【实例 3-42】　两个有序表的交集。

设有两个元素依值递增有序排列的线性表 La 和 Lb 分别表示两个集合(即同一表中的元素值各不相同),编写一个程序生成一个线性表 Lc,其元素为 La 和 Lb 中元素的交集,且表 Lc 中的元素也依值递增有序排列。

(1) 编程思路。

设置 3 个变量 i、j 和 k 作为工作指针,分别指向 La、Lb 和 Lc 表,初始时,i=j=k=0。

若 La 和 Lb 表均非空(即 i<La.length && j<Lb.length),则进行循环处理。将当前元素 La.data[i] 和 Lb.data[j] 进行比较。

① 若 La.data[i]<Lb.data[j],则 i++。

② 若 La.data[i]>Lb.data[j],则 j++。

③ 若 La.data[i]==Lb.data[j],则当前元素是交集中的元素,将其插入到 Lc 表后面,即 Lc.data[k]=La.data[i],同时 i++、j++、k++。

当 La 或 Lb 表为空,结束循环。循环结束后,k 值即为 Lc 表的表长。

(2) 源程序及运行结果。

```cpp
#include <iostream>
using namespace std;
#define MAXSIZE 100
struct SqList
{
    int data[MAXSIZE];
    int length;
};
int main()
{
    int i,j,k;
    SqList La = {{1,3,4,7,11,18,29,47,76,123},10};
    SqList Lb = {{2,4,6,8,10,14,18,25,29,30,45,76,100},13};
    SqList Lc;
    cout <<"线性表 La 为: ";
    for (i = 0;i < La.length ;i++)  cout << La.data[i]<<"   ";
    cout << endl;
    cout <<"线性表 Lb 为: ";
    for (i = 0;i < Lb.length ;i++) cout << Lb.data[i]<<"   ";
```

```
        cout << endl;
        i = 0,j = 0,k = 0;
        while(i < La. length && j < Lb. length)
        {
            if (La. data[i] < Lb. data[j]) i++;
            else if (La. data[i] > Lb. data[j]) j++;
            else
            {
                Lc. data[k] = La. data[i];
                i++;   j++; k++;
            }
        }
        Lc. length = k;
        cout <<"线性表 La 与 Lb 的交集 Lc 为: ";
        for (i = 0;i < Lc. length ;i++)
            cout << Lc. data[i]<<"   ";
        cout << endl;
        return 0;
    }
```

编译并执行以上程序,可得到如下所示的结果。

```
线性表 La 为: 1  3  4  7  11  18  29  47  76  123
线性表 Lb 为: 2  4  6  8  10  14  18  25  29  30  45  76  100
线性表 La 与 Lb 的交集 Lc 为: 4  18  29  76
Press any key to continue
```

如果要求两个有序表的并集,主要程序段为:

```
i = 0,j = 0,k = 0;
while(i < La. length && j < Lb. length)
{
    if (La. data[i] < Lb. data[j])
        Lc. data[k++] = La. data[i++];
    else if (La. data[i] > Lb. data[j])
        Lc. data[k++] = Lb. data[j++];
    else
    {
        Lc. data[k] = La. data[i];
        i++;   j++; k++;
    }
}
while (i < La. length)
    Lc. data[k++] = La. data[i++];
while (j < Lb. length)
    Lc. data[k++] = Lb. data[j++];
Lc. length = k;
```

【实例 3-43】　顺序表的拆分。

顺序存储的线性表 A,其数据元素为整型,试编写一个程序,将 A 拆成 B 和 C 两个表,将 A 中元素值大于等于 0 的元素放入 B,小于 0 元素放入 C 中。

（1）编程思路。

设置 3 个变量 i、j 和 k 作为工作指针，分别指向 La、Lb 和 Lc 表，初始时，i＝j＝k＝0。

用循环 while(i＜La.length) 对 La 表中的每个元素进行判断，若 La.data[i]＜0，则将其放入 Lc 表，即 Lc.data[k++]＝La.data[i++]；否则，将其放入 Lb 表，即 Lb.data[j++]＝La.data[i++]；。

（2）源程序及运行结果。

```cpp
#include <iostream>
using namespace std;
#define MAXSIZE 100
struct SqList
{
    int data[MAXSIZE];
    int length;
};
int main()
{
    int i,j,k;
    SqList La = {{1, -3,4,7,0, -11,8, -9,27, -16,100},11};
    SqList Lb,Lc;
    cout <<"线性表 La 为: ";
    for (i = 0;i < La.length ;i++)
        cout << La.data[i]<<"   ";
    cout << endl;
    i = 0; j = 0; k = 0;                //i,j,k是工作指针,分别指向 A、B 和 C 表的当前元素
    while(i < La.length)
    {
        if(La.data[i]< 0)
            Lc.data[k++] = La.data[i++];      //将小于零的元素放入 C 表
        else
            Lb.data[j++] = La.data[i++];      //将大于等于零的元素放入 B 表
    }
    Lb.length = j;
    Lc.length = k;
    cout <<"线性表 Lb 为: ";
    for (i = 0;i < Lb.length ;i++)
        cout << Lb.data[i]<<"   ";
    cout << endl;
    cout <<"线性表 Lc 为: ";
    for (i = 0;i < Lc.length ;i++)
        cout << Lc.data[i]<<"   ";
    cout << endl;
    return 0;
}
```

编译并执行以上程序，可得到如下所示的结果。

```
线性表 La 为: 1  -3  4  7  0  -11  8  -9  27  -16  100
线性表 Lb 为: 1  4  7  0  8  27  100
线性表 Lc 为: -3  -11  -9  -16
Press any key to continue
```

3.6　数组的应用

在程序设计中,当遇到处理类型相同的批量数据这样的问题时,常用数组来解决。下面再讲述几个有关数组应用的实例。

【实例3-44】 砝码称重。

设有1g,2g,3g,5g,10g,20g的砝码各若干枚(其总重≤1000g),要求:

输入a1　a2　a3　a4　a5　a6(表示1g砝码有a1个,2g砝码有a2个,20g,…砝码有a6个)。

输出Total＝N(N表示用这些砝码能称出的不同重量的个数,但不包括一个砝码也不用的情况)。

例如,输入1　1　0　0　0　0,则输出为Total＝3,表示可以称出1g,2g,3g三种不同的重量。

(1) 编程思路。

程序中定义3个数组 int num[6],flag[1001]＝{0}和poise[6]＝{1,2,3,4,10,20}。其中,num[i]表示第i种砝码的个数;poise[i]表示第i种砝码的重量。flag[i]标记重量i是否能称出,flag[i]＝0表示重量i不能被称出,flag[i]＝1表示重量i能被称出。初始时,除flag[0]＝1外(重量0认为不称也能称出),其余均为0。

程序可从第1种砝码(i＝0)开始分析,假设前i个砝码能称出的不同重量为Q_i,那么Q_i一定是这样计算出来的:在Q_{i-1}的基础上,对Q_{i-1}个不同的重量,分别添加num[i]个poise[i]克的砝码,在添加的过程中除去重复情况。

由于所谓的Q_i个可称出的重量并没有直接记录,而是通过数组元素flag[1]～flag[100]来记录某种重量是否能称出,因此每次都需对flag数组进行循环穷举判断。

判断时,若flag[k－poise[i]]＝＝1,表示重量k－poise[i]可以称出,则加上一个砝码poise[i]后,重量k也一定能称出,即可置flag[k]＝1。

因此,程序是一个3重循环,对每种砝码、每种砝码用不同数量、当前可称出的每种重量增加某种不同数量的砝码的情况进行穷举。算法描述为:

```
for (i = 0; i < 6; i++)                    //循环检查6种砝码
    for (j = 0; j < num[i]; j++)           //每种砝码分别用不同数量
        for (k = MAXN - 1; k >= poise[i]; k-- ) //每种重量当前可否称出
            if (flag[k - poise[i]] == 1 && flag[k] == 0)
            {
                flag[k] = 1;
                total++;                   //可称出重量的种数进行计数
            }
```

(2) 源程序及运行结果。

```
#include < iostream>
using namespace std;
#define MAXN 1001
int main()
```

```
{
    int num[6], flag[MAXN] = { 0 };
    int poise[6] = { 1, 2, 3, 4, 10, 20 };
    int i, j, k, total;
    cout <<"请依次输入 1g、2g、3g、5g、10g 和 20g 砝码的数量: "<< endl;
    for (i = 0; i < 6; i++)
      cin >> num[i];
    total = 0;
    flag[0] = 1;
    for (i = 0; i < 6; i++)                    //循环检查 6 种砝码
    {
      for (j = 0; j < num[i]; j++)             //每种砝码分别用不同数量
      {
          for (k = MAXN - 1; k >= poise[i]; k--)
            if (flag[k - poise[i]] == 1 && flag[k] == 0)
            {
                flag[k] = 1;
                total++;
            }
      }
    }
    cout <<"能称出重量的种类数为 "<< total << endl;
    return 0;
}
```

编译并执行以上程序,可得到如下所示的结果。

```
请依次输入 1g、2g、3g、5g、10g 和 20g 砝码的数量:
1 1 2 2 1 1
能称出重量的种类数为 47
Press any key to continue
```

【实例 3-45】 奇怪的电梯。

在理工大学有一部很奇怪的电梯。大楼的每一层楼都可以停电梯,每层楼上均有一个数字。电梯只有两个按钮:上和下。上下的层数等于当前楼层上的那个数字。当然,如果不能满足要求,相应的按钮就会失灵。例如,一楼上的数字为 3,则按"上"可以到 4 楼,按"下"是不起作用的,因为没有－2 楼。

编写一个程序,输入大楼的层数 N(1≤N≤200)、每层上的数字 Ki(1≤Ki≤N)以及 X 和 Y(1≤X,Y≤N),输出从 X 层楼到 Y 层楼至少要按几次按钮,若无法到达,则输出－1。

(1) 编程思路。

本题常用广度优先搜索算法解决。广度优先遍历是连通图的一种遍历策略,其基本思想是,从图中某个顶点 V0 出发,并访问此顶点;从 V0 出发,访问 V0 的各个未曾访问的邻接点 W1,W2,…,Wk;然后,依次从 W1,W2,…,Wk 出发访问各自未被访问的邻接点,直到全部顶点都被访问为止。

广度优先搜索建立在图的广度优先遍历算法基础上。它从初始结点开始,应用算符生成第一层结点,同时检查目标结点是否在这些生成的结点中。若没有,再用算符将所有第一层的结点逐一扩展,得到第二层结点,并逐一检查第二层结点中是否包含目标结点。若还没有，再用算符逐一扩展第二层的所有结点……如此依次扩展，检查下去，直至发现目标结点为止。如果扩展完所有的结点，都没有发现目标结点，则问题无解。

由于广度优先搜索在搜索的过程中，总是沿着层序扩展的。即如果要搜索第 n+1 层的结点，必须先全部搜索完第 n 层的结点，这样，对于同一层结点来说，对于问题求解的价值是相同的。所以，广度优先搜索方法一定能保证找到最短的解序列。也就是说，第一个找到的目标结点，一定是应用算符最少的。因此，广度优先搜索算法比较适合求最少步骤或者最短解序列的问题。

以奇怪的电梯问题为例。设电梯共 5 层，每层上的数字分别为 3、3、1、2、5。第 1～第 5 层至少按几次按钮？

用一个数组来模拟搜索队列。初始时，将"1"层加入数组中，其按键次数为 0。将数组中的"1"取出，由于第"1"层按上可以到第"4"层，按下按钮无效，因此将"4"层加入数组中，其按键次数为 1（即从第 1 层到第 4 层按一次按钮）；再将数组中的"4"取出，由于第"4"层按上无效，按下可以到第"2"层，因此将"2"层加入数组中，其按键次数为 2（即从第 1 层到第 2 层按 2 次按钮）；再将数组中的"2"取出，由于第"2"层按上可以到第"5"层，按下无效，因此将"5"层加入数组中，其按键次数为 3（即从第 1 层到第 5 层按 3 次按钮）；…，此时得到了解。

程序中定义 4 个数组"int a[201],b[1000]={0},c[201]={0},d[201]={0};"。其中，数组 a 保存电梯各层的数字；数组 b 用于模拟搜索队列；数组 c 用于保存是否可以到达某层，如 c[i]==1，表示可以到达第 i 层，c[i]==0，表示不能到达第 i 层；数组 d 用于保存到达某层所需的最少按键次数，如 d[i]=x 表示到达第 i 层至少按 x 次按钮。

由于用数组模拟队列，定义两个变量 l 和 r，分别用于指示队头和队尾，初始时，将起始层 x 放入数组，即 b[1]=x，并令 l=1、r=1。处理过程中，每次取出 l 所指的数组元素，l 后移(l++)，取出元素后，判断其按上和下按钮可以到达的层是否处理过（如向上的判断为 if (c[x+a[x]]==0 && x+a[x]<=n)，没有处理过，则将其放入数组中，并置相应的层可达(c[x+a[x]]=1)、记录到达该层的按键次数(d[x+a[x]]=d[x]+1)；每次放入一个元素到 r 所指的下一个位置(b[r+1]=x+a[x])，r 也后移(r++)。直到 l>r 时，队列为空，结束处理。

处理结束后，若 c[y]非零，则从 x 层到 y 层可到达，最少按键次数为 d[y]。

（2）源程序及运行结果。

```cpp
#include <iostream>
using namespace std;
int main()
{
    int i,n,x,y,l,r;
    int a[201],b[1000]={0},c[201]={0},d[201]={0};
    cout <<"请输入楼层数：";
    cin >> n;
    cout <<"请依次输入每层电梯上的数字："<< endl;
    for (i=1;i<=n;i++)
        cin >> a[i];
    cout <<"请输入从第 X 层到第 Y 层的数字 X 和 Y：";
    cin >> x >> y;
    b[1]=x;  l=1;  r=1;
```

```
        c[x] = 1;   d[x] = 0;
        while (l <= r)
        {
            x = b[l];
            if (c[x + a[x]] == 0 && x + a[x] <= n)          //按上按钮
            {
                c[x + a[x]] = 1;     d[x + a[x]] = d[x] + 1;
                r++;            b[r] = x + a[x];
            }
            if (c[x - a[x]] == 0 && x - a[x] > 0)            //按下按钮
            {
                c[x - a[x]] = 1;   d[x - a[x]] = d[x] + 1;
                r++;       b[r] = x - a[x];
            }
            l++;
        }
        if (c[y] == 0)
            cout << - 1 << endl;
        else
            cout << d[y] << endl;
        return 0;
}
```

编译并执行以上程序,可得到如下所示的结果。

```
请输入楼层数: 5
请依次输入每层电梯上的数字:
3 3 1 2 5
请输入从第 X 层到第 Y 层的数字 X 和 Y: 1 5
3
Press any key to continue
```

【实例 3-46】 一数三平方。

有一类 6 位数,不仅它本身是平方数,而且它的前三位与后三位也都是平方数,这类数称为"一数三平方数"。编写程序输出所有的一数三平方数。

(1) 编程思路。

如果程序对所有的 6 位数(100000~999999)进行穷举,判断这个六位数是否是一数三平方,显然比较麻烦。

由于一个"一数三平方"数,其前三位与后三位一定都是平方数,因此,可以先求出 999 以内的所有的平方数,最多只有 32 个(即 0 的平方~31 的平方,32 的平方 1024 超过了 3 位)。定义一个数组 int a[32] 来保存这 32 个平方数。

程序中对这 32 个平方数两两组成的六位数进行穷举判断,显然高三位必须为数组中 a[10](即 10 的平方 100)之后的平方数。算法描述为:

```
for(i = 10; i <= 31; i++)
    for(j = 0; j <= 31; j++)
    {
        c = 1000 * a[i] + a[j];               //a[i]作为高三位、a[j]作为低三位构成 6 位数
```

```
        if( c 是平方数)
                输出相应信息并计数
    }
```

（2）源程序及运行结果。

```cpp
#include < iostream >
#include < math. h >
using namespace std;
int main()
{
    int a[32],i,j,cnt = 0;
    long b,c,t;
    cout <<"6 位数的一数三平方数: "<< endl;
    for(i = 0;i < = 31;i++)                 //统计 0～999 的所有平方数
        a[i] = i * i;
    for(i = 10;i < = 31;i++)
    {
        b = 1000 * a[i];                    //高三位数
        for(j = 0;j < = 31;j++)
        {
            c = b + a[j];                   //6 位数
            t = sqrt(c);                    //6 位数开方
            if(c == t * t)                  //判断 6 位数是否为平方数
            {
                cout << c <<" : "<< i <<" * "<< i <<" = "<< a[i]<<","<< j <<" * "<< j <<" = "<< a[j];
                cout <<","<< t <<" * "<< t <<" = "<< c << endl;
                cnt++;                      //累积个数
            }
        }
    }
    cout <<"共有"<< cnt <<"个. "<< endl;
    return 0;
}
```

编译并执行以上程序,可得到如下所示的结果。

```
6 位数的一数三平方数:
144400 : 12 * 12 = 144,20 * 20 = 400,380 * 380 = 144400
225625 : 15 * 15 = 225,25 * 25 = 625,475 * 475 = 225625
256036 : 16 * 16 = 256,6 * 6 = 36,506 * 506 = 256036
324900 : 18 * 18 = 324,30 * 30 = 900,570 * 570 = 324900
576081 : 24 * 24 = 576,9 * 9 = 81,759 * 759 = 576081
共有 5 个.
Press any key to continue
```

【实例 3-47】 歌赛新规则。

歌手大赛的评分规则一般是去掉一个最高分,去掉一个最低分,剩下的分数求平均。当评委较少的时候,如果只允许去掉一个分数,该如何设计规则呢? 有人提出:应该去掉与其余的分数平均值相差最远的那个分数,即"最离群"的分数。

编写一个程序,输入 n 个评委的打分,输出所谓的"最离群"分。

(1) 编程思路。

定义数组 double x[10] 来保存评委的打分,sum 保存 n 个评委打分的总和。则第 i 个评委与其他评委评分差值 t 为 abs(x[i] − (sum−x[i]) / (n−1)),用循环找出最小的 t 即可。

(2) 源程序及运行结果。

```cpp
#include <iostream>
using namespace std;
int main()
{
    double x[10],dif,sum,t,bad;
    int i,n;
    cout <<"请输入评委的人数: ";
    cin >> n;
    cout <<"请依次输入 "<< n <<" 个评委的打分:"<< endl;
    sum = 0;
    for(i = 0; i < n; i++)
    {
        cin >> x[i];sum += x[i];
    }
    dif = −1;
    for(i = 0; i < n; i++)
    {
        t = x[i] − (sum−x[i]) / (n−1);
        if(t < 0) t = −t;
        if(t > dif)
        {
            dif = t;   bad = x[i];
        }
    }
    cout << bad << endl;
    return 0;
}
```

编译并执行以上程序,可得到如下所示的结果。

```
请输入评委的人数: 5
请依次输入 5 个评委的打分:
9.4 9.5 9.6 9.7 9.5
9.7
Press any key to continue
```

【实例 3-48】 密码发生器。

在对银行账户等重要权限设置密码的时候,人们常常遇到这样的烦恼:如果为了好记用生日吧,容易被破解,不安全;如果设置不好记的密码,又担心自己也会忘记;如果写在纸上,担心纸张被别人发现或弄丢了……

密码发生器可以把一串拼音字母转换为 6 位数字(密码)。这样,可以使用任何好记的拼音串(如名字"黄蓉"就写成 huangrong)作为输入,程序输出 6 位数字。

变换的过程如下:

① 把字符串 6 个一组折叠起来,如 huangrong 则变为:

huangr

ong

② 把所有垂直在同一个位置的字符的 ASCII 码值相加,得出 6 个数字,如上面的例子,则得出:

215 227 200 110 103 114

③ 再把每个数字"缩位"处理:就是把每个位的数字相加,得出的数字如果不是一位数字,就再缩位,直到变成一位数字为止。例如,227 ⇒ 2+2+7=11 ⇒ 1+1=2。

上面的数字缩位后变为822246,这就是生成的 6 位数字密码。

(1) 编程思路。

定义一个数组 int num[6]来保存 6 组字符的 ASCII 码之和。每组之和用循环进行统计

```
for(i = 0; tmp[i] != '\0'; i++)
    num[i%6] += tmp[i];
```

在进行缩位处理时,题目的方法为 227 ⇒ 2+2+7=11 ⇒ 1+1=2。

实际上有一个技巧,只需要 227 ⇒ 227%9=2 即可,若余数为 0,则直接取 9。

以 3 位数 abc 为例,

$$abc\%9 = (a*100+b*10+c)\%9 = (a*99+a+b*9+b+c)\%9$$
$$= (a*99+b*9)\%9+(a+b+c)\%9 = (a+b+c)\%9$$

(2) 源程序及运行结果。

```
#include < iostream >
using namespace std;
int main()
{
    int num[6];
    char tmp[80];
    int n,t,i;
    cout <<"请输入需要变换的拼音串的个数: ";
    cin >> n;
    while(n > 0)
    {
        for (i = 0;i < 6;i++)
            num[i] = 0;
        cout <<"请输入拼音串: ";
        cin >> tmp;
        cout <<"生成的密码为: ";
        if(strlen(tmp) == 0) continue;
        for(i = 0; tmp[i] != '\0'; i++)
            num[i%6] += tmp[i];
        for(i= 0; i < 6; i++)
        {
            t = num[i] % 9;
```

```
            if (t == 0)  t = 9;
            cout << t;
        }
        cout << endl;
        n -- ;
    }
    return 0;
}
```

编译并执行以上程序,可得到如下所示的结果。

```
请输入需要变换的拼音串的个数: 3
请输入拼音串: huangrong
生成的密码为: 822246
请输入拼音串: womenshizhongguoren
生成的密码为: 446122
请输入拼音串: wuhanligongdaxue
生成的密码为: 678261
Press any key to continue
```

【实例 3-49】 比赛名次。

根据 N(N≤100)位选手的成绩 a[i](i =1,2,…,N),将每人的名次存入数组 B 的对应元素 b[i] 中。成绩高的选手名次在前,成绩相同的选手名次相同。若有 k 位选手名次相同,则下一个名次增加 k。

例如,若 10 位选手的成绩依次为:

85,86,85,90,88,87,88,92,84,85

则其名次依次为:

7,6,7,2,3,5,3,1,10,7

(1) 编程思路。

程序中定义三个数组 int a[101],b[101], t[101],其中数组 a 保存 N 位选手的成绩,数组 b 保存选手的名次,数组 t 保存每趟扫描时,最大数所在的位置。初始时,数组 b 中元素 b[1]~b[n] 全为 0,表示未确定名次。

程序对成绩数组 a 从头到尾进行多趟扫描,每趟扫描的元素是去掉了已确定名次的成绩(若 b[i]!=0,则 a[i] 不作为被扫描处理的数据),每趟扫描确定名次为 rank(rank 初始值为 1)的选手的名次。

每趟扫描在待处理元素(即 b[j]!=0 所对应的 a[j])中找最大值,用 k 记录最大值的个数,数组 t 记录这个 k 个最大值在数组 a 中对应元素的下标,然后对 t 中记录的下标对应的选手赋予名次 rank。每趟扫描处理的算法描述为:

```
max = a[i];                          //找最大值并记录下标
k = 1;
t[k] = i;
for (j = i + 1;j < = n;j++)
{
    if ( b[j] == 0 && a[j] > = max)
    {
        if (a[j] > max)
```

```
            {
                max = a[j];
                k = 0;
            }
            k = k + 1;
            t[k] = j;
        }
    }
    for (j = 1;j < = k;j++)                    //赋予相应名次
        b[t[j]] = rank;
    rank = rank + k;
```

结果多趟扫描,可使数组 b 的 n 个元素全确定值,则处理结束。

(2) 源程序及运行结果。

```
#include < iostream>
using namespace std;
int main()
{
    int a[101],b[101], t[101],i,n,j,k,max,rank;
    cout <<"请输入参赛选手的人数: ";
    cin >> n;
    a[0] = b[0] = n;
    cout <<"请输入"<< n <<"个选手的成绩: "<< endl;
    for (i = 1;i < = n;i++)
    {
        cin >> a[i];
        b[i] = 0;
    }
    rank = 1;
    i = 1;
    while(i < = n)
    {
        if (b[i] == 0)
        {
            max = a[i];
            k = 1;
            t[k] = i;
            for (j = i + 1;j < = n;j++)
            {
                if ( b[j] == 0 && a[j]> = max)
                {
                    if (a[j]> max)
                    {
                        max = a[j];
                        k = 0;
                    }
                    k = k + 1;
                    t[k] = j;
                }
            }
```

```
        for (j = 1;j <= k;j++)
            b[t[j]] = rank;
        rank = rank + k;
        continue;
    }
    i++ ;
}
cout << n <<"个选手的成绩和名次依次为:"<< endl;
for (i = 1;i <= n;i++)
cout << a[i]<<"        "<< b[i]<< endl;
return 0;
}
```

编译并执行以上程序,可得到如下所示的结果。

```
请输入参赛选手的人数: 8
请输入 8 个选手的成绩:
85 78 95 64 80 85 80 88
8 个选手的成绩和名次依次为:
85      3
78      7
95      1
64      8
80      5
85      3
80      5
88      2
Press any key to continue
```

【实例 3-50】 取球争输赢。

今盒子里有 n 个小球,A、B 两人轮流从盒中取球,每个人都可以看到另一个人取了多少个,也可以看到盒中还剩下多少个,并且两人都很聪明,不会做出错误的判断。

约定:

① 每个人从盒子中取出的球的数目必须是 1、3、7 或 8 个。

② 轮到某一方取球时不能弃权,必须取球。

③ A 先取球,然后双方交替取球,直到取完。

被迫拿到最后一个球的一方为负方(输方)。

请编程确定出在双方都不判断失误的情况下,对于特定的初始球数,A 是否能赢?

(1) 编程思路。

定义一个数组 int a[10001]={0};来保存 A 的输赢情况,数组元素 a[i]=0,表示初始球数目为 i 时,A 输;a[i]=1,表示初始球数目为 i 时,A 赢。初始时,所有元素置 0。

令 a[0]=1,因为小球数为 0 时,表示对方取完了最后一堆,A 肯定胜利。然后,对小球数目为 1~10000 的情况进行扫描判断,方法为:将 i 减去 1 或 3 或 7 或 8(用 b[j]保存,j 为 0~3),若差不小于零,且减去 b[j]后,A 输(即 a[i−b[j]] == 0),则不减去 b[j],A 肯定赢(即 A[i]=1),因为 A 拿走 b[j]个球后,对方输。

(2) 源程序及运行结果。

```cpp
#include < iostream >
using namespace std;
int main()
{
    int i, n, j;
    int a[10001] = {0};
    int b[4] = {1, 3, 7, 8};
    a[0] = 1;                        //小球数为 0,即对方取完了最后一堆,自己胜利
    for(i = 1; i <= 10000; i++)
        for(j = 0; j < 4; j++)
            if(i - b[j] >= 0)
            {
                if(a[i - b[j]] == 0)      //有取法能致使对方输,那么自己就要赢
                {
                    a[i] = 1;
                    break;
                }
            }
    cout <<"请输入测试数据的个数 n :";
    cin >> n;
    while(n!= 0)
    {
        cin >> i;
        if (a[i] == 1) cout <<"赢!"<< endl;
        else   cout <<"输!"<< endl;
        n -- ;
    }
    return 0;
}
```

编译并执行以上程序,可得到如下所示的结果。

```
请输入测试数据的个数 n :4
1
输!
4
赢!
10
赢!
18
输!
Press any key to continue
```

第4章

函数

将能完成一定功能的语句组织在一起,并赋予相应的名称。这种形式的语句结合体称为函数。

4.1 函数的定义及使用

4.1.1 概述

一个较大的程序不可能完全由一个人从头至尾地完成,更不可能把所有的内容都写在一个主函数中。为了便于规划、组织、编程和调试,通常的做法是把一个大的程序划分为若干个程序模块(即程序文件),每个模块构成了程序的一个部分,实现程序一个方面的功能。不同的程序模块可以由不同的人来完成。

在 C/C++语言的一个程序文件中可以包含若干个函数。无论把一个程序划分为多少个模块,只能有一个 main 函数,程序总是从 main 函数开始执行的。在程序运行过程中,由 main 函数调用其他函数,其他函数也可以相互调用。因此程序员可根据需要编写一个个函数,每个函数用来实现某一功能。

在 C/C++语言中,函数定义的一般形式为

```
类型标识符　函数名(形式参数表列)
{
    声明部分
    语句体
}
```

其中:

(1)类型标识符说明函数返回值的数据类型。通常把函数返回值的类型称为函数的类型,即函数定义时由类型标识符所指出的类型。函数在返回前要先将表达式的值转换为所定义的类型,返回到主调函数中的调用表达式。对无返回值的函数,其函数类型标识为 void,称为"空类型函数",即此函数不向主调用函数返回值,主调用函数也禁止使用此函数的返回值。

(2)形式参数写在函数名后面的一对小括号内,它用于表示将从主调函数中接收哪些类型的信息。形式参数之间应以逗号相隔。函数可以没有形式参数。这时,函数名后面的圆括号内写上 void,也可以为空(但最好不要省略 void)。在函数体中形式参数是可以被引

用的,可以输入、输出、被赋以新值或参与运算。

(3) 函数体是一个分程序结构,由变量定义部分和语句组成。在函数体中定义的变量只有在执行该函数时才存在。

(4) 函数执行的最后一个操作是返回。返回的意义是:流程返回主调函数,宣告函数的一次执行终结,在调用期间所分配的变量单元被撤销。函数可以有返回值(函数体中必须包含 return 语句),也可以没有返回值(函数体中不要 return 语句)。

要执行一个函数,必须调用该函数。函数调用的一般形式为:

函数名([实参表列])

如果"实参表列"含有多个实参,则各参数间用逗号隔开。如果调用无参函数,"实参表列"可以省略,但括号不能省略。在调用时,实参应与形参的个数相等,类型应一致。实参与形参按顺序对应,一一传递数据。

根据函数在程序中出现的位置,函数调用方式分为以下三种:

(1) 函数语句。把函数调用单独作为一个语句,通常用于不带返回值的函数调用。

(2) 函数表达式。函数出现在一个表达式中,这时要求函数带回一个确定的值以参加表达式的运算。

(3) 函数参数。把一个函数调用作为另一个函数调用的实参。

4.1.2　函数的应用

【实例 4-1】　回文质数。

我国古代有一种回文诗,倒念顺念都有意思。例如,"人过大佛寺",倒读起来便是"寺佛大过人",还有经典的对联"客上天然居,居然天上客"等。在自然数中,如果一个数从左向右读或是从右向左读完全一致,这样的自然数称为回文数。

编写一个程序,找出 100000 之内的所有回文质数。所谓回文质数就是一个数即是一个质数又是一个回文数,如 151 是回文质数。

(1) 编程思路。

将判断一个数是否为质数和是否为回文数分别写成一个函数。

函数 int isFun(int m)判断数 m 是否为质数,m 是质数,函数返回值为 1;否则为 0。函数编写可参见实例 2-14。

函数 int isPalm(int m)判断数 m 是否为回文数,m 是回文数,函数返回值为 1;否则为 0。

(2) 源程序及运行结果。

```cpp
#include <iostream>
#include <iomanip>
#include <cmath>
using namespace std;
int isPalm(int m);                    //判断 m 是否为回文数
int isFun(int m);
int main()
{
```

```
        int i, cnt = 0;
        for (i = 2; i <= 100000; i++)
            if (isPalm(i) && isFun(i))
            {
                cout << setw(6) << i;
                cnt++;
                if (cnt % 10 == 0) cout << endl;
            }
        cout << endl;
        return 0;
}
int isPalm(int m)
{
        int a, b;
        a = m; b = 0;
        while (a > 0)
        {
            b = b * 10 + a % 10;
            a = a/10;
        }
        return b == m;
}
int isFun(int m)
{
        int k, s, i;
        k = sqrt(m);
        s = 1;
        for ( i = 2;  i <= k;  i++)
          if (m % i == 0)
          { s = 0;   break; }
        return s;
}
```

编译并执行以上程序,可得到如下所示的结果。

2	3	5	7	11	101	131	151	181	191
313	353	373	383	727	757	787	797	919	929
10301	10501	10601	11311	11411	12421	12721	12821	13331	13831
13931	14341	14741	15451	15551	16061	16361	16561	16661	17471
17971	18181	18481	19391	19891	19991	30103	30203	30403	30703
30803	31013	31513	32323	32423	33533	34543	34843	35053	35153
35353	35753	36263	36563	37273	37573	38083	38183	38783	39293
70207	70507	70607	71317	71917	72227	72727	73037	73237	73637
74047	74747	75557	76367	76667	77377	77477	77977	78487	78787
78887	79397	79697	79997	90709	91019	93139	93239	93739	94049
94349	94649	94849	94949	95959	96269	96469	96769	97379	97579
97879	98389	98689							

Press any key to continue

从运行结果可以看出,回文质数除了11以外,所有回文质数的位数都是奇数。因为,如果一个回文数的位数是偶数,则它的奇数位上的数字之和与偶数位上的数字之和必然相等。根据数的整除性原理,这样的数肯定能被11整除。因此,回文质数的位数绝不可能是偶数(除11外)。

【实例4-2】 确定进制。

$6 * 9 = 42$ 对于十进制来说是错误的,但是对于13进制来说是正确的。即 $6(13) * 9(13) = 42(13)$,因为,在十三进制中,$42 = 4 * 13 + 2 = 54(10)$。

编写一个程序,输入三个整数 p、q 和 r,然后确定一个进制 B($2 \leqslant B \leqslant 16$),使得在该进制下 $p * q = r$。如果 B 有很多选择,输出最小的一个。例如,p = 11,q = 11,r = 121。则有 $11(3) * 11(3) = 121(3)$,还有 $11(10) * 11(10) = 121(10)$。这种情况下,输出3。如果没有合适的进制,则输出0。

(1) 编程思路。

选择一个进制 B,按照该进制将被乘数 p、乘数 q、乘积 r 分别转换成十进制数 pb、qb 和 rb。然后判断等式 pb * qb==rb 是否成立。使得等式成立的最小 B 就是所求的结果。

设 n 位 B 进制数 $num = (a_{n-1} a_{n-2} \cdots a_1 a_0)$,将其按权值展开后求和就可得到对应的十进制数 ret。

$$ret = a_{n-1} \times B^{n-1} + a_{n-2} \times B^{n-2} + \cdots + a_1 \times B^1 + a_0 \times B^0$$
$$= (((((0 \times B + a_{n-1}) \times B + a_{n-2}) \times B + \cdots) \times B + a_1) \times B + a_0$$

由上式可以看出,B 进制数 num 转换为十进制数 ret 可以写成一个循环。方法是:令 ret 初始值为 0,从高位到低位循环分离出 num 的各位数字 digit,执行 ret=ret * b+digit,循环结束就可得 B 进制数 num 对应的十进制数 ret。

编写函数 int b2ten(int num,int b) 完成 b 进制数 num 转换为十进制数。

由于转换时需要从高位向低位分离数字,而用循环

```
while (num!= 0)
{
    digit = num % 10;
    num = num/10;
}
```

能方便地完成从低位向高位分离出 num 的各位数字。因此,可采用一个数组 digit[] 来保存从低位向高位分离出的各位数字,同时 num 中数字的位数保存到变量 cnt 中。

(2) 源程序及运行结果。

```cpp
#include <iostream>
using namespace std;
int b2ten(int num,int b)
{
    int ret = 0,digit[10];
    int cnt = 0;
    while (num!= 0)
    {
        digit[cnt++] = num % 10;
```

```
            num = num/10;
        }
        cnt -- ;
        while (cnt > = 0)
        {
            if (digit[cnt]> = b) return - 1;        //数字超过 B 进制的数码范围
            ret = ret * b + digit[cnt];
            cnt -- ;
        }
        return ret;
    }
    int main()
    {
        int b,p,r,q;
        int pb,qb,rb;                        //用来存储转换为十进制后的结果
        cout <<"请输入 p、q、r 三个整数: ";
        cin >> p >> q >> r;
        for(b = 2;b < = 16;b++)
        {
            pb = b2ten(p,b);
            qb = b2ten(q,b);
            rb = b2ten(r,b);
            if(pb == - 1 ‖ qb == - 1 ‖ rb == - 1) continue;
            if(pb * qb == rb)
            {
                cout <<"在 "<< b <<" 进制下,"<< p <<" * "<< q <<" = "<< r << " 成立."<< endl;
                if (b!= 10)
                    cout <<"对应于十进制的,"<< pb <<" * "<< qb <<" = "<< rb << endl;
                break;
            }
        }
        if(b == 17)
            cout <<"在二～十六进制下,"<< p <<" * "<< q <<" = "<< r << " 都不成立."<< endl;
        return 0;
    }
```

编译并执行以上程序,可得到如下所示的结果。

```
请输入 p、q、r 三个整数: 6 9 42
在十三进制下,6 * 9 = 42 成立。
对应于十进制的,6 * 9 = 54
Press any key to continue
```

【实例 4-3】　填数字游戏。

设有等式 ABCD * E = DCBA,A、B、C、D、E 代表的数字各不相同,编程求 A、B、C、D、E。

(1) 编程思路 1。

直接对 a(1≤a≤4)、b(0≤b≤9)、c(0≤c≤9)、d(1≤d≤9)、e(2≤e≤9)5 个数字的各种

取值情况进行穷举,用 s 表示 4 位数 ABCD(即 s=1000 * a+100 * b+10 * c+d)、k 表示 4 位数 DCBA(即 k=a+10 * b+100 * c+1000 * d),若满足 s * e==k 且 a、b、c、d、e 互不相等(即 a!=b && a!=c && a!=d && a!=e && b!=c && b!=d && b!=e && c!=d && c!=e && d!=e),则找到问题的解。

(2) 源程序 1 及运行结果。

```cpp
#include <iostream>
using namespace std;
int main()
{
    int a,b,c,d,e,s,k;
    for(a=1;a<=4;a++)
      for (b=0;b<=9;b++)
        for(c=0;c<=9;c++)
          for(d=1;d<=9;d++)
            for (e=2;e<=9;e++)
            {
                s=1000 * a+100 * b+10 * c+d;
                k=a+10 * b+100 * c+1000 * d;
                if(s * e==k && a!=b && a!=c && a!=d && a!=e && b!=c && b!=d && b!=e && c!=d && c!=e && d!=e)
                {
                cout <<"A = "<< a <<",B = "<< b <<",C = "<< c <<",D = "<< d <<",E = "<< e << endl;
                cout << s <<" * "<< e <<" = "<< k << endl;
                }
            }
    return 0;
}
```

编译并执行以上程序,可得到如下所示的结果。

```
A = 2,B = 1,C = 7,D = 8,E = 4
2178 * 4 = 8712
Press any key to continue
```

(3) 编程思路 2。

由于等式中 ABCD 是一个 4 位数,最高位 A 在 1~4 之间,且各位数字互不相等,因此,可以在 1023~4987 之间穷举找到满足条件的 4 位数。

为判断 4 位数 ABCD 的各位数字和数字 E 均互不相等,编写一个函数 int isRepeat(int n,int e),若整数 n 的各位数字和整数 e 均互不相等,函数返回值 1;否则返回 0。判断方法是:定义一个一维数组 b[10],用于保存 0~9 各个数字出现的次数,将整数 n 的各位数字分解出来,每分解出一个数字 i,对应的数组元素 b[i]加 1,数字 e 对应的数组元素 b[e]也加 1,然后统计数组 b 中值为 1 的元素个数 cnt,若 cnt 等于整数 n 的位数加 1,则每个数字出现一次,即各个数字互不相等,函数返回 1。

由于等式中 4 位数 DCBA 是 ABCD 的逆序数,因此编写一个函数 int reversenum(int n) 用于求整数 n 的逆序数。

（4）源程序 2 及运行结果。

```cpp
#include <iostream>
using namespace std;
int isRepeat(int n, int e)
{
    int m = 0, b[10] = {0}, i, cnt;
    while (n!= 0)
    {
        i = n % 10;   b[i]++;
        n = n/10;   m++;
    }
    b[e]++;
    cnt = 0;
    for(i = 0; i <= 9; i++)
        if(b[i]!= 0)     cnt++;
    if(cnt!= m + 1)   return 1;
    else         return 0;
}
int reversenum(int n)
{
    int m = 0;
    while(n!= 0)
    {
        m = m * 10 + n % 10;
        n = n/10;
    }
    return m;
}
int main()
{
    int i, j, k;
    for(i = 1023; i <= 4987; i++)
    {
        for (j = 2; j <= 9; j++)
        {
            if (isRepeat(i, j) == 1) continue;
            k = reversenum(i);
            if (i * j == k)
                cout << i <<" * "<< j <<" = "<< k << endl;
        }
    }
    return 0;
}
```

编译并执行以上程序，可得到如下所示的结果。

```
2178 * 4 = 8712
Press any key to continue
```

按编程思路 2 编写的程序,比编程思路 1 灵活多了。如题目改为设有等式 ABCDE＊F＝EDCBA,A、B、C、D、E、F 代表的数字各不相同,编程求 A、B、C、D、E、F。只需将程序中的穷举范围改变即可。

将程序中的语句"for(i＝1023;i<＝4987;i++)"改写为"for(i＝10234;i<＝49876;i++)",重新编译并执行以上程序,可得到如下所示的结果。

```
21978 * 4 = 87912
Press any key to continue
```

【实例 4-4】 巧解算式。

在 1～10 十个数中间加上加号或减号,使得到的表达式的值为 100,如果中间没有符号,则认为前后为一个数,如 1 2 3 认为是一百二十三(123)。

例如:123＋4＋5＋67－89－10＝100 是一种填法,1＋2＋3＋4＋56＋7＋8＋9＋10＝100 也是一种填法。

编写一个程序,找出所有的填写方法。

(1) 编程思路。

为了表示等式左边的算式,可以定义一个数组 int a[20],其中元素 a[0],a[2],…、a[16]分别保存数字 1～9,a[18]和 a[19]合起来保存数 10。a[1],a[3],…,a[17]用 0,1,2 保存可能填写的运算符,其中 0 代表空格、1 代表加号＋、2 代表减号－。如下所示:

1		2		3		4		5		6		7		8		9		1	0

这样,可以用一个 9 重循环对 9 个空位可能填写的 3 种算符进行穷举,得到等式左边的算式,保存在数组 a[20]中,然后对这个算式进行解析,若运算结果为 100,则就是一种解法。

程序中将算式的解析编写成一个函数,原型为 int Parse(int a[]);。

解析时,从左到右对数组进行扫描。初始时,算式值 value＝0,应进行运算的算符 preCalc＝1(这样当扫描到第一个加或减运算符时,value(0)加上算符前的数值就是第 1 个算符前的数,从而可进行循环处理),当前参与运算的数 preVal 初始为 a[0]。

用循环对 a[1],a[3],…,a[17]这 9 个位置填写情况进行处理,分两种情况:

① 填写的是空格,则前面的数(保存在 preVal 中)和后面的一个数字构成一个数,如 1 和 2 之间是空格,则 1 和 2 构成 12,若 2 后面又是一个空格,则 12 和 3 构成 123。处理方法为"preVal＝preVal＊10＋a[i+1];"。

② 填写的是加号或减号。则进行前面的运算(保存在应进行运算的算符 preCalc 中,注意不是当前的加法或减法运算,当前的加号或减号的运算需等到扫描到下一个加或减运算符时才进行)。若 preCale==1,则进行加法,若 preCale==2,则进行减法。之后,将当前的算符保存到 preCale 中,并将算符后的一个数字保存到参与运算的数 preVal 中。

```
if (preCalc == 1)
    value = value + preVal;
else
  value = value - preVal;
```

```
preCalc = a[i];
preVal = a[i + 1];
```

(2) 源程序及运行结果。

```
#include < iostream >
using namespace std;
int Parse(int a[]);
int main()
{
    int a[20] = {1,0,2,0,3,0,4,0,5,0,6,0,7,0,8,0,9,0,1,0};
    //数组 a 中 a[1],a[3], …,a[17]用 0、1、2 保存可能的运算符
    //其中,0 代表空格,1 代表加号 + 、2 代表减号 -
    char b[3] = {' ','+','-'};
    int a1,a2,a3,a4,a5,a6,a7,a8,a9,i,num = 0;
    for(a1 = 0;a1 < 3;a1++)
    for(a2 = 0;a2 < 3;a2++)
      for(a3 = 0;a3 < 3;a3++)
      for(a4 = 0;a4 < 3;a4++)
        for(a5 = 0;a5 < 3;a5++)
        for(a6 = 0;a6 < 3;a6++)
          for(a7 = 0;a7 < 3;a7++)
          for(a8 = 0;a8 < 3;a8++)
            for(a9 = 0;a9 < 3;a9++)
            {
                a[1] = a1;        a[3] = a2;        a[5] = a3;
                a[7] = a4;        a[9] = a5;        a[11] = a6;
                a[13] = a7;        a[15] = a8;        a[17] = a9;
                if (Parse(a) == 100)
                {
                  num++; if (num < 10) cout <<" ";
                  cout << num <<" :   ";
                  for(i = 0;i <= 18;i++)
                      if (i % 2 == 0) cout << a[i];
                      else
                      {  if (a[i]!= 0)  cout << b[a[i]];}
                  cout << a[19];
                  cout <<" = 100"<< endl;
                }
            }
    return 0;
}
int Parse(int a[])
{
    int value = 0,i,preVal,preCalc;
    preVal = a[0]; preCalc = 1;
    for(i = 1;i <= 17;i = i + 2)
    {
        switch (a[i])
        {
        case 0: preVal = preVal * 10 + a[i + 1];
```

```
                break;
        case 1:
        case 2: if (preCalc == 1)
                    value = value + preVal;
                else
                    value = value - preVal;
                preCalc = a[i];
                preVal = a[i + 1];
            }
        }
        preVal = preVal * 10 + a[19];
        if (preCalc == 1)
            value = value + preVal;
        else
            value = value - preVal;
        return value;
    }
```

编译并执行以上程序,可得到如下所示的结果。

```
1 :   123 + 4 + 5 + 67 - 89 - 10 = 100
2 :   123 + 4 - 5 - 6 - 7 - 8 + 9 - 10 = 100
…   (为节省篇幅,中间省略 20 种解)
23 :   1 - 2 - 34 + 56 + 78 - 9 + 10 = 100
24 :   1 - 2 - 3 - 4 + 5 + 6 + 78 + 9 + 10 = 100
Press any key to continue
```

【实例 4-5】 泊松分酒。

法国数学家泊松曾提出一个分酒趣题:有一个 12 品脱(pint)的酒瓶,里面装满葡萄酒,另有 8 品脱和 5 品脱的瓶子各一个。问如何从中分出 6 品脱的酒出来?

(1)编程思路。

为了方便说明,将容量为 12 品脱、8 品脱、5 品脱的瓶子分别称为大瓶子、中瓶子、小瓶子。按照下面 2 种规则中的如何一种可以解决这个问题:

① 第一套规则:

· 大瓶子只能倒入中瓶子;

· 中瓶子只能倒入小瓶子;

· 小瓶子只能倒入大瓶子;

· 小瓶子只有在已经装满的情况下才能倒入大瓶子;

· 若小瓶子被倒空,则无论中瓶子是否满,应马上从中瓶子倒入小瓶子。

之所以要规定倒酒的顺序是为了防止状态重复。根据这 5 条规则,大瓶子每次倒入中瓶子的酒总是 8 品脱,小瓶子每次倒入大瓶子的酒总是 5 品脱。

有了上面的规定后,倒酒的顺序如表 4-1 所示。

这样,中瓶中得到了 6 品脱的葡萄酒,分酒完成。

② 第二套规则:

· 大瓶子只能倒入小瓶子;

· 小瓶子只能倒入中瓶子;

表 4-1　按第一套规则分酒的顺序

12 品脱瓶子	8 品脱瓶子	5 品脱瓶子	说　　明
12	0	0	初始状态
4	8	0	大瓶倒满中瓶
4	3	5	中瓶倒满小瓶
9	3	0	小瓶倒入大瓶
9	0	3	中瓶倒入小瓶
1	8	3	大瓶倒满中瓶
1	6	5	中瓶倒满小瓶

- 中瓶子只能倒入大瓶子；
- 中瓶子只有在已经装满的情况下才能倒入大瓶子；
- 若中瓶子被倒空,则无论小瓶子是否满,应马上将小瓶子倒入中瓶子。

其实第二套规则只是将第一套规则中的"中瓶子"和"小瓶子"对换了一下。根据这个规则确定的倒酒的顺序如表 4-2 所示。

表 4-2　按第二套规则分酒的顺序

12 品脱瓶子	5 品脱瓶子	8 品脱瓶子	说　　明
12	0	0	初始状态
7	5	0	大瓶倒小瓶
7	0	5	小瓶倒入中瓶
2	5	5	大瓶倒满小瓶
2	2	8	小瓶倒满中瓶
10	2	0	中瓶倒入大瓶
10	0	2	小瓶倒入中瓶
5	5	2	大瓶倒满小瓶
5	0	7	小瓶倒入中瓶
0	5	7	大瓶倒满小瓶
0	4	8	小瓶倒满中瓶
8	4	0	中瓶倒入大瓶
8	0	4	小瓶倒入中瓶
3	5	4	大瓶倒满小瓶
3	1	8	小瓶倒满中瓶
11	1	0	中瓶倒入大瓶
11	0	1	小瓶倒入中瓶
6	5	1	大瓶倒满小瓶

这样,大瓶中得到了 6 品脱的葡萄酒,分酒完成。

按上面的规则,可以采用模拟设计的方法求解一般的"泊松分酒"问题。

设借助容积分别为整数 bv、cv 的两个空瓶子 B 和 C,用最少的分倒次数把 A 瓶子中总容量为偶数 a 的酒平分。且设操作过程中,瓶子 B 的酒量为 $b(0 \leqslant b \leqslant bv)$,瓶子 C 的酒量为 $c(0 \leqslant c \leqslant cv)$。

采用第一套规则(即 A→B→C 的顺序)模拟平分过程的分倒操作。

① 当 B 瓶子空(即 b==0)时,从 A 瓶倒满 B 瓶子。

② 从 B 瓶子分一次或多次倒满 C 瓶子。

若 b>cv-c,倒满 C 瓶,之后进行步骤③;若 b≤cv-c,倒空 B 瓶,之后进行步骤①。

③ 当 C 瓶满(即 c==cv)时,将 C 瓶子中的酒倒回 A 瓶。

分倒操作中,用变量 n 统计分倒次数,每分倒一次,n 增 1。若 b=0 且 a<bv 时,步骤①无法实现,即 A 瓶的酒不满 B 瓶子而中断,记 n=-1 为中断标志。

分倒操作中若有 a==i 或 b==i 或 c==i 时,显然已达到平分目的,分倒循环结束。

用函数 Probe(a,bv,cv)模拟分倒过程,函数返回分倒次数 n 的值。模拟操作描述为:

```
i = a/2;
while(!(a == i || b == i || c == i))
{
    if(!b)
        if(a < bv)
        {    n = -1;      break;  }
        else
        {      a -= bv;b = bv;  }
    else if(c == cv)
    {     a += cv;c = 0;  }
    else if(b > cv - c)
    {     b -= (cv - c);c = cv;  }
    else
    {     c += b;b = 0;  }
    n++;
}
```

采用第二套规则(即按 A→C→B 的顺序分倒)操作,实质上是 C 瓶子与 B 瓶子互换,相当于返回函数值 Probe(a,cv,bv)。

因此,函数 Probe()可综合模拟以上两套规则的分倒操作,避免了关于 cv 与 bv 大小关系的讨论。

同时,编写一个实施函数 Practice(a,bv,cv),与试验函数相比较,把 n 增 1 操作改变为输出中间过程量 a、b、c,以标明具体操作进程。

在主函数 main()中,分别输入 a、bv、cv 的值后,为寻求较少的分倒次数,分别调用试验函数并比较 m1=Probe(a,bv,cv)与 m2=Probe(a,cv,bv)。

若 m1<0 且 m2<0,表明无法平分(均为中断标志)。

若 m2<0,只能按第一套规则操作;若 0<m1<m2,按第一套规则操作分倒次数较少,此时调用实施函数 Practice(a,bv,cv)。

若 m1<0,只能按第二套规则操作;若 0<m2<m1,按第二套规则操作分倒次数较少,此时调用实施函数 Practice(a,cv,bv)。

实施函数输出整个模拟分倒操作过程中的 a、b、c 的值。最后输出最少的分倒次数。

(2) 源程序及运行结果。

```
#include <iostream>
#include <iomanip>
using namespace std;
```

```
void practice(int a, int b,int c);
int probo (int a,int b,int c);
int main()
{
    int a,bv,cv,m1,m2;
    while (1)
    {
      cout <<"请输入酒的总量 a (偶数): ";
      cin >> a;
      if (a % 2!= 0)
          cout <<"酒的容量为奇数,无法平分!"<< endl;
      else
          break;
    }
    while (1)
    {
        cout <<"请输入两空杯的容量 bv 和 cv :";
        cin >> bv >> cv;
        if(bv + cv < a/2)
            cout <<"空杯容量太小,无法平分!"<< endl;
        else
            break;
    }
    m1 = probo(a,bv,cv);
    m2 = probo(a,cv,bv);
    if(m1 < 0 && m2 < 0)
    {
        printf("无法平分!\n");
        return 0;
    }
    if(m1 > 0 && (m2 < 0 || m1 <= m2))
    {
        cout <<"平分酒最少需分倒"<< m1 <<"次.方法如下:"<< endl;
        practice(a,bv,cv);
    }
    else
    {
        cout <<"平分酒最少需分倒"<< m2 <<"次.方法如下:"<< endl;
        practice(a,cv,bv);
    }
    return 0;
}
void practice(int a, int bv, int cv)
{
    int b = 0,c = 0,i;
    cout <<" 酒瓶("<< a <<")   空杯("<< bv <<")   空杯("<< cv <<")"<< endl;
    cout << setw(6)<< a << setw(10)<< b << setw(10)<< c << endl;
    cout <<" ----------------------------- "<< endl;
    i = a/2;
    while(!(a == i || b == i || c == i))
    {
```

```
        if(!b)
        {   a -= bv;    b = bv;  }
        else if(c == cv)
        {   a += cv;    c = 0;  }
        else if(b > cv - c)
        {   b -= (cv - c);  c = cv;  }
        else
        {   c += b;b = 0;  }
        cout << setw(6)<< a << setw(10)<< b << setw(10)<< c << endl;
    }
}
int probo( int a, int bv, int cv)
{
    int n = 0,b = 0,c = 0,i;
    i = a/2;
    while(!(a == i || b == i || c == i))
    {
        if(!b)
            if(a < bv)
            {     n = -1;     break;  }
            else
            {     a -= bv;b = bv;  }
        else if(c == cv)
        {    a += cv;c = 0;  }
        else if(b > cv - c)
        {    b -= (cv - c);c = cv;   }
        else
        {    c += b;b = 0;  }
        n++ ;
    }
    return(n);
}
```

编译并执行以上程序,可得到如下所示的结果。

```
请输入酒的总量 a(偶数): 12
请输入两空杯的容量 bv 和 cv :5 8
平分酒最少需分倒 6 次.方法如下:
   酒瓶(12)  空杯(8)  空杯(5)
    12        0        0
------------------------------
     4        8        0
     4        3        5
     9        3        0
     9        0        3
     1        8        3
     1        6        5
Press any key to continue
```

【实例 4-6】 翻硬币。

一摞硬币共有 m(0＜m＜1000)枚,每一枚都是正面朝上。取下最上面的一枚硬币,将它翻面后放回原处,然后取下最上面的 2 枚硬币,将它们一起翻面后再放回原处;再取 3 枚,取 4 枚……直至 m 枚。然后再从这摞硬币最上面的一枚开始,重复刚才的做法。这样一直做下去,直到这摞硬币中的每一枚又都是正面朝上为止。例如,m 为 1 时,翻两次即可; m 为 2 时,翻 3 次即可;m 为 3 时,翻 9 次即可;m 为 4 时,翻 11 次即可;m 为 5 时,翻 24 次即可……m 为 30 时,翻 899 次即可……

编写一个程序,输入这摞硬币的枚数 m,输出为了使这摞硬币中的每一枚又都是正面朝上所必需翻的次数。

(1)编程思路。

不管硬币的次序,只是记住每次的翻转和交换,硬币的初始状态都是正面朝上,每个硬币经过多轮的翻转后都变回正面朝上,那么就求出了问题的解,这是最简单的思路。

编写一个函数 int solve(int m)来求 m 枚硬币的翻转次数。

函数体中定义一个一维数组 int flag[1000];来保存硬币的状态,flag[i]=0 表示第 i 枚 (0≤i≤m-1)硬币正面朝下,flag[i]=1 表示第 i 枚硬币正面朝上。初始时,所有数组元素赋初值 1。

用变量 total 保存翻转的次数,因为参与翻转操作的硬币是一个 1～m 的循环,因此每次需翻转的硬币为第 0 枚到第 total%m 枚(包括第 total%m 枚)。这 total%m+1 枚硬币的翻转操作包括翻面和交换,写成循环为:

```
for (i = 0,j = k;  i <= j;  i++,  j-- )
{ t = flag[i];
flag[i] = !flag[j];
flag[j] = !t; }
```

一次翻转操作结束后,检查数组 flag 的各元素值,若 flag[0]～flag[m-1]的值全为 1, 则得到问题的解,返回值为 total。

(2)源程序及运行结果。

```cpp
#include < iostream >
using namespace std;
int solve(int m)
{
    int flag[1000];
    int i,j,k,t,total,isRight;
    for(i = 0;  i < m;  i++)
      flag[i]   =  1;
    flag[0]   =   0;
    total   =   1;
    while(1)
    {
      k   =   total % m;
      for (i = 0,j = k;  i <= j;  i++,  j-- )
      { t = flag[i];  flag[i] = !flag[j];  flag[j] = !t; }
      total++ ;
      isRight = 1;
      for(i = 0;  i < m; i++)
          if(!flag[i])
```

```
          {   isRight = 0; break;   }
        if(isRight)
            return   total;
    }
}
int main()
{
    int m;
    cin >> m;
    if (m > 0 && m < 1000)
        cout << solve(m) << endl;
    return 0;
}
```

编译并执行以上程序,可得到如下所示的结果。

```
30
899
Press any key to continue
```

【实例4-7】 勾股数。

一般地,若三角形三边长 a、b、c 都是正整数,且满足 a、b 的平方和等于 c 的平方,那么数组(a,b,c)称为勾股数组。勾股数组是人们为了解出满足勾股定理的不定方程的所有整数解而创造的概念。

例如,(3n、4n、5n)(n 是正整数)就是最著名的一组! 俗称"勾三,股四,弦五"。古人把较短的直角边称为勾,较长直角边称为股,而斜边则为弦。

编写程序输出 100 以内的基本勾股数组(三个数互质的一组勾股数)。

(1) 编程思路。

先编写一个函数 int commonDivisor(int m,int n)用于返回整数 m 和 n 的最小公倍数,采用辗转相除法计算。

因为勾股数组中的三个数均为正整数,因此三个数必互不相等,否则另一个数一定等于两个相等的数的 $\sqrt{2}$ 倍,不为整数。不妨设三个数 a<b<c。

程序对 a(范围为 1~98)、b(范围为 a+1~99)、c(范围为 b+1~100)各种取值组合进行穷举,若三个数互质(即 commonDivisor(commonDivisor(a,b),c)==1)且 a * a + b * b==c * c,则 a、b、c 即为一组基本勾股数,保存到用于保存基本勾股数组的二维数组 s 中。

在输出数组 s 时,对其中的元素进行排序输出。

(2) 源程序及运行结果。

```
#include < iostream >
using namespace std;
int commonDivisor(int m, int n)
{
    int t;
    if(m < n)
    {
        t = m;m = n;n = t;
    }
```

```
        while(m % n)
        {
            t = m % n;
            m = n;n = t;
        }
        return t;
    }
int main()
{
    int a,b,c,i,j,k = 0,cd,s[30][3],p,t;
    for(a = 1;a <= 98;a++)
      for(b = a + 1;b <= 99;b++)
          for (c = b + 1;c <= 100; c++)
          {
              cd = commonDivisor(commonDivisor(a,b),c);
              if(cd!= 1)        continue;
              if (a * a + b * b == c * c)
              {
                  k++;s[k][0] = a;
                  s[k][1] = b;s[k][2] = c;
              }
          }
    for(i = 1;i < k;i++)
    {
        p = i;
        for(j = i + 1;j <= k;j++)
            if(s[p][0] > s[j][0])        p = j;
        t = s[i][0];s[i][0] = s[p][0];s[p][0] = t;
        t = s[i][1];s[i][1] = s[p][1];s[p][1] = t;
        t = s[i][2];s[i][2] = s[p][2];s[p][2] = t;
    }
    cout <<"100 以内的二维基本勾股数组为: "<< endl;
    for(i = 1;i <= k;i++)
    {
        cout <<"("<< s[i][0]<<","<< s[i][1]<<","<< s[i][2]<<")  ";
        if (i % 6 == 0) cout << endl;
    }
    cout << endl <<"共"<< k <<"个"<< endl;
    return 0;
}
```

编译并执行以上程序,得到如图 3-1 所示的结果。

```
100 以内的二维基本勾股数组为:
(3,4,5)   (5,12,13)   (7,24,25)   (8,15,17)   (9,40,41)   (11,60,61)
(12,35,37)   (13,84,85)   (16,63,65)   (20,21,29)   (28,45,53)   (33,56,65)
(36,77,85)   (39,80,89)   (48,55,73)   (65,72,97)
共 16 个
Press any key to continue
```

【实例 4-8】 卡布列克运算。

所谓卡布列克运算,是指任意一个 4 位数,只要它们各个位上的数字不全相同,就有这样的规律：

① 把组成这个 4 位数的 4 个数字由大到小排列，形成由这 4 个数字构成的最大的 4 位数。

② 把组成这个 4 位数的 4 个数字由小到大排列，形成由这 4 个数字构成的最小的 4 位数（如果 4 个数字中含有 0，则此数不足 4 位）。

③ 求出以上两数之差，得到一个新的 4 位数。

重复以上过程，总能得到最后的结果是 6174。

例如，n= 3280，验证结果为 8320−238＝8082　8820−288＝8532　8532−2358＝6174

编写一个程序对卡布列克运算进行验证。

（1）编程思路。

为实现验证程序，编写 4 个函数。

void parse_sort(int each[]，int num) 将 num 分解为各位数字并排序后存入数组 each[]中。

int minD(int each[]) 求数组 each 中的 4 个数字可组成的最大数。

int maxD(int each[]) 求数组 each 中的 4 个数字可组成的最小数。

int pow10_int(int n) 求 10 的 N 次方。

（2）源程序及运行结果。

```cpp
#include< iostream >
using namespace std;
const int N = 4;
int pow10_int(int n);                //求 10 的 N 次方
void parse_sort(int each[],int num); //把 num 分解各个位上的数后存入数组 each[]中
int minD(int each[]);                //求数组 each 可组成的最大数
int maxD(int each[]);                //求数组 each 可组成的最小数
int main()
{
    int number, max, min;
    int each[N];
    cout <<"请输入一个各位数字均不同的 4 位数："；
    cin >> number;
    while(number!= 6174){
        parse_sort(each,number);
        max = maxD(each);
        min = minD(each);
        number = max - min;
        cout << max <<" - "<< min <<" = "<< number << endl;
    }
    cout <<"   YES\n";
    return 0;
}
int pow10_int(int n)                 //求 10 的 N 次方的函数
{
    int sum = 1;
    for(int i = 0;i < n;i++)
        sum = sum * 10;
```

```
        return sum;
    }
    void parse_sort(int each[], int num)        //把 num 分解各个位上的数后存入数组 each[]中
    {
        int m, i, j, t;
        for (i = 0; i < N; i++)
            each[i] = 0;
        i = 0;
        while(num!= 0)
        {
            m = num % 10;   num = num/10;
            each[i++] = m;
        }
        for(i = 0; i < N - 1; i++)
            for (j = 0; j < N - 1 - i; j++)
                if (each[j] > each[j + 1])
                {
                    t = each[j];
                    each[j] = each[j + 1];
                    each[j + 1] = t;
                }
    }
    int minD(int each[])                        //求数组 each 可组成的最大数
    {
        int sum = 0, i;
        for(i = 0; i < N; i++)
            sum += each[i] * pow10_int( (N - 1 - i) );
        return sum;
    }
    int maxD(int each[])                        //求数组 each 可组成的最小数
    {
        int sum = 0, i;
        for(i = 0; i < N; i++)
            sum = sum + each[i] * pow10_int(i);
        return sum;
    }
```

编译并执行以上程序，可得到如下所示的结果。

```
请输入一个各位数字均不同的 4 位数：2013
3210 - 123 = 3087
8730 - 378 = 8352
8532 - 2358 = 6174
    YES
Press any key to continue
```

【实例 4-9】 保龄球计分。

打保龄球是用一个滚球去打击 10 个站立的柱，将柱击倒。一局分 10 轮，每轮可滚球一次或多次，以击倒的柱数为依据计分。一局得分为 10 轮得分之和，而每轮的得分不仅与本轮滚球情况有关，还可能与后续一两轮的滚球情况有关。即某轮某次滚球击倒的柱数不仅

要计入本轮得分,还可能会计入前一两轮得分。具体的滚球击柱规则和计分方法如下:

① 若某一轮的第一次滚球就击倒全部 10 个柱,则本轮不再滚球(若是第 10 轮则还需另加两次滚球)。该轮得分为本次倒柱数 10 与以后两次滚球所击倒柱数之和。

② 若某一轮的第一次滚球未击倒 10 个柱,则可对剩下未倒的柱再滚球一次。如果这两次滚球击倒全部 10 个柱,则本轮不再滚球(若是第 10 轮则还需另加一次滚球),该轮得分为本次倒柱数 10 与以后一次滚球所击倒柱数之和。

③ 若某一轮的两次滚球未击倒全部 10 个柱,则本轮不再继续滚球,该轮得分为这两次滚球击倒的柱数之和。

以实例说明如下:

轮次	1	2	3	4	5	6	7	8	9	10
各轮第一次得分	8	9	10	10	9	8	8	10	8	9	8
各轮第二次得分	1	1	/	/	1	1	/	/	2	1	/
各轮得分	9	20	29	20	18	9	20	20	19	18
累计总分	9	29	58	78	96	105	125	145	164	182

编写一个程序,模拟打一局保龄球的计分过程,统计各轮得分和累计总分。程序需交互地逐轮逐次输入一次滚球击倒的柱数,计算该轮得分和累计总分。

(1) 编程思路。

编写一个函数 int ball(BowlingRound * a, int i, int n, int max)来模拟第 i 轮的第 n 次滚球,在函数中输入本次滚球正确击倒的柱数,然后对以前未完成计算的轮次分别计算得分与累计总分。

为记录因一轮内击倒 10 柱,还暂不能计算该轮得分和累计总分的情况,程序引入全局变量 ok,用来记录当前已完成完整计算的轮次。程序每输入一次滚球击倒柱数,就检查还未完成完整计算的轮次,并计算。

(2) 源程序及运行结果。

```cpp
#include <iostream>
#include <iomanip>
using namespace std;
struct BowlingRound
{
    int n;              //一轮内滚球次数
    int f;              //第一次击倒柱数
    int s;              //第二次击倒柱数
    int score;          //本轮得分
    int total;          //至本轮累计总分
    int m;              //完成本轮得分计算,还需滚球次数
};
int ok = 0;             //已完成完整计算的轮次数
int ball(BowlingRound * a, int i, int n, int max)   //完成一次滚球,输入正确击倒柱数
{
    int d, j;
    static int c = 1;
    while(1)
    {
```

```
        if (i <= 10)
            cout <<"输入第 "<< i <<" 轮的第 "<< n <<" 次滚球击倒柱数.(<= "<< max <<")\n";
        else
            cout <<"输入附加的第 "<< c++ <<" 次滚球击倒柱数。(<= "<< max <<")\n";
        cin >> d;
        if (d >= 0 && d <= max) break;
        cout <<"不合理的击倒柱数,请重新输入!"<< endl;
    }
    if (ok < i - 1 )
    {               //对以前未完成计算的轮次分别计算得分与累计总分
        for(j = ok + 1; j < i ; j++)
        {
            a[j].score += d;
            if ( -- a[j].m == 0)
            {
                a[j].total = (j>1?a[j-1].total:0 ) + a[j].score;
                ok = ok + 1 ;
            }
        }
    }
    return d;
}
int main()
{
    BowlingRound   a[13];
    int i, first, second, k;
    for(i = 1; ok < 10; i++)
    {               //处理第一次滚球
        a[i].score = a[i].f = first = ball(a,i,1,10);
        if (first == 10) a[i].m = 2;
        a[i].n = 1;
        if (first < 10 && (i <= 10 || i == 11 && ok < 10 ))
        {           //处理第二次滚球
            a[i].score += a[i].s = second = ball(a,i,2,10 - first);
            if (first + second == 10) a[i].m = 1;
            a[i].n = 2;
        }
        if(i <= 10 && first < 10 && first + second < 10)
        {
            a[i].total  = (i>1 ? a[i-1].total:0) + a[i].score;
            ok = i;
        }
    cout <<" 各轮第一次得分:";
    for(k = 1; k <= i; k++)  cout << setw(4) << a[k].f;
    cout <<"\n 各轮第二次得分:";
    for(k = 1; k <= i; k++)
        if (a[k].n < 2)  cout << setw(4) <<" /";
        else  cout << setw(4) << a[k].s;
    cout <<"\n 各  轮  得  分:";
    for(k = 1; k <= ok; k++)
        cout << setw(4) << a[k].score;
```

```
            cout <<"\n累 计 总 分:";
            for(k = 1; k <= ok; k++)
                cout << setw(4)<< a[k]. total;
            cout << endl << endl;
        }
        return 0;
    }
```

编译并执行以上程序,可得到如下所示的结果。

```
输入第 1 轮的第 1 次滚球击倒柱数。(<= 10)
8
输入第 1 轮的第 2 次滚球击倒柱数。(<= 2)
1
    各轮第一次得分:  8
    各轮第二次得分:  1
    各 轮 得 分:  9
    累 计 总 分:  9


        ……(为节省篇幅,中间第 2~9 轮依次输入 9、1、10、10、9、1、
              8、1、8、2、10、8、2,交互显示过程省略)


输入第 10 轮的第 1 次滚球击倒柱数。(<= 10)
9
输入第 10 轮的第 2 次滚球击倒柱数。(<= 1)
1
    各轮第一次得分:  8  9  10  10   9   8   8  10   8   9
    各轮第二次得分:  1  1   /   /   1   1   2   /   2   1
    各 轮 得 分:  9 20  29  20  18   9  20  20  19
    累 计 总 分:  9 29  58  78  96 105 125 145 164


输入附加的第 1 次滚球击倒柱数.(<= 10)
10
    各轮第一次得分:  8  9  10  10   9   8   8  10   8   9  10
    各轮第二次得分:  1  1   /   /   1   1   2   /   2   1   /
    各 轮 得 分:  9 20  29  20  18   9  20  20  19  20
    累 计 总 分:  9 29  58  78  96 105 125 145 164 184


Press any key to continue
```

【实例 4-10】 砝码称重。

有 4 个不同质量的砝码,每个质量都是整数克,总质量为 40 克,放在天平上可以称出 1~40 克的物体。求这 4 个砝码各多少克?

设称重的天平有物体盘和砝码盘,称重时砝码可以放在物体盘,也可以放在砝码盘。若砝码只放在砝码盘,则"物体质量=砝码盘砝码质量";若砝码盘和物体盘中都放置了砝码,则"物体质量=砝码盘砝码质量－物体盘砝码质量"。

(1) 编程思路。

设 4 个砝码的质量分别为 w1、w2、w3、w4,则 w1＋w2＋w3＋w4＝40,且 w1、w2、w3、w4 均为正整数。又因为 4 个砝码质量不相等,故砝码中最大质量为 34 克(40－1－2－3)。

　　要称出 1~40 克的物体,就是要从 1~40 中的任意一个数,都应该能找到相应的砝码放置方法。砝码只有 4 个,且每次称重时,这 4 个砝码中的每一个只能出现 0 次或 1 次,且砝码要么在物体盘,要么在砝码盘,故可做如下约定:

- 若砝码放在物体盘,约定其出现 -1 次;
- 若砝码放在砝码盘,约定其出现 1 次;
- 若称重时不需要该砝码,约定其出现 0 次。

　　设 4 个砝码在每次称重中出现的次数分别为 $x1$、$x2$、$x3$、$x4$,则这 4 个数每个只有 -1、0、1 这三种取值。

　　先编写一个函数 int check(int w1,int w2,int w3,int w4),对质量分别为 $w1$、$w2$、$w3$、$w4$ 的 4 个砝码,每个砝码出现次数的三种取值(共 81 种情况)进行穷举,看能否找到所有的 1~40 的砝码组合,若能找到,则该组砝码值($w1$、$w2$、$w3$、$w4$)即为所求,函数返回值为 1;否则,函数返回值为 0。穷举循环写成:

```
int count = 0;         //找到的砝码组合个数
//对 1~40 中的每个重量,都要找到相应的砝码组合
//若有一个 w(1 <= w <= 40)没有找到相应的砝码组合,则表明该组砝码值不是所求
for (w = 1;w <= 40; w++)
  for (x1 = -1;x1 <= 1;x1++)
    for (x2 = -1;x2 <= 1;x2++)
      for (x3 = -1;x3 <= 1;x3++)
        for (x4 = -1;x4 <= 1;x4++)
          if (w1 * x1 + w2 * x2 + w3 * x3 + w4 * x4 == w)
          {
              count++;
              //找到该重量对应的砝码组合后,继续下一个重量
              x1 = x2 = x3 = x4 = 2;
          }
```

循环结束后,若 count==40,则找到一组解。

　　在 main 函数中,对 4 个砝码的质量 $w1$、$w2$、$w3$、$w4$ 进行穷举,且设 $w1 < w2 < w3 < w4$,穷举循环为:

```
for (w1 = 1;w1 <= MAXWEIGHT;w1++)
 for (w2 = w1 + 1;w2 <= MAXWEIGHT;w2++)
  for (w3 = w2 + 1;w3 <= MAXWEIGHT;w3++)
   for (w4 = w3 + 1;w4 <= MAXWEIGHT;w4++)
      if (w1 + w2 + w3 + w4 == TOTALWEIGHT)
      {
          if (check(w1,w2,w3,w4) == 1)
          {
            输出解 w1、w2、w3、w4 的值;
            调用函数 output(w1,w2,w3,w4);输出 1~40 克每种质量的称重情况;
          }
      }
```

（2）源程序及运行结果。

```
#include <iostream>
```

```
#include < iomanip >
using namespace std;
#define   TOTALWEIGHT   40          //砝码总重量
#define   MAXWEIGHT   34
int check(int w1,int w2,int w3,int w4);
void output(int w1,int w2,int w3,int w4);
int main()
{
    int w1,w2,w3,w4;
    for (w1 = 1;w1 < = MAXWEIGHT;w1++)
    for (w2 = w1 + 1;w2 < = MAXWEIGHT;w2++)
      for (w3 = w2 + 1;w3 < = MAXWEIGHT;w3++)
      for (w4 = w3 + 1;w4 < = MAXWEIGHT;w4++)
          if (w1 + w2 + w3 + w4 == TOTALWEIGHT)
          {
              if (check(w1,w2,w3,w4) == 1)
              {
                  cout <<"w1 = "<< w1 <<",w2 = "<< w2 <<",w3 = "<< w3 <<",w4 = "<< w4 << endl;
                output(w1,w2,w3,w4);
              }
          }
    return 0;
}
int check(int w1,int w2,int w3,int w4)
{
    int w;                      //物体重量
    int x1,x2,x3,x4;            //只有 - 1,0,1 这三种取值
    int count = 0;             //找到的砝码组合个数
    for (w = 1;w < = TOTALWEIGHT;w++)
        for (x1 = - 1;x1 < = 1;x1++)
            for (x2 = - 1;x2 < = 1;x2++)
                for (x3 = - 1;x3 < = 1;x3++)
                    for (x4 = - 1;x4 < = 1;x4++)
                        if (w1 * x1 + w2 * x2 + w3 * x3 + w4 * x4 == w)
                        {
                            count++;
                            x1 = x2 = x3 = x4 = 2;
                        }
    if (count == TOTALWEIGHT)
        return 1;
    else
        return 0;
}
//输出 1~40 中每个重量对应的砝码组合(负数表示该砝码放在物体盘)
void output(int w1,int w2,int w3,int w4)
{
    int w;                      //物体重量
    int x1,x2,x3,x4;            //只有 - 1,0,1 这三种取值
                                //对 1~TOTALWEIGHT 中的每个重量,都要找到相应的砝码组合
    for (w = 1;w < = TOTALWEIGHT;w++)
        for (x1 = - 1;x1 < = 1;x1++)
```

```
            for (x2 = - 1;x2 <= 1;x2++)
                for (x3 = - 1;x3 <= 1;x3++)
                    for (x4 = - 1;x4 <= 1;x4++)
                        if (w1 * x1 + w2 * x2 + w3 * x3 + w4 * x4 == w)
                        {
                            cout <<"w = "<< setw(2)<< w <<" : ";
                            if (x1!= 0)
                                cout << setw(4)<< w1 * x1;
                            if (x2!= 0)
                                cout << setw(4)<< w2 * x2;
                            if (x3!= 0)
                                cout << setw(4)<< w3 * x3;
                            if (x4!= 0)
                                cout << setw(4)<< w4 * x4;
                            cout << endl;

                            //继续下一个重量
                            x1 = x2 = x3 = x4 = 2;
                        }
}
```

编译并执行以上程序,可得到如下所示的结果。

```
w1 = 1,w2 = 3,w3 = 9,w4 = 27
w = 1 :      1
w = 2 :   - 1    3
w = 3 :      3
w = 4 :      1    3
w = 5 :   - 1   - 3    9
w = 6 :   - 3    9
w = 7 :      1   - 3    9
w = 8 :   - 1    9
w = 9 :      9
w = 10 :     1    9
w = 11 :  - 1    3    9
w = 12 :     3    9
w = 13 :     1    3    9
w = 14 :  - 1   - 3   - 9   27
w = 15 :  - 3   - 9   27
w = 16 :     1   - 3   - 9   27
w = 17 :  - 1   - 9   27
w = 18 :  - 9   27
w = 19 :     1   - 9   27
w = 20 :  - 1    3   - 9   27
w = 21 :     3   - 9   27
w = 22 :     1    3   - 9   27
w = 23 :  - 1   - 3   27
w = 24 :  - 3   27
w = 25 :     1   - 3   27
w = 26 :  - 1   27
```

```
w = 27 :    27
w = 28 :     1  27
w = 29 :   - 1   3  27
w = 30 :     3  27
w = 31 :     1   3  27
w = 32 :   - 1  - 3   9  27
w = 33 :   - 3   9  27
w = 34 :     1  - 3   9  27
w = 35 :   - 1   9  27
w = 36 :     9  27
w = 37 :     1   9  27
w = 38 :   - 1   3   9  27
w = 39 :     3   9  27
w = 40 :     1   3   9  27
Press any key to continue
```

　　分析上面的运行结果,可以看出 1、3、9、27 正好是一个三进制 4 位数各位上的权值,1+3+9+27=40 克正好符合要求。

　　虽然最大能够称出 40 克的物体来,但是 1、3、9、27 的各种组合只有 1、3、4、9、10、12、13、27、28、30、31、36、37、39、40 克,其中缺少许多克。这怎么办呢?

　　由于可以把砝码加在天平的物体盘中,因此放在物体盘中的砝码不是要加在称出的质量上面,而是要从中减去的数。例如,5=9-3-1、6=9-3、7=9+1-3 等。

　　为了达到这个目的,设所用的三进制数码不是通常的 0、1、2,而是-1、0、1。即 2 可以写成 3-1,将其转化成-1 这个数字。为了简便,把-1 写成 i,以后只要在三进制中碰到 2 这个数字,就把它改写成 1i(即 3-1=2)。例如,三进制中的 22102 这个数,可以用下面的方法改写成 10i11i。

$$22102 = 20000 + 2000 + 100 + 2 = 1i0000 + 1i000 + 100 + 1i$$
$$= 1i0000 + 1i000 + 11i = 1i0000 + 1i11i = 10i11i$$

　　来看几个实际克数的称重情况。

　　例如,为了称出 14 克,先将 14 化成普通三进制 112,再进行改写,112=100+10+1i=100+2i=100+20+i=100+1i0+i=100+1ii=2ii=1iii。这就是说,把 27 这块砝码放进砝码盘,而把 9、3、1 三块砝码放进称物盘中,就可以称出 14 克出来(27-9-3-1=14)。

　　再看怎样称出 26 克来,26 化成普通三进制 222,进行改写,222=1i00+1i0+1i=1i00+10i=100i。这就是说,把 27 这块砝码放进砝码盘,而把 1 这块砝码放进物体盘中,就可以称出 26 克出来(27-1=26)。

　　由此,可以看出用 4 块砝码能称出 40 克以下所有整数克的物体。

　　【实例 4-11】 堆排序。

　　堆排序是在直接选择排序法的基础上借助于完全二叉树结构而形成的一种排序方法。

　　堆的定义如下:设有 n 个元素组成的序列{a1,a2,…,an},若它满足条件:

　　① 这些元素是一棵完全二叉树中的结点,且对于 i=1,2,…,n,ai 是该完全二叉树中编号为 i 的结点。

　　② 若 $2i \leqslant n$,有 $a_{2i} \geqslant a_i$。

③ $2_{i+1}{\leqslant}n$,有 $a_{2i+1}{\geqslant}a_i$,则称该序列为堆。

根据堆的定义,可以推知堆有下面的两个性质:

① 堆的根结点是堆中值最小的元素,称为堆顶元素。

② 从根结点到每个叶结点的路径上,元素组成的序列都是非递减有序的。

由于顺序存储结构可以方便地存储一棵完全二叉树,因此可以把 n 个元素组成的序列存储在一维数组 r[n] 中,如果该序列是一个堆,则 r[0] 就是堆顶元素(完全二叉树的根结点)。

将待排序的数据序列建成一个堆,并借助于堆的性质进行排序的方法叫做堆排序。堆排序的基本思想是:将原始记录序列建成一个堆,称之为初始堆,并输出堆顶元素;然后把剩余的记录序列调整成堆,再输出堆顶元素;如此反复进行,当堆中只有一个元素时,整个序列的排序结束,输出的序列便是原始序列的递增有序序列。

编写一个程序,用堆排序方法将给定的 10 个整数按从小到大的顺序排列输出。

(1) 编程思路。

实现堆排序需要解决两个问题:一是如何由一个无序序列建成一个堆;二是如何在输出堆顶元素之后,调整剩余元素成为一个新的堆。

先研究第一个问题,基本方法是将大的元素下沉,小的元素上浮,即所谓的筛选法。对某一结点进行筛选的具体方法是:比较该结点左、右孩子的值,若该结点的值大于其中较小的值,则交换该结点和该结点的值较小孩子结点的位置,然后该结点继续和新的孩子结点相比较交换……当该结点下移到某一位置时,它的左、右孩子结点的值都大于它的值或者它已成为叶结点,则对该结点的筛选工作完成。

若将待排序序列看成是一个完全二叉树,则最后一个非终端结点是第 n/2 个元素。从第 n/2 个元素开始,至完全二叉树的根结点(即编号为 1 的结点)止,依次对每个非终端结点进行筛选运算后,就可以得到初始堆。

例如,图 4-1(a)中的完全二叉树表示一个有 5 个元素的无序序列 {89,39,15,56,14},筛选从第 2 个元素 39 开始。由于 39＞14,则交换之,交换后的序列如图 4-1(b)所示。第 1 个元素(即根)89＞14,则沿左筛下,与 14 交换,再与 39 交换,最后建成的初始堆如图 4-1(c)所示。

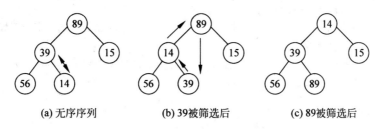

(a) 无序序列   (b) 39被筛选后   (c) 89被筛选后

图 4-1 初始堆的建立过程

现在考虑第二个问题。当输出堆顶元素后,就以堆中最后一个元素替代之。此时,根结点的左、右子树均为堆,只需将根结点的新元素筛选到适当的位置,就完成了重建堆的工作。此时堆中的元素已减少一个。其算法描述如下:

```
void heapadjust(elemtype r[],int s,int k ) {        //堆的筛选算法
```

```
//已知序列 r[s]~r[k]中记录的关键字除 r[s].key 之外均满足堆的定义,
//本函数对结点 r[s]进行筛选,使序列 r[s]~r[k]成为一个堆
        int i,j;
        elemtype  t;
        i = s;  t = r[s];
        for (j = 2 * i + 1 ; j < k; j = 2 * i + 1) {      //j为 i 的左孩子序号
            if (j < k && r[j].key > r[j + 1].key)  ++j; //j 为 key 较小的记录的下标
            if (t.key < r[j].key)  break;
            r[i] = r[j];  i = j;                          //j 应插入在位置 i 上
        }
        r[i] = t;
}
```

反复调用上述过程,可得堆排序算法如下:

```
void heapsort(elemtype r[], int n){             //用堆排序对 r[0]~r[n-1]进行排序
    int i;  elemtype  t;
    for (i = n/2 - 1; i >= 0; i -- )            //建初始堆
        heapadjust (r , i , n - 1) ;
    for(i = n - 1; i >= 0; i -- )
    {   t = r[0]; r[0] = r[i] ;  r[i] = t;      //将堆顶记录和最后一个记录交换
        Heapadjust(r,0,i-1);                    //将 r[0]~r[i-1]重新调整为堆
    }
}
```

(2) 源程序。

```
#include < iostream >
using namespace std;
#define N 10
void HeapAdjust(int * h, int s, int m)
{
    int tmp, j;
    tmp = h[s];
    for(j = 2 * s + 1;j <= m;j = 2 * j + 1)
    {                                           //沿元素值较大的孩子结点向下筛选
        if(j < m && h[j] < h[j + 1])
            ++j;                                //j 为值较大的元素的下标
        if(tmp > = h[j])
            break;                              //tmp 应插入在位置 s 上
        h[s] = h[j];     s = j;
    }
    h[s] = tmp;                                 //插入
}
void HeapSort(int * h, int n)
{                                               //对数组 h 进行堆排序
    int t;
    int i;
    for(i = (n - 1)/2;i >= 0; -- i)             //把 h[0..n-1]建成大顶堆
        HeapAdjust(h,i,N-1);
    for(i = n - 1;i > 0; -- i)
```

```
    {
        t = h[0];     h[0] = h[i];     h[i] = t;
        HeapAdjust(h,0,i-1);                              //将 h[0..i-1]重新调整为大顶堆
    }
}
int main()
{
    int a[N] = {49,38,65,97,76,48,13,55,27,49};
    int i;
    cout <<"排序前 : ";
    for(i = 0;i < N;i++)
        cout << a[i]<<"   ";
    cout << endl;
    HeapSort(a,N);
    cout <<"排序后 : ";
    for(i = 0;i < N;i++)
        cout << a[i]<<"   ";
    cout << endl;
    return 0;
}
```

4.2 递归

一个函数在它的函数体内直接或间接地调用它自身称为递归调用。递归是算法设计中的一种基本而重要的算法。递归方法通过函数调用自身将问题转化为本质相同但规模较小的子问题,是分治策略的具体体现。

4.2.1 递归概述

递归算法的定义:如果一个对象的描述中包含它本身,就称这个对象是递归的,这种用递归来描述的算法称为递归算法。

先来看看大家熟知的一个的故事:从前有座山,山上有座庙,庙里有个老和尚在给小和尚讲故事,老和尚讲:从前有座山,山上有座庙,庙里有个老和尚在给小和尚讲故事,老和尚讲……上面的故事本身是递归的,用递归算法描述:

```
void   bonze-tell-story()
{
    if (讲话被打断)
    {  故事结束; return; }
    从前有座山,山上有座庙,庙里有个老和尚在给小和尚讲故事;
    bonze-tell-story();
}
```

从上面的递归事例不难看出,递归算法存在的两个必要条件:

① 必须有递归的终止条件,如老和尚的故事一定要在某个时候应该被打断,可以是小和尚听烦了叫老和尚停止,或老和尚本身就只想重复讲 10 遍等。

② 过程的描述中包含它本身。

递归是一种非常有用的程序设计技术。当一个问题蕴含递归关系且结构比较复杂时，采用递归算法往往比较自然、简洁、容易理解。

例如，可以用递归计算 n!。

根据数学知识，负数的阶乘没有定义，0 的阶乘为 1，正数 n 的阶乘为 n * (n−1) * (n−2) * … * 2 * 1。

可以用下式表示：

$$n! = \begin{cases} 1 & (n = 0,1) \\ n*(n-1)! & (n > 1) \end{cases}$$

利用此式，求 n 的阶乘可以转换为求 n * (n−1)!。

在 C++ 中，可以用递归函数来实现上述运算，程序如下：

```
#include < iostream >
using namespace std;
long fac(int);
int main()
{    int n;
    long result;
    cout << "Please input an integer:";
    cin >> n;
    result = fac(n);
    if (result != −1)
        cout << n <<"!= "<< result << endl;
    return 0;
}
long fac(int n)
{    long f;
    if (n < 0)
    {    cout <<"Data error!"<< endl;
        return − 1;
    }
    if (n == 0 || n == 1) f = 1;
    else   f = n * fac(n−1);
    return f;
}
```

在 fac 函数中，当形参值大于 1 时，函数的返回值为 n * fac(n−1)，其中 fac(n−1) 又是一次函数调用，而调用的又是 fac 函数。这就是在一个函数中调用自身函数的情况，即函数的递归调用。下面进一步讨论一下函数 fac 的调用过程。

例如，当 n=5 时，fac(5) 的返回值是 5 * fac(4)，而 fac(4) 调用的返回值是 4 * fac(3)，仍然是个未知数，还要先求出 fac(3)，而 fac(3) 也不知道，它的返回值是 3 * fac(2)，而 fac(2) 的值为 2 * fac(1)，现在 fac(1) 的返回值为 1，是一个已知数。然后回过头根据 fac(1) 求出 fac(2)，将 fac(2) 的值乘以 3 求出 fac(3)，将 fac(3) 乘以 4 得到 fac(4)，再将 fac(4) 乘以 5，得到 fac(5)。这就是说，递归函数在执行时，将引起一系列的调用和回代的过程。当 n=5 时 fac 函数的调用和回代过程如图 4-2 所示。

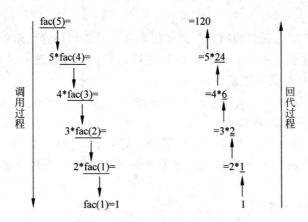

图 4-2　递归函数的调用和回代过程

从图 4-2 可以看出,递归过程不应无限制地进行下去,当调用若干次以后,就应当到达递归调用的终点得到一个确定值(如本程序中的 fac(1)＝1),然后进行回代,回代的过程是从一个已知值推出下一个值。实际上这是一个递推过程。

在设计递归函数时应当考虑到递归的终止条件,在本例中,使递归终止的条件是:

```
if (n == 0‖n == 1)  return(1) ;
```

所以,任何有意义的递归总是由递归方式与递归终止条件两部分组成的。

在有些情况下,递归可以转化为效率较高的递推。例如,求 n 的阶乘可以写成如下的递推程序:

```
p = 1;
for (i = 1; i <= n ; i++)
  p = p * i;
```

递归的运算方法,决定了它的效率较低,因为数据要不断地进栈出栈。在应用递归时,只要输入的 n 值稍大,程序求解就比较困难。因而从计算效率来说,递推往往要高于递归。

递推免除了数据进出栈的过程,即不需要函数不断地向边界值靠拢,而直接从边界出发,逐步推出函数值。

例如,求 5!,递推从初始条件 1!＝1 出发,按递推关系 n!＝n＊(n−1)! 逐步直接推出5!,其执行过程简洁得多:

1!＝1(初始条件)　2!＝2＊1!＝2　3!＝3＊2!＝6　4!＝4＊3!＝24　5!＝5＊4!＝120

【实例 4-12】 汉诺塔问题。

19 世纪,一种称为汉诺塔(Tower of Hanoi)的游戏在欧洲广为流行。游戏的装置是一块铜板,上面有三根柱子,左柱自下而上、由大到小顺序串有 64 个金盘,呈塔形(如图 4-3 所示)。游戏的目标是把左柱上的金盘全部移到右边的柱子上。条件是,一次只能移动一个盘,被移动的盘子必须放在其中的一根柱子上,并且不允许大盘在小盘上面。

编写一个程序,打印将盘子从第 1 根柱子移到第 3根柱子的移动次序。

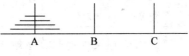

图 4-3　汉诺塔问题

（1）编程思路1。

汉诺塔是一个典型的递归问题。下面我们来看一看如何用递归来解决这个问题。

假定要把 n 个盘子按规定由 A 柱借助 B 柱移到 C 柱。模拟这一过程的算法称为 hanoi (n,a,b,c)，那么，很自然的想法是：

① 先把 n−1 个盘子设法借助 C 柱移到 B 柱上，记做 hanoi(n−1,a,c,b)。

② 把第 n 个盘子从 A 柱移到 C 柱。

③ 把 b 柱上的 n−1 个盘于借助 A 柱移到 C 柱，记做 hanoi(n−1,b,a,c)。

递归终止的条件是：当 n=1(只有一个盘子在 A 柱上)时，直接将这个盘子从 A 柱移到 C 柱。

（2）源程序 1 及运行结果。

```cpp
#include <iostream>
using namespace std;
void hanoi(int,char,char,char);
int main()
{
    int n;
    cout << "Please input the number of disks to be moves:";
    cin >> n;
    hanoi(n,'A','B','C');
    return 0;
}
void hanoi(int n,char a,char b,char c)
{
    if (n == 1)
        cout << "Move disk " << n << ": " << a << " -> " << c << endl;
    else
    {
        hanoi(n-1,a,c,b);
        cout << "Move disk " << n << ": " << a << " -> " << c << endl;
        hanoi(n-1,b,a,c);
    }
}
```

编译并执行以上程序，可得到如下所示的结果。

```
Please input the number of disks to be moves:3
Move disk 1: A -> C
Move disk 2: A -> B
Move disk 1: C -> B
Move disk 3: A -> C
Move disk 1: B -> A
Move disk 2: B -> C
Move disk 1: A -> C
```

汉诺塔问题采用递归算法解决，自然、简洁、也容易理解。需要说明的是，任何递归的算法都可以用非递归的方法来完成。下面来看看不用递归，怎样解决汉诺塔这个问题。

(3) 编程思路2。

① 确定移动次数。

移动 n 个盘的汉诺塔需 2^n-1 次完成。

证明：当 n＝1 时，只有一个盘，移动一次即完成。成立。

当 n＝2 时，由于条件是一次只能移动一个盘，且不允许大盘放在小盘上面，首先把小盘从 A 柱移到 B 柱；然后把大盘从 A 柱移到 C 柱；最后把小盘从 B 柱移到 C 柱，移动 3 次完成。

设移动 n－1 个盘的汉诺塔需 $2^{n-1}-1$ 次完成。移动 n 个盘子的汉诺塔分以下三个步骤：

- 首先将 n 个盘子上面的 n－1 个盘子借助 C 柱从 A 柱移到 B 柱上，需 $2^{n-1}-1$ 次；
- 然后将 A 柱上的第 n 个盘子移到 C 柱上，需 1 次；
- 最后，将 B 柱上的 n－1 个盘子借助 A 柱移到 C 柱上，需 $2^{n-1}-1$ 次。

因此，移动 n 个盘的汉诺塔需 $(2^{n-1}-1)+1+(2^{n-1}-1)=2^n-1$ 次完成。

② 确定哪一个盘子要移动。

设汉诺塔中 n 个盘子从小到大的序号分别为 $1,2,\cdots,n$，需要移动 2^n-1 次完成。m 为 n 位的二进制数，m 的取值范围为 $0\sim2^n-1$，且设 n 位二进制数从低位到高位的位置序号为 $1\sim n$。有如下结论：

第 m 步移动的盘子序号是 m 用二进制表示的最低位为 1 的位置序号。

证明：n＝1，需 1 步完成。二进制最低一位为 1，位置序号也为 1，盘子序号也为 1，显然成立。

假设 n＝k 成立。

当 n＝k＋1 时，对应二进制数序列 1 到 $2^{k+1}-1$，显然这个序列关于 2^k 左右对称。

把 k＋1 个盘子从 A 柱移到 C 柱分以下三个步骤：

- 首先将 k＋1 个盘子上面的 k 个盘子借助 C 柱从 A 柱移到 B 柱上，对应步骤序列为 $1\sim2^k-1$，根据假设 n＝k 成立；
- 然后将 A 柱上的第 k＋1 个盘子移到 C 柱上，对应第 2^k 步，其二进制数最高位为 1，其余位全为 0，1 的位置序号为 k＋1，对应移动第 k＋1 个盘子，成立；
- 最后，将 B 柱上的 k 个盘子借助 A 柱移到 C 柱上，对应步骤序列为 $2^k+1\sim2^{k+1}-1$，把序号对应二进制数的最高位的 1 去掉，则对应序列变成 $1\sim2^k-1$，即 $2^k+1\sim2^{k+1}-1$ 和 $1\sim2^k-1$ 这两个序列中对应序号的二进制数的最低位（bit）为 1 的位置相同，而序列 $2^k+1\sim2^{k+1}-1$ 对应的步骤又是将 B 柱上的 k 个盘子借助 A 柱移到 C 柱上，根据假设 n＝k 成立。

③ 确定第 m 步移动对应的盘子往哪个柱子上移。

对 n 个盘子的汉诺塔，任意一个盘子 $k(1\leqslant k\leqslant n)$ 在整个汉诺塔的移动过程中，要么一直顺序的(顺序为 A→B→C→A)，要么一直逆序的(逆序为 C→B→A→C)。而且第 k 个盘子在 n 个盘子移动过程的顺序和第 k－1 个盘子(k＞1)以及第 k＋1 个盘子(k＜n)的顺序是反序的。

证明：当 n＝3，移动过程为 1　A→C、　2　A→B、　1　C→B、　3 A→C

1　B→A、　2　B→C、　1　A→C

其中盘子 1 的轨迹 A→C→B→A→C 为逆序,盘子 2 的轨迹 A→B→C 为顺序,盘子 3 的轨迹 A→C 为逆序。成立。

假设 n = k 时结论成立。

当 n = k + 1 时,根据递归算法

Hanoi(k + 1,A,B,C)

= Hanoi(k,A,C,B) + Move(k+1,A,C) + Hanoi(k,B,A,C);

整个过程中盘子 k + 1 只移动一次,A→C 为逆序,对应着第 2^k 步。

对于任意盘子 m(m < k + 1),盘子 m 的移动由两部分组成,一部分是在前半部分 Hanoi(k,A,C,B)中的移动,另一部分是在后半部分 Hanoi(k,B,A,C)中的移动。

如果 m 在 Hanoi(k,A,B,C)(整体为 A→C)中的移动轨迹是顺序的,则 m 在 Hanoi(k,A,C,B)(整体为 A→B)以及 Hanoi(k,B,A,C)(整体为 B→C)都是逆序的。反之亦然。因此,m 在 Hanoi(k,A,B,C)和 Hanoi(k+1,A,B,C)中是反序的。

由于,在汉诺塔中最大盘号的盘子只移动 1 步(A→C),是逆序的。即 m = k + 1 在 Hanoi(k+1,A,B,C)中是逆序。

m = k 时,由于盘子 m 在 Hanoi(k,A,B,C)中的移动轨迹是逆序的(只移动一步),所以盘子 m 在 Hanoi(k+1,A,B,C)中的移动轨迹是顺序的。

m = k - 1 时,由于盘子 m 在 Hanoi(k-1,A,B,C)中的移动轨迹是逆序的,所以盘子 m 在 Hanoi(k,A,B,C)中的移动轨迹是顺序的,在 Hanoi(k+1,A,B,C)中的移动轨迹是逆序的。

依次下去,……

结论得证。

根据上面的结论,可知:在 n 个盘子汉诺塔中,盘子 n,n - 2,n - 4,…是逆序移动的,盘子 n - 1,n - 3,n - 5,…是顺序移动。

有了以上结论,非递归的程序就很好写了。

定义一个二维数组 char order[2][3]={{'B','C','A'},{'C','A','B'}};确定移动顺序,其中 order[0][0] ='B'表示 A→B、order[0][1] ='C' 表示 B→C、order[0][2] ='B'表示 C→A,这是顺序移动的情况;order[1][0] ='C'表示 A→C、order[1][1] ='A'表示 B→A、order[1][2] ='B' 表示 C→B,这是逆序移动的情况。

定义一个一维数组 int index[64+1]来保存各个盘子的移动方向,其中 index[i]=0 表示盘子 i(1<=i<=64)是顺序移动的,index[i]=0 表示盘子 i 是逆序移动的。

由于在 n 个盘子汉诺塔中,盘子 n,n-2,n-4,…是逆序移动的,盘子 n-1,n-3,n-5,…是顺序移动。因此,数组 index 可用如下循环赋初值。

```
for(i = n; i > 0; i -= 2)
    index[i] = 1;
for(i = n - 1; i > 0; i -= 2)
    index[i] = 0;
```

定义一维数组"char pos[64+1];"来保存各个盘子当前所在的柱,初始时所有盘子都在 A 柱上,故可用循环"for(i=1;i<=n;i++) pos[i]='A';"来赋初值。

有了这三个数组,每个盘子的移动情况就可以确定下来了。设当前要移动盘子 m,盘子

m 在 pos[m]柱上,则它应该移到 order[index[m]][pos[m]-'A']柱上。

移动过程是一个循环,n 个盘子需移动 2^n-1 次,即 for(m=1;m < (1 << n);m ++),每次要移动的盘子的序号是 m 用二进制表示的最低位(bit)为 1 的位置序号。用一个简单的计数循环即可完成,循环为 for(m = 1, j = i; j%2 == 0; j/=2, m ++);。

(4) 源程序 2 及运行结果。

```cpp
#include < iostream >
using namespace std;
int main()
{
    int n;
    cout <<"请输入初始时 A柱上的圆盘数: ";
    cin >> n;
    char order[2][3] = {{'B','C','A'},{'C','A','B'}};
    char pos[64 + 1];
    int index[64 + 1];
    int i, j, m;
    for(i = n; i > 0; i -= 2)
        index[i] = 1;
    for(i = n - 1; i > 0; i -= 2)
        index[i] = 0;
    for(i = 1;i < = n;i++)
      pos[i] = 'A';
    for(i = 1; i < (1 << n); i ++)
    {
      for(m = 1, j = i; j % 2 == 0; j/ = 2, m ++) ;
      cout << m <<"号盘: "<< pos[m]  <<" --> " << order[index[m]][pos[m] - 'A'] ;
      cout << endl;
      pos[m] = order[index[m]][pos[m] - 'A'];
    }
    return 0;
}
```

编译并执行以上程序,可得到如下所示的结果。

```
请输入初始时 A柱上的圆盘数: 3
1 号盘: A --> C
2 号盘: A --> B
1 号盘: C --> B
3 号盘: A --> C
1 号盘: B --> A
2 号盘: B --> C
1 号盘: A --> C
Press any key to continue
```

4.2.2　递归的应用

递归是计算机程序设计中常用的重要算法之一,在程序设计的各个领域中都有广泛的应用。

【实例 4-13】 快速排序。

编写一个程序,用快速排序方法将输入的 10 个整数按从小到大的顺序排列输出。

快速排序是对冒泡排序的改进,又叫做分区交换排序。快速排序的基本思想是通过一趟排序将待排序记录分割成独立的两部分,其中一部分记录的关键字均比另一部分记录的关键字小,则可分别对这两部分记录继续进行快速排序,直到达到整个序列有序。

快速排序的排序过程为:任意选取待排序序列中的一个记录(通常可选第一个记录)作为基准记录,以它的关键字和序列中所有其余记录的关键字比较,将所有关键字比它小的记录都安置在它之前,而将所有关键字比它大的记录都安置在它之后。经过一次排序之后,就可确定基准记录的正确位置,并以此为界,将序列分为两部分。然后再分别对这两部分重复上述过程,直至每部分中只剩下一个记录为止。

设一个数组有 10 个元素,它们的初始序列为{34,18,23,89,39,15,56,14,48,24},若选取第 1 个元素作为基准记录,则第 1 次排序过程如图 4-4(a)所示;对序列进行一次快速排序后,用同样的方法对子序列继续进行快速排序,直到各个子序列的长度为 1 终止。整个排序过程如图 4-4(b)所示。

初始序列	**34**	18	23	89	39	15	56	14	48	24
	i									j
第 1 次交换后	24	18	23	89	39	15	56	14	48	**34**
	i →	i →	i →	i						j
第 2 次交换后	24	18	23	**34**	39	15	56	14	48	89
				i				j ←	j ←	j
第 3 次交换后	24	18	23	14	39	15	56	**34**	48	89
				i →	i			j		
第 4 次交换后	24	18	23	14	**34**	15	56	39	48	89
					i	j ←	j ←	j		
第 5 次交换后	24	18	23	14	15	**34**	56	39	48	89
					i →	i j				
完成一趟排序	[24	18	23	14	15]	**34**	[56	39	48	89]

(a) 一次快速排序

初始关键字序列	34	18	23	89	39	15	56	14	48	24
一次快速排序后	24	18	23	14	15]	**34**	[56	39	48	89]
子序列分别排序	[15	18	23	14]	**24**		[48	39]	**56**	[89]
	[14]	**15**	[23	18]			[39]	**48**		
			[18]	**23**						
结果序列	14	15	18	23	24	34	39	48	56	89

(b) 快速排序全过程

图 4-4 快速排序的排序过程示例

(1) 编程思路。

由上面的算法描述可知,快速排序中的基本操作是子序列的划分。划分操作请读者参见第 3 章的实例 3-9。编写一个函数 int Partition(int a[], int low, int high) 将数组 a 中的 a[low]~a[high]之间的元素按元素值 a[low]进行划分,返回划分后元素 a[low]所处的位置 Position。

快速排序的过程是先调用 Partition 函数对待排序数组(区间为[low,high])进行一次划分，并返回划分后元素 a[low] 所处的位置 Position；之后再将区间 [low, Position-1] 和区间 [Position+1, high] 中的元素分别进行快速排序。这是一个递归的过程，递归结束条件为区间长度为 1，即 low==high。

设将数组 a 在 low 至 high 之间的元素按从小到大的顺序排列好的操作过程定义为 QuickSort(int a[], int low, int high)，则快速排序的操作为：

```
if(low < high)
{
    Position = Partition(a,low,high);
    QuickSort(a, low, Position-1);
    QuickSort(a, Position+1, high);
}
```

（2）源程序。

```cpp
#include < iostream >
using namespace std;
int Partition(int a[], int low, int high )              //划分
{
    int i,j,x;
    x = a[low];   i = low;     j = high;
    while(i < j)
    {
        while(i < j&&x < a[j])   j-- ;
        if(i < j)     a[i++] = a[j];
        while(i < j&&x >= a[i])   i ++;
        if(i < j)     a[j-- ] = a[i];
    }
    a[i] = x;
    return i;
}
void QuickSort(int a[], int low, int high)
{
    int Position;
    if(low < high)
    {
        Position = Partition(a,low,high);
        QuickSort(a, low, Position-1);
        QuickSort(a, Position+1, high);
    }
}
int main( )
{
    int a[10] = {34,18,23,89,39,15,56,14,48,24},i;
    QuickSort(a,0,9);
    cout <<"排序结果为: "<< endl;
    for (i = 0;i < 10;i++)
        cout << a[i]<<"   ";
    cout << endl;
    return 0;
}
```

【实例 4-14】 找第 k 大的数。

给定一个长度为 n 的无序正整数序列,以及另一个整数 k(1≤k≤n),编写一个程序,找到序列中第 k 大的数。例如,序列 {1,2,3,4,5,6} 中第 3 大的数是 4。

(1) 编程思路。

一般地,可以先将保存无序序列的数组 a 按从大到小进行排序,然后输出 a[k-1],即找到第 k 大的数。也可以采用直接选择排序的思想,进行 K 次选择后即可得到第 k 大的数。

下面利用快速排序的思想,找第 k 大的数。具体方法描述如下:

从数组 a(区间为[left,right])中随机找出一个元素 a[rpos],把数组按快速划分的思想分为两部分 a1 和 a2,a1 中的元素大于 a[rpos],a2 中的元素小于 a[rpos],划分后 a[rpos]的位置 position。此时,有三种情况:

① 若 position==k-1,则 a[rpos]就是要找的第 k 大的数,结束。

② 若 position<k-1,则要找的数在 a2 这个部分,采用上述同样的方法到区间[position+1,right]中去找第 k 大的数。

③ 若 position>k-1,则要找的数在 a1 这个部分,采用上述同样的方法到区间[left,position-1]中去找第 k 大的数。

(2) 源程序及运行结果。

```cpp
#include <iostream>
using namespace std;
#define M 1000
int  FindKth(int a[M], int left, int right,int n)
{
    int  tmp, rpos,value,i,j;
    if  (left == right)  return left;
    rpos = rand() % (right - left) + left;
    tmp = a[left];
    a[left] = a[rpos];
    a[rpos] = tmp;
    value = a[left];
    i = left;
    j = right;
    while (i<j)
    {
        while (i<j && a[j]< value)
            j-- ;
        if (i<j)
        { a[i] = a[j];   i++;}
        else
            break;
        while (i<j && a[i]> value)
            i++;
        if (i<j)
        { a[j] = a[i];   j-- ;}
        else
            break;
```

```
    }
    a[i] = value;
    if (i<n-1) return FindKth(a,i+1, right,n);
    if (i>n-1) return FindKth(a,left, i-1, n);
    return i;
}
int main()
{
    int a[M],n,i,k,num;
    cout <<"请输入序列中数据的个数: ";
    cin >> n;
    cout <<"请依次输入序列中的各个数据: "<< endl;
    for (i = 0; i < n; i++)
        cin >> a[i];
    cout <<"请输入需要查找的数据的序号 k: ";
    cin >> k;
    num = FindKth(a,0,n-1,k);
    cout <<"序列中第"<< k <<"大的数为 "<< a[num]<< endl;
    return 0;
}
```

编译并执行以上程序,可得到如下所示的结果。

```
请输入序列中数据的个数: 10
请依次输入序列中的各个数据:
34 18 23 89 39 15 56 14 48 24
请输入需要查找的数据的序号 k: 5
序列中第 5 大的数为 34
Press any key to continue
```

【实例 4-15】 归并排序。

编写一个程序,用归并排序方法将输入的 10 个整数按从小到大的顺序排列输出。

归并的含义是将两个或两个以上的有序序列合并成一个新的有序序列。

归并排序的基本思想是:将含有 n 个记录的原始序列看成是 n 个有序的子序列,每个子序列的长度为 1,然后从第 1 个子序列开始,把相邻的子序列两两合并,得到 n/2 个长度为 2 或 1 的有序子序列;再两两归并,如此重复,直到得到一个长度为 n 的有序序列为止。由于在排序过程中,子序列总是两两归并,所以这种排序方法又称为 2-路归并排序。如图 4-5 所示。

```
初始关键字序列    [34]  [18]  [23]  [89]  [39]  [15]  [56]  [14]
第 1 趟归并后     [18    34] [23    89] [15    39] [14    56]
第 2 趟归并后     [18    23    34    89] [14    15    39    56]
第 3 趟归并后     [14    15    18    23    34    39    56    89]
```

图 4-5 2-路归并排序的排序过程示例

(1) 编程思路。

2-路归并排序中的核心操作是如何把两个位置相邻的有序序列归并为一个有序序列。设两个有序序列 1 和 2 分别存储在一维数组 S[m~ x]和 S[x+1~ n]中,归并后产生的有序序列存放在另一个一维数组 T[m～n]中。归并方法如下：

① 设置三个变量 i、j、k，其中 i、j 分别表示有序序列 1 和序列 2 中当前要比较的元素的位置号（下标），初值 i=m，j=x+1；k 表示数组 T 中当前记录应放置的位置号（下标），初值 t=m。

② 反复比较 S[i]和 S[j]的值。若 S[i]≤S[j]，则 S[i]存储到 T[k]中，并且 i=i+1，k=k+1；反之，S[j]存储到 T[k]中，并且 j=j+1，k=k+1。

③ 当序列 1 或序列 2 中的全部记录已归并到数组 T 中时，比较结束。然后将另一序列中剩余的所有记录依次放到数组 T 中，这样就完成了有序序列 1 和 2 的归并。

一趟归并排序的算法描述如下：

```
void merge (elemtype S[ ], elemtype T[ ], int m, int x, int n)
{
  //将有序的 S[m..x]和 S[x+1..n]归并为有序的 T[m..n]的算法
    int i,j,k;
    for (i=m,j=x+1,k=m; i<=x&&j<=n; k++)        //将 S 中元素由小到大地并入 T
    {
        if  (S[i]<=S[j])   T[k]=S[i++];
        else               T[k]=S[j++];
    }
    while (i<=m) T[k++]=S[i++];                  //将剩余的 S[i..x]复制到 T
    while (j<=n) T[k++]=S[j++];                  //将剩余的 S[j..n]复制到 T
}
```

2-路归并排序就是对原始序列调用"一趟归并排序"的算法，经过多次归并排序来实现。每调用一次一趟归并排序过程，待排序序列中有序子序列的长度就扩大一倍。第一趟归并时，有序子序列的长度为 1，当有序子序列长度为 n 时排序完成。

2-路归并排序的递归算法描述如下：

```
void mergesort(elemtype S[ ],elemtype T[ ], int m,int n)
{
    //将原始序列 S[m..n]归并排序为 T[m..n]的递归算法
        int  x;
    if(m = = n)T[m] = S[m];
    else
    {
      x = (m +n)/ 2;                    //将 S[s..t]平分为 S[s..x] S[x+1..t]
      mergesort(S,T1,m,x);              //将 S[m..x]归并为有序的 T1[m..x]
      mergesort(S,T1,x+1,n);            //将 S[x+1..n]归并为有序的 T1[m+1..t]
      merge(T1,T,m,x,n);                //将 T1[m..x]和 T1[x+1..n]归并到 T[m..n]
    }
}
```

对数组 S[n]进行归并排序，只要调用 mergesort(S，T，0，n−1)即可。需要说明的是，对数组 S 进行完归并排序后，归并的结果存放在与原数组一样大小的辅助数组 T 中。

（2）源程序。

```
#include < iostream >
using namespace std;
```

```cpp
void Meger(int a[], int low, int mid, int high)        //归并组合
{
    int h, k, i, j;
    int b[10];                                          //组合比较后形成新的数组
    h = low;
    i = 0;
    j = mid + 1;
    while(h <= mid&&j <= high)
    {
        if(a[h] <= a[j])                                //部分归并后将小的数放进新的数组
            b[i++] = a[h++];
        else
            b[i++] = a[j++];
    }
    while(h <= mid)
        b[i++] = a[h++];                                //转存剩余元素
    while(j <= high)
        b[i++] = a[j++];
    for(i = 0, k = low; i <= high - low; i++, k++)
        a[k] = b[i];                                    //将 B 数组中的所有元素还回到 A 数组中
}
void MegerSort(int a[], int low, int high)             //归并排序
{
    int mid;
    if(low < high)
    {
        mid = (high + low)/2;                           //查找中点位置
        MegerSort(a, low, mid);                         //前部分排序
        MegerSort(a, mid + 1, high);                    //后部分排序
        Meger(a, low, mid, high);
    }
}
int main()
{
    int a[10] = {34,18,23,89,39,15,56,14,48,24};
    int i;
    MegerSort(a, 0, 9);
    cout <<"排序结果为: "<< endl;
    for (i = 0; i < 10; i++)
        cout << a[i]<<"   ";
    cout << endl;
    return 0;
}
```

【实例 4-16】 参赛者名单。

A、B、C、D、E、F、G、H、I、J 共 10 名学生有可能参加本次计算机竞赛,也可能不参加。因为某种原因,他们是否参赛受到下列条件的约束:

① 如果 A 参加,B 也参加。

② 如果 C 不参加,D 也不参加。

③ A 和 C 中只能有一个人参加。

④ B 和 D 中有且仅有一个人参加。

⑤ D、E、F、G、H 中至少有 2 人参加。

⑥ C 和 G 或者都参加,或者都不参加。

⑦ C、E、G、I 中至多只能 2 人参加。

⑧ 如果 E 参加,那么 F 和 G 也都参加。

⑨ 如果 F 参加,G、H 就不能参加。

⑩ 如果 I、J 都不参加,H 必须参加。

请编程根据这些条件判断这 10 名学生中参赛者名单。如果有多种可能,则输出所有的可能情况。

(1) 编程思路。

定义一个数组 int x[10] 来表示 10 名学生的参赛情况。其中,x[0]=0 表示 A 不参赛,x[0]=1 表示 A 参赛;x[1]=0 表示 B 不参赛,x[1]=1 表示 B 参赛;依次类推,x[9]=0 表示 J 不参赛,x[9]=1 表示 J 参赛。显然,10 位学生的参赛情况对应数组 x[10] 全部元素取 0、1 两个值的全排列。编写一个递归函数,可以生成这样的全排列,函数如下。

```cpp
void f(int x[10], int n)
{
    if (n >= 10)
    {
        for (int i = 0; i < 10; i++)
            cout << x[i];
        cout << endl;
        return;
    }
    x[n] = 0;
    f(x, n + 1);
    x[n] = 1;
    f(x, n + 1);
}
```

调用函数 f(x,0) 可以输出 0000000000～1111111111 共 1024 种 0、1 组成的二进制数序列。

对于数组 x 的每种取值的组合情况,用 10 个约束条件来检测。每个约束条件可以写成一个表达式。例如,"如果 A 参加,B 也参加"可以写成 x[0]==0 ‖ x[1]==1,因为在逻辑中,A→B(如果 A 成立,那么 B 也成立)等价于 ¬A∨B(非 A 或 B)。

(2) 源程序及运行结果。

```cpp
#include <iostream>
using namespace std;
bool judge(int x[10])
{
    int t1, t2, t3, t4, t5, t6, t7, t8, t9, t10;
    t1 = x[0] == 0 ‖ x[1] == 1;
    t2 = x[2] == 1 ‖ x[3] == 0;
```

```
        t3 = x[0] + x[2] <= 1;
        t4 = x[1] + x[3] == 1;
        t5 = x[3] + x[4] + x[5] + x[6] + x[7] >= 2;
        t6 = (x[2] + x[6] == 0) || (x[2] + x[6] == 2);
        t7 = x[2] + x[4] + x[6] + x[8] <= 2;
        t8 = x[4] == 0 || (x[5] + x[6] == 2);
        t9 = x[5] == 0 || (x[6] + x[7] == 0);
        t10 = (x[8] + x[9] > 0) || x[7] == 1;
        return t1 + t2 + t3 + t4 + t5 + t6 + t7 + t8 + t9 + t10 == 10;
}
void f(int x[10], int n)
{
    if (n >= 10)
    {
        if (judge(x))
        {
            for (int i = 0; i < 10; i++)
                if (x[i] == 1)
                    cout << (char)('A' + i) << "  ";
            cout << endl;
        }
        return;
    }
    x[n] = 0;
    f(x, n + 1);
    x[n] = 1;
    f(x, n + 1);
}
int main()
{
    int x[10] = {0};
    f(x, 0);
    return 0;
}
```

编译并执行以上程序,可得到如下所示的结果。

```
C  D  G  J
C  D  G  H
C  D  G  H  J
B  C  G  H
B  C  G  H  J
Press any key to continue
```

【实例 4-17】 马虎的算式。

小明是个急性子,上小学的时候经常把老师写在黑板上的题目抄错了。有一次,老师出的题目是 $36 \times 495 = ?$ 他却给抄成了 $396 \times 45 = ?$ 但结果却很戏剧性,他的答案竟然是对的! 因为 $36 \times 495 = 396 \times 45 = 17820$。

类似这样的巧合情况可能还有很多,如 $27 \times 594 = 297 \times 54$。

假设 a、b、c、d、e 代表 1~9 不同的 5 个数字(注意是各不相同的数字,且不含 0),能满足形如 ab×cde＝adb×ce 这样的算式一共有多少种呢？

（1）编程思路。

定义一个数组 int num[6]，其中 num[1]～num[5]五个元素分别表示 a、b、c、d、e 的取值。在实例 4-16 中的递归函数可以生成 10 位二进制数 0、1 的全排列。同样，编写如下的递归函数可以生成 000～999 共 1000 个三位数。

```cpp
void dfs(int x[ ], int pos)
{
    if(pos == 3)                          //已有 3 个数
    {
        for (int i = 0;i < 3;i++)
            cout << x[i];
        cout <<"   ";
        return;
    }
    for(int i = 0;i <= 9;i++)
    {
        x[pos] = i;
        dfs(x,pos + 1);
    }
}
```

定义数组 int x[10]，调用函数 dfs(x,0)可以输出三位数 000～999（共 1000 个数）的排列。如果需要三位数的排列中各位数字全不相同，可以定义一个数组 int visit[10]＝{0}标记数字是否出现，如 visit[3]＝1 表示数字 3 已被使用，visit[3]＝0 表示数字 3 还未被使用。修改上面的递归函数如下：

```cpp
void dfs(int x[ ], int pos, int visit[ ])
{
    if(pos == 3)                          //已有 3 个数
    {
        for (int i = 0;i < 3;i++)
            cout << x[i];
        cout <<"   ";
        return;
    }
    for(int i = 0 ;i <= 9;i++)
    {
        if(!visit[i])
        {
         x[pos] = i;   visit[i] = 1;
         dfs(x,pos + 1,visit);
         visit[i] = 0;
        }
    }
}
```

定义数组 int x[10]和 int x[10]＝{0}，调用函数 dfs(x,0,visit)，可以输出无重复数字的三位数 012～987（共 720 个数）的排列。

生成 1～9 不同的 5 个数字存储到数组中后,检测对应算式 ab * cde == adb * ce 是否成立,如果成立,是一组解,输出并计数。

(2) 源程序 1 及运行结果。

```cpp
#include <iostream>
using namespace std;
void dfs(int pos, int num[], bool visit[], int &cnt)
{
    if(pos == 6)                          //已有 5 个数
    {
        int ab = num[1] * 10 + num[2];
        int cde = num[3] * 100 + num[4] * 10 + num[5];
        int adb = num[1] * 100 + num[4] * 10 + num[2];
        int ce = num[3] * 10 + num[5];
        if(ab * cde == adb * ce)
        {
            cout << ab <<" * "<< cde <<" = "<< adb <<" * "<< ce <<" = "<< ab * cde << endl;
            cnt++;
        }
        return;
    }
    for(int i = 1; i <= 9; i++)
    {
        if(!visit[i])
        {
            num[pos] = i;   visit[i] = true;
            dfs(pos + 1, num, visit, cnt);
            visit[i] = false;
        }
    }
}
int main()
{
    int pos, num[6], cnt = 0;
    bool visit[10];
    for (int i = 1; i <= 9; i++)
        visit[i] = false;
    dfs(1, num, visit, cnt);
    cout <<"Count = "<< cnt << endl;
    return 0;
}
```

编译并执行以上程序,可得到如下所示的结果。

```
14 * 253 = 154 * 23 = 3542
14 * 352 = 154 * 32 = 4928
…(结果太多,省略 138 行)
98 * 134 = 938 * 14 = 13132
98 * 536 = 938 * 56 = 52528
Count = 142
Press any key to continue
```

当然,本实例不用递归,采用穷举法也能很方便地解决。编写的穷举法程序如下源程序
2 所示。

(3) 源程序 2。

```cpp
#include <iostream>
using namespace std;
int main()
{
    int a, b, c, d, e, ab, cde, adb, ce, cnt = 0;
    int num[10], i;
    for(a = 1; a <= 9;a++)
    for(b = 1; b <= 9;b++)
      for(c = 1; c <= 9;c++)
        for(d = 1; d <= 9;d++)
          for(e = 1; e <= 9;e++)
          {
                ab = 10 * a + b;
                cde = 100 * c + 10 * d + e;
                adb = 100 * a + 10 * d + b;
                ce = 10 * c + e;
                if(ab * cde != adb * ce)
                    continue;
                for (i = 1;i <= 9;i++)
                    num[i] = 0;
                num[a]++;   num[b]++;   num[c]++;
                num[d]++;   num[e]++;
                for(i = 1;i <= 9;i++)
                        if(num[i] > 1)   break;
                if(i == 10)
                {
                    cout << ab <<" * "<< cde <<" = "<< adb;
                        cout <<" * "<< ce <<" = "<< ab * cde << endl;
                    cnt++;
                }
          }
    cout <<"Count = "<< cnt << endl;
    return 0;
}
```

指针

指针是 C/C++语言中的一个重要的概念,提供了一种较为直观的地址操作手段。正确而灵活地运用它,可以有效地表示复杂的数据结构,能动态分配内存,能直接处理内存地址等,这对设计系统软件是很必要的。

5.1 指针的定义与使用

5.1.1 指针概述

计算机中存储的每个字节占据一个基本内存单元,有一个地址。从程序设计的角度看,计算机从内存单元中存取数据有两种办法:一是通过变量名;二是通过地址。

由于通过地址能访问指定的内存存储单元,即可以说,地址"指向"该内存存储单元(如同说,房间号"指向"某一房间一样)。因此,将地址形象化地称为"指针",意思是通过它能找到以它为地址的内存单元。

一个变量的地址称为该变量的"指针"。如果有一个变量专门用来存放另一变量的地址(即指针),则它称为"指针变量"。在 C/C++语言中有专门用来存放内存单元地址的变量类型,这就是指针类型。指针变量就是具有指针类型的变量,它是用于存放内存单元地址的。

变量的指针就是变量的地址。存放变量地址的变量是指针变量,用来指向另一个变量。

指针变量不同于整型变量和其他类型的变量,它是用来专门存放地址的,必须将它定义为"指针类型"。

定义指针变量的一般形式为:

基类型　　＊指针变量名

在定义指针变量时必须指定基类型。指针变量的基类型用来指定该指针变量可以指向的变量的类型。例如,用"int　＊ i_pointer;"定义了指针变量 i_pointer,它的基类型为整型,只有整型变量的地址才能放到这个指向整型变量的指针变量 i_pointer 中。即指针变量 i_pointer 可以用来指向整型变量,但不能指向实型变量。

在使用指针之前,一定要先使指针有明确的指向。那么,怎样使一个指针变量指向另一个变量呢?可以使用如下的赋值语句。

例如:

```
int  * i_pointer1, i;
i_pointer1 = &i;
```

其中,& 是地址运算符;&i 就是取变量 i 在内存中的地址。

上面的语句将变量 i 的地址存放到指针变量 i_pointer1 中,因此 * i_pointer1 就"指向"了变量 i,如图 5-1 所示。

图 5-1   指针变量和"指向"的变量

在定义了指针变量并明确了它的指向后,就可以使用指针变量了。利用指针变量,提供了一种对变量的间接访问形式。对指针变量的引用形式为:

* 指针变量

其含义是指针变量所指向的值。

指针的使用形式是多种多样的,如表 5-1 所示。

表 5-1   指针的定义和含义

定义	含义
int * p;	定义指向整型数据的指针变量 p
int * p[10];	定义指针数组 p,它有 10 个指向整型数据的指针元素
int (* p)[10];	定义指向含 10 个元素的一维数组的指针变量 p
int * p( );	p 为返回一个指针的函数,该指针指向整型数据
int (* p)( );	p 为指向函数的指针,该函数返回一个整数值
int ** p;	p 是一个指向指针的指针变量,它指向一个指向整型数据的指针变量

5.1.2   指针的使用

【实例 5-1】   奇妙数列。

有这样一个数列 A,它是以递增顺序排列的,并且其中所有的数的质因子只有可能是 2,3 和 5。编写一个程序输出这个数列中前 N(1<N≤500)个数字。

(1) 编程思路 1。

根据奇妙数列的定义,数列中的每个数只能被 2、3 或 5 整除。这样一个数如果它能被 2 整除,把它连续除以 2;如果能被 3 整除,就连续除以 3;如果能被 5 整除,就连续除以 5。如果最后得到的是 1,那么这个数就是数列中的数,否则不是。

因此,一个数 k 是否是数列中的数,很容易判断,描述为:

```
while(k % 2 == 0)   k/ = 2;
while(k % 3 == 0)   k/ = 3;
while(k % 5 == 0)   k/ = 5;
```

```
if (k == 1)
{  输出并计数; }
```

（2）源程序 1 及运行结果。

```cpp
#include <iostream>
#include <iomanip>
using namespace std;
int main()
{
    int n,i,k,cnt;
    cin >> n;
    cnt = 0;   i = 1;
    while(cnt < n)
    {
        i++;
        k = i;
        while(k % 2 == 0)   k/ = 2;
        while(k % 3 == 0)   k/ = 3;
        while(k % 5 == 0)   k/ = 5;
        if (k == 1)
        {
            cnt++;
            cout << setw(6) << i;
            if (cnt % 8 == 0) cout << endl;
        }
    }
    cout << endl;
    return 0;
}
```

编译并执行以上程序，可得到如下所示的结果。

```
50
     2     3     4     5     6     8     9    10
    12    15    16    18    20    24    25    27
    30    32    36    40    45    48    50    54
    60    64    72    75    80    81    90    96
   100   108   120   125   128   135   144   150
   160   162   180   192   200   216   225   240
   243   250
Press any key to continue
```

上面的算法非常直观，代码也非常简洁，但最大的问题是每个整数都需要计算。即使一个数字不在数列中，也需要对它做求余数和除法操作。因此，该算法的时间效率不是很高，如果 n 值较大，程序会执行较长时间。

（3）编程思路 2。

根据奇妙数列的定义，数列中的一个数应该是其前面某个数乘以 2、3 或 5 的结果。因此，可以定义一个数组 Numbers 来顺序保存奇妙数组中的数，数组里面的每一个元素的值是前面的某个元素值乘以 2、3 或 5 得到。

问题的关键是怎样确保数组里面的各元素是按值的大小生成的。

假设数组中已经有若干个数列中的元素,排好序后存在数组中。把数列中现有的最大的数记做 M。由于数列中的下一个数肯定是前面某一个数乘以 2、3 或 5 的结果。首先考虑把已有的每个数乘以 2。在乘以 2 的时候,能得到若干个结果小于或等于 M 的。由于数组中的元素是按照顺序生成的,小于或等于 M 的数肯定已经在数组中了,不需再次考虑;还会得到若干个大于 M 的结果,但只需要第一个大于 M 的结果,因为数组中的元素是按值从小到大顺序生成的,其他更大的结果可以以后再说,记下得到的第一个乘以 2 后大于 M 的数 M2。同样,把已有的每一个数乘以 3 和 5,记下得到的第一个大于 M 的结果 M3 和 M5。那么,数列中下一个数应该是 M2、M3 和 M5 三个数的最小者。

事实上,上面所说的把数组中已有的每个数分别都乘以 2、3 和 5,是不需要的,因为已有的数是按顺序存在数组中的。对乘以 2 而言,肯定存在某一个数 T2,排在它之前的每一个数乘以 2 得到的结果都会小于已有最大的数,在它之后的每一个数乘以 2 得到的结果都会太大。因此,只需要记下这个数的位置 P2,同时每次生成一个新的数列中的数的时候,去更新这个 P2。对乘以 3 和 5 而言,存在着同样的 P3 和 P5。

定义变量 curIndex 保存当前待生成的数在数列中的序号,显然,已生成的数列中的最大元素为 Numbers[curIndex-1]。

定义三个指针变量"int　* p2, * p3, * p5;"分别指向数组中的三个元素,排在所指元素之前的每一个数乘以 2(或 3、或 5)得到的结果都会小于已有最大的数 Numbers[curIndex-1],在所指元素之后的每一个数乘以 2(或 3、或 5)得到的结果都会太大。

初始时,Numbers[0] = 1、curIndex = 1、p2 = p3 = p5 = Numbers。

生成第 curIndex 个元素的方法为:

```
if ( * p2 * 2< * p3 * 3)
    min =  * p2 * 2;
else
    min =  * p3 * 3;
if (min>  * p5 * 5)
    min =  * p5 * 5;
Numbers[curIndex] = min;
```

第 curIndex 个元素生成后,需要对指针 p2、p3 和 p5 进行更新,更新方法为:

```
while( * p2 *  2 <= Numbers[curIndex])
    p2++;
while( * p3 *  3 <= Numbers[curIndex])
    p3++;
while( * p5 *  5 <= Numbers[curIndex])
    p5++;
```

(4) 源程序 2 及运行结果。

```
#include < iostream >
#include < iomanip >
using namespace std;
int main()
```

```
{
    int n,curIndex,min;
    int * p2, * p3, * p5;
    while(1)
    {
        cout <<"请输入生成数列的元素的个数：";
        cin >> n;
        if(n <= 0)
            cout <<"输入的数据不能小于或等于 0!"<< endl;
        else
            break;
    }
    int * Numbers = new int[n + 1];
    Numbers[0] = 1;
    curIndex = 1;
    p2 = p3 = p5 = Numbers;
    while (curIndex <= n)
    {
        if ( * p2 * 2 < * p3 * 3)
            min = * p2 * 2;
        else
            min =  * p3 * 3;
        if (min > * p5 * 5)
            min = * p5 * 5;
        Numbers[curIndex] = min;
        while( * p2 * 2 <= Numbers[curIndex])
            p2++;
        while( * p3 * 3 <= Numbers[curIndex])
            p3++;
        while( * p5 * 5 <= Numbers[curIndex])
            p5++;
        curIndex++;
    }
    for (curIndex = 1;curIndex <= n;curIndex++ )
    {
        cout << setw(8)<< Numbers[curIndex]<<" ";
        if (curIndex % 8 ==0) cout << endl;
    }
    cout << endl;
    delete[] Numbers;
    return 0;
}
```

编译并执行以上程序，可得到如下所示的结果。

```
请输入生成数列的元素的个数：100
      2      3      4      5      6      8      9     10
     12     15     16     18     20     24     25     27
     30     32     36     40     45     48     50     54
     60     64     72     75     80     81     90     96
    100    108    120    125    128    135    144    150
    160    162    180    192    200    216    225    240
    243    250    256    270    288    300    320    324
    360    375    384    400    405    432    450    480
    486    500    512    540    576    600    625    640
    648    675    720    729    750    768    800    810
    864    900    960    972   1000   1024   1080   1125
   1152   1200   1215   1250   1280   1296   1350   1440
   1458   1500   1536   1600
Press any key to continue
```

【实例 5-2】 整数的英文翻译。

编写一个程序，输入一个三位整数，并将该整数转换为英文。例如，输入 789，输出为 one hundred and eighty nine；输入 219，输出为 two hundred and nineteen；输入 307，输出为 three hundred and seven。

（1）编程思路。

定义三个指针数组 a、b、c，分别指向英文单词字符串，且在定义时赋初值，如源程序中所示。

三位整数转换为英文采用分离出各位数字，输出对应指针数组所指向的字符串即可。

（2）源程序及运行结果。

```cpp
#include <iostream>
using namespace std;
int main()
{
        int num;
        char * a[] = {"", "one", "two", "three", "four", "five",
                             "six", "seven", "eight", "nine"};
        char * b[] = {"ten","eleven","twelve","thirteen","fourteen","fifteen","sixteen",
                             "seventeen", "eighteen", "nineteen"};
        char * c[] = {"","","twenty","thirty","fourty","fifty","sixty",
                             "seventy","eighty", "ninety"};
        cout << "Please input a num which is less than 999: ";
        cin >> num;
        cout << a[num / 100];
        if (num / 100 != 0)
                if ( num % 100 == 0)
                        cout <<" hundred ";
                else
                        cout << " hundred and ";
        if ((num / 10) % 10 == 1)
                cout << b[num % 10];
        else {
```

```
                cout << c[(num / 10) % 10];
                cout << " ";
                cout << a[num % 10];
            }
            cout << endl;
    return 0;
}
```

编译并执行以上程序,可得到如下所示的结果。

```
Please input a num which is less than 999: 327
three hundred and twenty seven
Press any key to continue
```

【实例 5-3】 人民币大写金额。

编写一个程序将小写人民币金额转化为人民币大写金额。例如,输入 789.54,输出为 "柒佰捌拾玖元伍角肆分"。

(1)编程思路。

在转换为大写金额时,需要输出两种信息:

① 数字 0~9 对应的大写"零"~"玖"。

② 数字所在位置的对应信息,如"万"、"仟"、"佰"、"拾"、"元"、"角"和"分"等。

定义两个指针数组 char * f1[] = {"零","壹","贰","叁","肆","伍","陆","柒", "捌","玖"};和 char * f2[] = {"仟","佰","拾","亿","仟","佰","拾","万","仟", "佰","拾","元","角","分"};分别指向这个两种信息对应的字符串。

在将小写金额 mon 转换为大写时,先将小数点上升 2 位(即小数点移到"分"的后面,从而金额为一个整数)并转换为字符串。之后从头到尾循环处理字符串中的每个字符 i,先输出 f1[i]所指向的字符串(数字的大写);再确定字符 i 在字符串中的位置 k(k=14-字符串长度-i),输出 f2[k]所指向的字符串(位置信息)。

(2)源程序及运行结果。

```cpp
#include < iostream >
using namespace std;
void MoneyToChina(double mon,char strre[]);
int main()
{
    double mon;
    char strre[80];
    cout <<"输入小写金额:";
    cin >> mon;
    MoneyToChina(mon,strre);
    cout <<"输出大写金额:"<< strre << endl;
    return 0;
}
void MoneyToChina(double mon,char strre[])
{
    char * f1[] = {"零","壹","贰","叁","肆","伍","陆","柒","捌","玖"};
    char * f2[] = {"仟","佰","拾","亿","仟","佰","拾","万","仟","佰","拾","元","角","分"};
```

```
        char strbak[60];
        int len,i,k;
        sprintf(strbak,"%.0lf",100 * mon);          //小数点上升2位后并转换为字符串
        len = strlen(strbak);                        //数字字符长度
        strre[0] = '\0';     k = 14 - len;
        for(i = 0;i < len;i++)
    {
            strcat(strre,f1[strbak[i] - '0']);       //ASC值相减之差,得到位的数字
            strcat(strre,f2[k]);                     //取得最大数字,得到位的名称
            k++;
    }
}
```

编译并执行以上程序,可得到如下所示的结果。

```
输入小写金额:12345678.99
输出大写金额:壹仟贰佰叁拾肆万伍仟陆佰柒拾捌元玖角玖分
Press any key to continue
```

上面的程序转换时,没有注意数字 0 的处理。例如,再次运行程序,输入 12004.50,得到如下所示的结果。

```
输入小写金额:12004.50
输出大写金额:壹万贰仟零肆元伍角零分
Press any key to continue
```

而实际上,小写金额 12004.5 在大写时,通常写为"壹万贰仟零肆元伍角"。因此,需要对转换函数进行改写,考虑 0 的处理问题。

定义一个变量 flag 标记是否需要写 0,初始值为 false,表示没有 0 要写。当读到数字 0 时,先不转换,而是置标记 flag=false,这样下次读到非"0"数字需要写时,检测标记 flag,看前面是否需要添加一个"零"。另外,特别处理下"亿"、"万"、"元"前有零的情况,如小写金额"120.4",应转换为"壹佰贰拾元肆角",而不是"壹佰贰拾零肆角"。

改写后的转换函数如下所示。

```
void MoneyToChina(double mon,char strre[])          //改写的函数
{
    char * f1[] = {"零","壹","贰","叁","肆","伍","陆","柒","捌","玖"};
    char * f2[] = {"仟","佰","拾","亿","仟","佰","拾","万","仟","佰","拾","元","角","分"};
    char strbak[60];        int len,i,k;            bool flag = false;
    sprintf(strbak,"%.0f",100 * mon);               //小数点上升2位后并转换为字符串
    len = strlen(strbak);                           //数字字符长度
    strre[0] = '\0';        k = 14 - len;
    for(i = 0;i < len;i++)
    { if (strbak[i] == '0')
        { flag = true;}                             //遇到0,暂时不写
        else
        { if (flag)                                 //是否前面有零需要写
            { strcat(strre,f1[0]);   flag = false; }
          strcat(strre,f1[strbak[i] - '0']);        //ASC值相减之差,得到位的数字
```

```
            strcat(strre,f2[k]);
        }
        if ((k == 3 ‖ k == 7 ‖ k == 11) && flag)   //写亿、万、元前有零的情况
        {   strcat(strre,f2[k]); flag = false;   }
        k++;
    }
}
```

编译并执行改写转换函数后的程序,得到如下所示的结果。

```
输入小写金额:120045060.7
输出大写金额:壹亿贰仟零肆万伍仟零陆拾元柒角
Press any key to continue
```

【实例 5-4】 大整数加法和减法。

在 32 位计算机中,有符号整数(int)能表示的范围是 $-2^{31} \sim 2^{31}-1$,即 $-2147483648 \sim$ 2147483647。无符号整数(unsigned int)类型能表示的范围是 $0 \sim 2^{32}-1$,即 $0 \sim$ 4294967295。所以,int 和 unsigned 类型变量,都不能保存超过 10 位的整数。有时需要参与运算的数,可能会远远不止 10 位。例如,可能需要保留小数点后面 100 位(如求 π 的值),那么即便使用能表示的很大数值范围的 double 变量,但是由于 double 变量只有 64 位,所以还是不可能达到精确到小数点后面 100 位这样的精度。double 变量的精度也不足以表示一个 100 位的整数。

一般称这种基本数据类型无法表示的整数为大整数。而对于那些精度要求很高的数据通常称为高精度数,或称大数。

编写一个程序,求两个不超过 200 位的非负整数的和与差。

(1) 编程思路。

如何表示和存放大数呢? 一个简单的方法就是:用数组存放和表示大数。一个数组元素,存放大数中的一位。

日常书写一个大整数,左侧为其高位,右侧为其低位,在计算中往往会因进位(carry)或借位(borrow)导致高位增长或减少,因此可以定义一个整型数组(int bignum[maxlen])从低位向高位实现大整数的存储,数组的每个元素存储大整数中的一位。

显然,在 C/C++语言中,int 类型(4 个字节/32 位计算机)数组元素存储十进制的一位数字非常浪费空间,并且运算量也非常大,因此可将存储优化为万进制,即数组的每个元素存储大整数数字的 4 位。

为什么选择万进制,而不选择更大的进制呢? 这是因为万进制中的最大值 9999 相乘时得到的值是 99980001,不会超过 4 个字节的存储范围,而十万进制中的最大值 99999 相乘时得到的值是 9999800001,超过 4 个字节的存储范围而溢出,从而导致程序计算错误。

在编写程序代码过程中作如下定义:

```
const int base = 10000;
const int maxlen = 50 + 1;
int bignum[maxlen];
```

说明:base 表示进制为万进制,maxlen 表示大整数的长度,1 个元素能存储 4 个十进制

位,50 个元素就存储 200 个十进制位,而加 1 表示下标为 0 的元素另有它用,程序用作存储当前大整数的位数。

下面先来讨论大整数的加法和减法运算的实现。

可以采用小学中曾学习的竖式加法和减法。两个大整数 9824056704382640046 和 3079472005483080794 进行加法运算,如图 5-2 所示。

数组下标	6	5	4	3	2	1	0
bignum1[]		9824	567	438	2640	46	5
bignum2[]		307	9472	54	8306	794	5
carry		1	1	0	1	0	
bignum_ans[]	1	132	39	493	946	840	6

图 5-2　加法的计算过程

从图 5-2 中可以得知,做加法运算是从低位向高位进行,如果有进位,下一位进行相加时要加上进位,如果最高位已计算完还有进位,就要增加存储结果的位数,保存起进位来。关于进位的处理,一般定义单独变量 carry 进行存储。

两个大整数 9824056704382640046 和 3079472005483080794 进行减法运算,如图 5-3 所示。

数组下标	5	4	3	2	1	0
bignum1[]	9824	567	438	2640	46	5
bignum2[]	307	9472	54	8306	794	5
borrow	1	0	1	1	0	
bignum_ans[]	9516	1095	383	4333	9252	5

图 5-3　减法的计算过程

减法的计算过程,与加法不同的地方是进位变成了借位,另外就是计算结果的位数可能会比被减数的位数少,因此在处理过程中需要确定结果到底是多少位的。

日常人们做减法时,如果被减数小于减数,把两数反过来进行相减,在前面添加负号标识。因此,程序中在编写减法子函数时是约定 bignum1 大于 bignum2 的,调用时首先判断两个大整数的大小,然后根据两数的大小决定如何调用。

再来讨论一下万进制大整数的输出问题。

采用万进制来进行大整数的加、减运算,虽然提高了程序的执行效率,但在输出时却带来了问题,如在加法示例中的结果从高位到低位分别为 1、132、39、493、946、840。如果仍按照平常的输出一样直接输出时,结果为 113239493946840,但定义万进制时明确过每一位是占十进制的 4 位,132 这一位应该输出 0132 而不是 132。因此在输出时应首先输出最高位(因最高位前面是不补 0 的),然后再输出其他位,如果不足 4 位,用 0 补充。

(2) 源程序及运行结果。

```
#include < iostream >
using namespace std;
const int base = 10000;
const int maxlen = 50 + 1;
void charTobignum(char * ch, int * bignum)
```

```
{
    int len, i, j, p, num;
    memset(bignum, 0, sizeof(int) * maxlen);
    len = strlen(ch);
    bignum[0] = len % 4 == 0?len/4:len/4 + 1;
    i = 1;
    while (i <= len/4)
    {
        num = 0;
        p = len - 4 * i;
        for(j = 1; j <= 4; j++)
            num = num * 10 + (ch[p++] - '0');
        bignum[i] = num;
        i++;
    }
    if (len % 4 != 0)
    {
        num = 0;
        for (i = 0; i <= len % 4 - 1; i++)
            num = num * 10 + (ch[i] - '0');
        bignum[len/4 + 1] = num;
    }
}
void addition(int * bignum1, int * bignum2, int * bignum_ans)
{
    int carry = 0;
    memset(bignum_ans, 0, sizeof(int) * maxlen);
    bignum_ans[0] = bignum1[0] > bignum2[0]?bignum1[0]:bignum2[0];
    for(int pos = 1; pos <= bignum_ans[0]; pos++){
        carry += bignum1[pos] + bignum2[pos];
        bignum_ans[pos] = carry % base;
        carry /= base;
    }
    if(carry)
        bignum_ans[++bignum_ans[0]] = carry;
}
int bignumcmp( int * bignum1, int * bignum2 )
//当 bignum1 > bignum2 时返回正整数, bignum1 == bignum2 返回 0,
//bignum1 > bignum2 返回负整数。
{
    if (bignum1[0] - bignum2[0]) return bignum1[0] - bignum2[0];
    for (int pos = bignum1[0]; pos > 0; pos-- )
        if ( bignum1[pos] - bignum2[pos] )   return bignum1[pos] - bignum2[pos];
    return 0;
}
void subtract( int * bignum1, int * bignum2, int * bignum_ans)
{
    int borrow = 0;
    memset( bignum_ans, 0, sizeof(int) * maxlen);
    bignum_ans[0] = bignum1[0];
    for(int pos = 1; pos <= bignum_ans[0]; pos++){
```

```cpp
            bignum_ans[pos] = bignum1[pos] - borrow - bignum2[pos];
            if(bignum_ans[pos]< 0){
                bignum_ans[pos] += base;
                borrow = 1;
            }
            else{
                borrow = 0;
            }
        }
        while( !bignum_ans[bignum_ans[0]] ) -- bignum_ans[0];
        if (bignum_ans[0]<= 0)   bignum_ans[0] = 1;
}
void printbignum(int * bignum)
{
    int * p = * bignum + bignum;
    cout << * p -- ;
    cout.fill('0');                              //定义填充字符'0'
    while(p > bignum){ cout.width(4); cout << * p -- ; }
    cout << endl;
}
int main()
{
    int bignum1[maxlen],bignum2[maxlen],bignum_result[maxlen];
    char numstr[maxlen];
    cout <<"请输入第 1 个大整数: ";
    cin >> numstr;
    charTobignum(numstr,bignum1);
    cout <<"请输入第 2 个大整数: ";
    cin >> numstr;
    charTobignum(numstr,bignum2);
    addition(bignum1,bignum2,bignum_result);
    cout <<"两个大整数的和是 : ";
    printbignum(bignum_result);
    if (bignumcmp(bignum1,bignum2)>= 0)
    {
        subtract(bignum1,bignum2,bignum_result);
        cout <<"两个大整数的差是 : ";
        printbignum(bignum_result);
    }
    else
    {
        subtract(bignum2,bignum1,bignum_result);
        cout <<"两个大整数的差是 : - ";
        printbignum(bignum_result);
    }
    return 0;
}
```

编译并执行以上程序,可得到如下所示的结果。

请输入第 1 个大整数：98240567043826400046
请输入第 2 个大整数：3079472005483060794
两个大整数的和是：101320039049309460840
两个大整数的差是：95161095038343339252
Press any key to continue

【实例 5-5】 大整数乘法。

编写一个程序，求两个不超过 200 位的非负整数的和与差。

（1）编程思路。

大整数乘大整数，实质就是在小学竖式乘法的基础上枚举各个乘数位与被乘数相乘，累加到结果当中。其中乘数中的第 j 位与被乘数中的第 i 位相乘时，结果应该保存到结果的第 i+j-1 位中。

（2）源程序及运行结果。

```cpp
#include < iostream >
using namespace std;
const int base = 10000;
const int maxlen = 50 + 1;
void charTobignum(char * ch, int * bignum)        //同上面的实例
void printbignum(int * bignum)                    //同上面的实例
void multiply( int * bignum1, int * bignum2, int * bignum_ans)
{
    int carry = 0, i, j;
    memset(bignum_ans, 0, sizeof(int) * 2 * maxlen);
    for (j = 1; j <= bignum2[0]; j++){
        for(i = 1; i <= bignum1[0]; i++){
            bignum_ans[i + j - 1] += carry + bignum1[i] * bignum2[j];
            carry = bignum_ans[i + j - 1]/base;
            bignum_ans[i + j - 1] % = base;
        }
        i = j + bignum1[0];
        while(carry){
            bignum_ans[i++] = carry % base;
            carry/ = base;
        }
    }
    bignum_ans[0] = bignum1[0] + bignum2[0];
    while( !bignum_ans[ * bignum_ans] ) -- bignum_ans[0];
}
int main()
{
    int bignum1[maxlen],bignum2[maxlen],bignum_result[2 * maxlen];
    char numstr[maxlen];
    cout <<"请输入第 1 个大整数：";
    cin >> numstr;
    charTobignum(numstr,bignum1);
    cout <<"请输入第 2 个大整数：";
    cin >> numstr;
    charTobignum(numstr,bignum2);
```

```
        multiply(bignum1,bignum2,bignum_result);
        cout <<"两个大整数的积是：";
        printbignum(bignum_result);
        return 0;
}
```

编译并执行以上程序，可得到如下所示的结果。

```
请输入第 1 个大整数：98240567043826400046
请输入第 2 个大整数：3079472005483060794
两个大整数的积是：302529076014245173340788725834382396524
Press any key to continue
```

【实例 5-6】 最大整数。

设有 n(n≤20)个正整数(longint 范围以内)，将它们连接成一排，组成一个最大的多位整数。

例如，n＝3 时，3 个整数 13、312、343 连接成的最大整数为 34331213。

　　　　n＝4 时，4 个整数 7、13、4、246 连接成的最大整数为：7424613。

(1) 编程思路。

① 由于问题涉及将两个自然数连接起来，因此采用字符串来处理比较方便。

首先我们自然会想到大的字符串应该排在前面，因为如果 A 与 B 是两个由数字字符构成的字符串且 A＞B，一般情况下有 A＋B ＞ B＋A。

但是，当 A＝B＋C 时，按字符串的大小定义有 A＞B，有时有可能出现 A＋B＜B＋A 的情况。例如，若 A＝"121"、B＝"12"，则 A＋B＝"12112"，B＋A＝"12121"，此时有 A＋B＜B＋A。

为了解决这个问题，根据题意引进另一种字符串比较办法，将 A＋B 与 B＋A 相比较，如果 A＋B 大于 B＋A，则认为 A＞B。按这一定义将所有的数字字符串从大到小排序后连接起来所得到的数字字符串即是问题的解。

② 为了处理字符串方便，定义一个指针数组 char * p[20]。为什么定义和使用指针数组呢？主要是由于指针数组可以用来指向若干个字符串，使字符串处理更加方便灵活。

程序中在将输入的整数转换为数字字符串后，用指针数组中的元素分别指向这些字符串。这样采用特定的比较方法(将 A＋B 与 B＋A 相比较)对这些数字串排序时，不必进行字符串复制调整，只需改动指针数组中各元素的指向(即改变各元素的值，这些值是各字符串的首地址)。这样，各字符串的长度可以不同，而且移动指针变量的值(地址)要比移动字符串所花的时间少得多。

③ 由于输入的整数有多个(n≤20)，每个整数均需转换成一个字符串。按一般方法，字符串本身就是一个字符数组。因此要设计一个二维的字符数组才能存放多个数字字符串。但在定义二维数组时，需要指定列数，也就是说二维数组中每一行中包含的元素个数(即列数)相等。实际上各字符串长度(整数位数)一般是不相等的。如果按最长的字符串来定义列数，则会浪费许多内存单元。

因此，程序中采用动态分配存储单元的方法，每输入一个整数，转换为字符串，然后按串长分配存储空间，存储所转换后得到的数字串，并用指针数组中的一个元素指向这个动态分配空间所存储的数字串。

在 C++ 中，采用 new 和 delete 运算符进行内存的分配和释放。

运算符 new 用于内存分配的使用形式为：

```
p = new  type;
```

或

```
p = new  type [n1]…[nm];        //产生动态的 m 维数组
```

其中，type 是一个数据类型名，p 是指向该数据类型的指针。new 从称为堆的一块自由存储区中为程序分配一块 sizeof(type) 字节（或 sizeof(type) * n_1 * … * n_m 字节）大小的内存，该块内存的首地址被存于指针 p 中。

例如：

```
int * p1, * p2;
p1 = new int ;                 //产生一个动态的整型变量,p1 指向该变量
p2 = new int[20];              //产生一个由 20 个整型元素所构成的一维动态数组
int ( * q)[10];
q = new  int[5][10];           //产生一个由 5×10 个整型元素所构成的二维动态数组
```

使用 new 动态分配内存时，如果没有足够的内存满足分配要求，new 将返回空指针（NULL），可以在程序中对内存的动态分配是否成功进行检查。

运算符 delete 用于释放 new 分配的存储空间。它的使用形式一般为：

```
delete  <指针变量>;
```

或

```
delete  [ ]<指针变量>;
```

例如：

```
delete  p1;                    //释放给 p1 所指向动态变量分配的存储空间
delete  p2;                    //释放给 p2 所指向的动态数组分配的存储空间
```

（2）源程序及运行结果。

```
#include < iostream >
#include < string. h >
using namespace std;
int compStrAddStr(char * str1,char * str2)
{
    int flag;
    int n = strlen(str1) + strlen(str2);
    char * str12, * str21;
    str12 = new char [n + 1];
    str21 = new char [n + 1];
    strcpy(str12,str1);        strcat(str12,str2);
    strcpy(str21,str2);        strcat(str21,str1);
    flag = strcmp(str12,str21);
    delete [] str12;        delete [] str21;
```

```cpp
        return flag;
}
int main()
{
    int n,i,j,k;
    long num;
    cout <<"请输入整数的个数 n : ";
    cin >> n;
    char * p[20];
    char numStr[10];
    cout <<"请依次输入 "<< n <<" 个整数: ";
    for (i = 1;i <= n;i++)
    {
        cin >> num;
        if (num == 0)
        {
            numStr[0] = '0'; numStr[1] = '\0';
        }
        else
        {
            k = 0;
            while (num!= 0)
            {
                numStr[k++] = num % 10 + '0';
                num = num/10;
            }
            numStr[k] = '\0';
        }
        p[i - 1] = new char [strlen(numStr) + 1];
        for (k = 0, j = strlen(numStr) - 1;j >= 0; j-- )
            p[i - 1][k++] = numStr[j];
        p[i - 1][k] = '\0';
    }
    char * temp;
    for (i = 0;i < n - 1;i++)
    {
      k = i;
      for (j = i + 1;j < n;j++)
          if (compStrAddStr(p[k],p[j]) < 0)   k = j;
      if (k!= i)
      {
          temp = p[i];   p[i] = p[k];     p[k] = temp;
      }
    }
    for (i = 0;i < n;i++)
    {
        cout << p[i];
        delete [] p[i];
    }
    cout << endl;
    return 0;
}
```

编译并执行以上程序,可得到如下所示的结果。

```
请输入整数的个数 n : 4
请依次输入 4 个整数: 4 7 13 246
7424613
Press any key to continue
```

【实例 5-7】 可扩展的调整操作。

在实例 3-8"前负后正"中,给出了一种对数组进行调整的方法,该方法可以将数组中的负数放在前面,正数放在后面。下面对这个问题进行扩展,将所有的奇数放在前面,所有的偶数放在后面,怎么办?再扩展,将数据元素所对应的二进制数中 1 的个数为奇数的元素全部放在前面、二进制数中 1 的个数为偶数的元素全部放在后面,又怎么调整?

显然,对每一种调整要求,重新编写一段程序代码并不是一个好的方法,能否编写一个统一的模式,在这个模式下能很方便地把实例 3-8 中的解决方法扩展到同类型的问题上去呢?

请采用函数指针完成这个要求。

(1) 编程思路。

已知,每一个函数都占用一段内存单元,它们有一个起始地址。可以用一个指针变量指向函数,然后通过该指针变量调用此函数。这个指向函数入口地址的指针称为函数指针。

指向函数的指针变量一般定义形式为:

数据类型 (* 指针变量名)(参数表);

这里的"数据类型"是指函数返回值的类型。

定义了一个指向函数的指针变量 p 后,p 不是固定指向哪一个函数的,而只是表示定义了这样一个类型的变量,它是专门用来存放函数的入口地址的。在程序中把哪一个函数的地址赋给它,它就指向哪一个函数。

例如,有一个函数 max 的原型为:

int   max(int x,int y);

再定义一个指向函数的指针变量"int   (* p)(int a,int b);"则"p=max;"的作用是将函数 max 的入口地址赋给指针变量 p。这时,p 就是指向函数 max 的指针变量。

定义了函数指针并让它指向了一个函数后,对函数的调用可以通过函数名调用,也可以通过函数指针调用(即用指向函数的指引变量调用)。

用函数指针变量调用函数时,只需将(* p)代表函数名即可,在(* p)之后的括弧中根据需要写上实参。

例如:

c = (* p)(a,b);

表示调用由 p 指向的函数(max),实参为 a、b,函数调用结束后得到的函数值赋给 c。

函数指针变量常用的用途之一是把指针作为参数传递到其他函数。

为使实例 3-8 的方法具有扩展性,可以将调整操作写成一个函数,并且把调整判断的标准变成一个函数指针,再用一个单独的函数来判断数组的元素是否符合标准,是否需要调整。

调整操作函数可以声明为 void　Adjust(int a[],int n,bool (* func)(int))。这样,若要将奇数放在前面,只需要定义一个判断数 num 是否为奇数的函数 bool isEven(int num),再在调用 Adjust 函数时,将判断标准的函数 isEven 的入口地址作为实参,送给 Adjust 函数中的第 3 个形参即可。

这样,如果把问题的调整标准换成其他的要求,都只需定义新的判断函数来确定调整的标准,而调整函数 Adjust 不需要做任何改动,从而为功能的扩展带来了便利。

(2) 源程序及运行结果。

```cpp
#include <iostream>
using namespace std;
void  Adjust(int a[],int n,bool ( * func)(int))   //调整函数
{
    int i,j,temp;
    i = 0;
    j = n-1;
    while(i<j)
    {
        while(i<j && func(a[i]))  i++;
        while(j>i && !func(a[j]))  j--;
        if( i<j)
        {   temp = a[i];   a[i] = a[j];   a[j] = temp;   }
    }
}
bool isEven(int num)                          //判断 num 是否为奇数
{
    return num % 2!= 0;
}
bool isNegNum(int num)                        //判断 num 是否为负数
{
    return num < 0;
}
bool isNumOf1Even(int num)          //判断 num 所对应的二进制数中 1 的个数是否为奇数个
{
    int count = 0;
    while (num)
    {
        count ++ ;
        num = (num - 1) & num;
    }
    return count % 2!= 0;
}
int main()
{
    int   r[10] = {1, - 2,3, - 4, - 5,6,7, - 8,9, - 10};
    int i;
    cout <<"数组初始情况为: ";
```

```
for (i = 0; i < 10 ; i++)
    cout << r[i]<<"   ";
cout << endl;
Adjust(r,10,isNegNum);
cout <<"进行前负后正调整后,数组变换为：";
for (i = 0; i < 10 ; i++)
    cout << r[i]<<"   ";
cout << endl;
Adjust(r,10,isEven);
cout <<"再进行前奇后偶调整后,数组变换为：";
for (i = 0; i < 10 ; i++)
    cout << r[i]<<"   ";
cout << endl;
Adjust(r,10,isNumOf1Even);
cout <<"再按二进制数中 1 的个数进行前奇后偶调整后,数组变换为："<< endl;
for (i = 0; i < 10 ; i++)
    cout << r[i]<<"   ";
cout << endl;
return 0;
}
```

编译并执行以上程序,可得到如下所示的结果。

```
数组初始情况为：1   -2  3   -4   -5  6  7   -8  9   -10
进行前负后正调整后,数组变换为：- 10   -2   -8   -4   -5  6  7  3  9  1
再进行前奇后偶调整后,数组变换为：1  9  3  7   -5  6   -4   -8   -2   -10
再按二进制数中 1 的个数进行前奇后偶调整后,数组变换为：
1   -2   -8  7   -5  6   -4  3  9   -10
Press any key to continue
```

5.2　链表

链表由一系列结点(链表中每一个元素称为结点)组成,结点可以在运行时动态生成。每个结点包括两个部分：一为存储数据元素的数据域；二为存储下一个结点地址的指针域。可以将结点结构定义为：

```
struct LNode {
    Elemtype data;
    LNode * next;
}
```

其中,Elemtype 可以是基本数据类型(如整型、实型或字符型),也可以是自定义的数据类型。

由此可见,链表这种数据结构必须利用指针变量才能实现,指针作为维系结点的纽带,可以通过它实现链式存储。

5.2.1　链表的建立和输出

建立链表的思想是：一个一个地动态生成结点并输入各结点数据,同时建立起各结点前后相连的关系。这种关系可以是正挂、倒挂或插入。

【实例 5-8】 建立链表。

将输入的整数作为单链表中的数据,建立一个单链表。

(1) 编程思路。

先采用正挂的方法建立单链表,具体步骤为:

① 定义链表的数据结构。

② 创建一个空表。

③ 利用 new 运算符向系统申请分配一个结点。

④ 输入结点的数据域。如果输入的数据为指定的结束标志,转到⑦。

⑤ 若是空表,将新结点链接到表头;若是非空表,将新结点链接到表尾。

⑥ 转到③。

⑦ 返回头指针。

再采用倒挂法建立单链表。采用倒挂法的步骤与正挂法差不多,只是插入新结点时,总是将其插入到表头。

另外,程序中编写了两个函数 void print(LinkList L)和 void DestroyList(LinkList &L),分别用于输出单链表 L 的信息和释放单链表 L 所占的存储空间。

(2) 源程序及运行结果。

```cpp
#include < iostream >
using namespace std;
struct   LNode
{     int data;
       LNode   * next;
};
typedef LNode * LinkList;
LinkList create( );
LinkList create1( );
void print(LinkList L);
void DestroyList(LinkList &L);
int   main()
{
     LinkList L;
     cout <<"输入链表中的数据,以 - 1 作为结束:"<< endl;
     L = create();
     cout <<"采用正挂法建立的单链表为: "<< endl;
     print(L);
     DestroyList(L);
     cout <<"输入链表中的数据,以 - 1 作为结束:"<< endl;
     L = create1();
     cout <<"采用倒挂法建立的单链表为: "<< endl;
     print(L);
     DestroyList(L);
     return  0;
}
LinkList   create( )                 //采用正挂的方法建立不带头结点的单链表
{
```

```
    LinkList p1,p2,head;
    head = NULL;                        //创建一个空表
    p1 = new LNode;                     //利用 new 运算符向系统申请分配一个结点
    p2 = p1;
    cin >> p1 -> data;                  //输入结点的数据域
    while (p1 -> data!= - 1)            //如果输入的数据为指定的结束标志,结束
    {
      if (head == NULL)
          head = p1;                    //若是空表,将新结点链接到表头
      else
          p2 -> next = p1;              //若是非空表,将新结点链接到表尾
      p2 = p1;
      p1 = new LNode;                   //利用 new 运算符向系统申请分配一个结点
      cin >> p1 -> data;                //输入结点的数据域
    }
    p2 -> next = NULL;
    delete p1;
    return head;                        //返回头指针
}
LinkList  create1( )                    //采用倒挂的方法建立不带头结点的单链表
{
    LinkList p,head;
    head = NULL;
    p = new LNode;
    cin >> p -> data;
    while (p -> data!= - 1)
    {
      p -> next = head;   head = p;     //插入到表头
      p = new LNode;
      cin >> p -> data;
    }
    delete p;
    return head;
}
void print(LinkList L)
{
    LinkList p;
    p = L;
    if (p == NULL)
        cout <<"链表是空表!"<< endl;
    else
    {
        while (p -> next != NULL)
        {
            cout << p -> data <<" -> ";
            p = p -> next;
        }
        cout << p -> data << endl;
    }
}
void DestroyList(LinkList &L)
```

```
{
    LinkList p = L;
    while (p!= NULL)
    {
        L = L -> next;
        delete p;
        p = L;
    }
}
```

编译并执行以上程序,可得到如下所示的结果。

```
输入链表中的数据,以 - 1 作为结束:
1 2 3 4 5 - 1
采用正挂法建立的单链表为:
1 -> 2 -> 3 -> 4 -> 5
输入链表中的数据,以 - 1 作为结束:
1 2 3 4 5 6 - 1
采用倒挂法建立的单链表为:
6 -> 5 -> 4 -> 3 -> 2 -> 1
Press any key to continue
```

5.2.2　插入和删除操作

链表的一个重要特点是插入、删除操作灵活方便,不需移动结点,只需改变结点中指针域的值即可。

【实例 5-9】 有序插入。

编写一个函数 void insert(LinkList &L, int num) 在链表 L 中插入一个值为 num 的结点,插入后链表仍保持有序。设单链表 L 中的结点按数据域 data 的值从小到大的顺序排列。并调用所编写的有序插入函数建立一个有序链表。

（1）编程思路。

在插入时,有三种情况:

- 插入到一个空表中;
- 插入到链表的首部;
- 插入到链表中间或链表的最后。

其中,前两种情况会改变头指针;后一种情况,需要先在单链表中寻找到正确的插入位置(设寻找到的插入位置在第 i-1 个结点之后)并由指针 p 指示,然后通过修改指针,重新建立 a_{i-1} 与 num、num 与 a_i 两两数据元素之间的链,从而实现三个元素之间链接关系的变化。num 插入时指针变化如图 5-4 所示,图中虚线所示为插入前的指针。

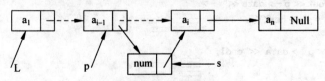

图 5-4　单链表的插入

（2）源程序及运行结果。

```cpp
#include < iostream >
using namespace std;
struct  LNode
{     int data;
      LNode  * next;
};
typedef LNode * LinkList;
LinkList create2( );
void print(LinkList L);
void insert(LinkList &L, int num);
void DestroyList(LinkList &L);
int   main()
{
    LinkList L;
    cout <<"输入链表中的数据,以 - 1 作为结束:"<< endl;
    L = create2();
    cout <<"采用插入法建立的有序单链表为: "<< endl;
    print(L);
    DestroyList(L);
    return  0;
}
void insert(LinkList &L, int num)
{
    LinkList p, s;
    p = L;
    s = new LNode;
    s - > data  = num;
    if   (p == NULL)                //插入到空表
    {
        L = s;
        s - > next = NULL;
    }
    else if (p - > data > num)          //插入到链表首
    {
        s - > next = L;
        L = s;
    }
    else                            //插入到中间或最后
    {
        while (p - > next &&   p - > next - > data < num)
            p = p - > next;
        s - > next = p - > next;
        p - > next = s;
    }
}
LinkList   create2( )                 //采用插入的方法建立不带头结点的有序单链表
{
```

```
        LinkList head;
        int num;
        head = NULL;
        cin >> num;
        while (num!= - 1)
        {
            insert(head,num);
            cin >> num;
        }
        return head;
    }
    void print(LinkList L)
    {
        ...                                    //同实例 5-8 中的 print 函数,实现代码省略
    }
    void DestroyList(LinkList &L)
    {
        ...                                    //同实例 5-8 中的 DestroyList 函数,实现代码省略
    }
```

编译并执行以上程序,可得到如下所示的结果。

```
输入链表中的数据,以 - 1 作为结束:
49 38 65 97 76 13 27 49 55 4 - 1
采用插入法建立的有序单链表为:
4 -> 13 -> 27 -> 38 -> 49 -> 49 -> 55 -> 65 -> 76 -> 97
Press any key to continue
```

【实例 5-10】 删除最小值。

在单链表中删除最小值结点。

(1) 编程思路。

若要在 L 为头指针的单链表中,删除数据域值最小的结点。首先要搜索单链表以找到指定删除结点(以指针 q 指示)的前驱结点(以指针 pre 指示),然后仅需修改结点 pre 中的指针域,最后释放待删除结点 q 所占的存储空间。图 5-5 所示为删除时指针变化情况,虚线所示为删除前的指针。

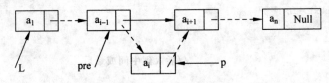

图 5-5　单链表的结点删除

一般来说,在链表中指定数据域的结点时,有 4 种情况要考虑:

① 链表是一个空表。

② 要删除的结点在链表的首部(表头指针被修改)。

③ 要删除的结点在链表中间或最后。

④ 要删除的结点在链表中不存在。

单链表中删除最小值结点,为使结点删除后不出现"断链",应知道被删结点的前驱。而"最小值结点"是在遍历整个链表后才能知道。所以算法应首先遍历链表,求得最小值结点及其前驱。遍历结束后再执行删除操作。

将"在单链表中删除最小值结点"这一操作写成一个函数 DeleteMin。函数体中,用指针 p 来遍历单链表,用指针 q 指向最小值结点,指针 pre 指向最小值结点 q 的前驱结点。函数完整定义如下:

```
void DeleteMin (LinkList &L)
//L 是不带头结点的单链表,算法删除其最小值结点
{
    LinkList p,pre,q;
    if (L == NULL)
    {
        return;                     //链表为空,无结点可删,直接返回
    }
    p = L;                          //p 为工作指针,指向待处理的结点。此时链表非空
    pre = NULL;                     //pre 用于指向最小值结点的前驱
    q = p;                          //q 指向最小值结点,初始假定第 1 个结点是最小值结点
    while (p -> next != NULL)
    {
        if (p -> next -> data < q -> data)      //查最小值结点
        {
            pre = p;   q = p -> next;
        }
        p = p -> next;              //p 指针后移
    }
    if (pre == NULL)
        L = L -> next ;             //头结点是最小值结点
    else
        pre -> next = q -> next;    //最小值结点不是头结点
    delete q;                       //释放最小值结点空间
}
```

为节省篇幅,从本实例开始,源程序只给出主函数,有关单链表的定义、create 函数、print 函数和 DestroyList 函数的实现参考实例 5-8。

(2) 主函数及运行结果。

```
int main()
{
    LinkList L;
    cout <<"输入链表中的数据,以 - 1 作为结束:"<< endl;
    L = create();
    cout <<"链表初始情况为: "<< endl;            print(L);
    DeleteMin(L);
    cout <<"删除最小值后,链表为: "<< endl;        print(L);
    DestroyList(L);
    return 0;
}
```

编译并执行以上程序,可得到如下所示的结果。

```
输入链表中的数据,以 -1 作为结束:
3 5 4 2 1 8 6 9 -1
链表初始情况为:
3 -> 5 -> 4 -> 2 -> 1 -> 8 -> 6 -> 9
删除最小值后,链表为:
3 -> 5 -> 4 -> 2 -> 8 -> 6 -> 9
Press any key to continue
```

5.2.3 链表的遍历

单链表创建好后,可以对单链表中的结点进行遍历,完成对单链表的操作。

【实例 5-11】 链表反转。

编写一个函数,对不带头结点的单链表进行就地反转。

(1) 编程思路。

要将一个链表反转,最直接的方法是在遍历链表的过程中,将每个结点采用倒挂的方法链接到反转后的链表中。由于是就地反转,就是说不存在复制和移动等操作,仅通过指针的变化完成。

具体做法时,用 q 指针来遍历链表,初始时,q=L;然后让 L=NULL(表示 L 是一个空的新链表),这样将 q 遍历到的结点从链表中摘出来后,倒挂到 L 中。遍历循环为:

```
while(q!= NULL)
{
    p = q -> next;          //q摘出来倒挂会断链,用 p 将当前结点 q 的后继保存起来
    q -> next = L;   L = q; //将当前结点 q 倒挂到链表 L 中
    q = p;                  //q 指向它原来的后继,进行下次处理
}
```

(2) 主函数及运行结果。

```
int main()
{
    LinkList L;
    cout <<"输入链表中的数据,以 -1 作为结束:"<< endl;
    L = create();
    cout <<"链表初始情况为: "<< endl;
    print(L);
    Reverse(L);
    cout <<"逆序后,链表为: "<< endl;
    print(L);
    DestroyList(L);
    return 0;
}
```

编译并执行以上程序,可得到如下所示的结果。

```
输入链表中的数据,以 -1 作为结束:
1 2 3 4 5 6 7 8 -1
链表初始情况为:
1 -> 2 -> 3 -> 4 -> 5 -> 6 -> 7 -> 8
逆序后,链表为:
8 -> 7 -> 6 -> 5 -> 4 -> 3 -> 2 -> 1
Press any key to continue
```

在这个实例基础上,再进行扩展。考虑这样一个问题:从尾到头反过来输出一个单链表中每个结点的值。

要从头到尾输出一个单链表各结点的值,一个很自然的想法是:先用实例中的反转链表函数 void Reverse(LinkList &L)把链表中链接结点的指针反转过来,改变链表的方向。然后就可以调用 void print(LinkList L)函数从头到尾输出链表了。但这种方法改变了单链表本身,不是一个好方法。

仔细想想会考虑到,从头到尾遍历链表,每经过一个结点的时候,把该结点放到一个栈中。当遍历完整个链表后,再从栈顶开始输出结点的值,此时输出的结点的顺序已经反转过来了。想到了可以用栈来实现从尾到头输出,而递归本质上就是一个栈结构。因此,很自然地可以用递归来实现反过来输出链表。具体做法是:每访问到一个结点的时候,先递归输出它后面的结点,再输出该结点自身,这样链表的输出结果就反过来了。

递归函数实现如下:

```
void printReversely(LinkList L)
{
    if (L!= NULL)
    {
      if (L-> next != NULL)
          printReversely(L-> next);
      cout << L-> data <<"   ";
    }
}
```

修改主函数如下:

```
int   main()
{
    LinkList L;
    cout <<"输入链表中的数据,以 -1 作为结束:"<< endl;
    L = create();
    cout <<"单链表为: "<< endl;
    print(L);
    cout <<"单链表逆序输出为:"<< endl;
    printReversely(L);
    cout << endl;
    DestroyList(L);
    return  0;
}
```

重新编译并执行以上程序,可得到如下所示的结果。

```
输入链表中的数据,以 - 1 作为结束:
1 2 3 4 5 6 7 - 1
单链表为:
1 -> 2 -> 3 -> 4 -> 5 -> 6 -> 7
单链表逆序输出为:
7 6 5 4 3 2 1
Press any key to continue
```

【实例 5-12】 倒数第 k 个结点。

设有一个不带表头结点的单链表,该链表只给出了头指针 L。在不改变链表的前提下,请设计一个尽可能高效的算法,查找链表中倒数第 k 个位置上的结点(k 为正整数)。若查找成功,输出该结点的 data 值,并返回 1;否则,只返回 0。

(1) 编程思路。

定义两个指针变量 p 和 q,初始时均指向链表的第 1 个结点。

p 沿链表移动(即 p=p→next;),用变量 count(初值为 0)记录 p 移动次数(即 count++),当 p 移动到第 k+1 个结点时(即 count==k),q 所指结点与 p 所指结点正好相差为 k,q 开始与 p 同步移动,当 p 遍历完链表后(即 p==NULL),q 就正好指向倒数第 k 个结点。

算法的详细实现函数为:

```
int BackIndexK (LinkList L, int k)
//L 是不带头结点的单链表,算法寻找其倒数第 k 个结点
{
    LinkList p,q;
    int count;
    p = q = L;
    count = 0;
    while (p!= NULL)           //用 p 指针遍历链表
    {
        if (count == k)        //判断 p 是否移到了第 k + 1 个结点
            q = q -> next;     //是。q 与 p 相差 k,q 应该同步移动
        else
            count++;           //否。不移动 q, 只计数
        p = p -> next;         //p 指针后移
    }
    if (count == k)            //链表中结点超过 K 个
    {
        cout << q -> data << endl;
        return 1;
    }
    else
        return 0;
}
```

(2) 主函数及运行结果。

```
int main()
{
    LinkList L;
```

```
        int i,k;
        cout <<"输入链表中的数据,以 - 1 作为结束:"<< endl;
        L = create();
        cout <<"链表初始情况为: "<< endl;
        print(L);
        cout <<"请输入倒数 K 值: ";
        cin >> k;
        i = BackIndexK(L,k);
        if (i == 0)
            cout <<"链表中结点不足"<< k <<"个!"<< endl;
        DestroyList(L);
        return 0;
}
```

编译并执行以上程序,可得到如下所示的结果。

```
输入链表中的数据,以 - 1 作为结束:
1 2 3 4 5 6 7 8 - 1
链表初始情况为:
1 -> 2 -> 3 -> 4 -> 5 -> 6 -> 7 -> 8
请输入倒数 K 值: 3
6
Press any key to continue
```

【实例 5-13】 公共后缀。

假定采用带头结点的单链表,如果有共同后缀,则可共享相同的后缀存储空间。例如,loading 和 being,如图 5-6 所示。

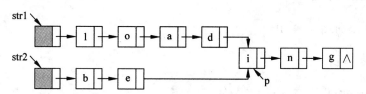

图 5-6 共享相同的后缀存储空间的两个单链表

设 str1 和 str2 分别指向两个单词所在单链表的头结点,编写程序,找出由 str1 和 str2 所指向的两个单链表共同后缀的起始位置(图 5-6 中字符 i 所在结点的位置)。

(1)编程思路。

这是 2012 年计算机专业全国研究生入学考试的一道试题。题中特别要求设计一个时间上尽可能高效的算法。

解决这个问题时,如果采用蛮力法:在第一链表 str1 上顺序遍历每个结点。每遍历一个结点的时候,在第二个链表 str2 上顺序遍历每个结点。如果此时两个链表上的结点是一样的,说明此时两个链表重合,于是找到了它们的公共结点。显然,如果第一个链表的长度为 m,第二个链表的长度为 n,这种方法的时间复杂度为 O(mn),不是一种高效的算法。

在寻找更高效算法前,先思考一个简单的问题:如何判断两个单链表有没有公共结点?实际上,如果两个链表有一个公共结点,那么该公共结点之后的所有结点都是重合的。这是因为,单链表的每个结点只有一个指针域 next,因此从第一个公共结点开始,之后它们所有结点都是重合的,不可能再出现分叉。即两个有公共结点而部分重合的单链表,拓扑形状看起来像一个 Y,而不可能像 X,如图 5-6 所示的单链表也验证了这一点。

这样,共享相同的后缀存储空间的两个单链表的最后一个结点必然是重合的。因此,判断两个单链表是不是有重合的部分,只要分别遍历两个链表到最后一个结点。如果两个尾结点是一样的,说明它们有公共结点;否则两个单链表没有公共的结点。

由于两个单链表的长度不一定一样,因此同时顺序遍历两个链表到尾结点的时候,并不能保证在两个链表上同时到达尾结点。如果假设一个链表比另一个多 m 个结点,先在长的链表上遍历 m 个结点,之后再同步遍历,这个时候就能保证同时到达最后一个结点了。由于两个单链表从第 1 个公共结点开始到链表的尾结点,这一部分是重合的。因此,它们肯定也是同时到达第 1 个公共结点的。于是在同步遍历中,第 1 个相同的结点就是第 1 个公共的结点,即所要求的起始位置。

按照这一思路,可以设计一个线性时间复杂度的算法。具体做法是:先分别遍历两个单链表得到它们的长度,并求出两个长度之差 m。在长的链表上先遍历 m 次之后,再同步遍历两个链表,直到找到相同的结点,或一直到链表结束。

如果第一个链表的长度为 m,第二个链表的长度为 n,这种算法的时间复杂度为 O(m+n)。

(2) 源程序及运行结果。

```cpp
#include <iostream>
using namespace std;
struct   ListNode
{
    char data;
    ListNode   * next;
};
void print(ListNode * head)
{
    ListNode * p;
    p = head;
    if (p == NULL)
        cout <<"链表是空表!"<< endl;
    else
    {
        while (p->next != NULL)
        {
            cout << p->data <<" -> ";
            p = p->next;
        }
        cout << p->data << endl;
    }
}
unsigned int GetListLength(ListNode * head)
{
    unsigned int n = 0;
    ListNode *p = head->next;
    while (p!= NULL)
    {
```

```
        ++n;   p = p->next;
    }
    return n;
}
ListNode * FindFirstCommonNode( ListNode * pHead1, ListNode * pHead2)
{
    unsigned int m, n, diff, i;
    m = GetListLength(pHead1);              //求得两个单链表的长度
    n = GetListLength(pHead2);
    ListNode * pLong, * pShort;
    if(m > n)
    {
        pLong = pHead1;   pShort = pHead2;    diff = m-n;
    }
    else
    {
        pLong = pHead2;   pShort = pHead1;    diff = n-m;
    }
    for(i = 0; i < diff; i++)               //在长链表上先走 diff 步
        pLong = pLong->next;

    while( pLong && pShort && pLong != pShort)//同步在两个链表上遍历
    {
        pLong = pLong->next;
        pShort = pShort->next;
    }
    return pLong;
}
int main()
{
    ListNode * str1, * str2, * p;
    //构造出测试用的两个单链表
    char ch[9] = {'i','n','g','l','o','a','d','b','e'};
    str1 = new ListNode;
    str1->next = NULL;
    str2 = new ListNode;
    int i,k;
    for (i = 1, k = 2 ; i <= 3 ; i++)        //构造出共同后缀
    {
        p = new ListNode;   p->data = ch[k-- ];
        p->next = str1->next;   str1->next = p;
    }
    str2->next = str1->next ;
    for (i = 1, k = 6 ; i <= 4 ; i++)        //构造 str1 前面部分
    {
        p = new ListNode;   p->data = ch[k-- ];
        p->next = str1->next;   str1->next = p;
    }
    for (i = 1, k = 8 ; i <= 2 ; i++)        //构造 str2 前面部分
    {
        p = new ListNode;   p->data = ch[k-- ];
```

```
        p -> next = str2 -> next;   str2 -> next = p;
    }
    cout <<"链表 str1 为: ";
    print(str1 -> next);
    cout <<"链表 str1 为: ";
    print(str2 -> next);
    p = FindFirstCommonNode(str1,str2);
    if (p!= NULL)
    {
        cout <<"公共后缀为: ";
        print(p);
    }
    else
        cout <<"str1 和 str2 无公共后缀!"<< endl;
    return 0;
}
```

编译并执行以上程序,可得到如下所示的结果。

```
链表 str1 为: l -> o -> a -> d -> i -> n -> g
链表 str1 为: b -> e -> i -> n -> g
公共后缀为: i -> n -> g
Press any key to continue
```

注意:在主函数执行结束返回前,并没有像以前实例那样释放链表所占的存储空间。如果在"return 0;"之前,直接加上"DestroyList(str1);"和"DestroyList(str2);",则程序执行会出错,因为 str1 和 str2 有公共后缀,str1 释放了存储空间后,str2 会试图对已释放的共享后缀存储空间再释放。请读者自己考虑,有共享存储空间的两个单链表,怎样释放它们所占的存储空间?

5.2.4 链表的合并与拆分

【实例 5-14】 保留公共数据。

已知三个不带头结点的线性链表 A、B 和 C 中的结点均依元素值自小至大非递减排列(可能存在两个以上值相同的结点),编写算法对 A 表进行如下操作:使操作后的链表 A 中仅留下三个表中均包含的数据元素的结点,且没有值相同的结点,并释放所有无用结点。限定算法的时间复杂度为 $O(m+n+p)$,其中 m、n 和 p 分别为三个表的长度。

(1) 编程思路。

留下三个链表中公共数据,首先查找两表 A 和 B 中公共数据,再去 C 中找有无该数据。要消除重复元素,应记住前驱,要求时间复杂度 $O(m+n+p)$,在查找每个链表时,指针不能回溯。即在处理时,A 表、B 表和 C 表均从头到尾(严格说 B、C 中最多一个到尾)遍历一遍,算法时间复杂度符合 $O(m+n+p)$。

用指针 pa、pb 和 pc 分别指向 A 表、B 表和 C 表,算法主要由 while(pa && pb)控制,两表有一个到尾则结束循环。在循环体中查询 A 表和 B 表的公共元素,查询比较时,分三种情况处理:

① A 表当前数据比 B 表的当前数据小(即 pa→data<pb→data),则删除 A 表当前结

点,pa 指针指向下一个结点。

② A 表当前数据比 B 表的当前数据大(即 pa→data>pb→data),则 A 表指针 pa 不动,B 表的指针 pb 指向下一个结点。

③ A 表当前数据等于 B 表的当前数据,此时需要在 C 表中搜索是否存在 A 表的当前数据,用循环"while(pc && pc→data<pa→data) pc=pc→next;"来完成查找,这一查找循环退出后,存在三种情况:

a. pc==NULL,三个表不再存在公共数据,直接退出 while(pa && pb)循环。

b. pc!=NULL 并且 pc→data>pa→data,则 pc 当前结点值与 pa 当前结点值不等,删除 A 表当前结点,pa 指针指向下一个结点。

c. pc!=NULL 并且 pc→data==pa→data,这种情况下,找到了 A 表、B 表和 C 表的公共元素,又需要分三种情况处理:

ⓐ 公共元素是结果表中的第一个结点(可能是原 A 表的第一个结点,也可能不是),修改 La,并设置 pre 指针,pre 指针用于指示结果 A 表中当前结点的前驱结点,以后找到的公共元素结点均链接在 pre 的后面。

ⓑ 与前驱结点(由 pre 指针所指)元素值相同,不能成为结果表中的结点,删除 A 表当前结点,pa 指针指向下一个结点。

ⓒ 新结点与前驱结点元素值不同,应链入结果表中,前驱指针也移至当前结点,以便与以后元素值相同的公共结点进行比较。

另外,若 B 表或 C 表遍历完了,但 A 表没到尾,还应释放 A 表剩余结点所占的存储空间。

根据上面的思路,可以将"保留公共数据"这一操作写成一个函数,函数具体定义如下:

```
void Common (LinkList &La, LinkList Lb, LinkList Lc)
//A,B 和 C 是三个不带头结点且结点元素值非递减排列的有序表
//本算法使 A 表仅留下三个表均包含的结点,且结点值不重复
{
    LinkList pa,pb,pc,pre,u;
    pa = La;
    pb = Lb;
    pc = Lc;
    La = NULL;
    pre = NULL;                      //pre 是 A 表中当前结点的前驱结点的指针
    if (pa && pb && pc)              //当 A、B 和 C 表均不空时,查找三表共同元素
    {
        while (pa && pb)
        {
            if (pa->data<pb->data)
            {
                u = pa; pa = pa->next;  delete u;  //结点元素值小时,后移指针
            }
            else if (pa->data> pb->data)
                pb = pb->next;
            else                        //处理 A 和 B 表元素值相等的结点
            {
                while (pc && pc->data<pa->data)  pc = pc->next;
```

```
                    if (pc)
                    {
                        if (pc -> data > pa -> data)
                            //pc 当前结点值与 pa 当前结点值不等,pa 后移指针
                        {
                            u = pa;   pa = pa -> next;   delete u;
                        }
                        else                          //pc、pa 和 pb 对应结点元素值相等
                        {
                            if(La == NULL)
                            {
                                La = pa; pre = pa; pa = pa -> next; pre -> next = NULL;
                            }                         //结果表中第一个结点。
                            else if(pre -> data == pa -> data)  //(处理)重复结点不链入 A 表
                            {
                                u = pa;   pa = pa -> next; delete u;
                            }
                            else
                            {
                                pre -> next = pa; pre = pa; pa = pa -> next; pre -> next = NULL;
                            }                         //将新结点链入 A 表.
                            pb = pb -> next; pc = pc -> next;    //链表的工作指针后移
                        }
                    }
                    else
                        break;
                }           //end else (pa 和 pb 对应结点元素值相等)
            }           //end while (pa && pb)
        }           //end if (pa && pb && pc)
    while (pa!= NULL)  //删除原 A 表剩余元素
    {
        u = pa; pa = pa -> next; delete u;
    }
}
```

(2) 主函数及运行结果。

```
int main()
{
    LinkList La, Lb, Lc;
    cout <<"输入链表 La 中的数据,以 - 1 作为结束:"<< endl;
    La = create();
    cout <<"输入链表 Lb 中的数据,以 - 1 作为结束:"<< endl;
    Lb = create();
    cout <<"输入链表 Lc 中的数据,以 - 1 作为结束:"<< endl;
    Lc = create();
    cout <<"链表 La 初始情况为: "<< endl;
    print(La);
    cout <<"链表 Lb 初始情况为: "<< endl;
    print(Lb);
    cout <<"链表 Lc 初始情况为: "<< endl;
```

```
        print(Lc);
        Common(La,Lb,Lc);
        cout <<"处理后,链表 La 为："<< endl;
        print(La);
        DestroyList(La);
        DestroyList(Lb);
        DestroyList(Lc);
        return 0;
    }
```

编译并执行以上程序,可得到如下所示的结果。

```
输入链表 La 中的数据,以 -1 作为结束：
1 1 2 2 2 3 4 4 4 5 5 5 6 6 7 10 -1
输入链表 Lb 中的数据,以 -1 作为结束：
1 1 2 3 3 3 5 8 8 9 9 11 12 -1
输入链表 Lc 中的数据,以 -1 作为结束：
2 4 4 4 5 6 6 7 10 11 15 -1
链表 La 初始情况为：
1 -> 1 -> 2 -> 2 -> 2 -> 3 -> 4 -> 4 -> 4 -> 5 -> 5 -> 5 -> 6 -> 6 -> 7 -> 10
链表 Lb 初始情况为：
1 -> 1 -> 2 -> 3 -> 3 -> 3 -> 5 -> 8 -> 8 -> 9 -> 9 -> 11 -> 12
链表 Lc 初始情况为：
2 -> 4 -> 4 -> 4 -> 5 -> 6 -> 6 -> 7 -> 10 -> 11 -> 15
处理后,链表 La 为：
2 -> 5
Press any key to continue
```

【实例 5-15】 正负分开。

将一个不带头结点的单链表 A 分解为两个具有相同结构的链表 B、C,其中 B 表的结点
为 A 表中值大于零的结点,而 C 表的结点为 A 表中值小于零的结点(链表 A 的元素类型为
整型,要求 B、C 表利用 A 表的结点)。

(1) 编程思路。

因为并未要求链表中结点的数据值有序,所以算法中采取最简单方式：将新结点前插
到第一元素结点之前。

用指针 p 指向 A 表的当前元素,Lb、Lc 为 B 表和 C 表的头指针。用循环 while(p!=
NULL)对 A 表进行遍历,循环体中根据 p 所指结点的元素值进行 3 种情况的处理：

① 大于 0(即 p→data>0),p 所指结点放入 B 表(p→next=Lb; Lb=p;)。

② 小于 0(即 p→data<0),p 所指结点放入 C 表(p→next=Lc; Lc=p;)。

③ 等于 0,p 所指结点留在 A 表中(p→next=La; La=p;)。

算法的函数实现为：

```
void DisCreate (LinkList &La, LinkList &Lb, LinkList &Lc)
//La 是不带头结点的单链表,链表中结点的数据类型为整型
//本函数将 La 分解成两个单链表 Lb 和 Lc,Lb 中结点的数据大于零
//Lc 中结点的数据小于零,La 中剩下的数据值全为 0
{
    LinkList p,r;
```

```
        p = La;                      //p 为工作指针
        La = NULL;
        while (p!= NULL)
        {
            r = p -> next;           //暂存 p 的后继
            if (p -> data > 0)       //大于 0 的结点放入 Lb 表
            {
                p -> next = Lb;   Lb = p;
            }
            else if (p -> data < 0)  //将小于 0 的结点放入 Lc 表
            {
                p -> next = Lc; Lc = p;
            }
            else                     //等于 0 的结点留在 La 中
            {
                p -> next = La; La = p;
            }
            p = r;                   //p 指向新的待处理结点.
        }
    }
```

(2) 主函数及运行结果。

```
int main()
{
    LinkList La,Lb,Lc;
    cout <<"输入链表 La 中的数据,以 - 99999 作为结束:"<< endl;
    La = create();
    Lb = NULL;   Lc = NULL;
    cout <<"链表 La 初始情况为: "<< endl;
    print(La);
    cout <<"链表 Lb 初始情况为: "<< endl;
    print(Lb);
    cout <<"链表 Lc 初始情况为: "<< endl;
    print(Lc);
    DisCreate(La,Lb,Lc);
    cout <<"处理后,链表 La 为: "<< endl;
    print(La);
    cout <<"处理后,链表 Lb 为: "<< endl;
    print(Lb);
    cout <<"处理后,链表 Lc 为: "<< endl;
    print(Lc);
    DestroyList(La);
    DestroyList(Lb);
    DestroyList(Lc);
    return 0;
}
```

由于 −1 可以作为链表中的一个有效元素值,因此在本程序中,将 LinkList create 函数中的 while (p1→data!=−1)改写为 while (p1→data!=−99999)。

编译并执行以上程序,可得到如下所示的结果。

```
输入链表 La 中的数据,以 - 99999 作为结束:
1 - 1 2 3 0 - 45 - 67 8 0 - 9 10 11 - 12 - 99999
链表 La 初始情况为:
1 -> -1 -> 2 ->3->0-> -4->5-> -6->7->8 ->0 -> -9 -> 10 -> 11 -> -12
链表 Lb 初始情况为:
链表为空!
链表 Lc 初始情况为:
链表为空!
处理后,链表 La 为:
0 -> 0
处理后,链表 Lb 为:
11 -> 10 -> 8 -> 7 -> 5 -> 3 -> 2 -> 1
处理后,链表 Lc 为:
 -12 -> -9 -> -6 -> -4 -> -1
Press any key to continue
```

【实例 5-16】 求集合的并集和交集。

设有头指针为 La 和 Lb 的两个链表分别表示两个集合 A 和 B,两表中的元素皆为递增有序。编写一个函数求 A 和 B 的并集 A＝A∪B。要求该并集中的元素仍保持递增有序,且要利用 A 和 B 的原有结点空间。

(1)编程思路。

定义三个指针 pa、pb 和 pc,指针 pa、pb 分别用于指向集合 A、集合 B 表,pc 为结果链表当前结点的前驱指针。

处理过程根据集合 A 和 B 是否非空分三种情况:

① 集合 A 与集合 B 均非空(pa !＝NULL && pb!＝NULL)

首先确定 pc 指针的指向,又有三种情况:

a. 集合 A 第 1 个数据(最小数)比集合 B 的第 1 个数据(最小数)小,即 pa→data＜pb→data,则 pc 直接指向集合 A 中的第 1 个数据"pc＝pa; pa＝pa→next ;"。

b. 集合 A 第 1 个数据(最小数)比集合 B 的第 1 个数据(最小数)大,即 pa→data＜pb→data,则并集的第 1 个元素(值最小的元素)在集合 B 中,由于并集的结果是保存在集合 A 中,因此,要修改 La,使其指向集合 B 的第 1 个元素,pc 也指向这个元素,即"La＝pb; pc＝pb; pb＝pb→next ;"。

c. 集合 A 的最小数和集合 B 的最小数相等,则 pc 直接指向集合 A 中的第 1 个数据,同时删除集合 B 的第 1 个元素。操作序列为:

```
pc = pa;  pa = pa -> next;
u = pb; pb = pb -> next; delete u;
```

确定了 pc 的初始指向后,算法主要由 while(pa && pb)控制,两个链表有一个到尾则结束循环。在循环体中查询比较集合 A 和集合 B 的当前元素,还是分三种情况处理:

ⓐ 集合 A 当前数据比集合 B 的当前数据小(即 pa→data＜pb→data),则将集合 A 的当前结点链入到结果表中(pc→next＝pa;pc＝pa;),pa 指针指向下一个结点(pa＝pa→next;)。

ⓑ 集合 A 当前数据比集合 B 的当前数据大(即 pa→data＞pb→data),则将集合 B 的当前结点链入到结果表中(pc→next＝pb;pc＝pb;),pb 指针指向下一个结点(pb＝

pb→next;)。

ⓒ 集合 A 当前数据等于集合 B 的当前数据,此时将集合 A 的当前结点链入到结果表中(pc→next＝pa;pc＝pa;),同时删除集合 B 中的当前结点(u＝pb;pb＝pb→next;delete u;)。

需要在 C 表中搜索是否存在 A 表的当前数据,用循环 while (pc && pc→data＜pa→data) pc＝pc→next;来完成查找,这一查找循环退出后,存在三种情况:

循环结束后,若集合 A 或集合 B 有一个未遍历完,则将其剩余元素直接链入到结果表中。

```
if (pa) pc -> next = pa;              //若 La 表未空,则链入结果表。
else    pc -> next = pb;              //若 Lb 表未空,则链入结果表。
```

② 集合 A 为空集而集合 B 非空(pa==NULL && pb!=NULL)

这种情况下,结果集合就是集合 B。执行 La＝Lb; Lb＝NULL;即可。

③ 集合 B 是空集

这种情况下,无论集合是否非空,不需要进行任何处理。

根据上面的思路,可以将"求集合的并集"这一操作写成一个函数,函数具体定义如下:

```
void Union (LinkList &La, LinkList &Lb)
//链表 La 和 Lb 代表两个集合,元素递增有序
//本函数求 A 和 B 的并集 A = A∪B,结果链表元素也是递增有序
{
  LinkList pa,pb,pc,u;                //pc 为结果链表当前结点的前驱指针
  pa = La;   pb = Lb;                 //设工作指针 pa 和 pb
  if (pa && pb)
  {
    if (pa -> data < pb -> data)
    { pc = pa; pa = pa -> next ; }
    else if (pa -> data < pb -> data)
    {   La = pb; pc = pb; pb = pb -> next ; }
    else
    {
        pc = pa; pa = pa -> next;
        u = pb; pb = pb -> next; delete u;
    }
    while (pa&&pb)
    {
        if(pa -> data < pb -> data)
        {
            pc -> next = pa;pc = pa;pa = pa -> next;
        }
        else if (pa -> data > pb -> data)
        {
            pc -> next = pb;pc = pb;pb = pb -> next;
        }
        else                         //处理 pa -> data = pb -> data.
        {
            pc -> next = pa;pc = pa;pa = pa -> next;
            u = pb;pb = pb -> next; delete u;
        }
```

```
        }
        if (pa) pc -> next = pa;        //若 La 表未空,则链入结果表.
        else     pc -> next = pb;        //若 Lb 表未空,则链入结果表.
        Lb = NULL;
    }
    else if (pb!= NULL)
    {   La = Lb;   Lb = NULL;}
}
```

(2) 主函数及运行结果。

```
int main()
{
    LinkList La,Lb;
    cout <<"输入链表 La 中的数据,以 - 1 作为结束:"<< endl;
    La = create();
    cout <<"输入链表 Lb 中的数据,以 - 1 作为结束:"<< endl;
    Lb = create();
    cout <<"链表 La 初始情况为: "<< endl;
    print(La);
    cout <<"链表 Lb 初始情况为: "<< endl;
    print(Lb);
    Union(La,Lb);
    cout <<"处理后,链表 La 为: "<< endl;
    print(La);
    cout <<"处理后,链表 Lb 为: "<< endl;
    print(Lb);
    DestroyList(La);
    DestroyList(Lb);
    return 0;
}
```

编译并执行以上程序,可得到如下所示的结果。

```
输入链表 La 中的数据,以 - 1 作为结束:
1 2 3 5 6 7 10 15 - 1
输入链表 Lb 中的数据,以 - 1 作为结束:
1 3 4 8 10 12 15 18 - 1
链表 La 初始情况为:
1 -> 2 -> 3 -> 5 -> 6 -> 7 -> 10 -> 15
链表 Lb 初始情况为:
1 -> 3 -> 4 -> 8 -> 10 -> 12 -> 15 -> 18
处理后,链表 La 为:
1 -> 2 -> 3 -> 4 -> 5 -> 6 -> 7 -> 8 -> 10 -> 12 -> 15 -> 18
处理后,链表 Lb 为:
链表为空!
Press any key to continue
```

求集合的交集还是对两个链表进行遍历,比较当前元素值,若相等,则链入一个结点到结果集中。下面不做过多展开,编写函数如下:

```
void Intersect (LinkList &La, LinkList Lb)
//链表 La 和 Lb 代表两个集合,元素递增有序
//本函数求 A 和 B 的交集 A = A∩B,结果链表元素也是递增有序
//函数中对 B 表不作释放空间的处理
{
    LinkList pa,pb,pc,u;          //pc 为结果链表当前结点的前驱指针
    pa = La;   pb = Lb;          //设工作指针 pa 和 pb
    La = NULL;
    while(pa&&pb)
    {
        if(pa -> data == pb -> data)  //交集并入结果表中
        {
            if (La == NULL)
            {
                La = pa;   pc = pa;
            }
            else
            {
                pc -> next = pa; pc = pa;
            }
            pa = pa -> next;   pb = pb -> next ;
            pc -> next = NULL;        //置链表尾标记
        }
        else if (pa -> data < pb -> data)
        {
            u = pa; pa = pa -> next; delete u;
        }
        else
            pb = pb -> next;
    }
    while (pa)                     //释放 La 中剩下结点的空间
    {
        u = pa; pa = pa -> next;   delete u;
    }
}
```

将上面主函数中的"Union(La,Lb);"修改为"Intersect(La,Lb);",重新编译并执行以上程序,可得到如下所示的结果。

```
输入链表 La 中的数据,以 -1 作为结束:
1 2 3 4 5 6 7 8 9 10 -1
输入链表 Lb 中的数据,以 -1 作为结束:
2 4 6 10 11 13 15 17 -1
链表 La 初始情况为:
1 -> 2 -> 3 -> 4 -> 5 -> 6 -> 7 -> 8 -> 9 -> 10
链表 Lb 初始情况为:
2 -> 4 -> 6 -> 10 -> 11 -> 13 -> 15 -> 17
处理后,链表 La 为:
2 -> 4 -> 6 -> 10
处理后,链表 Lb 为:
2 -> 4 -> 6 -> 10 -> 11 -> 13 -> 15 -> 17
Press any key to continue
```

5.2.5 链表的应用

【实例 5-17】 扩展的 Josephus 问题。

编号为 $1,2,\cdots,n$ 的 n 个小孩按顺时针围坐一圈,每个小孩持有一个密码(正整数)。一开始任选一个正整数作为报数上限值 m,从第 1 个小孩开始按顺时针方向自 1 开始顺序报数,报到 m 时停止报数。报 m 的人出列,将他的密码作为新的 m 值,从他在顺时针方向上的下一个人开始重新从 1 报数,如此下去,直到所有的小孩全部出列,最后出列的小孩为获胜者。编写一个程序输入小孩人数 n、每个小孩的初始密码及起始报数上限值 m,输出小孩的出列顺序及最后获胜者。

(1) 编程思路。

用循环链表来求解这个问题。所谓的循环链表就是将单向链表的最后一个结点的指针域指向头结点。

每个小孩用链表中的一个结点表示:

```
struct   JoseEx
{   int code;
    int password;
    Jose * next;
};
```

每个结点的成员 code 为小孩的编号,password 为小孩持有的密码,结点的指针 next 指向圈中下一个小孩结点。最后一个小孩结点的 next 指向第一个小孩结点,从而构成一个循环链表。

(2) 源程序及运行结果。

```
#include < iostream >
using namespace std;
struct   JoseEx
{   int code;
    int password;
    JoseEx * next;
};
int main()
{
    JoseEx * head, * p1, * p2;
    int boys,m,i;
    cout <<"请输入小孩人数: ";
    cin >> boys;
    cout <<"请依次输入"<< boys <<"个小孩的密码值:"<< endl;
    head = new JoseEx;
    cin >> m;
    head -> code = 1;
    head -> password = m;
    p2 = head;
    for (i = 2;i <= boys;i++)          //创建循环链表
    {
```

```
            p1 = new JoseEx;
            cin >> m;
            p1 -> code = i;
            p1 -> password = m;
            p2 -> next = p1;
            p2 = p1;
        }
        p2 -> next = head;
        cout <<"请输入初始报数上限值: ";
        cin >> m;
        cout <<"出圈顺序为: "<< endl;
        p1 = head;
        while (p1 -> next != p1)
        {
            i = 1;
            while( i < m)
            {
                i++;
                p2 = p1;
                p1 = p1 -> next;
            }
            p2 -> next = p1 -> next;
            cout << p1 -> code <<"   ";
            m = p1 -> password;
            delete p1;
            p1 = p2 -> next;
        }
        cout << p1 -> code << endl;
        i = p1 -> code ;
        delete p1;
        cout <<"优胜者为: " << i << endl;
        return  0;
    }
```

编译并执行以上程序,可得到如下所示的结果。

```
请输入小孩人数: 8
请依次输入 8 个小孩的密码值:
4 3 5 6 2 4 5 4
请输入初始报数上限值: 5
出圈顺序为:
5  7  4  6  3  1  8  2
优胜者为: 2
Press any key to continue
```

【实例 5-18】 简易电话本。

一个简易的电话本只记录姓名和对应的电话号码。编写一个程序,实现一个简易的电话本,具有插入、查找、删除和浏览记录的功能。

(1) 编程思路

用单链表来保存电话本的记录,单链表的结点的结构定义如下:

```
struct   PhoneBook
{    char name[20];                    //姓名
     char number[15];                  //电话号码
     PhoneBook   * next;
};
```

编写如下 5 个函数：

- 函数 PhoneBook * insert(PhoneBook * head,PhoneBook * phonenum)将一条记录 phonenum 插入到按姓名有序的电话本 head 中,插入后链表保持有序。
- 函数 PhoneBook * delete_node (PhoneBook * head,char * name)将电话本 head 中姓名为 name 的记录删除。
- 函数 PhoneBook * find(PhoneBook * head,char * s)在电话本 head 中查找姓名或电话号码为 s 的记录。
- 函数 void List_name(PhoneBook * head,char * s)将电话本中所有姓 s 的记录列举出来。
- 函数 void print(PhoneBook   * head)将电话本 head 中的记录按顺序输出。

(2) 源程序及运行结果。

```
#include < iostream >
using namespace std;
struct   PhoneBook
{    char name[20];
     char number[15];
     PhoneBook   * next;
};
void print(PhoneBook   * head);
PhoneBook   * insert(PhoneBook   * head,PhoneBook   * phonenum);
PhoneBook   * delete_node (PhoneBook   * head,char * name);
PhoneBook   * find(PhoneBook   * head,char * s);
int Is_in(char * s,char * t);
void List_name(PhoneBook   * head,char * s);
int  main()
{
     PhoneBook   * head, * p;
     char s[20];
     int i;
     head = NULL;
     while(1)
     {
         cout <<"插入吗?(yes -- 1/no -- 0):";
         cin >> i;
         if (i == 0) break;
         p = new PhoneBook;
         cout <<"请输入姓名、电话号码: "<< endl;
         cin >> p -> name;
         cin >> p -> number;
         head = insert(head,p);
     }
```

```
        print(head);
        cout <<"请输入待查找的姓名或电话号码: ";
        cin >> s;
        p = find(head,s);
        if (p!= NULL)
                cout << p -> name <<"   "<< p -> number << endl;
        else
                cout <<"电话本中没有相应记录!"<< endl;
        cout <<"请输入待删除的姓名: ";
        cin >> s;
        head = delete_node(head,s);
        print(head);
        cout <<"请输入待查找的姓氏: ";
        cin >> s;
        List_name(head,s);
        return  0;
}
PhoneBook  * insert(PhoneBook  * head,PhoneBook  * phonenum)
{
    PhoneBook   * p;
    p = head;
    if  (p == NULL)                              //插入到空表
    {
        head = phonenum;
        phonenum -> next = NULL;
        return  head;
    }
    if (strcmp(p -> name,phonenum -> name)> 0)       //插入到链表首
    {
        phonenum -> next = head;
        head = phonenum;
        return head;
    }
  while (p-> next &&   strcmp(p -> next -> name,phonenum -> name)< 0)
                                            //插入到中间或最后
    p = p -> next;
    phonenum -> next = p -> next;
    p -> next = phonenum;
    return head;
}
void print(PhoneBook   * head)
{
    PhoneBook   * p;
    p = head;
    while (p!= NULL)
    {
        cout << p -> name <<"        ";
        cout << p -> number << endl;
        p = p -> next;
    }
}
```

```
PhoneBook  * find(PhoneBook  * head, char * s)
{
    PhoneBook  * p;
    p = head;
    while(p != NULL)
        if (strcmp(p -> name, s) == 0 || strcmp(p -> number, s) == 0)
            return  p;
        else
            p = p -> next;
    return  NULL;
}
PhoneBook  * delete_node (PhoneBook  * head, char * name)
{  PhoneBook  * p, * q;
    if (head == NULL)                          //空表
    {   cout << "List is NULL!" << endl;
        return  head;
    }
    if (strcmp(head -> name, name) == 0)       //要删除的结点在链表首
    {   p = head;           head = head -> next;
        delete  p;
        return head;
    }
    for (q = head; q -> next;  q = q -> next)
        if  (strcmp(q -> next -> name, name) == 0)  //要删除的结点在中间或最后
        {    p = q -> next;         q -> next = p -> next;
             delete  p;
             return  head;
        }
    cout << name << " 不在链表中!" << endl;
    return (head);
}
int Is_in(char * s, char * t)
{
    int i;
    i = 0;
    while(s[i] != '\0' && t[i] != '\0' && t[i] == s[i])
        i++;
    if (t[i] == '\0')
        return 1;
    else
        return 0;
}
void List_name(PhoneBook  * head, char * s)
{
    PhoneBook  * p;
    int n;
    p = head;
    n = 0;
    while (p != NULL)
    {
        if (Is_in(p -> name, s) == 1)
```

```
            {
                    cout << p - > name <<"        ";
                    cout << p - > number << endl;
                    n++;
            }
            p = p - > next;
        }
    if (n == 0)
            cout <<"电话本中不存在姓 "<< s <<" 的记录!"<< endl;
}
```

编译并执行以上程序,可得到如下所示的结果。

```
插入吗?(yes -- 1/no -- 0):1
请输入姓名、电话号码:
张三    86551234
插入吗?(yes -- 1/no -- 0):1
请输入姓名、电话号码:
李四    15871234012
插入吗?(yes -- 1/no -- 0):1
请输入姓名、电话号码:
王五    01058673425
插入吗?(yes -- 1/no -- 0):0
李四        15871234012
王五        01058673425
张三        86551234
请输入待查找的姓名或电话号码: 王五
王五    01058673425
请输入待删除的姓名: 张三
李四        15871234012
王五        01058673425
请输入待查找的姓氏: 李
李四        15871234012
Press any key to continue
```

5.3 二叉树

二叉树是结点的有限集合,这个有限集合或者为空集(称为空二叉树),或者由一个根结点及两棵不相交的、分别称做这个根的左子树和右子树的二叉树组成。

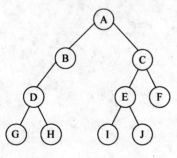

图 5-7 一棵二叉树

图 5-7 所示是一棵二叉树,根结点为 A,其左子树包含结点 B、D、G、H,右子树包含结点 C、E、F、I、J。根 A 的左子树又是一棵二叉树,其根为结点 B,有非空的左子树(由结点 D、G、H 组成)和空的右子树。根 A 的右子树也是一棵二叉树,其根为结点 C,有非空的左子树(由结点 E、I、J 组成)和右子树(由结点 F 组成)。

二叉树的链式存储结构是用链建立二叉树中结点之间的关系,通常采用的链式存储结构为二叉链表。所谓二叉链表,是将二叉树中的结点设置为如下的结构体类型:

lchild	data	rchild

其中,data 表示保存结点本身信息的信息域;lchild 和 rchild 分别为指向结点的左孩子和右孩子的指针域。由于每个结点有两个指针域,所以它又形象地称为二叉链表。

当二叉树采用二叉链表存储结构时,如果某结点的左孩子或右孩子不存在,则相应的指针域为空,除此之外,还设置一指针变量指向二叉树的根结点,称之为头指针。和单链表中头指针的作用相似,二叉链表中的头指针可以唯一地确定一棵二叉树。

如图 5-8 所示的非完全二叉树的二叉链表存储示意图如图 5-9 所示。

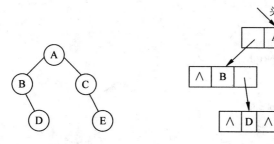

图 5-8　一棵非完全二叉树　　　　图 5-9　二叉链表存储示意图

5.3.1　二叉树的建立

【实例 5-19】　创建二叉树。

编写程序,根据输入的结点信息建立二叉树的二叉链表存储结构。

(1) 编程思路。

定义二叉树的二叉链表存储方式的结点结构为:

```
struct BiTNode
{
    char        data;
    BiTNode *   lchild;
    BiTNode *   rchild;
};
```

定义二叉树类型为:

```
typedef BiTNode *   BiTree;
```

(2) 源程序及运行结果。

```
#include <iostream>
using namespace std;
struct BiTNode
{
    char        data;
    BiTNode *   lchild;
    BiTNode *   rchild;
```

```
};
typedef BiTNode *   BiTree;

BiTNode * CreateBiTNode(char value)
{
    BiTNode * pNode = new BiTNode();
    pNode->data = value;
    pNode->lchild = NULL;
    pNode->rchild = NULL;
    return pNode;
}
void ConnectTreeNodes(BiTNode * pParent, BiTNode * pLeft, BiTNode * pRight)
{
    if(pParent != NULL)
    {
        pParent->lchild = pLeft;
        pParent->rchild = pRight;
    }
}
void PrintTreeNode(BiTNode * pNode)
{
    if(pNode != NULL)
    {
        cout <<"结点 "<< pNode->data <<" 的 ";
        if(pNode->lchild != NULL)
            cout <<"左子为 "<< pNode->lchild->data;
        else
            cout <<"左子为空 ";
        if(pNode->rchild != NULL)
            cout <<",右子为 "<< pNode->rchild->data <<"."<< endl;
        else
            cout <<",右子为空."<< endl;
    }
}
void PrintTree(BiTree bt)
{
    PrintTreeNode(bt);
    if(bt != NULL)
    {
        if(bt->lchild != NULL)
            PrintTree(bt->lchild);
        if(bt->rchild != NULL)
            PrintTree(bt->rchild);
    }
}
void DestroyTree(BiTree &bt)
{
    if(bt != NULL)
    {
        BiTNode * pLeft = bt->lchild;
        BiTNode * pRight = bt->rchild;
```

```
            delete bt;
            bt = NULL;
            DestroyTree(pLeft);
            DestroyTree(pRight);
        }
}
int main()
{
    int n, num, i, j, k;
    char ch;
    BiTNode ** pNode;
    cout <<"请输入二叉树中的结点个数：";
    cin >> n;
    pNode = new BiTNode * [n + 1];
    pNode[0] = NULL;
    cout <<"请依次输入各结点的数据元素值(第1个结点输入一定为根结点)：";
    for (i = 1; i <= n; i++)
    {
        cin >> ch;
        pNode[i] = CreateBiTNode(ch);
    }
    cout <<"树中结点元素值与结点序号的对应关系如下："<< endl;
    for (i = 1; i <= n; i++)
        cout << pNode[i] -> data <<" --> "<< i <<"      ";
    cout << endl;
    cout <<"请输入结点间的关系，输入时按父结点序号、左子结点序号和右子结点序号方式定义."
<< endl;
    cout <<"若某结点不存在左子或右子结点，则子结点序号输入为0.定义关系时，每个非终端结点
定义一次，叶子结点无需定义.";
    cout <<"例如，输入 1 2 3，则表示 结点"<< pNode[1] -> data <<"的左子结点为"<< pNode[2] ->
data <<",右子结点为"<< pNode[3] -> data << endl;
    cout <<"请输入树中非终端结点数目 ";
    cin >> num;
    cout <<"请按 非终端结点序号 其左子结点序号 其右子结点序号 的方式输入各非终端结点的子
结点情况."<< endl;
    for (n = 0; n < num; n++)
    {
        cin >> i >> j >> k;
        ConnectTreeNodes(pNode[i], pNode[j], pNode[k]);
    }
    if (pNode[1]!= NULL)
        PrintTree(pNode[1]);
    else
        cout <<"The binaryTree is null."<< endl;

    DestroyTree(pNode[1]);
    delete [] pNode;
    return 0;
}
```

编译并执行以上程序，可得到如下所示的结果。

```
请输入二叉树中的结点个数: 9
请依次输入各结点的数据元素值(第1个结点输入一定为根结点): A B C D E F G H I
树中结点元素值与结点序号的对应关系如下:
A --> 1    B --> 2    C --> 3    D --> 4    E --> 5    F --> 6    G --> 7
H --> 8    I --> 9
请输入结点间的关系,输入时按父结点序号、左子结点序号和右子结点序号方式定义。
若某结点不存在左子或右子结点,则子结点序号输入为0。定义关系时,每个非终端结点定义一次,
叶子结点无需定义。例如,输入1 2 3,则表示 结点A的左子结点为B,右子结点为C
请输入树中非终端结点数目 5
请按 非终端结点序号 其左子结点序号 其右子结点序号 的方式输入各非终端结点的子结点情况.
1 2 3
2 4 0
4 0 7
3 5 6
5 8 9
结点 A 的 左子为 B,右子为 C.
结点 B 的 左子为 D,右子为空.
结点 D 的 左子为空,右子为 G.
结点 G 的 左子为空,右子为空.
结点 C 的 左子为 E,右子为 F.
结点 E 的 左子为 H,右子为 I.
结点 H 的 左子为空,右子为空.
结点 I 的 左子为空,右子为空.
结点 F 的 左子为空,右子为空.
Press any key to continue
```

由于在后面的有关二叉树的遍历的实例中,需要先创建一棵由二叉链表保存二叉树,因此可以编写如下函数:

```cpp
void CreateTestBinTree(BiTree &bt)
{
    BiTNode * pNode1 = CreateBiTNode('A');
    BiTNode * pNode2 = CreateBiTNode('B');
    BiTNode * pNode3 = CreateBiTNode('C');
    BiTNode * pNode4 = CreateBiTNode('D');
    BiTNode * pNode5 = CreateBiTNode('E');
    BiTNode * pNode6 = CreateBiTNode('F');
    BiTNode * pNode7 = CreateBiTNode('G');
    BiTNode * pNode8 = CreateBiTNode('H');
    BiTNode * pNode9 = CreateBiTNode('I');
    ConnectTreeNodes(pNode1, pNode2, pNode3);
    ConnectTreeNodes(pNode2, pNode4, NULL);
    ConnectTreeNodes(pNode4, NULL, pNode7);
    ConnectTreeNodes(pNode3, pNode5, pNode6);
    ConnectTreeNodes(pNode5, pNode8, pNode9);
    bt = pNode1;
}
```

这样,可以在主函数中直接调用函数 CreateTestBinTree(bt)来创建一棵以 bt 为头指

针的二叉树,该二叉树如图 5-10 所示。

例如,上面的实例中的主函数可以编写如下:

```
int main()
{
    BiTree bt;
    CreateTestBinTree(bt);
    if (bt != NULL)
        PrintTree(bt);
    else
        cout <<"The binaryTree is null."<< endl;
    DestroyTree(bt);
    return 0;
}
```

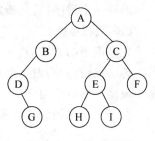

图 5-10　一棵二叉树

5.3.2　二叉树的遍历

遍历是二叉树的一种重要运算。二叉树的遍历是指按一定的次序访问二叉树中的每个结点,使每个结点被访问一次且只被访问一次。

根据二叉树的定义知道,一棵二叉树可看作由三部分组成:根结点、左子树和右子树,若规定 D、L、R 分别表示"访问根结点"、"遍历根结点的左子树"和"遍历根结点的右子树",则二叉树的遍历共有 6 种方式:DLR、LDR、LRD、DRL、RDL、RLD。若又规定按先左子树后右子树的顺序进行遍历,则遍历有三种方式:DLR、LDR 和 LRD,它们分别被称为先序遍历、中序遍历和后序遍历。另外,还有一种按二叉树中结点由上至下、由左到右的顺序进行遍历的方式,称为层次遍历。

对于图 5-10 中的二叉树,按先序遍历方式进行遍历所得到的结果序列为 ABDGCEHIF,按中序遍历方式进行遍历所得到的结果序列为 DGBAHEICF,按后序遍历方式进行遍历所得到的结果序列为 GDBHIEFCA,按层次遍历方式进行遍历所得到的结果序列为 ABCDEFGHI。

为了在下面实例中重用方便,将二叉树的定义放在一个头文件(binaryTree.h)中,将相关 6 个函数的实现放在一个文件(binaryTree.cpp)中。这样下面的实例中,只需包含头文件 binaryTree.h 即可。头文件 binaryTree.h 的内容为:

```
struct BiTNode
{
    char            data;
    BiTNode *       lchild;
    BiTNode *       rchild;
};
typedef BiTNode *   BiTree;
BiTNode * CreateBiTNode(char value);
void ConnectTreeNodes(BiTNode * pParent, BiTNode * pLeft, BiTNode * pRight);
void PrintTreeNode(BiTNode * pNode);
void PrintTree(BiTree bt);
void DestroyTree(BiTree &bt);
void CreateTestBinTree(BiTree &bt);
```

【实例 5-20】 先序遍历。

编写一个程序,输出指定二叉树的先序遍历序列。

(1) 编程思路。

先序遍历的方法为:

若二叉树为空,遍历结束,否则,①访问根结点;②先序遍历根结点的左子树;③先序遍历根结点的右子树。

由于先序遍历的方法采用的是递归定义,因此,很容易写出其递归算法。

```
void BinTree_DLR(BiTree bt)
{
    if(bt) {
        cout << bt -> data <<"  ";              //访问根结点
        BinTree_DLR(bt -> lchild);              //先序遍历根结点的左子树
        BinTree_DLR(bt -> rchild);              //先序遍历根结点的右子树
    }
}
```

下面主要讨论先序遍历的非递归实现方法。

对于非递归算法,引入栈模拟递归工作栈,初始时栈为空。

在遍历二叉树 T 的过程中,用栈来保存信息,使得在先序遍历过左子树后,能利用栈顶信息获取二叉树 T 的右子树的根指针。

具体做法是:访问 T→data 后,将 T→rchild 入栈,遍历左子树;遍历完左子树返回时,栈顶元素应为 T→rchild,出栈,遍历以该指针为根的子树。

(2) 源程序及运行结果。

```
#include < iostream >
#include "binaryTree. h"
using namespace std;
void BinTree_DLR(BiTree bt)
{
    if(bt)
    {
        cout << bt -> data <<"  ";
        BinTree_DLR(bt -> lchild);
        BinTree_DLR(bt -> rchild);
    }
}
void BinTree_PreOrder(BiTree bt)
{
    int top = 0;                                //top 是栈 s 的栈顶指针
    BiTNode * s[20];
    while(bt!= NULL ‖  top > 0)
    {
        while (bt!= NULL)
        {
            cout << bt -> data <<"   ";
            if (bt -> rchild)   s[++top] = bt -> rchild;
            bt = bt -> lchild ;
```

```
        }
        if (top > 0)   bt = s[top -- ];
    }
    cout << endl;
}
int main( )
{
    BiTree bt;
    CreateTestBinTree(bt);
    cout <<"按先序遍历(递归算法)的结果为: "<< endl;
    BinTree_DLR(bt);
    cout << endl;
    cout <<"按先序遍历(非递归算法)的结果为: "<< endl;
    BinTree_PreOrder(bt);
    DestroyTree(bt);
    return 0;
}
```

编译并执行以上程序,可得到如下所示的结果。

```
按先序遍历(递归算法)的结果为:
A  B  D  G  C  E  H  I  F
按先序遍历(非递归算法)的结果为:
A  B  D  G  C  E  H  I  F
Press any key to continue
```

【实例 5-21】 中序遍历。

编写一个程序,输出指定二叉树的中序遍历序列。

(1)编程思路。

中序遍历的方法为:

若二叉树为空,遍历结束。否则,①中序遍历根结点的左子树;②访问根结点;③中序遍历根结点的右子树。

由于中序遍历的方法也采用的是递归定义,因此很容易写出其递归算法。下面主要讨论中序遍历的非递归实现方法。

同样,引入栈模拟递归工作栈,初始时栈为空。设 T 是要遍历树的根指针,中序遍历要求在遍历完左子树后,访问根,再遍历右子树。具体方法是:先将 T 入栈,遍历左子树;遍历完左子树返回时,栈顶元素应为 T,出栈,访问 T→data,再中序遍历 T 的右子树。

(2)源程序及运行结果。

```
#include < iostream >
#include < stack >
#include "binaryTree. h"
using namespace std;
void BinTree_LDR(BiTree bt)
{
    if(bt)
    {
        BinTree_LDR(bt -> lchild);
```

```cpp
            cout << bt -> data <<"   ";
            BinTree_LDR(bt -> rchild);
        }
    }
    void BinTree_InOrder(BiTree bt)
    {
        stack < BiTNode * > s;                      //s 是栈
        BiTNode * pNode;
        pNode = bt;
        while(pNode!= NULL ‖ ! s.empty())
        {
            if (pNode!= NULL)
            {
                s.push(pNode);                      //pNode 入栈
                pNode = pNode -> lchild ;
            }
            else
            {
                pNode = s.top();   s.pop();         //栈顶元素出栈
                cout << pNode -> data <<"   ";
                pNode = pNode -> rchild ;
            }
        }
        cout << endl;
    }
    int main()
    {
        BiTree bt;
        CreateTestBinTree(bt);
        cout <<"按中序遍历(递归算法)的结果为: "<< endl;
        BinTree_LDR(bt);
        cout << endl;
        cout <<"按中序遍历(非递归算法)的结果为: "<< endl;
        BinTree_InOrder(bt);
        DestroyTree(bt);
        return 0;
    }
```

编译并执行以上程序,可得到如下所示的结果。

```
按中序遍历(递归算法)的结果为:
D  G  B  A  H  E  I  C  F
按中序遍历(非递归算法)的结果为:
D  G  B  A  H  E  I  C  F
Press any key to continue
```

【实例 5-22】 后序遍历。

编写一个程序,输出指定二叉树的后序遍历序列。

(1) 编程思路。

后序遍历的方法为:

若二叉树为空,遍历结束。否则,①后序遍历根结点的左子树;②后序遍历根结点的右子树;③访问根结点。

由于后序遍历的方法也采用的是递归定义,因此很容易写出其递归算法。下面主要讨论后序遍历的非递归实现方法。

设 T 是要后序遍历的二叉树的根指针,后序遍历要求在遍历完左右子树后,再访问根。需要判断根结点的左右子树是否均遍历过。

可采用标记法,结点入栈时,配一个标志 tag 一同入栈(L:遍历左子树前的现场保护。R:遍历右子树前的现场保护)。

首先将 T 和 tag(为 L)入栈,遍历左子树;返回后,修改栈顶 tag 为 R,遍历右子树;最后访问根结点。

(2) 源程序及运行结果。

```
#include <iostream>
#include <stack>
#include "binaryTree.h"
using namespace std;
struct stackNode{
    BiTNode * ptr;
    char tag;
};
void BinTree_LRD(BiTree bt)
{
    if(bt)
    {
        BinTree_LRD(bt->lchild);
        BinTree_LRD(bt->rchild);
        cout << bt->data <<"   ";
    }
}
void BinTree_PostOrder(BiTree bt)
{
    stack <stackNode> s;              //s是栈
    stackNode x;
    BiTNode * p;
    p = bt;
    do
    {
        while (p!= NULL)              //遍历左子树
        {
            x.ptr = p;
            x.tag = 'L';              //标记为左子树
            s.push(x);
            p = p->lchild;
        }
        while (!s.empty() && s.top().tag == 'R')
        {
            x = s.top();  s.pop();
            p = x.ptr;
```

```
                    cout << p -> data <<"  ";   //tag 为 R,表示右子树访问完毕,故访问根结点
                }
                if (!s.empty())
                {
                    s.top().tag = 'R';         //遍历右子树
                    p = s.top().ptr -> rchild;
                }
        }while (!s.empty());
        cout << endl;
}
int main()
{
        BiTree bt;
        CreateTestBinTree(bt);
        cout <<"按后序遍历(递归算法)的结果为: "<< endl;
        BinTree_LRD(bt);
        cout << endl;
        cout <<"按后序遍历(非递归算法)的结果为: "<< endl;
        BinTree_PostOrder(bt);
        DestroyTree(bt);
        return 0;
}
```

编译并执行以上程序,可得到如下所示的结果。

```
按后序遍历(递归算法)的结果为:
G  D  B  H  I  E  F  C  A
按后序遍历(非递归算法)的结果为:
G  D  B  H  I  E  F  C  A
Press any key to continue
```

【实例 5-23】 层次遍历。

层次遍历的方法是:从二叉树的第一层(根结点)开始,从上至下逐层遍历,在同一层中,则按从左到右的顺序对接点逐个访问。

编写一个程序,输出指定二叉树的层次遍历序列。

(1)编程思路。

对于图 5-10 中的二叉树,进行层次遍历时,从二叉树的根结点开始。先应该访问(输出)根结点 A,同时为了下次能够访问 A 的两个子结点,应该在遍历到 A 时把子结点 B 和 C 保存起来(B 保存在 C 的前面)。现在保存有两个结点 B 和 C 了。按照从左往右的要求,先取出 B 访问(因为 B 先保存)。输出 B 的同时要把 B 的子结点 D 保存起来,此时保存有两个结点 C 和 D。接下来再取出结点 C 访问(因为 C 保存在 D 的前面),在输出 C 的同时要把 C 的两个子结点 E 和 F 保存起来……依次下去,直到每个保存的结点均被访问到。

由于在访问的过程中,先保存的结点先访问,因此用队列作为保存结点信息的存储结构,可以很方便地实现二叉树的层次遍历。

(2)源程序及运行结果。

```
#include < iostream >
```

```cpp
#include "binaryTree.h"
using namespace std;
#define QUEUE_MAXSIZE 50
void BinTree_Level(BiTree bt)
{
    BiTNode * pNode;
    BiTNode * q[QUEUE_MAXSIZE];                  //定义一个循环队列
    int head = 0, tail = 0;                      //队首、队尾序号
    if(bt)                                       //若二叉树不为空
    {
        tail = (tail + 1) % QUEUE_MAXSIZE;       //计算循环队列队尾序号
        q[tail] = bt;                            //将二叉树根指针入队
    }
    while(head != tail)                          //队列不为空,进行循环
    {
        head = (head + 1) % QUEUE_MAXSIZE;       //计算循环队列的队首序号
        pNode = q[head];                         //获取队首元素
        cout << pNode -> data << "   ";
        if(pNode -> lchild != NULL)              //若结点存在左子树,则左子树指针进队
        {
            tail = (tail + 1) % QUEUE_MAXSIZE;   //计算循环队列的队尾序号
            q[tail] = pNode -> lchild;           //将左子树指针进队
        }
        if(pNode -> rchild != NULL)              //若结点存在右孩子,则右孩子结点指针进队
        {
            tail = (tail + 1) % QUEUE_MAXSIZE;   //计算循环队列的队尾序号
            q[tail] = pNode -> rchild;           //将右子树指针进队
        }
    }
    cout << endl;
}
int main()
{
    BiTree bt;
    CreateTestBinTree(bt);
    cout << "按层次遍历的结果为: " << endl;
    BinTree_Level(bt);
    DestroyTree(bt);
    return 0;
}
```

编译并执行以上程序,可得到如下所示的结果。

```
按层次遍历的结果为:
A  B  C  D  E  F  G  H  I
Press any key to continue
```

在上面的程序中,用数组实现了一个循环队列。实际上标准模板库 STL 中已经实现了一个很好的 deque(两端都可以进出的队列),只需要拿过来用就可以了,无需自己动手实现一个循环队列。

为使用 STL 的双端队列，应该包含相应的头文件，即 #include <deque>。这样可修改层次遍历函数如下：

```
void BinTree_Level (BiTree bt)
{
    if(bt == NULL)
        return;
    deque<BiTNode *> dequeTreeNode;
    dequeTreeNode.push_back(bt);
    while(dequeTreeNode.size())
    {
        BiTNode * pNode = dequeTreeNode.front();
        dequeTreeNode.pop_front();
        cout << pNode->data <<"   ";
        if(pNode->lchild)
            dequeTreeNode.push_back(pNode->lchild);
        if(pNode->rchild)
            dequeTreeNode.push_back(pNode->rchild);
    }
    cout << endl;
}
```

【实例 5-24】 二叉树的处理。

编写几个函数，这几个函数的功能分别为：①统计给定的二叉树中叶子结点的个数；②求二叉树的深度；③统计二叉树中数据域的值大于字符 E 的结点的个数；④将二叉树中所有结点的左右子树相互交换；⑤判断给定的二叉树是否是完全二叉树。

（1）编程思路。

对于二叉树的处理，大多数情况下用递归的方法很容易实现，只需要对遍历的代码稍作修改即可。

例如，二叉树的深度本身就可以递归定义。①空树的深度为 0；②如果一棵树只有一个结点（即根结点既没有左子树也没有右子树），它的深度为 1；③如果二叉树有左子树或有左子树，则该二叉树的深度就是其左、右子树深度的较大值再加 1。

当然，二叉树的处理也可以用非递归的算法来完成。由于递归的本质是编译器生成了一个函数调用的栈；因此用循环来完成同样任务时最简单的办法就是用一个辅助栈来模拟递归。

例如，将二叉树中所有结点的左右子树相互交换的非递归算法是：首先把二叉树的根结点放入栈中。在循环中，只要栈不为空，弹出栈的栈顶结点，交换它的左右子树。如果它有左子树，把它的左子树压入栈中；如果它有右子树，把它的右子树压入栈中。这样在下次循环中就能交换它的子结点的左右子树了。

另外，要注意不是所有二叉树的处理都可以使用递归的。例如，完全二叉树的判断若采用递归就会出错。因为，若一棵二叉树的左右子树都是完全二叉树，但该二叉树不一定是完全二叉树。因此，完全二叉树的判断采用用队列模拟进行层次遍历的方法来完成。

（2）源程序及运行结果。

```
#include <iostream>
```

```
#include < stack >
#include < deque >
#include "binaryTree. h"
using namespace std;
int CountLeaf(BiTree bt)                        //求二叉树中叶子结点个数
{
    if (bt == NULL)
        return 0;                               //对于空树,叶子结点树为 0
    else if (bt -> lchild == NULL && bt -> rchild == NULL)
        return 1;
    else
        return   CountLeaf(bt -> lchild) + CountLeaf(bt -> rchild);
}
int BinTreeDepth(BiTree bt)              //求二叉树深度
{
    int dep1,dep2;
    if(bt == NULL)
        return 0;                        //对于空树,深度为 0
    else
    {
        dep1 = BinTreeDepth(bt -> lchild);      //递归调用求左子树深度
        dep2 = BinTreeDepth(bt -> rchild);      //递归调用求右子树深度
        if(dep1 > dep2)
          return dep1 + 1;
        else
            return dep2 + 1;
    }
}
int CountNodeIf(BiTree bt,char ch)             //按要求统计结点个数
{
    int n0,n1,n2;
    if(bt == NULL)
        return 0;                              //对于空树,结点数为 0
    else
    {
        if (bt -> data > ch) n0 = 1;
        else   n0 = 0;
        n1 = CountNodeIf(bt -> lchild,ch);      //递归调用求左子树中的结点数
        n2 = CountNodeIf(bt -> rchild,ch);      //递归调用求右子树中的结点数
        return n0 + n1 + n2;
    }
}
void BinTreeRevolute(BiTree &bt)
{
    BiTNode * p;
    if (bt == NULL)   return;
    p = bt -> lchild ;   bt -> lchild = bt -> rchild ;   bt -> rchild = p;
    BinTreeRevolute(bt -> lchild);
    BinTreeRevolute(bt -> rchild);
}
void BinTreeRevolute_2(BiTree &bt)
```

```
    {
        if (bt == NULL)   return;
        stack < BiTNode * > s;                      //s 是栈
        BiTNode * pNode, * pTemp;
        s.push(bt);                                 //根结点入栈
        while(!s.empty())
        {
            pNode = s.top();
            s.pop();
            pTemp = pNode -> lchild ;
            pNode -> lchild = pNode -> rchild ;
            pNode -> rchild = pTemp;
            if(pNode -> lchild)
                s.push(pNode -> lchild);
            if(pNode -> rchild)
                s.push(pNode -> rchild);
        }
    }
    int JudgeComplete(BiTree bt)
    {
        if(bt == NULL)                              //空树是完全二叉树
            return 1;
        int tag = 0;
        deque < BiTNode * > q;                      //q 是队列,队中元素为二叉树结点指针
        q.push_back(bt);                            //初始时,根结点入队
        while(!q.empty())
        {
            BiTNode * pNode = q.front();            //队中元素出队
            q.pop_front();
            if (pNode -> lchild && tag == 0)
                q.push_back(pNode -> lchild);       //左子结点入队
            else if(pNode -> lchild)
                return 0;                           //前面已有结点没左子,但本结点有左子
            else
                tag = 1;                            //本结点没有左子,做上标记
            if (pNode -> rchild && tag == 0)
                q.push_back(pNode -> rchild);       //左子结点入队
            else if(pNode -> rchild)
                return 0;                           //前面已有结点没左子或右子,但本结点有右子
            else
                tag = 1;                            //本结点没有右子,做上标记
        }
        return 1;
    }
    int main()
    {
        BiTree bt;
        CreateTestBinTree(bt);
        cout <<"二叉树中叶子结点数为: "<< CountLeaf(bt)<< endl;
        cout <<"二叉树的深度为: "<< BinTreeDepth(bt)<< endl;
        cout <<"二叉树中元素值大于 E 的结点数为: "<< CountNodeIf(bt, 'E')<< endl;
```

```
        if (JudgeComplete(bt) == 1)
            cout <<"本二叉树是一棵完全二叉树!"<< endl;
        else
            cout <<"本二叉树不是一棵完全二叉树!"<< endl;
        BinTreeRevolute(bt);
        cout <<"左右子树交换后,二叉树为: "<< endl;
        PrintTree(bt);
        BinTreeRevolute_2(bt);
        cout <<"再次左右子树交换后,二叉树为: "<< endl;
        PrintTree(bt);
        DestroyTree(bt);
        return 0;
    }
```

编译并执行以上程序,可得到如下所示的结果。

```
二叉树中叶子结点数为: 4
二叉树的深度为: 4
二叉树中元素值大于 E 的结点数为: 4
本二叉树不是一棵完全二叉树!
左右子树交换后,二叉树为:
结点 A 的 左子为 C,右子为 B。
结点 C 的 左子为 F,右子为 E。
结点 F 的 左子为空,右子为空。
结点 E 的 左子为 I,右子为 H。
结点 I 的 左子为空,右子为空。
结点 H 的 左子为空,右子为空。
结点 B 的 左子为空,右子为 D。
结点 D 的 左子为 G,右子为空。
结点 G 的 左子为空,右子为空。
再次左右子树交换后,二叉树为:
结点 A 的 左子为 B,右子为 C。
结点 B 的 左子为 D,右子为空。
结点 D 的 左子为空,右子为 G。
结点 G 的 左子为空,右子为空。
结点 C 的 左子为 E,右子为 F。
结点 E 的 左子为 H,右子为 I。
结点 H 的 左子为空,右子为空。
结点 I 的 左子为空,右子为空。
结点 F 的 左子为空,右子为空。
Press any key to continue
```

【实例 5-25】 二叉树中特定结点的查找。

编写程序,在给定二叉树中查找值为 data 的结点,并分别求给定二叉树先序序列的最后一个结点、中序序列的第一个结点和最后一个结点以及后序序列的第 1 个结点。

(1) 编程思路。

在二叉树的先序、中序和后序遍历的序列中考虑第一个结点和最后一个结点,有 6 种情况:

① 先序遍历序列的第一个结点为根结点。

② 后序遍历序列的最后一个结点也是跟结点。

③ 中序遍历序列的第一个结点是最左子,即一直向左到尽头。循环为:

```
p = bt;
while(p -> lchild)
    p = p -> lchild;                                //若左子树不空,沿左子树向下
```

④ 中序遍历序列的最后一个结点是最右子,即一直向右到尽头。循环为:

```
p = bt;
while(p -> rchild!= NULL)
    p = p -> rchild;                                //若右子树不空,沿右子树向下
```

⑤ 先序遍历序列的最后一个结点是最右子的左子树的"最右子",直到"最右子"为叶子结点。搜索循环为:

```
p = bt;
while(p -> lchild!= NULL || p -> rchild!= NULL)
{
    if (p -> rchild) p = p -> rchild;               //若右子树不空,沿右子树向下
    else if (p -> lchild) p = p -> lchild;          //若右子树空而左子树不空,沿左子树向下
}
```

⑥ 后序遍历序列的第一个结点是最左子的右子树的"最左子",直到"最左子"为叶子结点。搜索循环为:

```
while(p -> lchild!= NULL || p -> rchild!= NULL)
{
    if (p -> lchild) p = p -> lchild;               //若左子树不空,沿左子树向下
    else if (p -> rchild) p = p -> rchild;          //若左子树空而右子树不空,沿右子树向下
}
```

(2) 源程序及运行结果。

```cpp
#include < iostream >
#include "binaryTree. h"
using namespace std;
BiTNode * BinTreeFind(BiTree bt,char data)          //在二叉树中查找值为 data 的结点
{
    BiTNode  * p;
    if(bt == NULL)
        return NULL;
    else
    {
        if(bt -> data == data)
            return bt;
        else
        {                                           //分别在左右子树中递归查找
            if (p = BinTreeFind(bt -> lchild,data))
                return p;
            else if(p = BinTreeFind(bt -> rchild, data))
```

```
                    return p;
                else
                    return NULL;
            }
        }
    }
    BiTNode * LastNode_preOrder(BiTree bt)        //返回先序序列的最后一个结点的指针
    {
        BiTNode * p;
        if (bt == NULL) return NULL;
        p = bt;
        while(p -> lchild!= NULL ‖ p -> rchild!= NULL)
        {
            if (p -> rchild) p = p -> rchild;         //若右子树不空,沿右子树向下
            else if (p -> lchild) p = p -> lchild;    //若右子树空而左子树不空,沿左子树向下
        }
        return p;                                     //p 的左右子树皆空,则为所求
    }
    BiTNode * FirstNode_InOrder(BiTree bt)        //返回中序序列的第一个结点的指针
    {
        BiTNode * p;
        if (bt == NULL) return NULL;
        p = bt;
        while(p -> lchild)
                p = p -> lchild;                      //若左子树不空,沿左子树向下
        return p;                                     //p 为最左子,就是所求
    }
    BiTNode * LastNode_InOrder(BiTree bt)         //返回中序序列的最后一个结点的指针
    {
        BiTNode * p;
        if (bt == NULL) return NULL;
        p = bt;
        while(p -> rchild!= NULL)
                p = p -> rchild;                      //若右子树不空,沿右子树向下
        return p;                                     //p 为最右子,就是所求
    }
    BiTNode * FirstNode_postOrder(BiTree bt)      //返回后序序列的第一个结点的指针
    {
        BiTNode * p;
        if (bt == NULL) return NULL;
        p = bt;
        while(p -> lchild!= NULL ‖ p -> rchild!= NULL)
        {
            if (p -> lchild) p = p -> lchild;         //若左子树不空,沿左子树向下
            else if (p -> rchild) p = p -> rchild;    //若左子树空而右子树不空,沿右子树向下
        }
        return p;                                     //p 的左右子树皆空,则为所求
    }
    int main()
    {
        BiTree bt;
```

```cpp
CreateTestBinTree(bt);
BiTNode * p;
p = BinTreeFind(bt,'D');
if (p!= NULL)
{
    cout << p->data <<" is in binarytree."<< endl;
    if(p->lchild != NULL)
        cout <<"   Value of its left child is:"<< p->lchild->data;
    else
        cout <<"   Left child is null.";
    if(p->rchild != NULL)
        cout <<"   Value of its right child is: "<< p->rchild->data << endl;
    else
        cout <<"   Right child is null."<< endl;
}
else
    cout <<"Not exist!"<< endl;
p = LastNode_preOrder(bt);
if (p!= NULL)
    cout <<"先序序列的最后一个结点为 "<< p->data << endl;
else
    cout <<"二叉树为空!"<< endl;
p = FirstNode_InOrder(bt);
if (p!= NULL)
    cout <<"中序序列的第一个结点为 "<< p->data << endl;
else
    cout <<"二叉树为空!"<< endl;
p = LastNode_InOrder(bt);
if (p!= NULL)
    cout <<"中序序列的最后一个结点为 "<< p->data << endl;
else
    cout <<"二叉树为空!"<< endl;
p = FirstNode_postOrder(bt);
if (p!= NULL)
    cout <<"后序序列的第一个结点为 "<< p->data << endl;
else
    cout <<"二叉树为空!"<< endl;
DestroyTree(bt);
return 0;
}
```

编译并执行以上程序,可得到如下所示的结果。

```
D is in binarytree.
   Left child is null.   Value of its right child is: G
先序序列的最后一个结点为 F
中序序列的第一个结点为 D
中序序列的最后一个结点为 F
后序序列的第一个结点为 G
Press any key to continue
```

【实例 5-26】 构造二叉树。

输入某二叉树的先序遍历序列和中序遍历序列,构造该二叉树。

例如,输入的先序序列为 ABCDEFG,输入的中序序列为 CBEDAFG,则构造出二叉树。

(1) 编程思路。

二叉树的先序遍历是先访问根结点 D,其次遍历左子树 L,最后遍历右子树 R,即在结点的先序序列中,第 1 个结点必是根结点 D。中序遍历是先遍历左子树 L,然后访问根结点 D,最后遍历右子树,则根结点 D 将中序序列分割成两部分:在 D 之前的是左子树结点的中序序列,在 D 之后的是右子树结点的中序序列。

因此,根据给定的先序遍历序列和中序遍历序列,可以确定二叉树的根结点、左子树的先序遍历和中序遍历序列、右子树的先序遍历和中序遍历序列。

例如,设给定的先序遍历序列存储在数组 preorder 中,int preorder[8]="ABCDEFG";给定的中序遍历序列存储在数组 inorder 中,int inorder[8]="CBEDAFG"。

由先序序列可知,根结点为 A(preorder[0]),扫描中序序列,得到根结点 A 在中序序列中的位置 index=4。则左子树的中序序列为 CBED(inorder[0]~inorder[3]),右子树的中序序列为 FG(inorder[5]~inorder[6])。

由于左子树的中序序列中有 4 个结点,因此在先序序列中根结点后面的 4 个元素一定是左子树的先序序列,再后面的所有元素都是右子树的先序序列。即左子树的先序序列为 BCDE(preorder[1]~preorder[4]),右子树的先序序列为 FG(preorder[5]~preorder[6])。

依次类推,可以递归地构造出整棵二叉树。由先序遍历序列 ABCDEFG 和中序遍历序列 CBEDAFG 构造一棵二叉树的过程如图 5-11 所示。

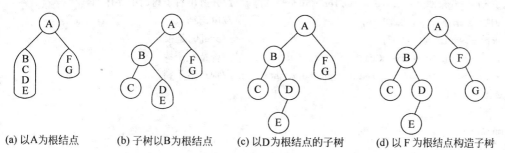

(a) 以A为根结点　　　(b) 子树以B为根结点　　　(c) 以D为根结点的子树　　　(d) 以F为根结点构造子树

图 5-11 由先序和中序序列构造一棵二叉树的过程

编写一个函数 BiTree PreInCreat(string pre,string mid)来构造二叉树。在 PreInCreat 函数中,先根据先序遍历序列的第 1 个元素创建根结点,再在中序遍历序列中找到根结点的位置,从而在先序序列和中序序列中分别划分出左子树的先序子序列和中序子序列、右子树的先序子序列和中序子序列,然后递归地调用 PreInCreat 函数,可以分别构造它的左右子树。

设字符串 pre 中保存的是先序序列,字符串 mid 中保存的是中序序列,则有:

① 先序序列的第一个结点 pre[0] 必是这棵树的根节点,申请存储空间,创建根结点,并使根结点的数据域等于 pre[0]。

② 根结点 pre[0] 在中序序列中的位置 index(index=mid.find(pre[0]))是它的左子

树和右子树的边界。

③ 根据边界 index 得到该根结点的左子树和右子树的先序和中序序列，分别为：

```
string leftPre(pre,1,index);              //分解出左子树的先序序列
string leftMid(mid,0,index);              //分解出左子树的中序序列
string rightPre(pre,index+1,len-index-1); //分解出右子树的先序序列
string rightMid(mid,index+1,len-index-1); //分解出右子树的中序序列
```

④ 递归地调用函数 PreInCreat(leftPre,leftMid) 构造左子树，调用函数 PreInCreat(rightPre,rightMid) 构造右子树。

(2) 源程序及运行结果。

```cpp
#include <iostream>
#include <string>
#include "binaryTree.h"
using namespace std;
BiTree PreInCreat(string pre,string mid)
{
    int len = pre.length();
    if (len == 0) return NULL;
    int index = mid.find(pre[0]);                //确定根结点 pre[0]在中序序列中的位置
    string leftPre(pre,1,index);                 //分解出左子树的先序序列
    string leftMid(mid,0,index);                 //分解出左子树的中序序列
    string rightPre(pre,index+1,len-index-1);    //分解出右子树的先序序列
    string rightMid(mid,index+1,len-index-1);    //分解出右子树的中序序列
    BiTree root = new BiTNode;                    //申请结点
    root->data = pre[0];                         //pre[0]是根
    root->lchild = PreInCreat(leftPre,leftMid);  //构造左子树
    root->rchild = PreInCreat(rightPre,rightMid);//构造右子树
    return root;
}
int main()
{
    BiTree bt;
    string preorder,inorder;
    cout <<"请输入先序序列：";
    cin >> preorder;
    cout <<"请输入中序序列：";
    cin >> inorder;
    bt = PreInCreat(preorder,inorder);
    PrintTree(bt);
    DestroyTree(bt);
    return 0;
}
```

编译并执行以上程序，可得到如下所示的结果。

```
请输入先序序列: ABDGCEHIF
请输入中序序列: DGBAHEICF
结点 A 的 左子为 B,右子为 C。
结点 B 的 左子为 D,右子为空。
结点 D 的 左子为空,右子为 G。
结点 G 的 左子为空,右子为空。
结点 C 的 左子为 E,右子为 F。
结点 E 的 左子为 H,右子为 I。
结点 H 的 左子为空,右子为空。
结点 I 的 左子为空,右子为空。
结点 F 的 左子为空,右子为空。
Press any key to continue
```

第6章

程序设计中的算法

凡是学习了一种程序设计语言并能编写一些实用程序的学生,大都有这样一种体会:学会编程容易,但要想编出好程序难。之所以这样,主要原因是缺乏算法的学习和训练。算法作为计算机科学领域最重要的基石之一,常常受到程序设计学习者的冷落。许多大学生看到一些公司在招聘时要求的编程语言五花八门,就产生一种误解,认为学计算机就是学各种编程语言。实际上,编程语言虽然该学,但是学习计算机算法和理论更重要,因为计算机语言和开发平台日新月异,但万变不离其宗的是那些算法和理论。

计算机科学家李开复在其"算法的力量"一文中有这样的观点:真正学懂计算机的人(不只是"编程匠")都对数学有相当的造诣,既能用科学家的严谨思维来求证,也能用工程师的务实手段来解决问题——而这种思维和手段的最佳演绎就是"算法"。

算法的学习对程序员来说是非常重要的。在本书前面的章节中介绍了递推法、穷举法和递归法。本章主要介绍回溯法、分治法、贪心法和动态规划等算法的基本思想和应用方法。

6.1 回溯法

6.1.1 回溯法的基本思想

首先想象这样一个场景:在一次探险活动中,走进了一座迷宫,在入口处进去后,要从出口出来。如果遇到直路,就一直往前走;如果遇到分叉路口,就任意选择其中的一个继续往下走;如果遇到死胡同,就退回到最近的一个分叉路口,选择另一条道路再走下去;如果遇到了出口,任务就结束了。回溯法解决问题的出发点就是这样:按照某种条件往前试探搜索,如果前进中遭到失败(正如遇到死胡同)则退回头另选分叉路继续搜索,直到找到满足条件的目标为止。它可以形象地概括为"一直向前走,撞到南墙再回头"。

回溯法是一种既带有系统性又带有跳跃性的搜索法,它的基本思想是:在搜索过程中,当探索到某一步时,发现原先的选择达不到目标,就退回到上一步重新选择。它主要用来解决一些要经过许多步骤才能完成的,而每个步骤都有若干种可能的分支(可以描述为一棵解空间树),为了完成这一过程,需要遵守某些规则,但这些规则又无法用数学公式来描述的一类问题。

回溯法的基本做法是试探搜索,是一种组织得井井有条、能避免一些不必要搜索的穷举式搜索法。回溯法在问题的解空间树中,从根结点出发搜索解空间树,搜索至解空间树的任意一点,先判断该结点是否包含问题的解;如果肯定不包含,则跳过对该结点为根的子树的搜索,逐层向其父结点回溯;否则,进入该子树,继续搜索。

从解的角度理解,回溯法将问题的候选解按某种顺序进行枚举和检验。当发现当前候选解不可能是解时,就选择下一个候选解。在回溯法中,放弃当前候选解,寻找下一个候选解的过程称为回溯。倘若当前候选解除了不满足问题规模要求外,满足所有其他要求时,继续扩大当前候选解的规模,并继续试探。如果当前候选解满足包括问题规模在内的所有要求时,该候选解就是问题的一个解。

与第 2 章介绍的穷举法相比,回溯法的“聪明”之处在于能适时“回头”,若再往前走不可能得到解,就回溯,退一步另找线路,这样可省去大量的无效操作。因此,回溯与穷举相比,回溯更适宜于量比较大,候选解比较多的问题。

为了具体说明回溯的实施过程,先看一个简单的例子。

如何在 4×4 的方格棋盘上放置 4 个皇后,使它们互不攻击,即不能有两个皇后处在同一行、同一列或同一对角线上。

图 6-1 所示为应用回溯的实施过程,其中方格中的×表示试图在该方格放置一个皇后,但由于受前面已放置皇后的攻击而放弃的位置。

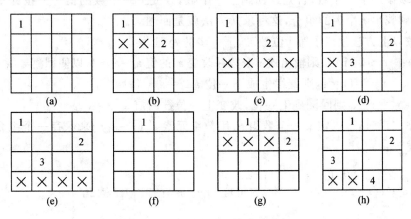

图 6-1 4 皇后问题回溯实施求解

在图 6-1(a)中,在第 1 行第 1 列放置一个皇后。

图 6-1(b)中,第 2 个皇后不能放在第 1、2 列,因而放置在第 3 列上。

图 6-1(c)中,表示第 3 行的所有各列均不能放置皇后,则返回第 2 行,第 2 个皇后需后移。

图 6-1(d)中,第 2 个皇后后移到第 4 列,第 3 个皇后放置在第 2 列。

图 6-1(e)中,第 4 行的所有各列均不能放置皇后,则返回第 3 行;第 3 个皇后后移的所有位置均不能放置皇后,则返回第 2 行;第 2 个皇后已无位可退,则返回第 1 行;第 1 个皇后需后移。

图 6-1(f)中,第 1 个皇后后移至第 2 格。

图 6-1(g)中,第 2 个皇后不能放在第 1~3 列,因而放置在第 4 列上。

图 6-1(h)中,第 3 个皇后放在第 1 列;第 4 个皇后不能放置第 1 和第 2 列,于是放置在第 3 列。

这样经过以上回溯,得到 4 皇后问题的一个解:2413。

继续以上的回溯探索,可得 4 皇后问题的另一个解:3142。

6.1.2　回溯法的应用

【实例 6-1】　r 个数的组合。

从 N 个自然数(1,2,…,n)中选出 r 个数的所有组合。

(1) 编程思路。

由于是选出 r 个数的所有组合,因此(1、2、3)和(1、3、2)、(2、1、3)、(2、3、1)、(3、1、2)、(3、2、1)是一种情况。为了避免解的重复,可以将选出的 r 个数从大到小排列,即按从大到小的顺序挑选出来。

设这 r 个数为 $a_1, a_2, \cdots, a_r$,且满足约束条件:

① $a_1 > a_2 > \cdots > a_r$。

② 第 i 位数($1 \leq i \leq r$)满足 $a_i > r - i$。

求解时按约束条件先确定第一个数,再逐位生成所有的 r 个数,如果当前数符合要求,则添加下一个数;否则返回到上一个数,改变上一个数的值再判断是否符合要求,如果符合要求,则继续添加下一个数,否则返回到上一个数,改变上一个数的值……按此规则不断循环搜索,直到找出 r 个数的组合,这种求解方法就是回溯法。

如果按以上方法生成了第 i 位数 a_i,下一步的处理为:

① 若 $a_i > r - i$ 且 i = r,则输出这 r 个数并改变 a_i 的值 $a_i = a_i - 1$(以便回溯寻找下一个解);

② 若 $a_i > r - i$ 且 $i \neq r$,则继续生成下一位 $a_{i+1} = a_i - 1$;

③ 若 $a_i <= r - i$,则回溯到上一位,改变上一位数的值 $a_{i-1} = a_{i-1} - 1$。

在程序实现时,可以定义一个数组 a,用数组元素 a[1]~a[r] 来保存一个组合结果。算法具体描述为:

```
输入 n、r 的值,并初始化 i = 1; a[1] = n;
while (a[1]!= r-1)       //一直回溯到 a[1] = r-1 所有解空间搜索完毕
{
    if (a[i]> r - i)
    {
        ①若 i == r,则输出解,并且 a[i] = a[i] - 1;
        ②若 i <> r,则继续生成下一位,a[i + 1] = a[i] - 1; i = i + 1;
    }
    if (a[i]<= r - i)
    {   回溯: i = i - 1; a[i] = a[i] - 1; }
}
```

(2) 源程序及运行结果。

```cpp
#include < iostream >
#include < iomanip >
using namespace std;
int main()
{
    int n,r,i,j;
```

```
int a[11];
cout <<"请输入自然数 n 和选出数的个数 r: "<< endl;
cin >> n >> r;
i = 1;   a[1] = n;
do {
  if  (a[i]> r - i)           //符合约束条件
      if (i == r)             //找到一组解,输出
      {
          for (j = 1;j <= r;j++)
              cout << setw(3)<< a[j];
          cout << endl;
          a[i] = a[i] - 1;      //回溯,找下一组解
      }
      else                   //继续搜索
      {
          a[i + 1] = a[i] - 1; i = i + 1;
      }
  else                       //回溯
  {
      i = i - 1; a[i] = a[i] - 1;
  }
}
while (a[1]!= r - 1);
return 0;
}
```

编译并执行以上程序,可得到如下所示的结果。

```
请输入自然数 n 和选出数的个数 r:
5 3
    5   4   3
    5   4   2
    5   4   1
    5   3   2
    5   3   1
    5   2   1
    4   3   2
    4   3   1
    4   2   1
    3   2   1
Press any key to continue
```

【实例 6-2】 数的划分。

将自然数 n 分成 k 份,要求每份不能为空,且任意两份不能相同(不考虑顺序)。问有多少种不同的分法? 例如,当 n=7、k=3 时,共有(1,1,5)、(1,2,4)、(1,3,3)和(2,2,3)4 种分法。

注意:(1,1,5)、(1,5,1)和(5,1,1)三种分法被认为是相同的。

(1) 编程思路。

用回溯法求解。

设自然数 n 拆分为 $a_1, a_2, \cdots, a_k$,且满足以下两个条件:

① $n = a_1 + a_2 + \cdots + a_k$。

② $a_1 \leqslant a_2 \leqslant \cdots \leqslant a_k$ （避免重复计算）。

设已求得的拆分数为 $a_1, a_2, \cdots, a_i$ ，且都满足以上两个条件，设 sum＝$n-a_1-a_2-\cdots-a_i$，下一步的的处理为：

① 如果 i==k，则得到一个解，计数器 cnt 加1，输出当前解，并回溯到上一步，改变 a_{i-1} 的值。

② 如果 i<k 且 sum≥a_i，则向前推进，添加下一个元素 a_{i-1}。

③ 如果 i<k 且 sum<$_i$，则说明分解目标达不到，回溯到上一步，改变的 a_{i-1} 值。

在程序实现时，可以定义一个数组 a，用数组元素 a[1]～a[k] 来保存一个分解结果。

初始时，a[1]＝1，通过不断回溯，可以回溯到初始，修改 a[1]，不断进行上面的推进或回溯过程，直到 a[1]大于 n/k 为止。

算法具体描述为：

```
输入 n、k 的值，并初始化 i = 1; a[1] = 1; sum = n-1;
while (a[1]<= n/k)          //一直回溯到 a[1]>n/k 所有解空间搜索完毕
{
    if (i == k)            //满足问题规模，找到一组解
            输出解，并且回溯: i--; a[i]++; sum = sum + a[i+1]-1;
    else                  //还没有达到问题解的规模
        if (sum >= a[i])  //判断约束条件
            可能有解，继续向前推进: i++;  a[i] = a[i-1]; sum = sum - a[i];
        else              //分解目标达不到，需要回溯
            回溯 : i--;   a[i]++; sum = sum + a[i+1]-1;
}
```

（2）源程序及运行结果。

```cpp
#include <iostream>
using namespace std;
int main()
{
    int a[10],n,k,cnt,i,j,sum;
    cout <<"请输入自然数 n 和需要分成的份数 k: "<< endl;
    cin >> n >> k;
    cnt = 0;   i = 1;   a[1] = 1; sum = n-1;                //初始化
    do {
        if (i == k)                                        //判断是否搜索到底
        {
            cnt++;
            for (j = 1;j < k;j++)
                cout << a[j]<<", ";
            cout << a[k] + sum << endl;
            i -- ;                                         //回溯
            a[i]++;   sum = sum + a[i+1]-1;
        }
        else
        {
            if (sum >= a[i])                               //判断是否回溯
            {
                i++;   a[i] = a[i-1]; sum = sum - a[i];    //继续向前推进
            }
```

```
        else
        {
            i--;   a[i]++;
            sum = sum + a[i+1] - 1;                    //回溯
        }
    }
}while (a[1]<= n/k);
    cout <<"共有"<< cnt <<"种分法。"<< endl;
    return 0;
}
```

编译并执行以上程序,可得到如下所示的结果。

```
请输入自然数 n 和需要分成的份数 k:
7 3
1, 1, 5
1, 2, 4
1, 3, 3
2, 2, 3
共有 4 种分法。
Press any key to continue
```

【实例 6-3】 高逐位整除数。

所谓高逐位整除数是:一个自然数从其高位开始,前 1 位能被 1 整除,前 2 位能被 2 整除……前 n 位能被 n 整除。例如,10245 就是一个 5 位高逐位整除数。

对于指定的正整数 n,共有多少个不同的 n 位高逐位整除数?对于 n 位高逐位整除数,n 是否存在有最大值?

编写一个程序,探索指定的 n 位高逐位整除数,输出所有 n 位高逐位整除数。

(1)编程思路。

用回溯法求解。

定义一个数组 a,存放求解的高逐位整除数。

在 a 数组中,数组元素 a[1]从 1 开始取值,存放逐位整除数的最高位数,显然能被 1 整除;a[2]从 0 开始取值,存放第 2 位数,前 2 位即 a[1]*10+a[2]能被 2 整除……。

为了判别已取的 i 位数能否被 i 整除,设置循环

```
for(r = 0, j = 1; j <= i; j++)
    { r = r * 10 + a[j]; r = r % i; }
```

① 若 r=0,则该 i 位数能被 i 整除,则 t=0;此时有两个选择:

- 若已取了 n 位,则输出一个 n 位逐位整除数;最后一位增 1 后继续。
- 若未到 n 位,则 i=i+1 继续探索下一位。

② 若 r≠0,即前 i 位数不能被 i 整除,则 t=1。此时 a[i]=a[i]+1,即第 i 位增 1 后继续。

若增值至 a[i]>9,则 a[i]=0 即该位清 0 后,i=i-1 回溯到前一位增值 1。直到第 1 位增值超过 9 后,退出循环结束。

该算法可探索并输出所有 n 位逐位整除数,用 s 统计解的个数。若 s=0,说明没有找到 n 位逐位整除数,输出"无解"。

（2）源程序及运行结果。

```cpp
#include <iostream>
using namespace std;
int main()
{
    int i,j,n,r,t,s,a[100];
    cout <<"请输入整数的位数 n : ";
    cin >> n;
    for (j = 1;j <= 100;j++)
        a[j] = 0;
    t = 0;   s = 0;
    i = 1;   a[1] = 1;
    while (a[1] <= 9)
    {
        if(t == 0 && i < n) i++;
        for(r = 0,j = 1;j <= i;j++)                  //检测 i 时是否整除 i
        {
            r = r * 10 + a[j]; r = r % i;
        }
        if(r != 0)
        {
            a[i] = a[i] + 1;   t = 1;                 //余数 r!= 0 时,a[i]增 1,t = 1
            while(a[i] > 9 && i > 1)
            {
                a[i] = 0;
                i -- ;                                //回溯
                a[i] = a[i] + 1;
            }
        }
        else
            t = 0;                                    //余数 r = 0 时,t = 0
        if(t == 0 && i == n)
        {
            s++;   cout << s <<" : ";
            for(j = 1;j <= n;j++)
                cout << a[j];
            cout << endl;
            a[i] = a[i] + 1;
        }
    }
    if (s == 0)   cout <<"没有找到解!"<< endl;
    else        cout <<"共有"<< s <<"个解."<< endl;
    return 0;
}
```

编译并执行以上程序,可得到如下所示的结果。

```
请输入整数的位数 n : 24
1 : 144408645048225636603816
2 : 360852885036840078603672
3 : 402852168072900828009216
共有 3 个解。
Press any key to continue
```

当输入 n＝25 时,程序可输出 25 位的高逐位整除数：3608528850368400786036725。只有一个解。

当输入 n＞25 时,无解,说明高逐位整除数位数的最大值为 25。

【实例 6-4】　神奇的古尺。

有一年代尚无考究的古尺长 36 寸,因使用日久尺上的刻度只剩下 8 条,其余刻度均已不复存在。神奇的是,用该尺仍可一次性度量 1～36 之间任意整数寸长度。

编写一个程序,确定古尺上 8 条刻度的位置。

(1) 编程思路。

为了寻求实现尺长 s 完全度量的 n 条刻度的分布位置,设置两个数组 a 和 b。

a 数组元素 a[i] 为第 i 条刻度距离尺左端线的长度,a[0]＝0 和 a[n+1]＝s 对应尺的左右端线。由于到尺的两端至少有一条刻度距端线为 1(否则长度 s-1 不能度量),不妨设 a[1]＝1,其余的 a[i](i=2,…,n) 在 2～s-1 中取不重复的数。可设

$$2 \leqslant a[2] < a[3] < \cdots < a[n] \leqslant s-1$$

从 a[2] 取 2 开始,以后 a[i] 从 a[i-1]+1 开始递增 1 取值,直至 s-(n+1)+i 为止。这样可避免重复。

当 i＝n 时,n 条刻度连同尺的两条端线共 n+2 条,n+2 条刻度线任取 2 条的组合数为 C_{n+2}^2,记为 m,显然有

$$m = C_{n+2}^2 = \frac{(n+1)(n+2)}{2}$$

任意两条刻度线可以量出一种长度,这样可以量出 m 种长度(可能有重复),b 数组元素 b[1],b[2],…,b[m] 就保存这 m 种长度。

为判定某种刻度分布位置能否实现完全度量,设置特征量 u,对于 1≤d≤s 的每一个长度 d,如果在 b[1]～b[m] 中存在某一个元素的值等于 d,特征量 u 值增 1。最后,若 u＝s,说明从 1 至尺长 s 的每一个整数 d 都有一个 b[i] 相对应,即达到完全度量,找到了一种解,输出直尺的 n 条刻度分布位置。

若 i＜n,i 增 1 后,a[i]＝a[i-1]+1,继续探索。

当 i＞1 时,a[i] 增 1 继续,至 a[i]＝s-(n+1)+i 时回溯。

(2) 源程序及运行结果。

```cpp
#include < iostream >
#include < iomanip >
using namespace std;
void output(int * a, int s, int n);
int main()
{
    int s, n, m, i, t, j, k, u, d;
    int a[30], b[300];
    cout <<"请输入尺长 s 和刻度分布的条数 n: ";
    cin >> s >> n;
    a[0] = 0; a[1] = 1; a[n+1] = s;
    m = (n+2) * (n+1)/2;
    i = 2;   a[i] = 2;
```

```
        while(1)
        {
            if(i < n)
            {
                i++; a[i] = a[i-1] + 1;
                continue;
            }
            else
            {
                for(t = 0,k = 0;k < = n;k++)
                    for(j = k + 1;j < = n + 1;j++)
                    {
                        t++;b[t] = a[j] - a[k];          //序列部分和赋值给 b 数组
                    }
                for(u = 0,d = 1;d < = s;d++)
                    for(k = 1;k < = m;k++)
                        if(b[k] == d)
                        {  u += 1;k = m; }               //检验 b 数组取 1 - s 有多少个
                if(u == s)                               //b 数组值包括 1 - s 所有整数
                {
                    if((a[n]!= s - 1) ‖ (a[n] == s - 1) && (a[2] < = s - a[n-1]))
                        output(a,s,n);
                }
            }
            while (a[i] == s - (n + 1) + i)
                i -- ;                                   //调整或回溯
            if(i > 1)    a[i]++;
            else        break;
        }
        return 0;
    }
    void output( int  ∗ a, int s, int n)
    {
        int i,j;
        cout <<" ┌";                                    //输出尺的上边
        for(i = 1;i < = s - 1;i++)   cout <<"—";
        cout <<"┐ "<< endl;
        cout <<" | ";
        for(i = 1;i < = n + 1;i++)                       //输出尺的数字标注
        {
            for(j = 1;j < = a[i] - a[i-1] - 1;j++)
                cout <<"  ";
            if(i < n + 1)   cout << setw(2)<< a[i];
            else        cout <<" | "<< endl;
        }
        cout <<" └";                                    //输出尺的下边与刻度
        for (i = 1;i < = n + 1;i++)
        {
            for(j = 1;j < = a[i] - a[i-1] - 1;j++)
                cout <<"—";
            if (i < n + 1)   cout <<"┴";
```

```
        else            cout <<"⌐ "<< endl;
    }
    cout <<"直尺的段长序列为: ";              //输出段长序列
    for(i = 1;i <= n;i++)
        cout << a[i] - a[i-1]<<"  ";
    cout << s - a[n]<< endl;
}
```

编译并执行以上程序,可得到如下所示的结果。

```
请输入尺长 s 和刻度分布的条数 n: 36 8
┌─────────────────────────────────────────────────────┐
│ 1   3    6          13            20            27       31      35 │
└─────────────────────────────────────────────────────┘
直尺的段长序列为: 1 2 3 7 7 7 4 4 1
Press any key to continue
```

【实例 6-5】 桥本分数式。

日本数学家桥本吉彦教授于 1993 年 10 月在我国山东举行的中日美三国数学教育研讨会上向与会者提出以下填数趣题:把 1、2、…、9 这 9 个数字填入下式的 9 个方格中(数字不得重复),使下面的分数等式成立。

$$\frac{\Box}{\Box\Box}+\frac{\Box}{\Box\Box}=\frac{\Box}{\Box\Box}$$

桥本教授当即给出了一个解答。这一分数式填数趣题究竟共有多少组解呢?试求出所有解(等式左边两个分数交换次序只算一个解)。

(1)编程思路 1。

可以采用回溯法逐步调整探求。把式中 9 个"□"规定一个顺序后,先在第一个"□"中填入一个数字(从 1 开始递增),然后从小到大选择一个不同于前面"□"的数字填在第二个"□"中,依此类推,把 9 个"□"都填入没有重复的数字后,检验是否满足等式。若等式成立,打印所得的解。然后第 9 个"□"中的数字调整增 1 再试,直到调整为 9(不能再增);返回前一个"□"中数字调整增 1 再试;依此类推,直至第一个"□"中的数字调整为 9 时,完成调整探求。

设置数组 int a[10],式中每一"□"位置用一个数组元素 a[i](1≤i≤9)来表示,具体对应情况为:

$$\frac{a[1]}{a[2]a[3]}+\frac{a[4]}{a[5]a[6]}=\frac{a[7]}{a[8]a[9]}$$

同时,记式中的 3 个分母分别为:

$$m1=a[2]a[3]=a[2]*10+a[3]$$
$$m2=a[5]a[6]=a[5]*10+a[6]$$
$$m3=a[8]a]9]=a[8]*10+a[9]$$

所求分数等式等价于整数等式 a[1] * m2 * m3+a[4] * m1 * m3=a[7] * m1 * m2 成立。这一转化可以把分数的测试转化为整数测试。

由于等式左侧两分数交换次序只算一个解,为避免解的重复,设 a[1]<a[4]。

式中 9 个"□"各填一个数字,不允许重复。为判断数字是否重复,设置中间变量 g。先赋值 g=1;若出现某两数字相同(即 a[i]=a[k])或 a[1]>a[4],则赋值 g=0(重复标记)。

首先从 a[1]=1 开始,逐步给 a[i](1≤i≤9)赋值,每一个 a[i]赋值从 1 开始递增至 9。直至 a[9]赋值,判断:

- 若 i==9、g==1、a[1]*m2*m3+a[4]*m1*m3==a[7]*m1*m2 同时满足,则为一组解,用 s 统计解的个数后,输出这组解。
- 若 i<9 且 g==1,表明还不到 9 个数字,则下一个 a[i]从 1 开始赋值继续。
- 若 a[9]==9,则回溯到前一个数组元素 a[8]增 1 赋值(此时,a[9]又从 1 开始)再试。若 a[8]==9,则再回溯到前一个数组元素 a[7]增 1 赋值再试。依此类推,直到 a[1]==9 时,已无法回溯,意味着已全部试毕,求解结束。

(2) 源程序 1 及运行结果。

```cpp
#include <iostream>
using namespace std;
int main()
{
    int g,i,k,s,a[10];
    int m1,m2,m3;
    i=1; a[1]=1; s=0;
    while (1)
    {
        g=1;
        for(k=1; k<i;k++)
            if(a[i]==a[k])
            {  g=0;break;  }                        //两数相同,标记 g=0
        if(i==9 && g==1 && a[1]<a[4])
        {
            m1=a[2]*10+a[3];
            m2=a[5]*10+a[6];
            m3=a[8]*10+a[9];
            if (a[1]*m2*m3+a[4]*m1*m3==a[7]*m1*m2)   //判断等式
            {
                s++;   cout<<"   "<<s<<" : ";
                cout << a[1]<<"/"<< m1 <<" + "<<a[4]<<"/"<< m2;
                cout <<" = "<<a[7]<<"/"<< m3;
                if (s%2==0)   cout << endl;
            }
        }
        if (i<9 && g==1)
        {
            i++; a[i]=1; continue;
        }                                           //不到 9 个数,往后继续
        while (a[i]==9 && i>1)
            i--;                                    //往前回溯
        if (a[i]==9 && i==1)
            break;                                  //至第 1 个数为 9 结束
        else
            a[i]++;                                 //回溯后,数字变为下一个数
    }
```

```
    cout <<"共有"<< s <<"个解."<< endl;
    return 0;
}
```

编译并执行以上程序,可得到如下所示的结果。

```
1 : 1/26 + 5/78 = 4/39    2 : 1/32 + 5/96 = 7/84
3 : 1/32 + 7/96 = 5/48    4 : 1/78 + 4/39 = 6/52
5 : 1/96 + 7/48 = 5/32    6 : 2/68 + 9/34 = 5/17
7 : 2/68 + 9/51 = 7/34    8 : 4/56 + 7/98 = 3/21
9 : 5/26 + 9/78 = 4/13    10 : 6/34 + 8/51 = 9/27
共有 10 个解。
Press any key to continue
```

(3) 编程思路 2。

实际上,回溯也能用递归实现。一般来说,递归实现回溯的算法框架为:

```
void   put(int k)                //k 为当前探求点
{
    int i,j,u;
    if (k<=问题规模)
    {
        预置操作标记 u = 0;
        if ( <约束条件> )
            u = 1;                //此时不可继续操作,需要回溯
        if(u == 0)                //可以继续向前推进
        {
            if (k == 问题规模)     //若已满足规模,则打印出一个解
            输出一组解;
            else  put(k + 1);     //递归调用 put(k + 1),向前推进
        }
    }
}
```

由这个算法框架可知,在调用 put(k)时,当检测约束条件知当前 k 不可继续操作(记 u＝1),即再往前不可能得解,此时当然不可能输出解,也不调用 put(k＋1),而是回溯,返回调用 put(k)之处。这就是递归回溯的机理。

用递归回溯的方法来编写桥本分数式的求解程序如下。

(4) 源程序 2。

```
#include < iostream >
using namespace std;
int a[10],s = 0;
void put(int k);
int main()
{
    put(1);                              //调用递归函数 put(1)
    cout <<"共有"<< s <<"个解."<< endl;
    return 0;
}
```

//桥本分数式递归函数

```cpp
void put(int k)
{
    int i,j,u,m1,m2,m3;
    if(k<=9)
    {
        for(i=1;i<=9;i++)              //探索第 k 个数字取值 i
        {
            a[k] = i;
            for(u=0,j=1;j<k;j++)
              if(a[k]==a[j])
                u=1;                    //出现重复数字,则置 u=1
            if(u==0)                    //若第 k 个数字可为 i
            {
                if(k==9 && a[1]<a[4])  //若已 9 个数字,则检查等式
                {
                    m1 = a[2]*10+a[3];
                    m2 = a[5]*10+a[6];
                    m3 = a[8]*10+a[9];
                    if (a[1]*m2*m3+a[4]*m1*m3==a[7]*m1*m2)  //判断等式
                    {
                        s++;  cout<<"   "<<s<<" : ";
                        cout << a[1]<<"/"<<m1<<" + "<<a[4]<<"/"<<m2;
                        cout <<" = "<<a[7]<<"/"<<m3;
                        if (s%2==0)  cout << endl;
                    }
                }
                else  put(k+1);         //若不到 9 个数字,则调用 put(k+1)
            }
        }
    }
}
```

【实例 6-6】 八皇后问题。

在一个 8×8 国际象棋盘上,放置 8 个皇后,每个皇后占一格,要求皇后间不会出现相互"攻击"的现象,即不能有两个皇后处在同一行、同一列或同一对角线上。问共有多少种不同的放置方法?

(1)编程思路 1。

下面采用带回溯的自顶向下的方法来分析解决这个问题。

① 在八皇后问题中,由于任意两个皇后不同行,因此可以将布局表示为一维数组 x[8]。数组的下标 i 表示棋盘上的第 i 行,a[i]的值表示皇后在第 i 行所放的位置。如 a[1]=5,表示在棋盘的第 1 行的第 5 列放一个皇后。初始时,数组 x 的 8 个元素值全为 0,表示每一行上均没有放置皇后。

为了寻找满足要求的布局 x,可依次产生部分布局(x[0]),(x[0],x[1]),…,直至最后产生出完整布局(x[0],x[1],…,x[7])。每一步都要求保证它们是在不同列和不同对角线上。采用的方法是带回溯的自顶向下算法。即先在第 0 行第 0 列安置一个皇后(x[0]=0),然后在第 1 行合适位置安放第 2 个皇后,如此继续,若在第 i 行找到合适位置并安放皇后之

后,就继续在第 i＋1 行上寻找合适位置。如果在第 i＋1 行上找不到,那么就回溯到第 i 行往下另找合适位置,然后再继续找下去。这样,可以写出这个算法的主程序为:

```
置当前行 PresentRowNo = 0,当前列 PresentColNo = − 1;
While (当前行 PresentRowNo >= 0   && PresentRowNo <= 7)
{
     在当前行的下一列开始逐列检查直到找到一个合适的安全位置,并根据寻找结果置标志 flag。
记为 TryPresentRow;
       If  (flag)
             在当前行上已找到一个合适的安全位置,在该位置安放一个皇后,并将当前行推进到下一
行,使第 0 列的前一列作为当前列,为寻找此下一行中的合适位置做好准备。记为 ConsiderNextRow;
       Else
          表示当前行上已找不到一个合适的位置。所以必须后退一行,移去该行已安置的皇后,而
以该皇后所在列作为当前列(由此开始继续往下寻找合适位置)。如果当前列已是最后一列,则需要
再后退一行。记为 Regress;
}
If (PresentRowNo == 8)
     找到了一种布局,打印它。记为 Print;
```

下面需要对主程序中的 TryPresentRow(试探)、ConsiderNextRow(推进)、Regress(回溯)和 Print(输出)进行细化,逐个解决。

② 对 TryPresentRow(试探)进行细化。

试探是要在当前行 PresentRowNo 中找到一列 PresentColNo,检查在此位置安置的皇后是否会与前面各行已经安置的皇后相冲突。如果不冲突,置标志 Flag 为 true(找到了合适位置);如果冲突并且当前列已是最后一列,置标志 Flag 为 flase(当前行找不到合适位置)。程序描述为:

```
Do
    PresentColNo++;
    Flag = true;
    For (i = 0; i< PresentRowNo && Flag; i++)
    If (x[PresentRowNo] == x[i] ||                    //有两个皇后在同一列
      (x[i] − i) == ( PresentColNo − PresentRowNo ) || //有两个皇后在同一"\"对角线
      (x[i] + i) == ( PresentColNo + PresentRowNo))   //有两个皇后在同一"/"对角线
             Flag = false;
  While (PresentColNo < 7 && ! Flag);
```

③ 对 ConsiderNextRow(推进)进行细化

ConsiderNextRow 是在当前找到的合适位置安放一个皇后,并将当前行推进到下一行。程序为:

```
x[PresentRowNo] = PresentColNo;
PresentRowNo++;
PresentColNo = − 1;
```

④ 对 Regress(回溯)进行细化。

回溯是后退到上一行,移去该行已安置的皇后,而以该皇后所在列作为当前列(以便由此开始继续往下寻找合适位置)。如果新的当前列已是最后一列,则需要再后退一行。回溯

有时需后退两行,但最多只可能后退两行。程序为:

```
PresentRowNo -- ;
if (PresentRowNo >= 0)
{
    PresentColNo = x[PresentRowNo];
    x[PresentRowNo] = 0;
}
if (PresentColNo == 7)
{
    PresentRowNo -- ;
    if (PresentRowNo >= 0)
    {
        PresentColNo = x[PresentRowNo];
        x[PresentRowNo] = 0;
    }
}
```

⑤ 对 Print(输出)进行细化,方法如下:

```
for (i = 0; i < 8; i++)
{
  cout <<"("<< i <<"):"<< x [i]<<"   ";
}
cout << endl;
```

⑥ 上面给出的主程序可以求得一种布局。如果要求找出所有可能符合要求的布局。只需改变程序,使之找到一个解后,程序并不结束,而是打印解的信息,然后再继续回溯寻找下一个解。找到回溯至当前行小于 0,程序结束。因而可将主程序修改为:

```
置当前行 PresentRowNo = 0,当前列 PresentColNo = -1;
While (当前行 PresentRowNo >= 0)
{
    TryPresentRow;
    If   (flag)
    {    ConsiderNextRow;
        If (PresentRowNo == 8){   Print;   Regress; }
    }
    Else
        Regress;
}
```

(2) 源程序 1 及运行结果。

```
#include < iostream >
using namespace std;
int main()
{
    int x[8] = {0};
    int PresentRowNo, PresentColNo, i, num = 0;
    bool flag;
    PresentRowNo = 0;    PresentColNo = -1;
```

```
while (PresentRowNo > = 0)
{
    do
    {
        PresentColNo++;        flag = true;
        for (i = 0; i < PresentRowNo && flag; i++)
        if (PresentColNo == x[i]  ||  (x[i] - i) == (PresentColNo - PresentRowNo ) ||
            (x[i] + i) == (PresentColNo + PresentRowNo))
                flag = false;
    } while (PresentColNo < 7 && ! flag);
    if (flag)
    {
        x[PresentRowNo] = PresentColNo;
        PresentRowNo++;        PresentColNo = - 1;
        if (PresentRowNo == 8)
        {
            num++;
            cout << num <<" -->   ";
            for (i = 0; i < 8; i++)
            {
                cout <<"("<< i <<"):"<< x[i]<<"   ";
            }
            cout << endl;
            PresentRowNo -- ;
            if (PresentRowNo > = 0)
            {
                PresentColNo = x[PresentRowNo];
                x[PresentRowNo] = 0;
            }
            if (PresentColNo == 7)
            {
                PresentRowNo -- ;
                if (PresentRowNo > = 0)
                {
                    PresentColNo = x[PresentRowNo];
                    x[PresentRowNo] = 0;
                }
            }
        }
    }
    else
    {
        PresentRowNo -- ;
        if (PresentRowNo > = 0)
        {
            PresentColNo = x[PresentRowNo];
            x[PresentRowNo] = 0;
        }
        if (PresentColNo == 7)
        {
            PresentRowNo -- ;
```

```
                    if (PresentRowNo > = 0)
                    {
                        PresentColNo = x[PresentRowNo];
                        x[PresentRowNo] = 0;
                    }
                }
            }
        }
        return 0;
}
```

编译并执行以上程序,可得到如下所示的结果。

```
1--> (0):0  (1):4  (2):7  (3):5  (4):2  (5):6  (6):1  (7):3
2--> (0):0  (1):5  (2):7  (3):2  (4):6  (5):3  (6):1  (7):4
    …  (解太多,省略 88 组解)
91--> (0):7  (1):2  (2):0  (3):5  (4):1  (5):4  (6):6  (7):3
92--> (0):7  (1):3  (2):0  (3):2  (4):5  (5):1  (6):6  (7):4
Press any key to continue
```

(3) 编程思路 2。

采用递归的算法实现回溯。编写的递归函数框架如下:

```
void putchess(int chess[8], int n)
//数组 chess 保存放置的格局,n 表示从第 n 行开始放皇后
{
    if (n < 8)                          //8 行未放满
    {
      for (int i = 0; i < 8; i++)       //将第 n 行从第一格(i)开始往下放
      {
          chess[n] = i;                 //在第 n 行第 i 格放置一个皇后
          if (第 n 行第 i 格可放置一个皇后)
          {
            if (n == 7)
                已放满到 8 行,找出了一种解,输出;
            else
                putchess(chess,n + 1);  //递归.没放满,则放下一行 putchess(n+1)
          }
      }
    }
}
```

(4) 源程序 2 及运行结果。

```
#include < iostream >
using namespace std;
void show_chess(int chess[8]);
int check(int chess[8], int n);
void putchess(int chess[8], int n);
int main()
{
```

```
    int chess[8];
    cout <<"All Results are :"<< endl;
    putchess(chess,0);
    return 0;
}
void putchess(int chess[8], int n)          //递归函数：在从第 n 行开始放皇后
{
    int i;
    if (n < 8)
    {
        for (i = 0; i < 8; i++)             //将第 n 行从第一格(i)开始往下放
        {
            chess[n] = i;
            if (check(chess, n) == 1)       //若可放,则检查是否放满
            {
                if (n == 7)
                    show_chess(chess);      //若已放满到 8 行时,则找出一种解,输出
                else
                    putchess(chess,n + 1);  //若没放满则放下一行 putchess(n + 1)
            }
        }
    }
}
int check(int chess[8], int n)              //根据前面几行的子,检查第 n 行所放的皇后是否合法
{
    int i;
    for (i = 0; i <= n − 1; i++)
        if (chess[n] == chess[i] + (n − i) ||
            chess[n] == chess[i] − (n − i) ||
            chess[n] == chess[i] )
                return 0;
    return 1;
}
void show_chess(int chess[8])               //函数：打印结果
{
    static int count = 0;
    cout <<" ************* 第"<<++count <<"种 ************* "<< endl;
    for(int i = 0; i < 8; i++)
    {
        for(int j = 0; j < 8; j++)
            if (j == chess[i]) cout <<"1 ";
            else   cout <<"0 ";
        cout << endl;
    }
}
```

编译并执行以上程序,可得到如下所示的结果。

```
        …  (解太多,省略前 91 组解)
      ************* 第 92 种 *************
      0 0 0 0 0 0 0 1
      0 0 0 1 0 0 0 0
      1 0 0 0 0 0 0 0
      0 0 1 0 0 0 0 0
      0 0 0 0 0 1 0 0
      0 1 0 0 0 0 0 0
      0 0 0 0 0 0 1 0
      0 0 0 0 1 0 0 0
      Press any key to continue
```

6.2 分治法

6.2.1 分治法的基本思想

分治法是一种很重要的算法。"分治"字面上的解释是"分而治之",就是把一个复杂的问题分成两个或更多的相同或相似的子问题,再把子问题分成更小的子问题……直到最后子问题可以简单地直接求解,原问题的解即子问题解的合并。

任何一个可以用计算机求解的问题所需的计算时间都与其规模有关。问题的规模越小,越容易直接求解,解题所需的计算时间也越少。例如,对于 n 个元素的排序问题,当 n＝1 时,不需任何计算;n＝2 时,只要作一次比较即可排好序;n＝3 时,只要作 3 次比较即可……而当 n 较大时,问题就不那么容易处理了。要想直接解决一个规模较大的问题,有时是相当困难的。

分治法的设计思想是:将一个难以直接解决的大问题,分割成一些规模较小的相同问题,以便各个击破,分而治之。

分治策略是:对于一个规模为 n 的问题,若该问题可以容易地解决(如说规模 n 较小)则直接解决,否则将其分解为 k 个规模较小的子问题,这些子问题互相独立且与原问题形式相同,递归地解这些子问题,然后将各子问题的解合并得到原问题的解。

如果原问题可分割成 k 个子问题(1＜k≤n),且这些子问题都可解并可利用这些子问题的解求出原问题的解,那么这种分治法就是可行的。由分治法产生的子问题往往是原问题的较小模式,这就为使用递归技术提供了方便。在这种情况下,反复应用分治手段,可以使子问题与原问题类型一致而其规模却不断缩小,最终使子问题缩小到很容易直接求出其解。这自然导致递归过程的产生。

分治与递归像一对孪生兄弟,经常同时应用在算法设计之中,并由此产生许多高效算法。

分治法所能解决的问题一般具有以下几个特征:

① 该问题的规模缩小到一定的程度就可以容易地解决。

② 该问题可以分解为若干个规模较小的相同问题,即该问题具有最优子结构性质。

③ 利用该问题分解出的子问题的解可以合并为该问题的解。

④ 该问题所分解出的各个子问题是相互独立的,即子问题之间不包含公共的子子问题。

上述第一条特征是绝大多数问题都可以满足的,因为问题的计算复杂性一般是随着问题规模的增加而增加;第二条特征是应用分治法的前提,它也是大多数问题可以满足的,此特征反映了递归思想的应用;第三条特征是关键,能否利用分治法完全取决于问题是否具有第三条特征,如果具备了第一条和第二条特征,而不具备第三条特征,则可以考虑用贪心法或动态规划法;第四条特征涉及分治法的效率,如果各子问题不相互独立,则分治法要做许多不必要的工作,重复地解公共的子问题,此时虽然可用分治法,但一般用动态规划法较好。

分治法在每一层递归上都有三个步骤:①分解:将原问题分解为若干个规模较小,相互独立,与原问题形式相同的子问题。②求解:若子问题规模较小而容易被解决则直接解,否则递归地解各个子问题。③合并:将各个子问题的解合并为原问题的解。

它的一般的算法设计模式如下:

```
Divide - and - Conquer(P)
{
    if (问题 P 的规模 |P|≤ 阈值 n0)
      return(直接对问题 P 求解);
    else
    {
        将 P 分解为较小的子问题 P1,P2,…,Pk ;
        for (i = 1; i < = k; i++)
          yi ← Divide - and - Conquer(Pi);     //递归解决 Pi
        T ← MERGE(y1,y2,…,yk)                   //将 P 的子问题 P1,P2,…,Pk 的相应的
                                                //解 y1,y2,…,yk 合并为 P 的解.
        return(T);
    }
}
```

例如,实例 3-16"折半查找"和实例 4-15"归并排序"都是分治法的典型应用。

下面再看一个简单的例子。

【实例 6-7】　最大最小问题。

在一个有 n 个元素的整型数组里,寻找最大和最小元素。

(1) 编程思路。

一般的方法是遍历数组,依次将每个元素和当前最大、最小值进行比较,直至遍历数组结束,返回最大、最小值。程序代码如源程序中的函数 void MaxMin1(int a[], int n, int * max, int * min)所示。

很明显,在输入规模为 n 时,这种一般的方法所执行的元素比较次数是 $2n-2$。下面讨论用分治法如何解决这个问题。

① 如果数组中只有一个元素,则它既是最大值也是最小值。

② 如果有两个元素,则一次比较就可以得到最大值和最小值。

③ 如果有两个以上的元素,则把数组分成两个规模相当的子数组,递归地应用这个算法分别求出两个子数组的最大值和最小值,最后比较两个子数组的最大值得到整个数组的

最大值；比较两个子数组的最小值得到整个数组的最小值。

（2）源程序及运行结果。

```cpp
#include <iostream>
using namespace std;
void MaxMin1(int a[], int n, int &max, int &min)
{
    int i = 0;
    max = min = a[0];
    for (i = 1; i < n; i++)
    {
        if (a[i] < min)  min = a[i];
        if (a[i] > max)  max = a[i];
    }
}
void MaxMin2(int a[], int left, int right, int &max, int &min)
{
    int x1, x2, y1, y2;
    int mid;
    if ((right - left) <= 1)                    //一个或两个元素
    {
        if (a[right] > a[left])
        {  max = a[right];   min = a[left];   }
        else
        {  max = a[left];    min = a[right];  }
    }
    else
    {
        mid = (left + right) / 2;
        MaxMin2(a, left, mid, x1, y1);          //把数组分成两个规模相当子数组递归
        MaxMin2(a, mid + 1, right, x2, y2);
        max = (x1 > x2) ? x1 : x2;
        min = (y1 < y2) ? y1 : y2;
    }
}
int main()
{
    int a[20] = {34,3,15,8,18,23,89,39,56,14,48,24,21,35,54,63,79,82,92,97};
    int max,min;
    MaxMin1(a,20,max,min);
    cout <<"Max = "<< max <<",Min = "<< min << endl;
    MaxMin2(a,0,19,max,min);
    cout <<"Max = "<< max <<",Min = "<< min << endl;
    return 0;
}
```

编译并执行以上程序，可得到如下所示的结果。

```
Max = 97, Min = 3
Max = 97, Min = 3
Press any key to continue
```

6.2.2 分治法的应用

【实例6-8】 最大子段和。

给定 n 个整数(可能为负数)组成的序列 a[1],a[2],a[3],…,a[n],求该序列如 a[i]+a[i+1]+…+a[j](i≤j)的子段和的最大值。

当所给的整数均为负数时定义子段和为 0。

即所求的子段和的最大值为 Max {0,a[i]+a[i+1]+…+a[j] } (1≤i≤j≤n)。

例如,序列-2,11,-4,13,-5,-2 的最大子段和为 20(即子段 11,-4,13 的和)。

(1) 编程思路。

在实例 3-19"最大连续子段和"中采用扫描数组的方法求解最大连续子段和,下面采用分治法来解决这个问题。

① 如果序列中只有一个元素,则最大子段和为该元素的值或 0(若元素值为负)。

② 如果序列中元素不止一个,则将序列划分成长度相等或相差一个元素的两个子序列,这时会出现三种情况:

- 最大子段和在第一个子序列;
- 最大子段和在第二个子序列;
- 最大子段和在第一个子序列与第二个子序列之间。

将三种情况的最大子段和分别求出后进行合并,取三者之中的最大值为问题的解。

(2) 源程序及运行结果。

```cpp
#include <iostream>
using namespace std;
int MaxSubSum(int * a, int left, int right);   //分治法求最大子段和
int main()
{
    int n,result;
    cout <<"请输入序列中元素的个数: ";
    cin >> n;
    int * a = new int [n];
    cout <<"请依次输入序列中的各元素值: "<< endl;
    for (int i = 0;i < n;i++)
        cin >> a[i];
    result = MaxSubSum(a, 0, n-1);
    cout <<"最大字段和为 "<< result << endl;
    return 0;
}
int MaxSubSum(int * a, int left, int right)
{
    int maxSum = 0;
    if(left == right)
        return (a[left]> 0?a[left]:0);
    int middle = (left + right)/2;
    int leftSum = MaxSubSum(a, left, middle);
    int rightSum = MaxSubSum(a, middle + 1, right);
    int i, lefs = 0, rigs = 0, temSum = 0;
```

```
        for(i = middle; i > = left; -- i)
        {
            temSum += a[i];
            lefs = (temSum > lefs)?temSum:lefs;
        }
        temSum = 0;
        for(i = middle + 1; i < = right; ++i)
        {
            temSum += a[i];
            rigs = (temSum > rigs)?temSum:rigs;
        }
        maxSum = lefs + rigs;
        if(leftSum > maxSum) maxSum = leftSum;
        if(rightSum > maxSum) maxSum = rightSum;
        return maxSum;
    }
```

编译并执行以上程序，可得到如下所示的结果。

```
请输入序列中元素的个数: 6
请依次输入序列中的各元素值:
 - 2 11 - 4 13 - 5 - 2
最大字段和为 20
Press any key to continue
```

【实例 6-9】 后序遍历序列。

编写一个程序，输入一棵二叉树的先序和中序遍历序列，输出其后序遍历序列。约定二叉树中的结点用不同的大写字母表示，序列长度不超过 26，且由给定的先序和中序序列一定可以正确构造一棵二叉树。

（1）编程思路。

在实例 5-26"构造二叉树"中，可以通过输入的先序序列和中序序列构造一棵二叉树，然后再调用后序遍历二叉树的相应函数，即可输出对应的后序序列。

下面采用分治法来解决这个问题。

先序遍历是先访问根结点，再遍历左子树，最后遍历右子树；中序遍历是先遍历左子树，再访问根，最后遍历右子树。因而由先序遍历可以确定根，由中序遍历可以确定左右子树，再在先序遍历中找到对应子树，找到左右子树的根……递归下去，最终可以确定二叉树的各个结点的相对位置，也就找到了二叉树的后序遍历序列。

设字符串 pre 中保存的是先序序列，字符串 mid 中保存的是中序序列，则有：

① 先序序列的第一个结点 pre[0] 必是这棵树的根节点。

② 根结点 pre[0] 在中序序列中的位置 index（index＝mid. find(pre[0])）是它的左子树和右子树的边界。

③ 根据边界 index 得到该根结点的左子树和右子树的先序和中序序列，分别为：

```
string leftPre(pre, 1, index);              //分解出左子树的先序序列
string leftMid(mid, 0, index);              //分解出左子树的中序序列
string rightPre(pre, index + 1, len - index - 1);    //分解出右子树的先序序列
```

```
string rightMid(mid,index + 1,len - index - 1);        //分解出右子树的中序序列
```

④ 分别求出左子树的后序序列、右子树的后序序列,再输出根结点,即得到二叉树的后序序列。

(2) 源程序 1 及运行结果。

```cpp
#include < iostream >
#include < string >
using namespace std;
void outPostOrder(string pre,string mid)
{
    int len = pre.length();
    if(len == 1)
    {
        cout << pre[0];
        return;
    }
    int index = mid.find(pre[0]);                        //确定根结点 pre[0]在中序序列中的位置
    string leftPre(pre,1,index);                         //分解出左子树的先序序列
    string leftMid(mid,0,index);                         //分解出左子树的中序序列
    string rightPre(pre,index + 1,len - index - 1);      //分解出右子树的先序序列
    string rightMid(mid,index + 1,len - index - 1);      //分解出右子树的中序序列
    if (leftPre.length()> 0)
        outPostOrder(leftPre,leftMid);                   //输出左子树的后序序列
    if (rightPre.length()> 0)
        outPostOrder(rightPre,rightMid);                 //输出右子树的后序序列
    cout << pre[0];                                      //输出根结点的值
}
int main()
{
    string pre,mid;
    cout <<"请输入先序遍历序列: ";
    cin >> pre;
    cout <<"请输入中序遍历序列: ";
    cin >> mid;
    cout <<"后序遍历序列为: ";
    outPostOrder(pre,mid);
    cout << endl;
    return 0;
}
```

编译并执行以上程序,可得到如下所示的结果。

```
请输入先序遍历序列: ABDEHCFGI
请输入中序遍历序列: DBEHAFCIG
后序遍历序列为: DHEBFIGCA
Press any key to continue
```

实际上,给出一棵二叉树的中序序列与后序序列,也可以唯一构造一棵二叉树。对前面的程序进行改写如下,输入一棵二叉树的中序和后序遍历序列,输出其先序遍历序列。

由二叉树遍历的定义可知,后序序列的最后一个字符即为这棵树的根节点;在中序序列中,根结点前面的为其左子树,根结点后面的为其右子树;因此,可以由后序序列求得根结点,再由根结点在中序序列的位置确定左子树和右子树,把左子树和右子树各看作一个单独的树。这样,就把一棵树分解为具有相同性质的二棵子树,一直递归下去,当分解的子树为空时,递归结束,在递归过程中,按先序遍历的规则输出求得的各个根结点,输出的结果即为原问题的解。

(3) 源程序 2 及运行结果。

```cpp
#include < iostream >
#include < string >
using namespace std;
void outPreOrder( string mid, string post)
{
    int len = post. length();
    if(len == 1)
    {
        cout << post[ len - 1];
        return;
    }
    int index = mid. find(post[len - 1]);          //确定根结点 post[len - 1]在中序序列中的位置
    string leftMid(mid, 0, index);                 //分解出左子树的中序序列
    string leftpost(post, 0, index);               //分解出左子树的后序序列
    string rightMid(mid, index + 1, len - index - 1); //分解出右子树的中序序列
    string rightpost(post, index, len - index - 1);   //分解出右子树的后序序列
    cout << post[ len - 1];                        //输出根结点的值
    if (leftpost. length()> 0)
        outPreOrder(leftMid, leftpost);            //输出左子树的先序序列
    if (rightpost. length()> 0)
        outPreOrder(rightMid, rightpost);          //输出右子树的先序序列
}
int main()
{
    string post, mid;
    cout <<"请输入中序遍历序列: ";
    cin >> mid;
    cout <<"请输入后序遍历序列: ";
    cin >> post;
    cout <<"先序遍历序列为: ";
    outPreOrder(mid, post);
    cout << endl;
    return 0;
}
```

编译并执行以上程序,可得到如下所示的结果。

```
请输入中序遍历序列: DBKEHAFCIG
请输入后序遍历序列: DKHEBFIGCA
先序遍历序列为: ABDEKHCFGI
Press any key to continue
```

【实例 6-10】　比赛安排。

设有 $2^n(n\leqslant6)$ 个选手进行围棋个人单循环比赛,计划在 2^n-1 天内完成,每个选手每天进行一场比赛。设计一个比赛的安排,使在 2^n-1 天内每个选手都与不同的对手比赛。例如,n=2 时的比赛安排为:

选手编号 1　2　3　4

比赛安排:　第一天　1-2　3-4

　　　　　　第二天　1-3　2-4

　　　　　　第三天　1-4　2-3

(1) 编程思路。

可以采用分治法来进行比赛安排。先将问题进行分解,设 $m=2^n$,将规模减半,如果 n=3(即 m=8),8 个选手的比赛,减半后变成 4 个选手的比赛(m=4),4 个选手的比赛安排方式还不是很明显,再减半到两个选手的比赛(m=2),两个选手的比赛安排方式很简单,只要让两个选手直接进行一场比赛即可:

选手编号　　对手编号

　　1　　　　　　2

　　2　　　　　　1

分析两个选手的比赛安排表不难发现,这是一个对称的方阵,把这个方阵分成 4 部分(即左上,右上,左下,右下),右上部分可由左上部分加 1(即加 m/2)得到,而右上与左下部分、左上与右下部分别相等。因此也可以把这个方阵看作是由 m=1 的方阵所成生的,同理可得 m=4 的方阵:

1　2　3　4

2　1　4　3

3　4　1　2

4　3　2　1

同理,可由 m=4 方阵生成 m=8 的方阵:

1　2　3　4　5　6　7　8

2　1　4　3　6　5　8　7

3　4　1　2　7　8　5　6

4　3　2　1　8　7　6　5

5　6　7　8　1　2　3　4

6　5　8　7　2　1　4　3

7　8　5　6　3　4　1　2

8　7　6　5　4　3　2　1

这样就构成了整个比赛的安排表。

(2) 源程序及运行结果。

```cpp
#include <iostream>
#include <iomanip>
using namespace std;
#define MAXN 64
int a[MAXN + 1][MAXN + 1] = {0};
```

```cpp
void gamecal(int k,int n)                      //处理编号 k 开始的 n 个选手的日程
{
    int i,j;
    if(n==2)
    {
        a[k][1] = k;                           //参赛选手编号
        a[k][2] = k + 1;                       //对阵选手编号
        a[k + 1][1] = k + 1;                   //参赛选手编号
        a[k + 1][2] = k;                       //对阵选手编号
    }
    else
    {
        gamecal(k,n/2);
        gamecal(k + n/2,n/2);
        for(i = k;i < k + n/2;i++)             //填充右上角
            for(j = n/2 + 1;j <= n;j++)
                a[i][j] = a[i + n/2][j - n/2];
        for(i = k + n/2;i < k + n;i++)         //填充左下角
            for(j = n/2 + 1;j <= n;j++)
                a[i][j] = a[i - n/2][j - n/2];
    }
}
int main()
{
    int m,i,j;
    cout <<"请输入参赛选手人数: ";
    while(1)
    {
        cin >> m;
        j = 2;
        for(i = 2;i < 8;i++)
        {
            j = j * 2;
            if(j == m) break;
        }
        if(i >= 8)
            cout <<"选手人数必须为 2 的整数次幂,且不超过 64.请重新输入!"<< endl;
        else
            break;
    }
    gamecal(1,m);
    cout <<"\n 编号   ";
    for(i = 2;i <= m;i++)
        cout << i - 1 <<"天 ";
    cout << endl;
    for(i = 1;i <= m;i++)
    {
        for(j = 1;j <= m;j++)
            cout << setw(4)<< a[i][j];
        cout << endl;
    }
    return 0;
}
```

编译并执行以上程序,可得到如下所示的结果。

```
请输入参赛选手人数: 8

编号  1 天 2 天 3 天 4 天 5 天 6 天 7 天
  1    2   3   4   5   6   7   8
  2    1   4   3   6   5   8   7
  3    4   1   2   7   8   5   6
  4    3   2   1   8   7   6   5
  5    6   7   8   1   2   3   4
  6    5   8   7   2   1   4   3
  7    8   5   6   3   4   1   2
  8    7   6   5   4   3   2   1
Press any key to continue
```

【实例 6-11】 最近点对问题。

给定平面上 n 个点 (x_i, y_i) $(1 \leqslant i \leqslant n)$,找出其中的一对点,使得在 n 个点组成的所有点对中,该点对间的距离最小。

(1) 编程思路。

最直接的方法是检查所有的 $n(n-1)/2$ 对点,并计算每一对点的距离,可以找出距离最近的一对点。这种方法的时间复杂度为 $O(n^2)$。

下面采用分治法来解决这个问题。

将所给平面上的 n 个点的集合 S 分成两个子集 S1 和 S2,每个子集中约有 n/2 个点。然后在每个子集中递归地求其最接近的点对。算法框架描述为:

```
if  (n较小)  {                        //S中只有 2 个或 3 个点
    用直接法寻找最近点对;
    return;
}
else                                  //n 较大
{
    将点集 S 分成大致相等的两个子集 S1 和 S2 ;
    确定 S1 和 S2 中的最近点对;
    确定一点在 S1 中、另一点在 S2 中的最近点对;
    从上面得到的三对点中,找出距离最小的一对点;
}
```

算法中,关键的问题是如何实现分治法中的合并步骤,即由 S1 和 S2 的最接近点对,如何求得原集合 S 中的最接近点对。如果组成 S 的最接近点对的两个点都在 S1 中或都在 S2 中,则问题很容易解决。但是,如果这两个点分别 S1 和 S2 中,问题就不那么简单了。

为了使问题易于理解和分析,先来考虑一维的情形,如图 6-2 所示。

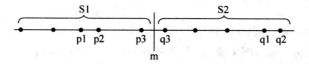

图 6-2 数轴上的点的情形

在这种情形下,S 中的 n 个点退化为 x 轴上的 n 个实数 x1,x2,…,xn。最接近点对即为这 n 个实数中相差最小的 2 个实数。基于分治法的思想,用 S 中各点坐标的中位数 m 来作分割点,将 S 划分为 2 个子集 S1 和 S2,递归地在 S1 和 S2 中找出其最接近点对(p1,p2)和(q1,q2),并设 d=min{|p1−p2|,|q1−q2|},S 中的最接近点对或者是(p1,p2),或者是(q1,q2),或者是某个(p3,q3),其中 p3∈S1 且 q3∈S2。如果 S 的最接近点对是{p3,q3},即|p3−q3|小于 d,则 p3 和 q3 两者与 m 的距离不超过 d,即 p3∈(m−d,m],q3∈(m,m+d)。由于在 S1 中,每个长度为 d 的半闭区间至多包含一个点(否则必有两点距离小于 d),并且 m 是 S1 和 S2 的分割点,因此(m−d,m]中至多包含 S 中的一个点。由图可以看出,如果(m−d,m]中有 S 中的点,则此点就是 S1 中最大点。因此,用线性时间就能找到区间(m−d,m]和(m,m+d)中所有点,即 p3 和 q3。从而用线性时间就可以将 S1 的解和 S2 的解合并成为 S 的解。

下面来考虑二维的情形,如图 6-3 所示。

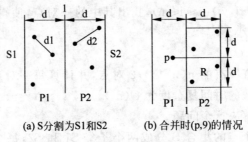

(a) S分割为S1和S2   (b) 合并时(p,9)的情况

图 6-3   二维平面上的点的情形

在图 6-3(a)中,选取一垂直线 l(x=m)来作为分割直线,其中 m 为 S 中各点 x 坐标的中位数。将 S 分割为 S1 和 S2。递归地在 S1 和 S2 上找出其最小距离 d1 和 d2,并设 d=min{d1,d2},S 中的最接近点对或者是 d,或者是某个(p,q),其中 p∈P1 且 q∈P2。

在图 6-3(b)中,考虑合并时(p,q)的情况。P1 中任意一点 p,它若与 P2 中的点 q 构成最接近点对的候选者,则必有 distance(p,q)小于 d。满足这个条件的 P2 中的点一定落在一个 d×2d 的矩形 R 中。由 d 的意义可知,P2 中任何 2 个 S 中的点的距离都不小于 d(否则必有两点距离小于 d)。由此可以推出矩形 R 中最多只有 6 个 S 中的点。因此,在分治法的合并步骤中最多只需要检查 6×n/2=3n 个候选者。

为了确切地知道要检查哪 6 个点,可以将 p 和 P2 中所有 S2 的点投影到垂直线 l 上。由于能与 p 点一起构成最接近点对候选者的 S2 中点一定在矩形 R 中,所以它们在直线 l 上的投影点距 p 在 l 上投影点的距离小于 d。由上面的分析可知,这种投影点最多只有 6 个。因此,若将 P1 和 P2 中所有 S 中点按其 y 坐标排好序,则对 P1 中所有点,对排好序的点列作一次扫描,就可以找出所有最接近点对的候选者。对 P1 中每一点最多只要检查 P2 中排好序的相继 6 个点。

编写一个函数 void closest(Point a[], Point b[], Point c[], int top, int bottom,Point &p,Point &q,double &d);用来确定 a[top~bottom]中的最近点对。假定这些点按 x 坐标排序。在 b[top~bottom]中对这些点按 y 坐标排序。c[top~bottom]用来存放中间结果。找到最近点对以后,将通过引用 p、q 返回最近点对,d 返回距离。

　　当 a[top～bottom]中点数超过 3 个时,通过计算 mid ＝(top＋bottom)/2 把点集分为两组 S1 和 S2,a[top～mid]属于 S1,a[mid＋1～bottom]属于 S2。通过从左至右扫描 b 中的点以及确定哪些点属于 S1,哪些点属于 S2,可以创建分别与 S1 子集和 S2 子集对应的、按 y 坐标排序的 c[top～mid]和 c[mid＋1～bottom]。依次执行两个递归调用来获取 S1 和 S2 中的最近点对。两次递归调用后,重构 b,淘汰距分割线很远的点,寻找可能的更好的第三类点对。

　　(2) 源程序及运行结果。

```cpp
#include <iostream>
#include <cmath>
using namespace std;
const int N = 1000;
const double eps = 0.00001;
struct Point
{
    double x, y;
    int index;
};

void closest(Point a[], Point b[], Point c[], int top, int bottom, Point &p, Point &q, double &d);
int merge(Point p[], Point q[], int s, int m, int t);
double dis(Point p, Point q);
int cmp_x(const void * p, const void * q);
int cmp_y(const void * p, const void * q);
int main()
{
    int n, i;
    Point a[N], b[N], c[N];
    Point p, q;
    double d;
    cout << "请输入平面上点的数目: ";
    cin >> n;
    cout << "请依次输入各点的坐标(x,y): " << endl;
    for (i = 0; i < n; i++)
        cin >> a[i].x >> a[i].y;
    qsort(a, n, sizeof(a[0]), cmp_x);          //a 数组按 x 坐标排序
    for (i = 0; i < n; i++)
        a[i].index = i;
    for (i = 0; i < n; i++)
        b[i] = a[i];
    qsort(b, n, sizeof(b[0]), cmp_y);          //b 数组按 y 坐标排序
    closest(a, b, c, 0, n - 1, p, q, d);
    cout << "最近点对为 (" << p.x << "," << p.y << ") 和 (" << q.x << "," << q.y << ")" << endl;
    cout << "距离为 " << d << endl;
    return 0;
}
void closest(Point a[], Point b[], Point c[], int top, int bottom, Point &p, Point &q, double &d)
{
    if (bottom - top == 1)
```

```
        {
            p = a[top]; q = a[bottom];
            d = dis(a[top], a[bottom]);
            return ;
        }
        if (bottom - top == 2)
        {
            double x1 = dis(a[top], a[bottom]);
            double x2 = dis(a[top + 1], a[bottom]);
            double x3 = dis(a[top], a[top + 1]);
            if (x1 < x2 && x1 < x3)
            {    p = a[top]; q = a[bottom]; d = x1;   return ; }
            else if (x2 < x3)
            {    p = a[top + 1]; q = a[bottom]; d = x2;   return ; }
            else
            {    p = a[top]; q = a[top + 1];   d = x3; return ;   }
        }
        int mid = (top + bottom) / 2;
        int i, j, k;
        for (i = top, j = top, k = mid + 1; i <= bottom; i++)   //把 b 数组以 mid 为界划分
            if (b[i].index <= mid)
                c[j++] = b[i];
        else
            c[k++] = b[i];
        Point p1,q1,p2,q2;
        double d1,d2;
        closest(a, c, b, top, mid,p1,q1,d1);              //寻找左边子集的最近点对(p1,q1)
        closest(a, c, b, mid + 1, bottom,p2,q2,d2);       //寻找右边子集的最近点对(p2,q2)
        double dm;
        if (d1 < d2)
        {   p = p1;   q = q1; d = d1;   dm = d1;   }
        else
        {   p = p2;   q = q2; d = d2;   dm = d2; }
        merge(b, c, top, mid, bottom);                    //数组 c 左右部分对 y 坐标有序的,将其合并到 b
        //收集距离中线距离小于 dm 的元素,保存到数组 c 中
        //因 b 数组按 y 坐标递增排序,c 数组仍然对 y 坐标有序
        for (i = top, k = top; i <= bottom; i++)
            if (fabs(b[i].x - b[mid].x) < dm)
                c[k++] = b[i];
        for (i = top; i < k; i++)
          for (j = i + 1; j < k && c[j].y - c[i].y < dm; j++)
          {
            double temp = dis(c[i], c[j]);
            if (temp < dm)
            {   p = c[i]; q = c[j]; d = temp;   dm = temp; }
          }
        return ;
    }
int merge(Point p[ ], Point q[ ], int s, int m, int t)
{
    int i, j, k;
    for (i = s, j = m + 1, k = s; i <= m && j <= t;)
    {
```

```
                if (q[i].y > q[j].y)
                    p[k++] = q[j], j++;
                else
                    p[k++] = q[i], i++;
        }
        while (i <= m)
            p[k++] = q[i++];
        while (j <= t)
            p[k++] = q[j++];
        return 0;
}
double dis(Point p, Point q)
{
        double x1 = p.x - q.x, y1 = p.y - q.y;
        return sqrt(x1 * x1 + y1 * y1);
}
int cmp_x(const void * p, const void * q)
{
        double temp = ((Point * )p) -> x - ((Point * )q) -> x;
        if (temp > 0)
            return 1;
        else if (fabs(temp) < eps)
            return 0;
        else
            return - 1;
}
int cmp_y(const void * p, const void * q)
{
        double temp = ((Point * )p) -> y - ((Point * )q) -> y;
        if (temp > 0)
            return 1;
        else if (fabs(temp) < eps)
            return 0;
        else
            return - 1;
}
```

编译并执行以上程序,可得到如下所示的结果。

```
请输入平面上点的数目: 10
请依次输入各点的坐标(x,y):
42 68
13 48
50 58
44 2
13 15
37 14
55 47
9  11
35 53
89 80
最近点对为 (9,11) 和 (13,15)
距离为 5.65685
Press any key to continue
```

在分治法中,若将原问题分解成两个较小的子问题,称为二分法,由于二分法划分简单,所以使用非常广泛。使用二分法求解问题,时间复杂度可由 $O(n)$ 降到 $O(\log_2 n)$,这样在很多实际问题中,可以通过使用二分法,达到提高算法效率的目的,如下面的例子。

【实例 6-12】 中位数。

一个长度为 $L(L \geqslant 1)$ 的升序序列 S,处在第 $[L/2]$ 个位置的数称为 S 的中位数。例如,若序列 S1＝(11,13,15,17,19),则 S1 的中位数是 15,两个序列的中位数是含它们所有元素的升序序列的中位数。例如,若 S2＝(2,4,6,8,20),则 S1 和 S2 的中位数是 11。现在有两个等长升序序列 A 和 B,试设计一个在时间和空间两方面都尽可能高效的算法,找出两个序列 A 和 B 的中位数。

(1) 编程思路。

简单地做,可以将两升序序列归并排序,然后求其中位数,这种做法的时间复杂度是 $O(n)$,空间复杂度是 $O(n)$。

下面采用分治法来解决问题。

分别求出序列 A 和 B 的中位数,设为 a 和 b,求序列 A 和 B 的中位数过程如下:

① 若 a＝b,则 a 或 b 即为所求中位数,算法结束。这是因为,如果将两序列归并排序,则最终序列中,排在子序列 ab 前边的元素为先前两序列中排在 a 和 b 前边的元素;排在子序列 ab 后边的元素为先前两序列 a 和 b 后边的元素。所以子序列 ab 一定位于最终序列的中间,又因为 a==b,显然 a 就是中位数。

② 若 a＜b,则中位数只能出现在 (a,b) 范围内。这是因为,同样可以用归并排序后的序列来验证,归并后排序后必然有形如 …a…b… 的序列出现,中位数必然出现在 (a,b) 范围内。因此可以做如下处理:舍弃序列 A 中较小的一半,同时舍弃序列 B 中较大的一半,要求舍弃的长度相等。

③ 若 a＞b,则舍弃序列 A 中较大的一半,同时舍弃序列 B 中较小的一半,要求舍弃的长度相等。

在保留的两个升序序列中,重复上述过程,直到两个序列中只含有一个元素时为止,较小者即为所求的中位数。

上述所给算法的时间、空间复杂度分别是 $O(\log_2 n)$ 和 $O(1)$。

(2) 源程序及运行结果。

```cpp
#include <iostream>
using namespace std;
int midvalue(int a[], int b[], int L)
{
    int s1,s2,e1,e2,m1,m2,len;
    s1 = s2 = 0;
    e1 = e2 = L - 1;
    while(s1!= e1 || s2!= e2)
    {
        len = e1 - s1 + 1;
        m1 = (s1 + e1)/2;
        m2 = (s2 + e2)/2;
        if (a[m1] == b[m2])
            return a[m1];
```

```
            else if (a[m1]< b[m2])
                if (len % 2)                      //若元素个数为奇数
                {
                    s1 = m1;                       //舍弃 A 中间点以前的部分且保留中间点
                    e2 = m2;                       //舍弃 B 中间点以后的部分且保留中间点
                }
                else                              //若元素个数为偶数
                {
                    s1 = m1 + 1;                   //舍弃 A 中间点及它前面的部分
                    e2 = m2;                       //舍弃 B 中间点以后部分且保留中间点
                }
            else
                if (len % 2)
                {
                    e1 = m1;                       //舍弃 A 中间点以后的部分且保留中间点
                    s2 = m2;                       //舍弃 B 中间点以前的部分且保留中间点
                }
                else
                {
                    e1 = m1;
                    s2 = m2 + 1;
                }
    }
    return (a[s1]< b[s2] ? a[s1]:b[s2]);
}
int main()
{
    int n,a[10],b[10],i,midnum;
    cout <<"请输入升序序列的长度: ";
    cin >> n;
    cout <<"请按升序的方式输入序列 A 中的 " << n <<" 个数: "<< endl;
    for(i = 0;i < n;i++)
        cin >> a[i];
    cout <<"请按升序的方式输入序列 B 中的 " << n <<" 个数: "<< endl;
    for(i = 0;i < n;i++)
        cin >> b[i];
    midnum = midvalue(a,b,n);
    cout <<"中位数为 "<< midnum << endl;
    return 0;
}
```

编译并执行以上程序,可得到如下所示的结果。

```
请输入升序序列的长度: 8
请按升序的方式输入序列 A 中的 8 个数:
1 2 5 16 23 36 48 59
请按升序的方式输入序列 B 中的 8 个数:
3 12 18 37 46 58 75 83
中位数为 23
Press any key to continue
```

【实例 6-13】　寻找假币。

有 30 枚金币,其中有一枚是假币,假币要比真币的分量略轻一些。现要求只能用一个天平作为测量工具,用尽量少的比较次数找出这枚假币。

请编写程序解决这个问题。

（1）编程思路。

这个问题,也可以采用分治法来解决。金币分成一半后没有剩余,则假币在轻的一边;如果分成两部分剩余一个,则比较两部分,如果两部分相等,则剩余的一个就是假币。如果两份中一份轻,则假币就是轻的一份中。然后再进行分治,直到找到问题的答案。

（2）源程序及运行结果。

```cpp
#include < iostream >
using namespace std;
int findCoin(int coin[ ], int front, int back)
{
    int i, sumf = 0, sumb = 0;
    if(front + 1 == back)
    {
        if(coin[front]< coin[back])        return front + 1;
        else return back + 1;
    }
    else if((back - front + 1) % 2 == 0)
    {
        for(i = front; i < = front + (back - front)/2; i++)
            sumf = sumf + coin[i];
        for(i = front + (back - front)/2 + 1; i < = back; i++)
            sumb = sumb + coin[i];
        if(sumf < sumb)
            return findCoin(coin, front, front + (back - front)/2);
        else                                //if(sumf > sumb)
            return findCoin(coin, front + (back - front)/2 + 1, back);
    }
    else                                    //(back - front + 1) % 2!= 0
    {
        for(i = front; i < = front + (back - front)/2 - 1; i++)
            sumf = sumf + coin[i];
        for(i = front + (back - front)/2 + 1; i < = back; i++)
            sumb = sumb + coin[i];
        if(sumf < sumb)
            return findCoin(coin, front, front + (back - front)/2 - 1);
        else if(sumf > sumb)
            return findCoin(coin, front + (back - front)/2 + 1, back);
        else                                //sumf == sumb
            return front + (back - front)/2 + 1;
    }
}
int main()
{
```

```
int coin[30] = {1,1,1,1,1,1,1,1,1,1,1,1,1,1,1,1,1,1,1,1,0,1,1,1,1,1,1,1,1,1};
int p;
p = findCoin(coin,0,29);
cout <<"第"<< p <<"个金币是假币!"<< endl;
return 0;
}
```

编译并执行以上程序,可得到如下所示的结果。

```
第 22 个金币是假币!
Press any key to continue
```

【实例 6-14】　大整数乘法。

编写一个程序,计算输入的两个大正整数的乘积。

(1) 编程思路。

设 X 和 Y 都是 n 位的十进制正整数,要计算它们的乘积 XY。可以用小学所学的方法来设计一个计算乘积 XY 的算法,但是这样做计算步骤太多,显得效率较低。如果将每 2 个 1 位数的乘法或加法看作一步运算,那么这种方法要作 $O(n^2)$ 步运算才能求出乘积 XY。下面用分治法来设计一个更有效的大整数乘积算法。

将 n 位的十进制整数 X 和 Y 各分为 2 段,每段的长为 n/2 位(为简单起见,假设 n 是 2 的整数次幂),如图 6-4 所示。

图 6-4　大整数 X 和 Y 的分段

由此,$X = A * 10^{n/2} + B$,$Y = C * 10^{n/2} + D$。这样,X 和 Y 的乘积为:

$$X * Y = (A * 10^{\frac{n}{2}} + B)(C * 10^{\frac{n}{2}} + D)$$
$$= A * C * 10^n + (A * D + B * C) * 10^{n/2} + BD \qquad (1)$$

如果按式(1)计算 XY,则必须进行 4 次 n/2 位整数的乘法($A * C$、$A * D$、$B * C$ 和 $B * D$),以及 3 次不超过 n 位的整数加法,此外还要做 2 次移位(分别对应于上式中的乘 10 的 n 或 n/2 次幂)。

为改进算法的计算复杂性,必须减少乘法次数。为此,可把 XY 写成另一种形式:

$$X * Y = A * C * 10^n + [(A+B)(C+D) - (A * C + B * D)] * 10^{n/2} + BD \qquad (2)$$

虽然,式(2)看起来比式(1)复杂些,但它仅需做 3 次 n/2 位整数的乘法($A * C$、$B * D$ 和 $(A+B)(D+C)$),6 次加、减法和 2 次移位。

利用式(2),可给出大整数相乘的分治算法如下:

```
BigInt  Mult(BigInt  x, BigInt  y)          //两个大整数相乘
{
    if( X 和 Y 的位数均不大于2)              //长度为 2 时代表着递归的结束条件
    {
        result = (int)X * (int)Y;
        return  result;
    }
```

```
        else                                    //长度不为 2 时利用分治法进行递归运算
        {
            A = X 的左边 n/2 位;        B = X 的右边 n/2 位;
            C = Y 的左边 n/2 位;        D = Y 的右边 n/2 位;
            m1 = Mult(A,C);
            m2 = Mult(A + B,D + C);
            m3 = Mult(B,D);
            result = m1 * (10^n) + (m2 - (m1 + m3)) 10^(n/2) + m3;
            return result;
        }
}
```

（2）源程序及运行结果。

```
#include < iostream >
#include < string >
using namespace std;
int string_to_num(string str)                  //string 类型转换成 int 类型
{
    int value = 0;
    for (int i = 0;i <= str.size() - 1;i++)
        value = value * 10 + str[i] - '0';
    return value;
}
string num_to_string(int value)                 //int 类型转换为 string 类型
{
    string str;
    if (value == 0)
    {   str.assign("0"); }
    else
    {
        while(value!= 0)
        {
            str.insert(str.begin(),value % 10 + '0');
            value = value/10;
        }
    }
    return str;
}
string stringBeforeZero(string str,int s)        //在字符串 str 前添加 s 个零
{
    for(int i = 0;i < s;i++)
    {
        str.insert(0,"0");
    }
    return str;
}
string stringFollowZero(string str,int s)        //在字符串 str 后跟随 s 个零
{
    for(int i = 0;i < s;i++)
    {
```

```
            str.insert(str.size(),"0");
        }
        return str;
}
string stringAddstring(string str1,string str2)        //两个大整数字符串相加
{
        //假定 str1 和 str2 长度相同,不同时在前面自动补零,使两个字符串长度相等
        if (str1.size() > str2.size())
        {
            str2 = stringBeforeZero(str2,str1.size() - str2.size());
        }
        else if (str1.size() < str2.size())
        {
            str1 = stringBeforeZero(str1,str2.size() - str1.size());
        }
        string result;
        int flag = 0;                                  //进位标志,0 代表无进位,1 代表有进位
        for(int i = str1.size() - 1;i >= 0;i-- )       //利用 ASCII 码进行各位加法运算
        {
            int c = (str1[i] - '0') + (str2[i] - '0') + flag;
            flag = c/10;                               //c 大于 10 时,flag 置为 1,否则为 0
            c %= 10;                                    //c 大于 10 时取模,否则为其本身
            result.insert(0,num_to_string(c));
        }
        if (0 != flag)                                 //最后一位(最高位)判断,如果有进位则再添一位
        {
            result.insert(0,num_to_string(flag));
        }
        return result;
}
string stringSubtractstring(string str1,string str2)   //两个大整数字符串相减
{
        //假定第一个参数一定大于第二个参数
        //对传进来的两个数进行修剪,如果前面几位有 0 则先去掉,便于统一处理
        while ('0' == str1[0]&&str1.size()>1)
        {
            str1 = str1.substr(1,str1.size() - 1);
        }
        while ('0' == str2[0]&&str2.size()>1)
        {
            str2 = str2.substr(1,str2.size() - 1);
        }
        if (str1.size() > str2.size())
        {
            str2 = stringBeforeZero(str2,str1.size() - str2.size());
        }
        string result;
        for(int i = str1.size() - 1;i >= 0;i-- )       //利用 ASCII 码进行各位减法运算
        {
            int c = (str1[i] - '0') - (str2[i] - '0');
            if (c < 0)                                 //当不够减时向前一位借位,前一位也不够位时再向前一位借位
```

```
                {
                    c += 10;
                    int prePos = i - 1;
                    char preChar = str1[prePos];
                    while ('0' == preChar)
                    {
                        str1[prePos] = '9';
                        prePos -= 1;
                        preChar = str1[prePos];
                    }
                    str1[prePos] -= 1;
                }
                result.insert(0, num_to_string(c));
            }
        return result;
    }
    string IntMult(string x, string y)      //两个大整数字符串相乘
    {
        //对传进来的两个数进行修剪,如果前面几位有 0 则先去掉,便于统一处理
        while ('0' == x[0]&&x.size()>1)
        {
            x = x.substr(1, x.size() - 1);
        }
        while ('0' == y[0]&&y.size()>1)
        {
            y = y.substr(1, y.size() - 1);
        }
        //为便于利用分治法处理,要统一长度,使两个数据字符串长度为 2 的 n 次方
        //实现方式是在前面补 0,这样可以保证数据值大小不变
        int f = 4;
        if (x.size()>2 || y.size()>2)
        {
            if (x.size() >= y.size())
            {
                while (x.size()>f)
                {
                    f *= 2;
                }
                if (x.size() != f)
                {
                    x = stringBeforeZero(x, f - x.size());
                    y = stringBeforeZero(y, f - y.size());
                }
            }
            else
            {
                while (y.size()>f)
                {
                    f *= 2;
                }
                if (y.size() != f)
```

```
                {
                    x = stringBeforeZero(x,f - x.size());
                    y = stringBeforeZero(y,f - y.size());
                }
        }
    }
    if (1 == x.size())          //数据长度为 1 时,在前面补一个 0
    {
        x = stringBeforeZero(x,1);
    }
    if (1 == y.size())          //数据长度为 1 时,在前面补一个 0
    {
        y = stringBeforeZero(y,1);
    }
    if (x.size() > y.size())    //使两个数据长度统一
    {
        y = stringBeforeZero(y,x.size() - y.size());
    }
    if (x.size() < y.size())
    {
        x = stringBeforeZero(x,y.size() - x.size());
    }
    int s = x.size();
    string a,b,c,d;
    if( s > 1)
    {
        a = x.substr(0,s/2);
        b = x.substr(s/2,s - 1);
        c = y.substr(0,s/2);
        d = y.substr(s/2,s - 1);
    }
    string result;
    if( s == 2)                 //长度为 2 时代表着递归的结束条件
    {
        int na = string_to_num(a);
        int nb = string_to_num(b);
        int nc = string_to_num(c);
        int nd = string_to_num(d);
        result = num_to_string((na * 10 + nb)  * (nc * 10 + nd));
    }
    else                        //长度不为 2 时利用分治法进行递归运算
    {
        string m1 = IntMult(a,c);                       //a * c
        string m3 = IntMult(b,d);                       //b * d
        string m2_1 = stringAddstring(a,b);             //a + b
        string m2_2 = stringAddstring(c,d);             //c + d
        string m2_3 = IntMult(m2_1,m2_2);               //(a + b) * (c + d)
        string m2_4 = stringAddstring(m1,m3);           //(a * c + b * d)
        string m2 = stringSubtractstring(m2_3,m2_4);    //(a + b) * (c + d) - (a * c + b * d)
        string s1 = stringFollowZero(m2,s/2);           //m2 * (10 ^ (n/2))
        string s2 = stringFollowZero(m1,s);             //m1 * (10 ^ n)
```

```
            result = stringAddstring(stringAddstring(s2,s1),m3);
                                     //m1 * (10^n) + m2 * (10^(n/2)) + m3
        }
        return result;
    }
    int main()
    {
        string num1,num2, result;
        cout <<"请输入第一个大整数(任意长度):";
        cin >> num1;
        cout <<"请输入第二个大整数(任意长度):";
        cin >> num2;
        result = IntMult(num1,num2);
        while ('0' == result[0]&& result.size()>1)
        {
            result = result.substr(1,result.size() - 1);
        }
        cout <<"两数相乘结果为:"<< endl;
        cout << num1 <<" "<<" * "<<" "<< num2 <<" "<< endl <<"    = "<<" "<< result << endl;
        return 0;
    }
```

编译并执行以上程序,可得到如下所示的结果。

```
请输入第一个大整数(任意长度):98240567043826400046
请输入第二个大整数(任意长度):30794720054830060794
两数相乘结果为:
98240567043826400046 * 30794720054830060794
    = 3025290760142451733407887258343382396524
Press any key to continue
```

6.3 贪心法

6.3.1 贪心法的基本思想

在实际问题中,经常会遇到求一个问题的可行解和最优解的问题,这就是所谓的最优化问题。每个最优化问题都包含一组限制条件和一个优化函数,符合条件的解决方案称为可行解,使优化函数取得最佳值的可行解称为最优解。

贪心法是求解这类问题的一种常用算法,从问题的某一个初始解出发,采用逐步构造最优解的方法向给定的目标前进。

贪心法在每个局部阶段,都做出一个看上去最优的决策(即某种意义下的、或某个标准下的局部最优解),并期望通过每次所做的局部最优选择产生出一个全局最优解。

做出贪心决策的依据称为贪心准则(策略)。

设想这样一个场景:一个小孩买了价值少于 10 元的糖,并将 10 元钱交给了售货员。

售货员希望用数目最少的人民币(纸币或硬币)找给小孩。假设提供了数目不限的面值为 5 元、2 元、1 元、5 角以及 1 角的人民币。售货员应该怎样找零钱呢？售货员会分步骤组成要找的零钱数,每次加入一张纸币或一枚硬币。选择要找的人民币时所采用的准则如下:每一次选择应使零钱数尽量增大。为保证不多找,所选择的人民币不应使零钱总数超过最终所需的数目。

假设需要找给小孩 6 元 7 角,首先入选的是一张 5 元的纸币,第二次入选的不能是 5 元或 2 元的纸币,否则零钱总数将超过 6 元 7 角,第二次应选择 1 元的纸币(或硬币),然后是一枚 5 角的硬币,最后加入两个 1 角的硬币。

这种找零钱的方法就是贪心法。选择要找的人民币时所采用的准则就是采取的贪心标准(或贪婪策略)。

贪心法(又称贪婪算法)是指在求最优解问题的过程中,依据某种贪心标准,从问题的初始状态出发,通过若干次的贪心选择而得出最优解或较优解的一种阶梯方法。从贪心法"贪心"一词便可以看出,在对问题求解时,贪心法总是做出在当前看来是最好的选择。也就是说,贪心法不从整体最优上加以考虑,它所做出的仅是在某种意义上的局部最优解。

贪心法主要有以下两个特点:

① 贪心选择性质:算法中每一步选择都是当前看似最佳的选择,这种选择依赖于已做出的选择,但不依赖于未作出的选择。

② 最优子结构性质:算法中每一次都取得了最优解(即局部最优解),要保证最后的结果最优,则必须满足全局最优解包含局部最优解。

利用贪心法求解问题的一般步骤是:

① 产生问题的一个初始解。

② 循环操作,当可以向给定的目标前进时,就根据局部最优策略,向目标前进一步。

③ 得到问题的最优解(或较优解)。

实现该算法的程序框架描述为:

```
从问题的某一初始解出发;
while (能朝给定总目标前进一步)
{
      求出可行解的一个解元素;
}
由所有解元素组合成问题的一个可行解;
```

贪心法的优缺点主要表现在:

优点:一个正确的贪心算法拥有很多优点,如思维复杂度低、代码量小、运行效率高、空间复杂度低等。

缺点:贪心法的缺点集中表现在他的"非完美性"。通常很难找到一个简单可行并且保证正确的贪心思路,即使找到一个看上去很正确的贪心思路,也需要严格的正确性证明。这往往给直接使用贪心算法带来了较大的困难。

尽管贪心算法不是对所有问题都能得到整体最优解,但对范围相当广泛的许多问题它能产生整体最优解或者是整体最优解的近似解。

【实例 6-15】 租独木舟。

一群大学生到东湖水上公园游玩,在湖边可以租独木舟,各独木舟之间没有区别。一条独木舟最多只能乘坐两个人,且乘客的总重量不能超过独木舟的最大承载量。为尽量减少游玩活动中的花销,需要找出可以安置所有学生的最少的独木舟条数。编写一个程序,读入独木舟的最大承载量、大学生的人数和每位学生的重量,计算并输出要安置所有学生必需最少的独木舟条数。

(1) 编程思路。

先将大学生按体重从大到小排好序。由于一条独木舟最多只能乘坐两个人,因此基于贪心法安排乘船时,总是找到一个当前体重最大的人,让他尽可能与当前体重最小的人同乘一船,如此循环直至所有人都分配完毕,即可统计所需要的独木舟数。

(2) 源程序及运行结果。

```cpp
#include <iostream>
using namespace std;
int main()
{
    int maxweight,n,i,j,t,num;
    int w[300];
    cout <<"请输入每条独木舟的载重量和大学生的人数: ";
    cin >> maxweight >> n;
    cout <<"请输入每位学生的体重: "<< endl;
    for(i = 0; i < n; i++)
        cin >> w[i];
    for (i = 0;i < n-1;i++)                      //用冒泡排序法将体重按从大到小排序
        for (j = 0;j < n-i-1; j++)
            if (w[j]< w[j+1])
            {
                t = w[j];   w[j] = w[j+1]; w[j+1] = t;
            }
    i = 0,num = 0;
    while(i <= n-1)
    {
        if(w[i] + w[n -1] <= maxweight)
        {
            i++;   n-- ;     num++;
        }
        else
        {
            i++;      num++;
        }
    }
    cout <<"最少需要独木舟"<< num <<"条."<< endl;
    return 0;
}
```

编译并执行以上程序,可得到如下所示的结果。

```
请输入每条独木舟的载重量和大学生的人数：100 12
请输入每位学生的体重：
45 48 52 56 64 61 60 58 56 40 44 50
最少需要独木舟 8 条。
Press any key to continue
```

需要特别注意的是，贪心法在求解最优化问题时，对大多数优化问题能得到最优解，但有时并不能求得最优解。

【实例 6-16】　0/1 背包问题。

有一个容量为 c 的背包，现在要从 n 件物品中选取若干件装入背包中，每件物品 i 的重量为 w[i]、价值为 p[i]。定义一种可行的背包装载为：背包中物品的总重不能超过背包的容量，并且一件物品要么全部选取、要么不选取。定义最佳装载是指所装入的物品价值最高，并且是可行的背包装载。

例如，设 c= 12，n=4，w[4]={2,4,6,7}，p[4]={ 6,10,12,13}，则装入 w[1] 和 w[3]，最大价值为 23。

（1）问题分析。

若采用贪心法来解决 0/1 背包问题，可能选择的贪心策略一般有三种。每种贪心策略都是采用多步过程来完成背包的装入，在每一步中，都是利用某种贪心准则来选择将某一件物品装入背包。

① 选取价值最大者。

贪心策略为：每次从剩余的物品中，选择可以装入背包的价值最大的物品装入背包。这种策略不能保证得到最优解。例如，设 C=30，有 3 个物品 A、B、C，w[3]={28,12,12}，p[3]={30,20,20}。根据策略，首先选取物品 A，接下来就无法再选取了，此时最大价值为 30。但是，选取装 B 和 C，最大价值为 40，显然更好。

② 选取重量最小者。

贪心策略为：从剩下的物品中，选择可以装入背包的重量最小的物品装入背包。其想法是通过多装物品来获得最大价值。这种策略同样不能保证得到最优解。它的反例与第①种策略的反例差不多。

③ 选取单位重量价值最大者。

贪心策略为：从剩余物品中，选择可装入背包的 p[i]/w[i] 值最大的物品装入。这种策略还是不能保证得到最优解。例如，设 C=40，有 3 个物品 A、B、C，w[3]={15,20,28}，p[3]={15,20,30}。按照策略，首先选取物品 C(p[2]/w[2]>1)，接下来就无法再选取了，此时最大价值为 30。但是，选取装 A 和 B，最大价值为 35，显然更好。

由上面的分析可知，采用贪心法并不一定可以求得最优解。学习了动态规划算法后，这个问题可以得到较好的解决。具体程序详见第 6.4.1 节。

6.3.2　贪心法的应用

【实例 6-17】　取数游戏。

给出 2n 个（n≤100）个自然数。游戏双方分别为 A 方（计算机方）和 B 方（对弈的人）。只允许从数列两头取数。A 先取，然后双方依次轮流取数。取完时，谁取得的数字总和最大即为取胜方;若双方的和相等,属于 A 胜。试问 A 方可否有必胜的策略?

(1) 编程思路。

设 n=4 时,8 个自然数的序列为 7,10,3,6,4,2,5,2。

若设计这样一种原始的贪心策略:让 A 每次取数列两头较大的那个数。由于游戏者也不会傻,他也会这么干。所以,在上面的数列中,A 方会顺序取 7,3,4,5,B 方会顺序取 10,6,2,2,由此得出 A 方取得的数和为 7+3+4+5=19,B 方取得的数和为 10+6++2+2=20,按照规则,判定 A 方输。

因此,如果按上述的贪心策略去玩这个游戏,A 并没有必胜的保证。仔细观察游戏过程,可以发现一个事实:由于是 2n 个数,A 方取走偶位置上的数以后,剩下两端数都处于奇位置;反之,若 A 方取走的是奇位置上的数,则剩下两端的数都处于偶位置。

也就是说,无论 B 方如何取法,A 方既可以取走奇位置上的所有数,也可以取走偶位置上的所有数。

由此,可以得出一种有效的贪心策略:若能够让 A 方取走"数和较大的奇(或偶)位置上的所有数",则 A 方必胜。这样,取数问题便对应于一个简单的问题了:让 A 方取奇偶位置中数和较大的一半数。

程序中用数组 a 存储 2*n 个自然数的序列,先求出奇数位置和偶数位置的数和 sa 及 sb。设置 tag 为 A 取数的奇偶位置标志,tag=0 表示偶位置数和较大,A 取偶位置上的所有数;tag=1 表示奇位置上的数和较大,A 取奇位置上的所有数。

lp、rp 为序列的左端位置和右端位置;ch 为输入的 B 方取数的位置信息(L 或 R)。

(2) 源程序及运行结果。

```cpp
#include <iostream>
using namespace std;
int main()
{
    int a[201],n,i,sa,sb,tag,t,lp,rp;
    char ch;
    cout <<"请输入 n 的值: ";
    cin >> n;
    cout <<"请依次输入 "<< 2 * n <<" 个自然数: "<< endl;
    for (i = 1;i <= 2 * n;i++)
        cin >> a[i];
    sa = sb = 0;
    for(i = 1;i <= n;i++)
    {
        sa = sa + a[2 * i - 1];
        sb = sb + a[2 * i];
    }
    if (sa >= sb)   tag = 1;
    else  {  tag = 0; t = sa; sa = sb; sb = t; }
    lp = 1;    rp = 2 * n;
    for(i = 1;i <= n;i++)                              //A 方和 B 方依次进行 n 次对弈
    {
        if ((tag == 1 && lp % 2 == 1) || (tag == 0 && lp % 2 == 0))
        //若 A 方应取奇位置数且左端位置为奇,或 A 方应取得偶位置数且
```

```
        //左端位置为偶,则 A 方取走左端位置的数
        {     cout <<" A 方左端取数 "<< a[lp];   lp = lp + 1; }
        else
        {     cout <<" A 方右端取数 "<< a[rp];   rp = rp - 1; }
        do {
              cout <<"    B 方取数,输入 L(取左边的数)或 R(取右边的数): "; cin >> ch;
          if (ch == 'L' ‖ ch == 'l')
          {    cout <<"       B 方左端取数 "<< a[lp]<< endl;  lp = lp + 1; }
          if (ch == 'R' ‖ ch == 'r')
          {    cout <<"       B 方右端取数 "<< a[rp]<< endl;  rp = rp - 1; }
        } while (!(ch == 'L' ‖ ch == 'R' ‖ ch == 'l' ‖ ch == 'r'));
    }
    cout <<" A 方取数的和为 "<< sa <<",B 方取数的和为"<< sb << endl;
    return 0;
}
```

编译并执行以上程序,可得到如下所示的结果。

```
请输入 n 的值: 4
请依次输入 8 个自然数:
7 10 3 6 4 2 5 2
  A 方右端取数 2    B 方取数,输入 L(取左边的数)或 R(取右边的数): L
     B 方左端取数 7
  A 方左端取数 10    B 方取数,输入 L(取左边的数)或 R(取右边的数): L
     B 方左端取数 3
  A 方左端取数 6    B 方取数,输入 L(取左边的数)或 R(取右边的数): R
     B 方右端取数 5
  A 方右端取数 2    B 方取数,输入 L(取左边的数)或 R(取右边的数): L
     B 方左端取数 4
  A 方取数的和为 20,B 方取数的和为 19
Press any key to continue
```

【实例 6-18】　删数问题。

从键盘输入一个高精度正整数 num(num 不超过 200 位,且不包含数字 0),任意去掉 S 个数字后剩下的数字按原先后次序将组成一个新的正整数。编写一个程序,对给定的 num 和 s,寻找一种方案,使得剩下的数字组成的新数最小。

例如,输入 51428397　5,输出 123。

(1) 编程思路

由于键盘输入的是一个高精度正整数 num(num 不超过 200 位,且不包含数字 0),因此用字符串数组来进行存储。

为了尽可能地逼近目标,选取的贪心策略为:每一步总是选择一个使剩下的数最小的数字删去,即按高位到低位的顺序搜索,若各位数字递增,则删除最后一个数字,否则删除第一个递减区间的首字符。然后回到串首,按上述规则再删除下一个数字。重复以上过程 s 次,剩下的数字串便是问题的解了。

也就是说,删数问题采用贪心算法求解时,采用最近下降点优先的贪心策略:即 $x_1 < x_2 < \cdots < x_i < x_j$;如果 $x_k < x_j$,则删去 x_j,得到一个新的数且这个数为 n-1 位中为最小的数 N_1,可表示为 $x_1 x_2 \cdots x_i x_k x_m \cdots x_n$。对 N_1 而言,即删去了一位数后,原问题 T 变成了需对 n-1

位数删去 k−1 个数的新问题 T′。新问题和原问题相同,只是问题规模由 n 减小为 n−1,删去的数字个数由 k 减少为 k−1。基于此种删除策略,对新问题 T′,选择最近下降点的数进行删除,如此进行下去,直至删去 k 个数为止。

（2）源程序及运行结果。

```cpp
#include<iostream>
using namespace std;
int main()
{
    char num[200] = {'\0'};
    int times,i,j;
    cout <<"Please input the number:";
    cin >> num;
    cout <<"input times:";
    cin >> times;
    while(times > 0)                              //循环 times,每次删除一个数字
    {
        i = 0;                                    //每次删除后从头开始搜寻待删除数字
        while (num[i]!= '\0' && num[i]<= num[i+1])
            i++;
        for(j = i;j < strlen(num);j++)
            num[j] = num[j+1];                    //将位置 i 处的数字删除
        times -- ;
    }
    cout <<"Result is "<< num << endl;
    return 0;
}
```

编译并执行以上程序,可得到如下所示的结果。

```
Please input the number:1235498673214
input times:5
Result is 12343214
Press any key to continue
```

【实例 6-19】 过河问题。

在一个月黑风高的夜晚,有一群旅行者在河的右岸,想通过唯一的一根独木桥走到河的左岸。在这伸手不见五指的黑夜里,过桥时必须借助灯光来照明,不幸的是,他们只有一盏灯。另外,独木桥上最多能承受两个人同时经过,否则将会坍塌。每个人单独过桥都需要一定的时间,不同的人需要的时间可能不同。两个人一起过桥时,由于只有一盏灯,所以需要的时间是较慢的那个人单独过桥时所花的时间。现输入 n(2≤n<100)和这 n 个旅行者单独过桥时需要的时间,计算总共最少需要多少时间,他们才能全部到达河的左岸。

例如,有 3 个人甲、乙、丙,他们单独过桥的时间分别为 1、2、4,则总共最少需要的时间为 7。具体方法是:甲、乙一起过桥到河的左岸,甲单独回到河的右岸将灯带回,然后甲、丙再一起过桥到河的左岸,总时间为 2+1+4=7。

（1）编程思路。

假设 n 个旅行者的过桥时间分别为 $t[0],t[1],t[2],\cdots,t[n-1]$(已按升序排序),n 个

旅行者过桥的最快时间为 sum。

从简单入手,如果 n= 1,则 sum =t[0];如果 n = 2,则 sum = t[1];如果 n = 3,则 sum = t[0]+t[1]+t[2]。如果 n > 3,考虑将单独过河所需要时间最多的两个人送到对岸去,有两种方式:

① 最快的(即所用时间 t[0])和次快的(即所用时间 t[1])过河,然后最快的将灯送回来;之后次慢的(即所用时间 t[N-2])和最慢的(即所用时间 t[N-1])过河,然后次快的将灯送回来。

② 最快的和最慢的过河,然后最快的将灯送回来;之后最快的和次慢的过河,然后最快的将灯送回来。

这样就将过河所需时间最大的两个人送过了河,而对于剩下的人,采用同样的处理方式,接下来做的就是判断怎样用的时间最少。

方案①所需时间为 t[0]+2*t[1]+t[n-1]。

方案②所需时间为 2*t[0]+t[n-2]+t[n-1]。

如果方式①优于方式②,那么有 t[0]+2*t[1]+t[n-1]<2*t[0]+t[n-2]+t[n-1] 化简得 2*t[1]<t[0]+t[n-2]。

即此时只需比较 2*t[1] 与 t[0]+t[n-2] 的大小关系即可确定最小时间,此时已经将单独过河所需时间最多的两个人送过了河,那么剩下过河的人数为 n=n-2,采取同样的处理方式。

(2) 源程序及运行结果。

```cpp
#include <iostream>
using namespace std;
int main()
{
    int n,t[100],i,sum,t1,t2;
    cout <<"请输入需要过河的人数: ";
    cin >> n;
    cout <<"请按升序排列的顺序依次输入每人过河的时间: "<< endl;
    for (i = 0;i < n;i++)
        cin >> t[i];
    if (n == 1)                              //一个人过河
        sum = t[0];
    else                                     //多个人过河
    {
        sum = 0;
        while(1)
        {
            if(n == 2)                       //剩两个人
            {
                sum += t[1];
                break;
            }
            else if(n == 3)                  //剩三个人
            {
                sum += t[0] + t[1] + t[2];
```

```
            break;
        }
        else
        {
            t1 = t[0] + t[1] + t[1] + t[n-1];        //方案1
            t2 = t[0] + t[0] + t[n-1] + t[n-2];      //方案2
            sum += (t1 > t2 ? t2 : t1);
            n -= 2;
        }
    }
}
cout <<"最少需要的时间为: "<< sum << endl;
return 0;
}
```

编译并执行以上程序,可得到如下所示的结果。

```
请输入需要过河的人数: 5
请按升序排列的顺序依次输入每人过河的时间:
1 2 4 5 10
最少需要的时间为: 22
Press any key to continue
```

【实例 6-20】 哈夫曼编码。

已知某系统在通信联络中只可能出现 8 种字符,其概率分别为 0.05、0.29、0.07、0.08、0.14、0.23、0.03、0.11。试为每个字符设计长度不等的二进制编码,以使通信时传送报文的总长最短。

(1) 编程思路。

要设计报文总长最短的二进制前缀编码,就是要以 n 种字符出现的频率作为权值,设计一棵哈夫曼树。

哈夫曼(Huffman)树又称最优树,是一类带权路径长度最短的树,这种树在信息检索中经常用到。

在一棵二叉树中,由根结点到某个结点所经过的树的分支个数叫做该结点的路径长度,从一棵二叉树的根结点到所有叶结点的路径长度之和,称为该二叉树的路径长度。

如果二叉树中的叶结点都具有一定的权值,可以将上述概念加以推广。结点的带权路径长度为从该结点到树根结点之间的路径长度与结点上权值的乘积。二叉树的带权路径长度为树中所有叶子结点的带权路径长度之和,通常记作

$$WPL = \sum_{k=1}^{n} w_k l_k$$

式中,w_k 为第 k 个叶结点的权值;l_k 为第 k 个叶结点的路径长度。

例如,图 6-5 中的三棵二叉树,都有 4 个叶子结点 A、B、C、D,4 个叶子结点分别带权 1、3、5、7,它们的带权路径长度分别为

- $WPL = 1 \times 2 + 3 \times 2 + 5 \times 2 + 7 \times 2 = 32$;
- $WPL = 1 \times 2 + 3 \times 3 + 5 \times 3 + 7 \times 1 = 33$;
- $WPL = 1 \times 3 + 3 \times 3 + 5 \times 2 + 7 \times 1 = 29$。

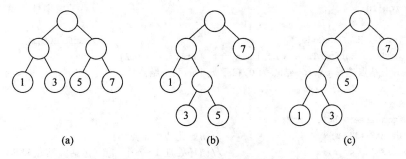

图 6-5　具有相同叶结点和不同带权路径长度的三棵二叉树

由此可见,对于一组带有确定权值的叶结点,构造不同的二叉树的带权路径长度并不相同,把 WPL 最小的二叉树,称为最优二叉树或哈夫曼树。图 6-5(c)中的树为最小,可以验证,它恰为哈夫曼树。从上述例子中还可以看出,WPL 最小的并不是完全二叉树,而是权值越大的叶结点离根结点越近、权值越小的叶结点离根结点越远的二叉树。

采用贪心法的思想构造哈夫曼树的一般方法是:

① 根据给定的 n 个权值 $\{w_1, w_2, \cdots, w_n\}$ 构成 n 棵只有一个叶结点的二叉树,从而得到一棵二叉树的集合 $F = \{T_1, T_2, \cdots, T_n\}$。

② 在 F 中选取两棵根结点的权值最小的树作为左右子树构造一棵新的二叉树,且置新的二叉树的根结点的权值为其左、右子树上根结点的权值之和。

③ 在 F 中删除这两棵树,同时将新得到的二叉树加入 F 中。

④ 重复第②、③两步,直到 F 只含一棵树为止。这棵树便是所要构造的哈夫曼树。

例如,对于给定的 4 个带权叶子结点,其权值集合为 $W = \{1, 3, 5, 7\}$,按照上述算法,一棵哈夫曼树的构造过程如图 6-6 所示。其中,根结点旁标注的数字是所赋的权。

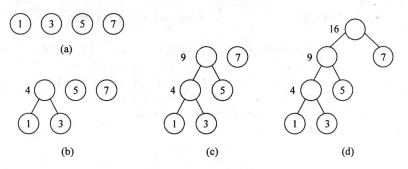

图 6-6　哈夫曼树的构造过程

(2) 源程序及运行结果。

```cpp
#include <iostream>
#include <string.h>
using namespace std;
struct HuffmanTree
{
    int weight;                                    //权值
    int parent;                                    //父结点序号
    int lchild;                                    //左子树序号
```

```
            int rchild;                                      //右子树序号
        };
        typedef char * HuffmanCode;                          //Huffman 编码
        void SelectNode(HuffmanTree * ht,int n,int * bt1,int * bt2)
        //从 1~n 个结点选择 parent 结点为 0,权重最小的两个结点
        {
            int i;
            HuffmanTree * ht1, * ht2, * t;
            ht1 = ht2 = NULL;                                //初始化两个结点为空
            for(i = 1;i <= n;++i)                            //循环处理 1~n 个结点(包括叶结点和非叶结点)
            {
                if(!ht[i].parent)                            //父结点为空(结点的 parent = 0)
                {
                    if(ht1 == NULL)                          //结点指针 1 为空
                    {
                        ht1 = ht + i;                        //指向第 i 个结点
                        continue;                            //继续循环
                    }
                    if(ht2 == NULL)                          //结点指针 2 为空
                    {
                        ht2 = ht + i;                        //指向第 i 个结点
                        if(ht1 -> weight > ht2 -> weight)
                        {                                    //比较两个结点的权重,使 ht1 指向的结点权重小
                            t = ht2;
                            ht2 = ht1;
                            ht1 = t;
                        }
                        continue;                            //继续循环
                    }
                    if(ht1 && ht2)                           //若 ht1、ht2 两个指针都有效
                    {
                        if(ht[i].weight <= ht1 -> weight)    //第 i 个结点权重小于 ht1 指向的结点
                        {
                            ht2 = ht1;          //ht2 保存 ht1,因为这时 ht1 指向的结点成为第 2 小的
                            ht1 = ht + i;       //ht1 指向第 i 个结点
                        }else if(ht[i].weight < ht2 -> weight){
                            ht2 = ht + i;
                        }
                    }
                }
            }
            if(ht1 > ht2)                       //使二叉树左侧为叶结点
            {    * bt2 = ht1 - ht;   * bt1 = ht2 - ht;   }
            else
            {    * bt1 = ht1 - ht;   * bt2 = ht2 - ht;   }
        }
        void CreateTree(HuffmanTree * ht,int n,int * w)
        {
            int i,m = 2 * n - 1;                //总的节点数
            int bt1,bt2;                        //二叉树结点序与
            if(n <= 1) return ;                 //只有一个结点,无法创建
```

```
    for(i = 1;i <= n;++i)                    //初始化叶结点
    {
        ht[i].weight = w[i-1];    ht[i].parent = 0;
        ht[i].lchild = 0;         ht[i].rchild = 0;
    }
    for(;i <= m;++i)                         //初始化后续结点
    {
        ht[i].weight = 0;     ht[i].parent = 0;
        ht[i].lchild = 0;     ht[i].rchild = 0;
    }
    for(i = n + 1;i <= m;++i)                //逐个计算非叶结点,创建 Huffman 树
    {
        SelectNode(ht,i - 1,&bt1,&bt2);
        //从 1~i - 1 个结点选择 parent 结点为 0,权重最小的两个结点
        ht[bt1].parent = i;        ht[bt2].parent = i;
        ht[i].lchild = bt1;        ht[i].rchild = bt2;
        ht[i].weight = ht[bt1].weight + ht[bt2].weight;
    }
}
void HuffmanCoding(HuffmanTree * ht,int n,HuffmanCode * hc)
{
    char * cd;
    int start,i;
    int current,parent;
    cd = new char [sizeof(char) * n];                    //分配求编码的工作空间
    cd[n - 1] = '\0';                                    //编码结束符
    for(i = 1;i <= n;i++)                                //逐个字符求 Huffman 编码
    {
        start = n - 1;
        current = i;
        parent = ht[current].parent;                     //获取当前结点的父结点
        while(parent)                                    //从叶子到根逆向求编码
        {
            if(current == ht[parent].lchild)             //若该结点是父结点的左子树
              cd[ -- start] = '0';                       //编码为 0
            else                                         //若结点是父结点的右子树
              cd[ -- start] = '1';                       //编码为 1
            current = parent;                            //设置当前结点指向父结点
            parent = ht[parent].parent;                  //获取当前结点的父结点序号
        }
        hc[i - 1] = new char [sizeof(char) * (n - start)];   //分配保存编码的内存
        strcpy(hc[i - 1],&cd[start]);                    //复制生成的编码
    }
    delete cd;                                           //释放求编码的工作空间
}
void Encode(HuffmanCode * hc,char * alphabet,char * str,char * code)
//将一个字符串转换为 Huffman 编码.hc 为 Huffman 编码表
//alphabet 为对应的字母表,str 为需要转换的字符串,code 返回转换的结果
{
    int len = 0,i = 0,j;
```

```
            code[0] = '\0';
            while(str[i])
            {
                j = 0;
                while(alphabet[j]!= str[i])
                    j++;
                strcpy(code + len,hc[j]);          //将对应字母的 Huffman 编码复制到 code 指定位置
                len = len + strlen(hc[j]);         //累加字符串长度
                i++;
            }
            code[len] = '\0';
}
void Decode(HuffmanTree * ht,int m,char * code,char * alphabet,char * decode)
//将一个 Huffman 编码组成的字符串转换为明文字符串.ht 为 Huffman 二叉树
//m 为字符数量,str 为需要转换的字符串,decode 返回转换的结果
{
        int position = 0,i,j = 0;
        m = 2 * m - 1;
        while(code[position])                      //字符串未结束
        {
            for(i = m;ht[i].lchild && ht[i].rchild; position++)
                //在 Huffman 树中查找左右子树为空,以构造一个 Huffman 编码
            {
                if(code[position] == '0')  //编码位为 0
                    i = ht[i].lchild;       //处理左子树
                else                        //编码位为 1
                    i = ht[i].rchild;       //处理右子树
            }
            decode[j] = alphabet[i - 1];    //得到一个字母
            j++;                            //处理下一字符
        }
        decode[j] = '\0';                   //字符串结尾
}
int main()
{
    int i,n = 8,m;
    char test[] = "CHAEDCGAHDDBFACDCDEFABCEFGHAB";
    char code[100],code1[100];
    char alphabet[] = {'A','B','C','D','E','F','G','H'};   //8 个字符
    int w[] = {5,29,7,8,14,23,3,11} ;                      //8 个字符的权重
    HuffmanTree * ht;
    HuffmanCode * hc;
    m = 2 * n - 1;
    ht = new HuffmanTree [(m + 1) * sizeof(HuffmanTree)];   //申请内存,保存 Huffman 树
    hc = new HuffmanCode [n * sizeof(char * )];
    CreateTree(ht,n,w);                                     //创建 Huffman 树
    HuffmanCoding(ht,n,hc);                                 //根据 Huffman 树生成 Huffman 编码
    cout <<" 各字符的 Huffman 编码为:"<< endl;
```

```
for(i = 1;i <= n;i++)
{
    cout << alphabet[i-1]<<"(权重 "<< ht[i].weight <<" )  ----"<< hc[i-1]<<"      ";
    if (i % 2 == 0) cout << endl;
}
cout << endl;
Encode(hc,alphabet,test,code);                    //根据 Huffman 编码生成编码字符串
cout <<"字符串 "<< test << " 转换后为:"<< endl << code << endl;
Decode(ht,n,code,alphabet,code1);                 //根据编码字符串生成解码后的字符串
cout <<"\n 编码 "<< code <<" 转换后为:"<< endl << code1 << endl;
delete [ ] ht;
delete [ ] hc;
return 0;
}
```

编译并执行以上程序,可得到如下所示的结果。

```
各字符的 Huffman 编码为:
A(权重 5 ) ---- 0110    B(权重 29 ) ---- 10
C(权重 7 ) ---- 1110    D(权重 8 ) ---- 1111
E(权重 14 ) ---- 110    F(权重 23 ) ---- 00
G(权重 3 ) ---- 0111    H(权重 11 ) ---- 010

字符串 CHAEDCGAHDDBFACDCDEFABCEFGHAB 转换后为:
11100100110110111111100110110010111111111000011011101111111101111110
0001101011101100001110100011010

编码 111001001101101111111001101100101111111110000110111011111110111
11100001101011101100001110100011010 转换后为:
CHAEDCGAHDDBFACDCDEFABCEFGHAB
Press any key to continue
```

【实例 6-21】　最小生成树。

如图 6-7(a)所示的赋权图表示某 6 个城市及在它们之间直接架设一些通信线路的预算造价(单位:万元)。由于在 6 个城市间构建通信网只需架设 5 条线路,工程队面临的问题是架设哪几条线路能使总的工程费用最低? 试给出一个设计方案,使得各城市之间既能够相互通信又使总造价最小。

(1) 编程思路。

这个问题等价于,在含有 n 个顶点的连通网中选择 n−1 条边,构成一棵极小连通子图,并使该连通子图中 n−1 条边上权值之和达到最小,则称这棵连通子图为连通网的最小代价生成树(Minimum Cost Spanning Tree,MCST or MST),简称为最小生成树。

构造最小生成树的算法有很多种,其中大多数的算法都利用了最小生成树的一个性质,简称为 MST 性质:假设 N=(V,E)是一个连通网络,U 是顶点集 V 的一个非空子集,若存在顶点 u∈U 和顶点 v∈(V −U)的边(u,v)是一条具有最小权值的边,则必存在 G 的一棵最小生成树包括这条边(u,v)。

普里姆(Prim)算法和克鲁斯卡尔(Kruskal)算法是两个采用贪心策略、利用 MST 性质

构造最小生成树的算法。

　　普里姆算法的基本思想是：首先选取网 N＝(V,E)中任意一个顶点 u 作为生成树的根加入到顶点集 U(U 是已落在生成树上的顶点的集合)，之后不断在尚未落在生成树上的顶点集 V-U 中选取顶点 v，添加到生成树中，直到 U＝V 为止。选取的顶点 v 应满足下列条件：它和生成树上的顶点之间的边上的权值是在连接这两类顶点(U 和 V-U 两个顶点集)的所有边中权值属最小。

　　设 N＝(V,E)是一个有 n 个顶点的连通网，用 T＝(U,TE)表示要构造的最小生成树，其中 U 为顶点集合，TE 为边的集合，则 Prim 算法的具体实现步骤为：

　　① 初始化：令 U＝{∅}，TE＝{∅}。从 V 中取出一个顶点 u_0 放入生成树的顶点集 U 中，作为第一个顶点，此时 T＝({u_0},{∅})。

　　② 从 u∈U,v∈(V−U)的边(u,v)中找一条权值最小的边(u∗,v∗)，将其加入到 TE 中，并将 v∗ 添加到 U 中。

　　③ 重复步骤②，直至 U＝V 为止。此时集合 TE 中必有 n−1 条边，T 即为所要构造的最小生成树。

　　按普里姆算法构造一棵最小生成树的过程如图 6-7 所示。

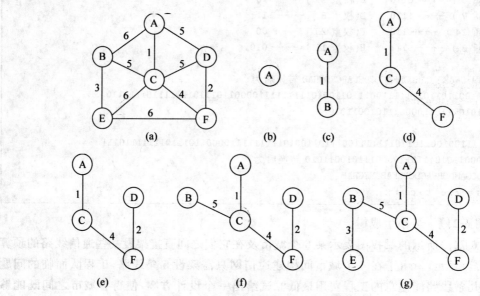

图 6-7　普里姆算法构造最小生成树的过程

　　克鲁斯卡尔算法的基本思想为：为使生成树上总的权值之和达到最小，则应使每一条边上的权值尽可能地小，自然应从权值最小的边选起，直至选出 n−1 条互不构成回路的权值最小边为止。

　　Kruskal 算法的具体作法是：设 N＝(V,E)是一个有 n 个顶点的连通网，令最小生成树的初始状态为只有 n 个顶点而无任何边的非连通图 T＝(V,{∅})，图中每个顶点自成一个连通分量。依次选择 E 中的最小权值的边，若该边依附于 T 中的两个不同的连通分量，则将此边加入到 T 中；否则，舍去此边(因为生成树中不允许有回路)而选择下一条代价最小的边。以此类推，直到 T 中所有顶点都在同一连通分量上为止。这时的 T 就是 N 的一棵最小生成树。

按克鲁斯卡尔算法构造一棵最小生成树的过程如图 6-8 所示。

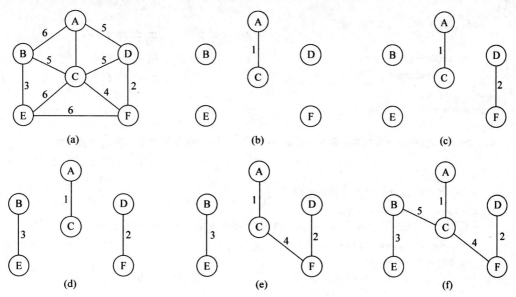

图 6-8 克鲁斯卡尔算法构造最小生成树的过程

(2) 源程序及运行结果。

```cpp
#include <iostream>
#include <iomanip>
using namespace std;
#define MAX_VERTEX_NUM 20                    //最大顶点个数
#define MAX 1000                             //最大值 ∞
typedef struct Arcell
{
    double adj;
} Arcell, AdjMatrix[MAX_VERTEX_NUM][MAX_VERTEX_NUM];
typedef struct
{
    char vexs[MAX_VERTEX_NUM];               //顶点数组,每个顶点用一个字符表示
    AdjMatrix arcs;                          //邻接矩阵
    int vexnum, arcnum;                      //图的当前顶点数和弧数
} MGraph;
struct Pnode                                 //用于普利姆算法
{
    char adjvex;                             //顶点
    double lowcost;                          //权值
};
struct Knode                                 //用于克鲁斯卡尔算法中存储一条边及其对应的两个顶点
{
    char ch1;                                //顶点 1
    char ch2;                                //顶点 2
    double value;                            //权值
};
```

```
int LocateVex(MGraph G,char ch)                        //确定顶点 ch 在图 G.vexs 中的位置
{
    for(int i = 0; i < G.vexnum; i++)
    {
        if(G.vexs[i] == ch)
            return i;
    }
    return - 1;
}
void CreateUDG(MGraph & G,Knode dgevalue[ ])           //构造无向加权图的邻接矩阵
{
    int i,j,k;
    cout <<"请输入图中顶点个数和边/弧的条数：";
    cin >> G.vexnum >> G.arcnum;
    cout <<"请依次输入 "<< G.vexnum <<" 顶点(每个顶点用一个字符表示)：";
    for(i = 0;i < G.vexnum;++i)
        cin >> G.vexs[i];
    for(i = 0;i < G.vexnum;++i)                        //初始化数组
    {
        for(j = 0;j < G.vexnum;++j)
        {
            G.arcs[i][j].adj = MAX;
        }
    }
    cout <<"请依次输入 "<< G.arcnum <<" 条边所依附的顶点及边的权值："<< endl;
    for(k = 0;k < G.arcnum;++k)
    {
        cin >> dgevalue[k].ch1 >> dgevalue[k].ch2 >> dgevalue[k].value;
        i = LocateVex(G,dgevalue[k].ch1 );
        j = LocateVex(G,dgevalue[k].ch2 );
        G.arcs[i][j].adj = dgevalue[k].value;
        G.arcs[j][i].adj = G.arcs[i][j].adj;
    }
}
int Minimum(MGraph G,Pnode closedge[ ])                //求辅助数组 closedge 中权值最小的边
{
    int i,j;
    double k = MAX;
    for(i = 0; i < G.vexnum; i++)
    {
        if(closedge[i].lowcost != 0 && closedge[i].lowcost < k)
        {
            k = closedge[i].lowcost;
            j = i;
        }
    }
    return j;
}
```

```
void MiniSpanTree_PRIM(MGraph G,char u)          //普利姆算法求最小生成树
{
    int i,j,k;
    Pnode closedge[MAX_VERTEX_NUM];
                                                 //记录顶点集 U 到 V-U 的代价最小的边的辅助数组
    k = LocateVex(G,u);
    for(j = 0; j < G.vexnum; j++)                //初始化辅助数组
    {
        if(j != k)
        {
            closedge[j].adjvex = u;
            closedge[j].lowcost = G.arcs[k][j].adj;
        }
    }
    closedge[k].lowcost = 0;                      //初始,U = {u}
    for(i = 1; i < G.vexnum; i++)                 //选择其余 G.vexnum-1 个顶点
    {
        k = Minimum(G,closedge);                  //求出 T 的下一个顶点:第 k 顶点
        cout <<"("<< closedge[k].adjvex <<","<< G.vexs[k]<<",";
        cout << closedge[k].lowcost <<")"<< endl;
        closedge[k].lowcost = 0;                  //第 k 顶点并入 U 集
        for(j = 0; j < G.vexnum; ++j)             //新顶点并入 U 后重新选择最小边
        {
            if(G.arcs[k][j].adj < closedge[j].lowcost)
            {
                closedge[j].adjvex = G.vexs[k];
                closedge[j].lowcost = G.arcs[k][j].adj;
            }
        }
    }
}
void MiniSpanTree_KRSL(MGraph G,Knode dgevalue[])     //克鲁斯卡尔算法
{
    int p1,p2,i,j;
    int bj[MAX_VERTEX_NUM];                       //标记数组
    Knode temp;
    for(i = 0; i < G.vexnum; i++)                 //标记数组初始化
        bj[i] = i;
    for(i = 0; i < G.arcnum; i++)                 //将所有权值按从小到大排序
    {
        for(j = i; j < G.arcnum; j++)
        {
            if(dgevalue[i].value > dgevalue[j].value)
            {
                temp = dgevalue[i];  dgevalue[i] = dgevalue[j];
                dgevalue[j] = temp;
            }
        }
    }
```

```
        }
        for(i = 0; i < G.arcnum; i++)                    //
        {
            p1 = bj[LocateVex(G,dgevalue[i].ch1)];
            p2 = bj[LocateVex(G,dgevalue[i].ch2)];
            if(p1 != p2)
            {
                cout <<"("<< dgevalue[i].ch1 <<","<< dgevalue[i].ch2 <<",";
                cout << dgevalue[i].value <<")"<< endl;
                for(j = 0; j < G.vexnum; j++)
                {
                    if(bj[j] == p2)
                        bj[j] = p1;
                }
            }
        }
    }
}
int main()
{
    int i,j;
    MGraph G;
    char u;
    Knode dgevalue[MAX_VERTEX_NUM];
    CreateUDG(G,dgevalue);
    cout <<"图的邻接矩阵为: "<< endl;
    for(i = 0; i < G.vexnum; i++)
    {
        for(j = 0; j < G.vexnum; j++)
            if (G.arcs[i][j].adj!= MAX)
                cout << setw(4)<< G.arcs[i][j].adj;
            else
                cout << setw(4)<<"∞";
        cout << endl;
    }
    cout <<" ============= 普利姆算法 =============== \n";
    cout <<"请输入起始顶点: ";
    cin >> u;
    cout <<"构成最小代价生成树的边集为: \n";
    MiniSpanTree_PRIM(G,u);
    cout <<" ============ 克鲁斯卡尔算法 ============= \n";
    cout <<"构成最小代价生成树的边集为: \n";
    MiniSpanTree_KRSL(G,dgevalue);
    return 0;
}
```

编译并执行以上程序,可得到如下所示的结果。

```
请输入图中顶点个数和边/弧的条数: 6 10
请依次输入 6 顶点(每个顶点用一个字符表示): A B C D E F
请依次输入 10 条边所依附的顶点及边的权值:
A B 6 A C 1 A D 5 B C 5 B E 3
C D 5 C E 6 C F 4 D F 2 E F 6
图的邻接矩阵为:
    ∞    6    1    5    ∞    ∞
    6    ∞    5    ∞    3    ∞
    1    5    ∞    5    6    4
    5    ∞    5    ∞    ∞    2
    ∞    3    6    ∞    ∞    6
    ∞    ∞    4    2    6    ∞
============= 普利姆算法 =============
请输入起始顶点: A
构成最小代价生成树的边集为:
(A,C,1)
(C,F,4)
(F,D,2)
(C,B,5)
(B,E,3)
============ 克鲁斯卡尔算法 =============
构成最小代价生成树的边集为:
(A,C,1)
(D,F,2)
(B,E,3)
(C,F,4)
(B,C,5)
Press any key to continue
```

6.4 动态规划

6.4.1 动态规划的基本思想

动态规划是运筹学的一个分支,是求解决策过程最优化的数学方法。20 世纪 50 年代美国数学家贝尔曼(Rechard Bellman)等人在研究多阶段决策过程的优化问题时,提出了著名的最优性原理,把多阶段决策过程转化为一系列单阶段问题逐个求解,创立了解决多阶段过程优化问题的新方法——动态规划。

动态规划问世以来,在经济管理、生产调度、工程技术和最优控制等方面得到了广泛的应用。例如,最短路线、库存管理、资源分配、装载等问题,用动态规划方法比用其他方法求解更为方便。

1. 动态规划的定义

在现实生活中,有一类活动的过程,由于它的特殊性,可将过程分成若干个互相联系的阶段,在它的每一阶段都需要作出决策,从而使整个过程达到最好的活动效果。因此各个阶段决策的选取不能任意确定,它依赖于当前面临的状态,又影响以后的发展。当各个阶段决策确定后,就组成一个决策序列,因而也就确定了整个过程的一条活动路线。这种把一个问题看作是一个前后关联具有链状结构的多阶段过程就称为多阶段决策过程,这种问题称为多阶段决策问题。

在多阶段决策问题中,各个阶段采取的决策,一般来说是与时间有关的,决策依赖于当前状态,又随即引起状态的转移。一个多阶段最优化决策问题一般由初始状态开始,通过对中间阶段决策的选择,达到结束状态。这些决策形成了一个决策序列,同时确定了完成整个过程的一条活动路线,如图6-9所示。由于一个决策序列是在变化的状态中产生出来的,故有"动态"的含义,因而称这种解决多阶段决策最优化的过程为动态规划方法。

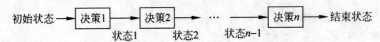

图6-9　多阶段最优化决策问题的决策序列示意图

动态规划法的定义:在求解多阶段决策问题中,对于每一步决策,列出各种可能的局部解,再依据某种判定条件,舍弃那些肯定不能得到最优解的局部解,在每一步都经过筛选,以每一步都是最优解来保证全局是最优解,这种求解方法称为动态规划法。

阶段、状态、决策和状态转移方程是和动态规划相关的几个概念,解释如下。

(1) 阶段:把一个决策问题分成几个相互联系的有顺序的几个环节,这些环节称为阶段。

(2) 状态:某一阶段的出发位置称为状态。

(3) 决策:从某阶段的一个状态演变到下一个阶段某状态的选择。

(4) 状态转移方程:前一阶段的终点就是后一阶段的起点,前一阶段的决策选择导出了后一阶段的状态,这种关系描述了由 k 阶段到 k+1 阶段状态的演变规律,称为状态转移方程。

2. 最优性原理

动态规划依据的是最优性原理:"作为整个过程的最优策略具有这样的性质,无论过去的状态和决策如何,对前面的决策所形成的状态而言,余下的诸决策必须构成最优策略。"

也就是说,无论决策过程的初始状态、初始决策是什么,其余决策活动必须相对于初始决策所产生的状态构成一个最优决策序列,才可能使整个决策活动构成最优决策序列。简单地说就是最优决策序列中的任何子序列都是最优的。

最优性原理体现为问题的最优子结构特性。当一个问题的最优解中包含了子问题的最优解时,则称该问题具有最优子结构特性。最优子结构特性是动态规划求解问题的必要条件。

一般来说,适合于用动态规划法求解的问题具有以下特点:

(1) 可以划分成若干个阶段,问题的求解过程就是对若干个阶段的一系列决策过程。

(2) 每个阶段有若干个可能状态。

(3) 一个决策将从一个阶段的一种状态带到下一个阶段的某种状态。

(4) 在任一个阶段,最佳的决策序列和该阶段以前的决策无关。

（5）各阶段状态之间的转换有明确定义的效益（或费用），而且在选择最佳决策时有递推关系（即状态转移方程）。

3. 动态规划的求解方法

动态规划的求解方法是先把问题分成多个子问题（一般地每个子问题是互相关联和影响的），再依次研究逐个问题的决策。决策就是某个阶段的状态确定后，从该状态演变到下一阶段状态的选择。当全体子问题都解决时，整体问题也随之解决。用穷举的方法从所有可能的决策序列中去选取最优决策序列可能是较费时笨拙的方法，但利用最优性原理去找出递推关系，再找最优决策序列就可能使得穷举数量大大下降，这就是动态规划方法设计算法的主要思路。

动态规划求解最优化问题，通常按以下几个步骤进行。

（1）把所求最优化问题分成若干个阶段，找出最优解的性质，并刻画其结构特性。

最优子结构特性是动态规划求解问题的必要条件，只有满足最优子结构特性的多阶段决策问题才能应用动态规划设计求解。

（2）将问题发展到各个阶段时所处不同的状态表示出来，确定各个阶段状态之间的递推（或递归）关系，并确定初始（边界）条件。

通过设置相应的数组表示各个阶段的最优值，分析归纳各个阶段状态之间的转移关系，写出状态转移方程，是应用动态规划设计求解的关键。

由于给出的状态转移方程是一个递推式，需要一个递推的终止条件或边界条件。

（3）应用递推（或递归）求解最优值。

递推（或递归）计算最优值是动态规划算法的实施过程。具体应用与所设置的表示各个阶段最优值的数组密切相关。

（4）根据计算最优值时所得到的信息，构造最优解。

构造最优解就是具体求出最优决策序列。通常在计算最优值时，根据问题具体实际记录更多的信息，根据所记录的信息构造出问题的最优解。

以上步骤前 3 个是动态规划设计求解最优化问题的基本步骤。当只需求解最优值时，第 4 个步骤可以省略。若需要求出问题的最优解，则必须执行第 4 个步骤。

4. 用动态规划解决 0/1 背包问题

在实例 6-16 "0/1 背包问题"中，探讨了用贪心法并不一定可以求得最优解。采用动态规划算法可以解决这个问题。

1）编程思路 1

按每一件物品装包为一个阶段，共分为 n 个阶段。

目标函数为 $\max \sum_{i=1}^{n} x_i p_i$（xi＝0 表示物品 i 不装入，xi＝1 表示物品 i 装入）。

约束条件为 $\sum_{i=1}^{n} w_i w_i \ll C(x_i \in \{0,1\})$。

（1）建立递推关系。

设 m[i][j]为背包容量 j，可取物品范围为 i,i＋1,…,n 的最大效益值。例如，m[1][c]

的含义是容量为 c 的背包、可在 1～n 件物品中选择物品装入背包后所得的最大效益值。

当 $0 \leqslant j < w(i)$ 时，物品 i 不可能装入。最大效益值与 m[i+1][j] 相同。

当 $j \geqslant w(i)$ 时，有两个选择：

① 不装入物品 i，这时最大效益值为 m[i+1][j]。

② 装入物品 i，这时已产生效益 p[i]，背包剩余容量 j−w[i]，可以选择物品 i+1,…,n 来装，最大效益值为 m[i+1][j−w[i]] + p[i]。

期望的最大效益值是两者中的最大者。于是递推关系(或称状态转移方程)如下：

$$m[i][j] = \begin{cases} m[i+1][j] & 0 \leqslant j < w[i] \\ \max(m[i+1][j], m(i+1)[j-w[i]] + p[i]) & j \geqslant w[i] \end{cases}$$

其中 w[i]、p[i] 均为正整数，i=1,2,…,n。

边界条件为

$\qquad$ m[n][j]=p[n]，$\quad$ 当 $j \geqslant w[n]$ 时(最后 1 件物品可装包)；

$\qquad$ m[n][j]=0，$\qquad$ 当 $j < w(n)$ 时(最后 1 件物品不能装包)。

所求最大效益即最优值为 m[1][c]。

(2) 逆推计算最优值。

```
for (j = 0;j <= c;j++)                          //首先计算边界条件 m[n][j]
    if (j >= w[n])
        m[n][j] = p[n];
    else
        m[n][j] = 0;
for(i = n-1;i >= 1;i-- )                         //逆推计算 m[i][j] (i 从 n-1 到 1)
  for(j = 0;j <= c;j++)
    if(j >= w[i] && m[i+1][j] < m[i+1][j-w[i]] + p[i])
        m[i][j] = m[i+1][j-w[i]] + p[i];
    else
        m[i][j] = m[i+1][j];
    cout <<"最优值为"<< m[1][c]<< endl;
```

(3) 构造最优解。

若 m[i][cw] > m[i+1][cw] （i=1,2,…,n−1, cw 的初始值为 c)

则 x[i]=1; 装载 w[i], cw=cw−x[i] * w[i]。

否则，x[i]=0,不装载 w[i]。

最后，所装载的物品效益之和与最优值比较，决定 w[n]是否装载。

2) 源程序 1 及运行结果

```
#include < iostream >
#include < iomanip >
using namespace std;
#define N 50
int   main()
{
    int p[N],w[N],m[N][5 * N];
    int i,j,c,cw,n,sw,sp;
    cout <<"请输入 n 值:";   cin >> n;
```

```
    cout <<"请输入背包容量：";   cin >> c;
    cout <<"请依次输入每种物品的重量：";
    for (i = 1; i <= n; i++)
        cin >> w[i];
    cout <<"请依次输入每种物品的价值：";
    for (i = 1; i <= n; i++)
        cin >> p[i];
    for (j = 0; j <= c; j++)                          //首先计算边界条件 m[n][j]
        if (j >= w[n])
            m[n][j] = p[n];
        else
            m[n][j] = 0;
    for(i = n - 1; i >= 1; i-- )                      //逆推计算 m[i][j](i = n - 1~1)
        for(j = 0; j <= c; j++)
            if(j >= w[i] && m[i + 1][j] < m[i + 1][j - w[i]] + p[i])
                m[i][j] = m[i + 1][j - w[i]] + p[i];
            else
                m[i][j] = m[i + 1][j];
    cw = c;
    cout <<"背包所装物品如下："<< endl;
    cout <<"   i      w(i)     p(i) "<< endl;
    cout <<" ---------------------- "<< endl;
    for(sp = 0, sw = 0, i = 1; i <= n - 1; i++)       //以表格形式输出结果
        if(m[i][cw] > m[i + 1][cw])
        {
            cw -= w[i]; sw += w[i]; sp += p[i];
            cout << setw(3) << i << setw(8) << w[i] << setw(8) << p[i] << endl;
        }
    if(m[1][c] - sp == p[n])
    {
        sw += w[n]; sp += p[n];
        cout << setw(3) << n << setw(8) << w[n] << setw(8) << p[n] << endl;
    }
    cout <<"装载物品重量为 "<< sw <<"，最大总价值为 "<< sp << endl;
    return 0;
}
```

编译并执行以上程序，可得到如下所示的结果。

```
请输入 n 值:6
请输入背包容量: 60
请依次输入每种物品的重量: 15 17 20 12 9 14
请依次输入每种物品的价值: 32 37 46 26 21 30
背包所装物品如下:
   i     w(i)     p(i)
 ----------------------
   2      17       37
   3      20       46
   5       9       21
   6      14       30
装载物品重量为 60 , 最大总价值为 134
Press any key to continue
```

3) 编程思路 2

在编程思路 1 中采用逆推的方法来求解的。实际上在应用动态规划时,还可以顺推求解。

（1）建立递推关系。

设 g[i][j] 为背包容量 j,可取物品范围为 1,2,…,i 的最大效益值。

当 0≤j＜w[i] 时,物品 i 不可能装入。最大效益值与 g[i−1][j] 相同。

当 j≥w[i] 时,有两种选择:

① 不装入物品 i,这时最大效益值为 g[i−1][j] 。

② 装入物品 i,这时已产生效益 p[i],背包剩余容量 j−w[i],可以选择物品 1,2,…,i−1 来装,最大效益值为 g[i−1][j−w[i]]+p[i]。

期望的最大效益值是两者中的最大者。于是有递推关系

$$g[i][j] = \begin{cases} g[i-1][j] & 0 \leqslant j < w[i] \\ \max(g[i-1][j], g[i-1][j-w[i]]+p[i]) & j \geqslant w[i] \end{cases}$$

边界条件为

$$g[1][j] = p(1) \quad 当\ j \geqslant w[1]\ 时;$$

$$g[1][j] = 0 \quad 当\ j < w[1]\ 时。$$

所求最大效益即最优值为 g[n][c]。

（2）顺推计算最优值。

```
for(j = 0;j <= c;j++)                          //首先计算边界条件 g[1][j]
    if(j >= w[1] ) g[1][j] = p[1];
    else  g[1][j] = 0;
for(i = 2;i <= n;i++)                          //顺推计算 g[i][j]  (i = 2~n)
    for(j = 0;j <= c;j++)
        if(j >= w[i] && g[i-1][j] < g[i-1][j-w[i]] + p[i])
            g[i][j] = g[i-1][j-w[i]] + p[i];
        else  g[i][j] = g[i-1][j];
cout <<"最优值为"<< g[n][c]<< endl;
```

（3）构造最优解。

若 g[i][cw] > g[i−1][cw](i=1,2,…,n−1, cw 的初始值为 c)。

则 x[i]=1；装载 w[i], cw=cw−x[i] * w[i]。否则,x[i]=0,不装载 w[i]。最后,所装载的物品效益之和与最优值比较,决定 w[1] 是否装载。

4) 源程序 2 及运行结果

```cpp
#include < iostream >
#include < iomanip >
using namespace std;
#define N 50
int  main()
{
    int p[N],w[N],g[N][5 * N];
    int i,j,c,cw,n,sw,sp;
    cout <<"请输入 n 值:";  cin>> n;
    cout <<"请输入背包容量:";  cin>> c;
```

```
cout <<"请依次输入每种物品的重量: ";
for (i = 1; i <= n; i++)
    cin >> w[i];
cout <<"请依次输入每种物品的价值: ";
for (i = 1; i <= n; i++)
    cin >> p[i];
for(j = 0; j <= c; j++)                              //首先计算边界条件 g[1][j]
    if(j >= w[1] ) g[1][j] = p[1];
    else   g[1][j] = 0;
for(i = 2; i <= n; i++)                              //顺推计算 g[i][j](i = 2~n)
    for(j = 0; j <= c; j++)
        if(j >= w[i] && g[i-1][j]< g[i-1][j-w[i]] + p[i])
            g[i][j] = g[i-1][j-w[i]] + p[i];
        else   g[i][j] = g[i-1][j];
cw = c;
cout <<"背包所装物品如下: "<< endl;
cout <<"   i      w(i)      p(i) "<< endl;
cout <<" ---------------------- "<< endl;
for(sp = 0, sw = 0, i = n; i >= 2; i-- )             //以表格形式输出结果
    if(g[i][cw]> g[i-1][cw])
    {
        cw -= w[i]; sw += w[i]; sp += p[i];
        cout << setw(3)<< i << setw(8)<< w[i]<< setw(8)<< p[i]<< endl;
    }
if(g[n][c] - sp == p[1])
{
    sw += w[1]; sp += p[1];
    cout << setw(3)<< 1 << setw(8)<< w[1]<< setw(8)<< p[1]<< endl;
}
cout <<"装载物品重量为 "<< sw <<",最大总价值为 "<< sp << endl;
return 0;
}
```

编译并执行以上程序,可得到如下所示的结果。

```
请输入 n 值:6
请输入背包容量: 60
请依次输入每种物品的重量: 15 17 20 12 9 14
请依次输入每种物品的价值: 32 37 46 26 21 30
背包所装物品如下:
   i      w(i)      p(i)
----------------------
   6       14        30
   5        9        21
   3       20        46
   2       17        37
装载物品重量为 60 ,最大总价值为 134
Press any key to continue
```

通过上面的实例看出,采用动态规划求解多阶段决策问题的核心在于找准阶段与阶段之间的状态变化规律(即递推关系或状态转移方程),从而制定状态转化的决策。由上一阶段的所有局部最优状态值推出下一阶段的局部最优,进而推出全局最优。在求解问题的时

候,通常需要构造一个二维数组,用来保存当前得到的局部最优值,这样在推导下一阶段的最优值的时候就可以利用上一阶段得到的结果求解,这显然比穷举更高效。

记住动态规划的一个思想:许多当前的局部最优看不见未来的最优,但是未来的最优一定包含当前的某个局部最优。

6.4.2　动态规划的应用

【实例 6-22】　传球游戏。

上体育课的时候,小强的老师经常带着同学们一起做游戏。这次,老师带着同学们一起做传球游戏。游戏规则是这样的:n 个同学站成一个圆圈,其中的一个同学手里拿着一个球,当老师吹哨子时开始传球,每个同学可以把球传给自己左右的两个同学中的一个(左右任意),当老师再次吹哨子时,传球停止,此时,拿着球没传出去的那个同学就是败者,要给大家表演一个节目。

聪明的小强提出一个有趣的问题:有多少种不同的传球方法可以使得从小强手里开始传的球,传了 m 次以后,又回到小强手里。两种传球的方法被视作不同的方法,当且仅当这两种方法中,接到球的同学按接球顺序组成的序列是不同的。例如,有 3 个同学 1 号、2 号、3 号,并假设小强为 1 号,球传了 3 次回到小强手里的方式有 1→2→3→1 和 1→3→2→1,共两种。

(1) 编程思路。

定义二维数组 s[][],其中数组元素 s[i][j] 表示经过 i 次传球后,球传到序号为 j 的同学手上的方法数。由于传球时,每个同学可以把球传给自己左右的两个同学中的一个(左右任意),因此序号为 j 的同学可以得到序号为 j−1 的同学或序号为 j+1 的同学传过来的球。于是,得到递推关系如下:

$$s[i][j] = \begin{cases} s[i-1][n-1] + s[i-1][1] & j = 0 \\ s[i-1][j-1] + s[i-1][j+1] & 1 \leqslant j \leqslant n-2 \\ s[i-1][n-2] + s[i-1][0] & j = n-1 \end{cases}$$

初始时,球在序号为 0 的人手中,故 s[0][0] = 1,其余数组元素全赋值为 0。

递推结束后,s[m][0] 的值就是可能的传球方案。

(2) 源程序及运行结果。

```cpp
#include <iostream>
using namespace std;
int main()
{
    int s[31][31] = { 0 };
    int i, j, m, n;
    s[0][0] = 1;                                    //最初球在序号为 0 的人手中
    cout <<"请输入参加游戏的人数 n 和传球的次数 m : "<< endl;
    cin>> n>> m;
    for (i = 1; i <= m; i++)                        //循环传球 m 次
    {
        s[i][0] = s[i - 1][n - 1] + s[i - 1][1];    //第 1 个人单独处理
        for (j = 1; j < n - 1; j++)                 //循环向左或向右传
```

```
        s[i][j] = s[i - 1][j - 1] + s[i - 1][j + 1];
        s[i][n - 1] = s[i - 1][n - 2] + s[i - 1][0];    //末一个人单独处理
    }
    cout <<"可能的传球方案有"<< s[m][0]<<"种."<< endl;
    return 0;
}
```

编译并执行以上程序,可得到如下所示的结果。

```
请输入参加游戏的人数 n 和传球的次数 m :
10 8
可能的传球方案有 70 种。
Press any key to continue
```

【实例 6-23】 最长非降子序列。

给定一个由 n 个正整数组成的序列,从该序列中删除若干个整数,使剩下的整数组成非降子序列,求最长的非降子序列。

(1)编程思路。

定义一个一维数组 b,b[i] 表示序列的第 i 个数(保留第 i 个数)到第 n 个数中的最长非降子序列的长度(i=1,2,…,n)。对所有的 j>i,比较当 a[j]≥a[i] 时的 b[j] 的最大值,显然 b[i] 为这一最大值加 1,表示加上 a[i] 本身这一项。

因而有递推关系:

$$b[i] = max(\{b[j] \mid 1 \leqslant j \leqslant n\}) + 1 \quad (a(j) \geqslant a(i), 1 \leqslant i < j \leqslant n)$$

边界条件:b[n] = 1。

逆推依次求得 b[n−1],…,b[1] 的值,比较这 n−1 个值得其中的最大值 lmax,即为所求的最长非降子序列的长度(即最优值)。

构造最优解时,从序列的第 1 项开始,依次输出 b[i] 分别等于 $l_{max}, l_{max} - 1, \cdots, 1$ 的项 a[i],就是所求的一个最长非降子序列。

(2)源程序及运行结果。

```
#include < iostream >
using namespace std;
#define N 100
int main()
{
    int a[N],b[N],n,max,lmax,i,j;
    cout <<"请输入初始序列中数据元素的个数 n :  ";
    cin >> n;
    cout <<"请依次输入序列中的数据: "<< endl;
    for (i = 0;i < n;i++)
        cin >> a[i];
    b[n - 1] = 1;
    for(i = n - 2;i >= 0;i-- )
    {
        max = 0;
        for(j = i + 1;j <= n - 1;j++)
```

```
            if(a[i]<= a[j] && b[j]> max)
                max = b[j];
            b[i] = max + 1;                              //逆推得 b[i]
    }
    lmax = b[0];
    for (i=1;i<= n-1;i++)
        if (b[i]> lmax)
            lmax = b[i];
    cout <<"最长非降子序列的长度为 "<< lmax << endl;
    cout <<"例如,";
    j = lmax;
    for (i=0;i<n;i++)
    {
        if (b[i] == j)
        {
            cout << a[i]<<"   ";
            j-- ;
            if (j == 0) break;
        }
    }
    cout << endl;
    return 0;
}
```

编译并执行以上程序,可得到如下所示的结果。

```
请输入初始序列中数据元素的个数 n : 10
请依次输入序列中的数据:
34 18 23 89 39 15 56 14 48 24
最长非降子序列的长度为 4
例如,18   23   39   56
Press any key to continue
```

【实例 6-24】 合唱队形。

N 位同学站成一排,音乐老师要请其中的(N−K)位同学出列,使得剩下的 K 位同学排成合唱队形。合唱队形是指这样的一种队形:设 K 位同学从左到右依次编号为 $1,2,\cdots,K$,他们的身高分别为 $T_1,T_2,\cdots,T_K$,则他们的身高满足 $T_1 < T_2 < \cdots < T_i, T_i > T_{i+1} > \cdots > T_K(1 <= i <= K)$。

编写一个程序,输入所有 N 位同学的身高,计算最少需要几位同学出列,可以使得剩下的同学排成合唱队形。

(1) 编程思路。

先分别从左到右求最大上升子序列,从右到左求最大下降子序列,再枚举中间最高的一个人。

设 $f_1[i]$ 为前 i 位同学排列的最大上升子序列长度。若要求 $f_1[i]$,必须先求得 $f_1[1]$,$f_1[2],\cdots,f_1[i-1]$,再选择一个最大的 $f_1[j](j<i)$,在前 j 个数中的最大上升序后添加 T_i,就可得到前 i 个数的最大上升子序列 $f_1[i]$。这样就得到递推关系:

$$f_1[i] = \max \{ f_1(j) \} + 1 \quad (j < i, T_j < T_i)$$

边界条件为 $f_1[1]=1$。

设 $f_2[i]$ 为后面 $N-i+1$ 位同学排列的最大下降子序列长度,用同样的方法可以得到递推关系:

$$f_2[i] = \max \{ f_2[j] \} + 1 \quad (i < j, T_j < T_i)$$

边界条件为 $f_2[N] = 1$。

有了递推关系,程序实现就非常容易了。

(2) 源程序及运行结果。

```cpp
#include <iostream>
using namespace std;
#define MAXN 100
int main()
{
    int flag1[MAXN], flag2[MAXN], a[MAXN];
    int n, max, i, j;
    cout <<"请输入合唱队的初始人数:";
    cin >> n;
    for (i = 0; i < n; i++)
    {
        cout <<"请输入第"<< i <<"位同学的身高(厘米)A[i](140 <= A[i] <= 200)";
        cin >> a[i];
        flag1[i] = 1;
        flag2[i] = 1;
    }
    for (i = 1; i < n; i++)                          //从左到右求最长升序序列
        for (j = 0; j <= i-1; j++)
        {
            if (a[j] < a[i] && (flag1[j] + 1 > flag1[i]))   //求最大上升子序列
                flag1[i] = flag1[j] + 1;
        }
    for (i = n-2; i >= 0; i-- )                       //从右到左求最长降序序列
        for (j = i + 1; j <= n-1; j++)
        {
            if (a[j] < a[i] && flag2[j] + 1 > flag2[i])
                flag2[i] = flag2[j] + 1;
        }
    max = 0;
    for (i = 0; i < n; i++)                           //计算升序和降序序列的最多人数
        if (flag1[i] + flag2[i] > max)
            max = flag1[i] + flag2[i];
    cout <<"需要出队的人数为 "<< n - max + 1 << endl;
    return 0;
}
```

编译并执行以上程序,可得到如下所示的结果。

```
请输入合唱队的初始人数:8
请输入第 1 位同学的身高(厘米)A[i](140 <= A[i] <= 200)156
请输入第 2 位同学的身高(厘米)A[i](140 <= A[i] <= 200)167
请输入第 3 位同学的身高(厘米)A[i](140 <= A[i] <= 200)145
请输入第 4 位同学的身高(厘米)A[i](140 <= A[i] <= 200)180
请输入第 5 位同学的身高(厘米)A[i](140 <= A[i] <= 200)176
请输入第 6 位同学的身高(厘米)A[i](140 <= A[i] <= 200)165
请输入第 7 位同学的身高(厘米)A[i](140 <= A[i] <= 200)182
请输入第 8 位同学的身高(厘米)A[i](140 <= A[i] <= 200)145
需要出队的人数为 2
Press any key to continue
```

【实例 6-25】 数字三角形。

数字三角形是一个二维数阵:三角形由 n 行构成,第 k 行有 k 个点,每一个点都带有一个数值数。图 6-10 所示为一个 5 行数字三角形。

```
          7
        5   8
      6   2   3
    4   5   6   1
  6   2   7   8   4
```

图 6-10　一个 5 行数字三角形

现规定从三角形的最顶层走到最底层,每一步可沿左斜线向下或右斜线向下走,如在图 6-10 中的第 2 行"5"的位置时,可以走到第 3 行的"6",也可以走到第 3 行的"2",但不能走到第 3 行的"3"。

编写一个程序求解从最顶层走到最底层的一条路径,使得沿着该路径所经过的数字的总和最大,输出最大值。

设三角形行数不大于 100,且数字三角形中的数字均为不超过 100 的正整数。

例如,在图 6-10 的数字三角形中,从上顶点的 7 开始,向右下到 8,继续往右下到 3,再向左下到 5,最后向右下到 8,这条路径(7→8→3→5→8)的数字和最大(为 31)。

(1) 编程思路 1。

分析问题可以得出一个结论:如果得到一条由顶至底的某处的一条最佳路径,那么对于该路径上的每一个中间点来说,由顶至该中间点的路径所经过的数字和也为最大。因此本题是一个典型的多阶段决策最优化的问题,采用动态规划中的顺推求解法求解。

按三角形的行划分阶段。若行数为 n,则可把问题看作一个 n−1 个阶段的决策问题。从三角形顶点(处于三角形第 0 行)出发,依顺序向下求出第一阶段(对应三角形第 1 行)、第二阶段……第 n−1 阶段(对应三角形第 n−1 行)中各决策点至三角形顶点的最佳路径,最终求出顶点到最底层某终点的最佳路径。

设 f[i][j] 表示第 i 阶段中的点 j 至三角形顶点的最大数字和。由于每一次决策有两个选择:或沿左斜线向下,或沿右斜线向下。因此,第 i 阶段中的点 j 或者由第 i−1 阶段的点 j−1 沿右斜线向下走到,此时 f[i][j]=a[i][j]+f[i−1][j−1];或由第 i−1 阶段的点 j 沿左斜线向下走到,此时 f[i][j]=a[i][j]+f[i−1][j]。

期望的最大和是两者中的最大者。于是有递推关系

f[i][j] = max(a[i][j]+f[i−1][j−1],a[i][j]+f[i−1][j])　(1≤j≤i)

f[i][0]=a[i][0]+f[i−1][0](j=0,即每行的第一个点只能由上一行的第一个点沿左斜线向下走)

边界条件为 f[0][0]=a[0][0]。

另外,由于每行最右端的点只能由上一行最右端的点沿右斜线向下走,也就是说求f[i][i]时,f[i−1][i]的值并不存在。可以假定在第i−1行的最右端的右边还存在一个虚拟的点i,且f[i−1][i]=0,由它沿左斜线向下走到第i行的点i的和不可能大于由上一行最右端的点(第i−1行的点i−1)沿右斜线向下走到第i行的点i。因此,需要对f数组置初值0,从而可以按上面的递推关系统一处理。

有了递推关系,经过一次顺推,便可分别求出由顶点至最底层N个数的N条路径,在这N条路径所经过的N个数字和中,最大值即为所求。

(2) 源程序1及运行结果。

```cpp
#include <iostream>
using namespace std;
#define N 100
int main()
{
    int a[N][N],f[N][N] = {0},c[N][N] = {0},d[N];
    //数组a存放数字三角形各行数字,f存放走到当前位置经过数字的最大和
    //c存放从前一行如何走到当前位置,d存放最大数字和经过的路径
    int n,i,j,max,k;
    //输入数据
    cout <<"请输入数字三角形的行数: ";
    cin >> n;
    cout <<"请输入各行的数字: "<< endl;
    for(i = 0;i < n;i++)
        for(j = 0;j <= i;j++)
            cin >> a[i][j];
    //数字三角形数据处理
    f[0][0] = a[0][0];
    c[0][0] = 0;
    for(i = 1;i < n;i++)
    {
        f[i][0] = a[i][0] + f[i - 1][0];
        c[i][0] = 1;
        for(j = 1;j <= i;j++)
            if(f[i - 1][j - 1] > f[i - 1][j])
            {
                f[i][j] = a[i][j] + f[i - 1][j - 1];
                c[i][j] = 0;
            }
            else
            {
                f[i][j] = a[i][j] + f[i - 1][j];
                c[i][j] = 1;
            }
    }
    max = f[n - 1][0];
    for(j = 1;j < n;j++)
        if(f[n - 1][j] > max)
        {    max = f[n - 1][j];    k = j;  }
    //根据行走路线表c找路径
```

```
        d[n-1] = a[n-1][k];
        for(i=n-1;i>0;i--)
            if(c[i][k]==0)
                d[i-1] = a[i-1][--k];
            else
                d[i-1] = a[i-1][k];
        cout <<"最大的数字和为"<< max << endl;
        cout <<"经过的路径为: ";
        for(i = 0;i<n-1;i++)
            cout << d[i]<<" ---->";
        cout << d[n-1]<< endl;
        return 0;
}
```

编译并执行以上程序,可得到如下所示的结果。

```
请输入数字三角形的行数: 5
请输入各行的数字:
7
5 8
6 2 3
4 5 5 1
6 2 7 8 4
最大的数字和为 31
经过的路径为: 7 ---->8 ---->3 ---->5 ---->8
Press any key to continue
```

(3) 编程思路 2。

在编程思路 1 中采用的是顺推法,实际上也可以逆推。

按三角形的行划分阶段,若行数为 n,则可把问题看做一个 n-1 个阶段的决策问题。先求出第 n-1 阶段(第 n-1 行上各点)到第 n 行的最大和,再依次求出第 n-2 阶段、第 n-3 阶段……第 1 阶段(顶点)各决策点至第 n 行的最大数字和。

设 f[i][j]为从第 i 阶段中的点 j 至第 n 行的最大的数字和,则有递推关系

$$f[i][j] = max(a[i][j] + f[i+1][j], a[i][j] + f[i+1][j+1]) \quad (0 \leqslant j \leqslant i)$$

边界条件: f[n-1][j] = a[n-1][j] $(0 \leqslant j < n)$。

递推完成后,所求的最大数字和即问题的最优值为 f[0][0]。

(4) 源程序 2 及运行结果。

```
#include < iostream >
using namespace std;
#define N 100
int main()
{
    int a[N][N],f[N][N] = {0};
    //数组 a 存放数字三角形各行数字,f 存放走到当前位置经过数字的最大和
    int n,i,j;
    cout <<"请输入数字三角形的行数: ";
    cin >> n;
    cout <<"请输入各行的数字: "<< endl;
```

```
for(i = 0;i < n;i++)
    for(j = 0;j <= i;j++)
      cin >> a[i][j];
for (j = 0;j < n;j++)
    f[n-1][j] = a[n-1][j];      //把三角形最下一行数字赋给 f[n-1][j]
for (i = n-2;i >= 0;i--)        //从倒数第二行开始向上逆推
    for(j = 0;j <= i;j++)
    {
        if(f[i+1][j] > f[i+1][j+1])
            f[i][j] = a[i][j] + f[i+1][j];
        else
            f[i][j] = a[i][j] + f[i+1][j+1];
    }
cout <<"最大的数字和为"<< f[0][0]<< endl;
return 0;
}
```

编译并执行以上程序,可得到如下所示的结果。

```
请输入数字三角形的行数: 5
请输入各行的数字:
7 5 8 6 2 3 4 5 5 1 6 2 7 8 4
最大的数字和为 31
Press any key to continue
```

【实例 6-26】　最大乘积。

在一个长度为 N(N≤10)的数字串中插入 r(r≤6)个乘号,将它分成 r+1 个部分,找出一种分法,使得这 r+1 个部分的乘积最大。

如有一个数字串“312”,当 N=3、r=1 时会有两种分法:① 3 * 12=36 和 ② 31 * 2=62。这时,符合题目要求的结果是: 31 * 2=62。

(1) 编程思路。

这个问题满足动态规划法的求解标准,可把它按插入的乘号数来划分阶段,插入 r 个乘号,可看做是 r 个阶段的决策问题。

① 建立递推关系。

设 f[i][k] 表示在前 i 位数中插入 k 个乘号所得的最大值,a[i][j] 表示从第 i 位到第 j 位所组成的 j−i+1(i≤j) 位整数值。

为了寻求递推关系,先看一个实例:对给定的数字串 637829156,如何插入 r=5 个乘号,使其乘积最大? 即如何求取最优值 f[9][5]。

- 设前 8 个数字中已插入 4 个乘号,则最大乘积为 f[8][4] * 6;
- 设前 7 个数字中已插入 4 个乘号,则最大乘积为 f[7][4] * 56;
- 设前 6 个数字中已插入 4 个乘号,则最大乘积为 f[6][4] * 126;
- 设前 5 个数字中已插入 4 个乘号,则最大乘积为 f[5][4] * 9156。
- 比较以上 4 个数值,它们的最大值即为 f[9][5]。

依此类推,为了求 f[8][4]:

- 设前 7 个数字中已插入 3 个乘号,则最大乘积为 f[7][3] * 5;

- 设前 6 个数字中已插入 3 个乘号,则最大乘积为 f[6][3]*15;
- 设前 5 个数字中已插入 3 个乘号,则最大乘积为 f[5][3]*915;
- 设前 4 个数字中已插入 3 个乘号,则最大乘积为 f[4][3]*2915。
- 比较以上 4 个数值,它们的最大值即为 f[8][4]。

一般地,为了求取 f[i][k],考察数字串的前 i 个数字,设前 j(k≤j<i) 个数字中已插入 k-1 个乘号的基础上,在第 j 个数字后插入第 k 个乘号,显然此时的最大乘积为 f[j][k-1]*a[j+1][i]。于是可以得递推关系式:

$$f[i][k] = max(\{f[j][k-1]*a[j+1][i]\}) \quad (k \leq j < i)$$

前 j 个数字没有插入乘号时的值显然为前 j 个数字组成的整数,因而得边界值为:

$$f[j][0] = a[1][j] \quad (1 \leq j \leq i)$$

② 递推计算最优值。

```
for(k=1;k<=r;k++)
    for(i=k+1;i<=n;i++)
        for(j=k;j<i;j++)
            if(f[i][k]<f[j][k-1]*a[j+1][i])        //a[j+1][i]需事先求得
                f[i][k]=f[j][k-1]*a[j+1][i];
```

③ 构造最优解。

为了能打印相应的插入乘号的乘积式,设置标注位置的数组 t[k] 与 c[i][k],其中 c[i][k] 为相应的 f[i][k] 的第 k 个乘号的位置,而 t[k] 标注第 k 个乘号"*"的位置,如 t[2]=3 表明第 2 个"*"号在第 3 个数字后面。

当给数组元素赋值 f[i][k]=f[j][k-1]*a[j+1][i] 时,作相应赋值 c[i][k]=j,表明 f[i][k] 的第 k 个乘号的位置是 j。在求得 f[n][r] 的第 r 个乘号位置 t[r]=c[n][r]=j 的基础上,其他 t[k](1≤k≤r-1)可应用下式逆推产生。

$$t[k] = c[t[k+1]][k]$$

根据 t 数组的值,可直接按字符形式打印所求得插入乘号的乘积式。

(2) 源程序及运行结果。

```cpp
#include <iostream>
#include <string.h>
using namespace std;
int main()
{
    int n,r,num,i,j,u,k;
    int a[10][10],f[10][7]={0},c[10][7],t[7];
    char b[11],s[18];
    cout <<"请输入数字串的长度 N 和乘号的个数 r:";
    cin >> n >> r;
    cout <<"请输入"<< n <<"位长的数字串:";
    cin >> b;
    for(num=0,j=1;j<=n;j++)
    {
        num=num*10+b[j-1]-48;//把 b 数组的对应字符串转化为数值
        a[1][j]=num;
```

```
            f[j][0] = a[1][j];              //前 j 位数中插入 0 个乘号的最大值 f[j][0] 赋初值
        }
    for(k = 1;k <= r;k++)
        for(i = k + 1;i <= n;i++)
            for(j = k;j < i;j++)
            {
                num = 0;
                for(u = j + 1;u <= i;u++)
                    num = num * 10 + b[u - 1] - 48;
                a[j + 1][i] = num;
                if(f[i][k] < f[j][k - 1] * a[j + 1][i])
                {

                    f[i][k] = f[j][k - 1] * a[j + 1][i];
                    c[i][k] = j;
                }
            }
    cout << "最大乘积为" << f[n][r] << endl;
    t[r] = c[n][r];
    for (i = r - 1;i >= 1;i-- )
        t[i] = c[t[i + 1]][i];
    strcpy(s,b);
    for (i = r;i >= 1;i-- )
    {
        for (j = strlen(s);j >= t[i];j-- )
            s[j + 1] = s[j];
        s[t[i]] = ' * ';
    }
    cout << "算式为: " << s << " = " << f[n][r] << endl;
    return 0;
}
```

编译并执行以上程序,可得到如下所示的结果。

```
请输入数字串的长度 N 和乘号的个数 r : 9 4
请输入 9 位长的数字串: 637829156
最大乘积为 198529380
算式为: 63 * 7 * 82 * 915 * 6 = 198529380
Press any key to continue
```

【实例 6-27】　最长公共子序列。

给定两个序列 $X = \{x_1, x_2, \cdots, x_m\}$ 和 $Y = \{y_1, y_2, \cdots, y_n\}$,找出 X 和 Y 的最长公共子序列。

一个给定序列的子序列是在该序列中删去若干个元素后得到的序列。给定两个序列 X 和 Y,当另一序列 Z 既是 X 的子序列又是 Y 的子序列时,称 Z 是序列 X 和 Y 的公共子序列。

例如,若 $X = \{A, B, C, B, D, A, B\}$,$Y = \{B, D, C, A, B, A\}$,

序列{B, C, A}是 X 和 Y 的一个公共子序列,序列{B, C, B, A}也是 X 和 Y 的一个公共子序列,且为最长公共子序列。

（1）编程思路。

求序列 X 与 Y 的最长公共子序列可以使用穷举法：列出 X 的所有子序列，检查 X 的每一个子序列是否也是 Y 的子序列，并记录其中公共子序列的长度，通过比较最终求得 X 与 Y 的最长公共子序列。对于一个长度为 m 的序列 X，其每一个子序列对应于下标集$\{1,2,\cdots,m\}$的一个子集，即 X 的子序列数目多达 $2m$ 个。由此可见，应用穷举法求解是指数时间的。当 X 和 Y 序列中元素较多时，应用穷举法不现实。

由于最长公共子序列问题具有最优子结构性质，因此应用动态规划求解。

① 建立递推关系。

设序列 X $\{x_1,x_2,\cdots,x_m\}$ 和 Y $\{y_1,y_2,\cdots,y_n\}$ 的最长公共子序列为 Z $\{z_1,z_2,\cdots,z_m\}$，且 $\{x_i,x_{i+1},\cdots,x_m\}$ 与 $\{y_j,y_{j+1},\cdots,y_n\}$（$i=1、\cdots、m$；$j=1、\cdots、n$）的最长公共子序列的长度为 $c(i,j)$。

若 $i=m+1$ 或 $j=n+1$，此时为空序列，$c(i,j)=0$（边界条件）。

- 若 $x(1)=y(1)$，则有 $z(1)=x(1)$，$c(1,1)=c(2,2)+1$ （其中 1 为 $z(1)$ 这一项）；
- 若 $x(1)\neq y(1)$，则 $c(1,1)$ 取 $c(2,1)$ 与 $c(1,2)$ 中的最大者。

一般地，若 $x(i)=y(j)$，则 $c(i,j)=c(i+1,j+1)+1$；若 $x(i)\neq y(j)$，则 $c(i,j)=\max(c(i+1,j),c(i,j+1))$。因而归纳为递推关系：

$$c(i,j) = \begin{cases} c(i+1,j+1)+1 & 1 \leqslant i \leqslant m, 1 \leqslant j \leqslant n, x_i = y_j \\ \max(c(i,j+1),c(i+1,j)) & 1 \leqslant i \leqslant m, 1 \leqslant j \leqslant n, x_i \neq y_j \end{cases}$$

边界条件为

$$c(i,j) = 0 \quad (i=m+1 \text{ 或 } j=n+1)$$

② 逆推计算最优值。

根据以上递推关系，可以逆推计算最优值 $c(1,1)$。

由于在 C 语言中数组下标从 0 开始，因此可设计相应逆推求 c[0][0] 的流程为：

```
for(i=0;i<=m;i++)  c[i][n]=0;  //按边界条件赋初始值
for(j=0;j<=n;j++)  c[m][j]=0;
for(i=m-1;i>=0;i--)                  //逆推计算最优值
    for(j=n-1;j>=0;j--)
       if(x[i]==y[j])
          c[i][j]=c[i+1][j+1]+1;
       else if(c[i][j+1]>c[i+1][j])
          c[i][j]=c[i][j+1];
       else  c[i][j]=c[i+1][j];
```

计算完成后，c[0][0]中保存的值就是最长公共子串的长度。

③ 构造最优解。

为构造最优解，可以设置数组 $s(i,j)$：

- 当 $x(i)=y(j)$ 时，$s(i,j)=1$；
- 当 $x(i)\neq y(j)$ 时，$s(i,j)=0$。 其中 $i=0,1,\cdots,m-1$；$j=t,1,\cdots,n-1$。

当确定最长公共子序列一项时，

- 若 $s(i,j)=1$ 且 $c(i,j)=c(0,0)$ 时，取 $x(i)$ 为最长公共子序列的第 1 项；
- 若 $s(i,j)=1$ 且 $c(i,j)=c(0,0)-1$ 时，取 $x(i)$ 最长公共子序列的第 2 项；

……。

一般地,若 s(i,j)＝1 且 c(i,j)＝ c(0,0)－w 时(w 从 0 开始,每确定最长公共子序列的一项,w 增 1),取 x(i)为最长公共子序列的第 w 项。

构造最长公共子序列流程为:

```
for(t = 0,w = 0,i = 0;i <= m - 1;i++)  //从 0 到 m - 1 扫描 X 序列
for(j = t;j <= n - 1;j++)              //从 0 到 n - 1 扫描 Y 序列
    //为保证扫描不重新从头开始,引入变量 t 保存扫描位置,当确定了最长公共
    //子序列的一项 Xi(或 Yj)时,下次 Y 序列从 j + 1 开始扫描
    if(s[i][j] == 1 && c[i][j] == c[0][0] - w)
    {  cout << x[i];
        w++;t = j + 1;break;
    }
```

(2) 源程序及运行结果。

```cpp
#include < iostream >
using namespace std;
#define M 20
#define N 20
int main()
{
    char x[ ] = "1234567890",y[ ] = "13579246910";
    int c[M + 1][N + 1],s[M + 1][N + 1];
    int m,n,i,j,t,w;
    m = strlen(x);
    n = strlen(y);
    for(i = 0;i <= m;i++)              //赋初始值
        c[i][n] = 0;
    for(j = 0;j <= n;j++)
        c[m][j] = 0;
    for(i = m - 1;i >= 0;i-- )         //逆推计算最优值
        for(j = n - 1;j >= 0;j-- )
            if(x[i] == y[j])
            {
                c[i][j] = c[i + 1][j + 1] + 1;
                s[i][j] = 1;
            }
            else
            {
                if(c[i][j + 1] > c[i + 1][j])
                    c[i][j] = c[i][j + 1];
                else   c[i][j] = c[i + 1][j];
                s[i][j] = 0;
            }
    cout <<"最长公共子串的长度为: "<< c[0][0]<< endl;
    t = 0;    w = 0;
    for(i = 0;i <= m - 1;i++)
        for(j = t;j <= n - 1;j++)
            if(s[i][j] == 1 && c[i][j] == c[0][0] - w)
```

```
                {
                    cout << x[i];
                    w++;
                    t = j + 1;
                    break;
                }
        cout << endl;
        return 0;
}
```

编译并执行以上程序,可得到如下所示的结果。

```
最长公共子串的长度为: 6
124690
Press any key to continue
```

第7章
实践出真知

程序设计是一门实践性很强的课程,通过实践锻炼的程序设计能力将直接关系到人们的软件开发能力。

7.1 无他,唯手熟耳

初中,学习过一篇北宋欧阳修所著的古文《卖油翁》。《卖油翁》是一篇富含哲理与情趣的小品文章,通俗易懂,意味深长,非常具有教育意义,因此多年来为中学课本必选篇目。它通过记述陈尧咨射箭、卖油翁酌油这两件事,形象地说明了"熟能生巧"、"实践出真知"的道理。其原文如下:

陈康肃公尧咨善射,当世无双,公亦以此自矜。尝射于家圃,有卖油翁释担而立,睨之,久而不去。见其发矢十中八九,但微颔之。

康肃问曰:"汝亦知射乎? 吾射不亦精乎?"翁曰:"无他,但手熟耳。"康肃忿然曰:"尔安敢轻吾射!"翁曰:"以我酌油知之。"乃取一葫芦置于地,以钱覆其口,徐以杓酌油沥之,自钱孔入,而钱不湿。因曰:"我亦无他,唯手熟耳。"康肃笑而遣之。

在这个故事中,康肃公陈尧咨善于射箭,号称"当世无双"。一个普普通通的卖油翁,在观看其射箭十中八九时,认为"无他,但手熟耳。"卖油翁并非狂妄无礼,因为他表演的从钱眼里注油入葫芦,不漏一滴,不沾钱孔,比射箭"十中八九"并不见得容易。"我亦无他,唯手熟耳",一个普通人在实践中总结领悟出的哲理确实是至理名言,令人心服口服。

"熟能生巧"、"实践出真知"。因此,我们无论做什么事,只要下苦功夫,多思勤练,就一定会取得成绩的。学习程序设计亦然。

本书前第1~6章通过大量的实例,讲述了程序设计的思想和方法。程序设计作为一门实践性很强的科目,需要进行反复训练,在学习前面实例的基础上。本章再谈谈程序设计实践训练的一些方法。

【实例7-1】 日历制作。

编写一个程序,输入某个年份,输出该年份的日历;输入一个具体的日期,输出该日是星期几。

程序运行的结果示例如下:

```
------------------------
        请输入您的选择：
    1   求某个日期对应的星期
    2   输出某年的日历
    0   结束程序
------------------------
1

请输入年,月,日：2010 10 1
2010 年 10 月 1 日这天是周五
------------------------
        请输入您的选择：
    1   求某个日期对应的星期
    2   输出某年的日历
    0   结束程序
------------------------
2

请输入年份：2010
              一    月                      二    月
    周日 周一 周二 周三 周四 周五 周六      周日 周一 周二 周三 周四 周五 周六
                               1    2            1    2    3    4    5    6
     3    4    5    6    7    8    9        7    8    9   10   11   12   13
    10   11   12   13   14   15   16       14   15   16   17   18   19   20
    17   18   19   20   21   22   23       21   22   23   24   25   26   27
    24   25   26   27   28   29   30       28
    31

              三    月                      四    月
    周日 周一 周二 周三 周四 周五 周六      周日 周一 周二 周三 周四 周五 周六
               1    2    3    4    5    6                           1    2    3
     7    8    9   10   11   12   13        4    5    6    7    8    9   10
    14   15   16   17   18   19   20       11   12   13   14   15   16   17
    21   22   23   24   25   26   27       18   19   20   21   22   23   24
    28   29   30   31                      25   26   27   28   29   30

              五    月                      六    月
    周日 周一 周二 周三 周四 周五 周六      周日 周一 周二 周三 周四 周五 周六
                                    1                 1    2    3    4    5
     2    3    4    5    6    7    8        6    7    8    9   10   11   12
     9   10   11   12   13   14   15       13   14   15   16   17   18   19
    16   17   18   19   20   21   22       20   21   22   23   24   25   26
    23   24   25   26   27   28   29       27   28   29   30
    30   31

              七    月                      八    月
    周日 周一 周二 周三 周四 周五 周六      周日 周一 周二 周三 周四 周五 周六
                              1    2    3        1    2    3    4    5    6    7
     4    5    6    7    8    9   10        8    9   10   11   12   13   14
    11   12   13   14   15   16   17       15   16   17   18   19   20   21
    18   19   20   21   22   23   24       22   23   24   25   26   27   28
    25   26   27   28   29   30   31       29   30   31
```

		九 月				
周日	周一	周二	周三	周四	周五	周六
			1	2	3	4
5	6	7	8	9	10	11
12	13	14	15	16	17	18
19	20	21	22	23	24	25
26	27	28	29	30		

		十 月				
周日	周一	周二	周三	周四	周五	周六
					1	2
3	4	5	6	7	8	9
10	11	12	13	14	15	16
17	18	19	20	21	22	23
24	25	26	27	28	29	30
31						

		十一 月				
周日	周一	周二	周三	周四	周五	周六
	1	2	3	4	5	6
7	8	9	10	11	12	13
14	15	16	17	18	19	20
21	22	23	24	25	26	27
28	29	30				

		十二 月				
周日	周一	周二	周三	周四	周五	周六
			1	2	3	4
5	6	7	8	9	10	11
12	13	14	15	16	17	18
19	20	21	22	23	24	25
26	27	28	29	30	31	

(1) 编程思路。

使用多文件结构编写程序按要求输出某年日历。其中:

① 将所编写函数的声明放在头文件中,头文件 Cale.h 的内容为:

```
bool isLeapYear(int year);                        //判断某年是否为闰年
int WeekDay(int year, int month, int day);        //根据输入的日期,返回对应的星期
int MonthDays(int year, int month);               //根据输入的年号和月份,返回该月的天数
void PrintWeek(int weekday);                       //打印星期几
void PrintMonth(int month);                        //打印月份
void PrintData(int year);                          //打印日历
```

② 将头文件中定义的函数的实现代码存放在文件 Cale.cpp 中。

③ 主函数 main 存放在文件 CaleApp.cpp 中。

(2) 源程序。

```
//cale.h 文件
bool isLeapYear(int year);
int WeekDay(int year, int month, int day);
int MonthDays(int year, int month);
void PrintWeek(int weekday);
void PrintMonth(int month);
void PrintData(int year);

//Cale.cpp 文件
#include < iostream >
#include "cale.h"
using namespace std;
bool isLeapYear(int year)
{
    if(year % 4 == 0   && year % 100!= 0  || year % 400 == 0)
        return true;
    else
        return false;
}
```

```
void PrintWeek(int weekday)              //打印星期几
{
  switch(weekday)
  {
     case 0 : cout <<"周日 "; break;
     case 1 : cout <<"周一 "; break;
     case 2 : cout <<"周二 "; break;
     case 3 : cout <<"周三 "; break;
     case 4 : cout <<"周四 "; break;
     case 5 : cout <<"周五 "; break;
     case 6 : cout <<"周六 "; break;
  }
}
void PrintMonth(int month)               //打印月份
{
  switch(month)
  {
  case 1 : cout <<"一    月 "; break;
  case 2 : cout <<"二    月 "; break;
  case 3 : cout <<"三    月 "; break;
  case 4 : cout <<"四    月 "; break;
  case 5 : cout <<"五    月 "; break;
  case 6 : cout <<"六    月 "; break;
  case 7 : cout <<"七    月 "; break;
  case 8 : cout <<"八    月 "; break;
  case 9 : cout <<"九    月 "; break;
  case 10: cout <<"十    月 "; break;
  case 11: cout <<"十一 月 ";    break;
  case 12: cout <<"十二 月 ";    break;
  }
}
int WeekDay(int year, int month, int day)  //根据输入的日期,返回对应的星期
{
   int i, sum = 0;
   for(i = 1900;  i < year; i++)
      if(isLeapYear(i))
         sum += 366;
      else
         sum += 365;
   for(i = 1;  i < month; i++)
     sum += MonthDays(year, i);
   sum  +=  day;                          //计算总天数
   return sum % 7;
}
int MonthDays(int year, int month)         //根据输入的年号和月份,返回该月的天数
{
   switch(month)
   {
      case 1:
```

```
                case 3:
                case 5:
                case 7:
                case 8:
                case 10:
                case 12:   return 31;
                case 4:
                case 6:
                case 9:
                case 11:   return 30;
                case 2:    if(isLeapYear(year))
                                  return 29;
                              else
                                  return 28;
            default: cout <<"这是一个错误的月份!"; system("pause"); return 0;
        }
}
void PrintData(int year)                   //打印日历
{
        struct EveryMon
        {
          int maxdata;
          int data;
        };
        struct EveryMon months[13];
        int i, j, k;
        int mon, week;
        for(i = 1; i < 13; i++)              //存储该年每个月的总天数和初始日期
        {
            months[i].data = 1;
            months[i].maxdata = MonthDays(year, i);
        }
        for(i = 0; i < 6; i++)               //总共输出 6 排
        {
            for(j = 1; j <= 2; j++)          //每排输出 2 个月
            {
                mon = 2 * i + j;
                printf(" % 15s", " ");
                PrintMonth(mon);             //第一行打印月份
                printf(" % 15s", " ");
                if(j == 1)
                    printf("\t");
            }
            printf("\n");
            for(j = 1; j <= 2; j++)
            {
                for(k = 0; k < 7; k++)
                {
                    PrintWeek(k);            //第 2 行打印星期
                }
                if(j == 1)
```

```
                    printf("\t");
        }
    printf("\n");
    for(j = 1; j <= 2; j++)
    {
        mon = 2 * i + j;
        week = WeekDay(year, mon, 1);   //根据输入的日期,返回对应的星期
        printf("% * d   ", week * 5 + 2, months[mon].data++);
                    //控制输出格式,把每月的 1 日打印在对应星期的下面
        week++;
        while(week < 7) //接着在该行打印该周剩余的日期
        {
            printf("% 2d   ", months[mon].data++);
            week++;
        }
        if(j == 1)
            printf("\t");
    }
    printf("\n"); /
    while(months[2 * i + 1].data <= months[2 * i + 1].maxdata || months[2 * i + 2].data <=
months[2 * i + 2].maxdata)
    {
        for(j = 1; j <= 2; j++)
        {
            mon = 2 * i + j;
            for(k = 0; k < 7; k++)
            {                           //如果该月日期未打印完,打印该日期
                if(months[mon].data <= months[mon].maxdata)
                    printf("% 2d   ", months[mon].data++);
                else                    //否则输出空格
                    printf("      ");
            }
            if(j == 1)
                printf("\t");
        }
        printf("\n");
    }
    printf("\n");
    }
}
//CaleApp.cpp 文件
#include < iostream >
#include "cale. h"
using namespace std;
int main(void)
{
    int choice;
    int year,month, day, weekday;
    while(1)
    {
        cout <<" ------------------------------------------- "<< endl;
```

```
cout <<"            请输入您的选择: "<< endl;
cout <<"        1   求某个日期对应的星期"<< endl;
cout <<"        2   输出某年的日历"<< endl;
cout <<"        0   结束程序"<< endl;
cout <<" ------------------------------------------- "<< endl;
cin >> choice;
switch(choice)
{
    case 1: cout <<"请输入年,月, 日: ";
            cin >> year >> month >> day;
            cout << year <<"年"<< month <<"月"<< day <<"日这天是";
            weekday = WeekDay(year, month, day);
                            //根据输入的日期,返回对应的星期
            PrintWeek(weekday); //打印星期几
            break;
    case 2: cout <<"请输入年份:";
            cin >> year;
            PrintData(year);
            break;
    case 0: return 0;
    default: cout <<"输入错误,请重新输入"<< endl; break;
}
cout << endl;
    }
}
```

上面的程序看起来较长,但仔细分析所编写的 6 个函数,都不难。例如,闰年判断、确定某天是星期几、某年某月有多少天等实例在一些教材和书籍上经常出现,方法掌握了,综合起来应用就可以解决大一些的实际问题。

"无他,唯手熟耳",程序设计亦然。

7.2 连营

在三国杀游戏中,武将陆逊有一个技能是连营,其技能描述是:每当失去最后一张牌时,可立即摸一张牌。

借用这个概念,在程序设计实践中,设计了一个程序后,可以在这个程序的基础上,再进行扩展,提出相类似的另一个问题,再进行设计。即解决一个问题后,再解决一个问题,也就是失去一张牌后,再摸一张牌。

本书在前面的章节中给出了大量精心设计的实例,读者在对一些实例进行学习理解后,可以通过将此实例不断修改、扩充,从而提高自己的程序设计能力。在这个实例学习过程中,有提出问题、解决问题、扩展问题、再解决问题、对解决问题的方法评价、优化设计等几个环节,实际上是一个螺旋式滚动向前的过程,在这个螺旋式不断向前的过程中,能够非常自然地调动读者的学习兴趣,而且通过问题的不断扩展连营,有效地开阔读者的思维。这种通过一个程序的层层推进,不断连营,进行程序设计训练的方法,本质上是一个循序渐进、螺旋式上升的过程,可使读者在"走台阶"的过程中,进入到程序设计的殿堂。

7.2.1 字符图案

【实例 7-2】 星号图形。

编写程序,输出如图 7-1 所示的星号图。

```
*****        *****        *            *****              *
*****        ****         **           ****              **
*****        ***          ***          ***              ***
*****        **           ****         **              ****
*****        *            *****        *              *****

 (a)          (b)          (c)          (d)            (e)

*            *            *              *********
**           **           ***            *******
***          ***          *****          *****
**           **           *******        ***
*            *            *********        *

 (f)          (g)           (h)            (i)
```

图 7-1 用循环输出的 * 号图

(1) 编程思路。

图 7-1(a)中的星号图由 5 行 5 列组成,为输出这个图形,可以编写一个二重循环,外循环控制行,内循环控制每行各列的输出,每输出一行,换一行。

(2) 源程序 1。

```cpp
#include < iostream >
using namespace std;
int main()
{
    int i,j;
    for (i = 1;i < = 5;i++)
    {
        for (j = 1;j < = 5;j++)
            cout <<" * ";
        cout << endl;
    }
    return 0;
}
```

(3) 连营 1。

上面的程序可以输出图 7-1(a)中的星号图。现在就在这个程序的基础上进行修改,输出图 7-1(b)和图 7-1(c)所示的图形。

图 7-1(b)和图 7-1(c)所示的图形与 7-1(a)的区别在于,每行中星号个数发生变化,不再都是 5 个星号。

在图 7-1(b)中,第 1 行输出 5 个星号,第 2 行输出 4 个星号,…,第 5 行输出一个星号,可归纳出第 i 行(1≤i≤5)输出 6−i 个星号。因此将上面源程序 1 中的"for (j=1;j≤5;j++)"改写为"for (j=1; j≤6−i ;j++)",即可输出图 7-1(b)中的星号图。

在图 7-1(c)中,第 1 行输出一个星号,第 2 行输出 2 个星号,…,第 5 行输出 5 个星号,可归纳出第 i 行(1≤i≤5)输出 i 个星号。因此将上面源程序 1 中的"for (j=1;j<=5; j++)"改写为"for (j=1; j<=i; j++)",即可输出图 7-1(c)中的星号图。

(4) 连营 2。

图 7-1(d)和图 7-1(e)是星号前有空格。

当输出行前面有空格时,可以通过 if 语句控制,也可以单独用一个循环输出空格。因此,为完成图 7-1(d)的输出,可将程序修改为:

```
#include <iostream>
using namespace std;
int main()
{
    int i,j;
    for (i=1;i<=5;i++)
    {
        for (j=1;j<=5;j++)
            if (j<i) cout<<" ";          //通过 if 语句控制输出空格
            else cout<<" * ";
        cout << endl;
    }
    return 0;
}
```

或修改为:

```
#include <iostream>
using namespace std;
int main()
{
    int i,j;
    for (i=1;i<=5;i++)
    {
    for (j=1;j<i;j++)                  //单独用一个循环输出空格
        cout <<" ";
    for (j=i;j<=5;j++)
      cout <<" * ";
    cout << endl;
    }
    return 0;
}
```

为完成图 7-1(e)的输出,只需将上面修改程序中的" if (j<i) cout<<" ";"改写为"if (j<6-i) cout<<" ";"即可。

(5) 连营 3。

图 7-1(f)可以看出是图 7-1(c)和图 7-1(b)拼合而成,因此可以将两段程序合并起来,具体为:

```
#include <iostream>
using namespace std;
```

```
int main()
{
    int i,j;
    for (i = 1;i <= 3;i++)
    {
        for (j = 1;j <= i;j++)
            cout <<" * ";
        cout << endl;
    }
    for (i = 4;i <= 5;i++)
    {
        for (j = 1;j <= 6 - i;j++)
            cout <<" * ";
        cout << endl;
    }
    return 0;
}
```

同理,图 7-1(g)可以看成图 7-1(e)和图 7-1(d)拼合而成,只需在上面程序中加上 if 语句控制输出空格即可。

(6) 连营 4。

图 7-1(h)可以看成图 7-1(e)的扩展,只是各行输出信号的个数不同,第 1 行输出一个星号,第 2 行输出 3 个星号,…,第 i 行输出 $2*i-1$ 个星号。另外,用单独的循环输出空格。程序修改为:

```
#include < iostream >
using namespace std;
int main()
{
    int i,j;
    for (i = 1;i <= 5;i++)
    {
        for (j = 1;j < 6 - i; j++)            //单独用一个循环输出空格
            cout <<" ";
        for (j = 1;j <= 2 * i - 1; j++)
            cout <<" * ";
        cout << endl;
    }
    return 0;
}
```

图 7-1(i)可以看成图 7-1(h)的反面,因此只需将上面程序中的"for (i = 1;i <= 5; i++)"改写成"for (i=5;i>=1;i--)"即可。

进行程序设计训练时,不断将问题进行扩展连营,可以不断加深对程序设计的理解。上面的实例 7-2 通过一个简单二重循环的修改,输出 9 种星号图,这样可以对循环的执行过程和循环程序的设计产生更直观的认识。

下面在星号图的基础上,再进行连营,输出一个字母金字塔。

【**实例 7-3**】 字母金字塔。

编写程序,输入一个整数 n(1≤n≤26),输出由这 n 个字母组成的字母金字塔。例如,输入 n＝6 时,输出的字母金字塔如下:

```
     A
    ABA
   ABCBA
  ABCDCBA
 ABCDEDCBA
ABCDEFEDCBA
```

(1) 编程思路。

对于 n 行字母金字塔而言,第 i 行(1<=i<=n)可以看成由三个部分组成:

① n−i 个空格。

② 字母'A'到字母'A'＋i 的顺序排列。

③ 字母'A'＋i−1 到字母'A'的逆序排列。因此,字母金字塔的输出可以写成一个二重循环,外循环控制行数 n,在循环体内包括三个单独的一重循环,分别输出每行的三个组成部分。

(2) 源程序。

```cpp
#include <iostream>
using namespace std;
int main()
{
    int n,i,j;
    cout<<"Please  input a number (<=26):";
    cin>>n;
    for (i = 0; i <n; i++)
    {
        for (j = 1; j < n - i; j++)
            cout<<' ';
        for (j = 0; j <= i; j++)
            cout<<(char)(j+'A');
        for (j = i - 1; j >= 0; j--)
            cout<<(char)(j+'A');
        cout<<endl;
    }
    return 0;
}
```

7.2.2 字符串中的空格

【**实例 7-4**】 清除空格。

编写一个程序,把字符串中的每个空格清除掉。例如,输入"We are happy.",则输出"Wearehappy."。

(1) 编程思路。

由于清除空格后所得到的字符串要比原先的字符串短,因此从头到尾进行清除空格的话就不会覆盖到空格后面的字符。可以仿照实例 3-36"去掉负数"中的方法完成空格的清除。具体方法为：

①定义两个指针 p1 和 p2，p2 用于遍历原始字符串，p1 用于指向结果字符串中当前赋予的非空格字符。初始状态都指向字符串首字符。

②如果 p2 指向的元素不为空格，那么将 p2 指向的内容赋值给 p1，然后 p1 和 p2 指向下一个元素；如果 p2 指向的内容为空格，那么 p2 指向下一个元素。

③直到 p2 指向字符串末尾的"\0"时，清除空格结束。

（2）源程序及运行结果。

```cpp
#include< iostream >
using namespace std;
int main()
{
    char str[80] = "We are students.";
    cout << str << endl;
                                        //设置两个指针指向数组首元素
    char * p1 = str;
    char * p2 = str;
    while( * p1!= '\0')
    {
        if( * p2!= ' ')                 //如果 p2 指向不为空格,则将 p2 指向内容复制给 p1 指向
            * p1++ = * p2++;
        else                            //如果 p2 指向为空格,则 p2 指针向前移动一格
            p2++;
    }
    cout << str << endl;
    return 0;
}
```

编译并执行以上程序，可得到如下所示的结果。

```
We are students.
Wearestudents.
Press any key to continue
```

实例 7-4 删除字符串中的所有空格，在实际应用中，有时空格需部分保留，如字符串中的多个连续空格，则保留一个。这样，可以连营，对给定字符串，删除开始和结尾处的空格，并将中间的多个连续的空格合并成一个。

【实例 7-5】　清除多余空格。

编写一个程序，对给定的字符串，删除开始和结尾处的空格，并将中间的多个连续的空格合并成一个。例如，输入"We are happy. "，则输出"We are happy. "。

（1）编程思路。

实例 7-5 跟实例 7-4 类似，都是需要删除空格，这样可以肯定结果字符串的长度小于等于原先字符串的长度，那么就可以从头往后遍历而不怕后面的字符被覆盖。

因为需要删除开始和结尾处的空格，而字符串中间的空格又需要保存一个，因此需要进行另外的处理。可以通过设置一个标识位来进行处理，定义一个 bool 变量 flag 表示是否保存一个空格，如果 flage＝true 表示保存一个空格，如果 flag＝false 则不保存空格。初始化

时,将 flag 设为 false,这样开始阶段的空格都不会被保存,当碰到一个不为空格的字符时,保存该字符,然后设置 flag＝true 表明会保存后面待扫描字符串中的第一个空格,这样在碰到第一个空格时就能够保存。

按上面的操作方法,扫描结束后,目标字符串的结尾要么是非空格字符,要么是一个空格字符,这样进行一次判断就好了,如果是空格字符,将该空格设为"\0",如果不为空格字符,则在其后面加上"\0"。

（2）源程序及运行结果。

```cpp
#include< iostream >
using namespace std;
int main()
{
    char str[80] = "  We   are      students.   ";
    cout << str << endl;
    int index = 0;
    bool flag = false;
    for(int i = 0;str[i]!= '\0';i++)
    {
        if(str[i]!= ' ')                    //如果遍历到的是非空格字符,则进行赋值
        {
            str[index++] = str[i];
            flag = true;                    //表示允许保存一个空格
        }
        else if(flag)                       //如果允许有一个空格
        {
            str[index++] = str[i];
            flag = false;
        }
    }
    if(index > 0&&str[index-1] == ' ')      //处理字符串最后的多余空格
    {
        str[index-1] = '\0';
    }
    else
    {
        str[index] = '\0';
    }
    cout << str << endl;
    return 0;
}
```

编译并执行以上程序,可得到如下所示的结果。

```
    We    are       students.
We are students.
Press any key to continue
```

在网络编程中,如果 URL 参数中含有特殊的字符,如空格、"♯"等,导致服务器端无法识别时,就把这些特殊的字符转换成可以识别的字符。转换规则是,％加上十六进制的

ASCII 码。例如,空格的 ASCII 码是 32(16 进制为 0x20),就被替换成%20。

【实例 7-6】 替换空格。

编写一个程序,把字符串中的每个空格替换成"%20"。例如,输入"We are happy.",则输出"We%20are%20happy."。

(1) 编程思路。

将长度为 1 的空格替换为长度为 3 的"%20",字符串的长度会变长。如果另外开辟一个新的数组来存放替换空格后的字符串,那么这个问题非常容易解决。设置两个指针分别指向新旧字符串首元素,遍历原字符串,如果碰到空格就在新字符串中填入"%20",否则就复制原字符串中的内容。这种新开辟数组保存结果字符串的做法,会造成空间的浪费。

如果在原字符串后面有足够多的空余空间,可以在原来的字符串上做替换。下面来探讨替换的方法。

因为把空格替换为"%20",每次替换多 2 个字符,因此在可以统计原来字符串的长度和其中空格的总个数后,计算结果字符串的长度为"原字符串长度 + 2 * 空格数"。

替换操作从后往前进行,思路为:遇到非空格,直接搬到后面;遇到空格,替换为"%20"。直到待插入位置指针和原字符串的扫描指针的位置重合。具体过程描述为:

① 首先遍历原字符串 str,统计出原字符串的长度 strlen 以及其中的空格数量 blanknum。

② 根据原字符串的长度和空格的数量,求出结果字符串的长度 newlen,即 newlen = strlen+blanknum * 2。

③ 定义两个指针 p1 和 p2 分别指向原字符串和结果字符串的末尾位置,即 p1=str+ strlen、p2=str+newlen。

④ 如果 p1 指向内容不为空格,那么将内容直接赋值给 p2 指向的位置,且 p2 指针前移;如果 p1 指向内容为空格,那么从 p2 指向位置开始赋值"02%"。

⑤ p1 指针前移。

⑥ 直到 p1==p2 时,表明字符串中的所有空格都已经替换完毕。

例如,按上述操作过程,将字符串"Hello world"中的空格进行替换的操作如图 7-2 所示。

(2) 源程序及运行结果。

```cpp
#include < iostream >
using namespace std;
int sum( int n)
{
    char str[80] = "We are students.";
    cout << str << endl;
    int strlen = 0;
    int blanknum = 0;
    int i = 0;
                                    //求字符串长度和空格数量
    while(str[i]!= '\0')
    {
        strlen++;
        if(str[i] == ' ')
            blanknum++;
        i++;
    }
```

```
int newlen = strlen + blanknum * 2;        //求新字符串长度
if(newlen > = 80)
{
    cout <<"替换后,串超过了预定义的长度."<< endl;
    return 0;
}
                                           //设置两个指针指向新旧数组末尾
char  * p1, * p2;
p1 = str + strlen;    p2 = str + newlen;
                                           //当上面两个指针指向同一个元素则表明没有空格
while(p1 > = str && p2 > p1)
{
    if( * p1 == ' ')
    {
        * p2 = '0'; p2 -- ;
        * p2 = '2'; p2 -- ;
        * p2 = ' % '; p2 -- ;
    }
    else
    {
        * p2 = * p1;   p2 -- ;
    }
    p1 -- ;
}
cout << str << endl;
return 0;
}
```

原字符串长度为 13,空格数为 2

| H | e | l | l | o | | w | o | r | l | d | | \0 | | | | |

目标字符串长度为 13+2*2=17

| H | e | l | l | o | | w | o | r | l | d | | \0 | | | | |

p1   p2

从后往前处理第 1 个元素"\0"

| H | e | l | l | o | | w | o | r | l | d | | | | | | \0 |

p1   p2

从后往前处理第 2 个元素 空格,进行替换

| H | e | l | l | o | | w | o | r | l | d | | | | % | 2 | 0 | \0 |

p1   p2

从后往前处理第 3、4、5、6、7 共 5 个元素,即 world,直接移动

| H | e | l | l | o | | | w | o | r | l | d | % | 2 | 0 | \0 |

p1   p2

从后往前处理第 8 个元素 空格,进行替换。之后,p1 和 p2 指向同一位置,结束

| H | e | l | l | o | % | 2 | 0 | w | o | r | l | d | % | 2 | 0 | \0 |

p1p2

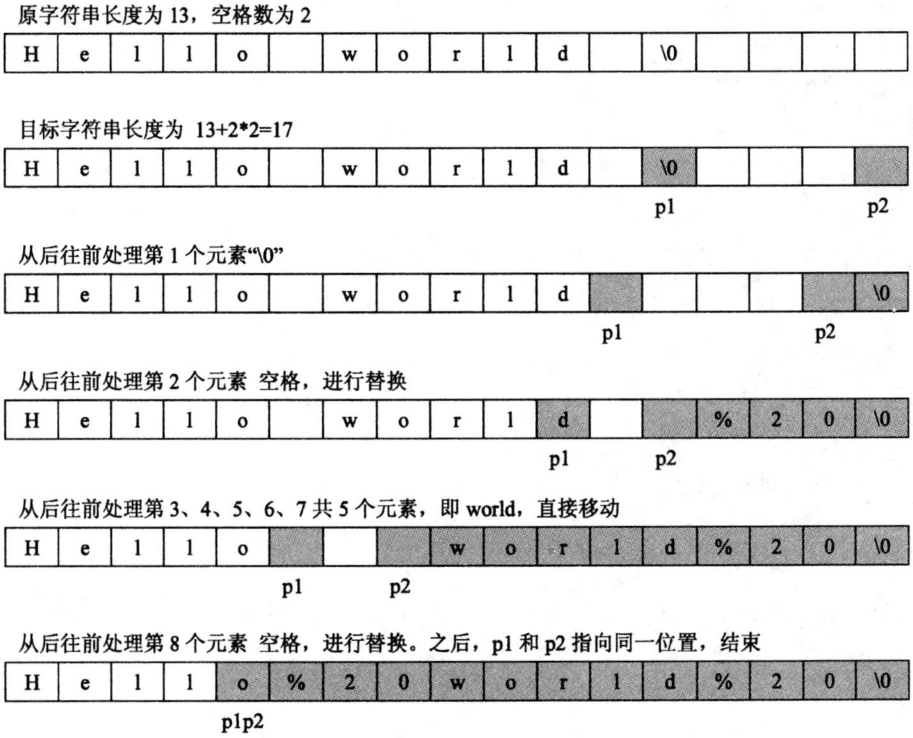

图 7-2　空格替换操作过程

编译并执行以上程序,可得到如下所示的结果。

```
We are students.
We%20are%20students.
Press any key to continue
```

7.2.3 自我数

自我数(Self Number)是在给定进制中,不能由任何一个正整数加上这个正整数的各位数字和生成的数,称为自我数。例如,21 不是自我数,因为 21 可以由整数 15 和 15 的各位数字 1、5 生成,即 21=15+1+5。20 满足上述条件,所以它是自我数。

100 以内的自我数有 13 个,它们是 1、3、5、7、9、20、31、42、53、64、75、86、97。

【实例 7-7】 自我数。

编写一个程序,输出 10000 以内的自我数。

(1) 编程思路。

定义一个数组 int num[10001]={0},num[i]=0(1≤i≤10000)表示整数 i 是一个自我数,num[i]=1 表示整数 i 不是一个自我数。

程序控制结构为一个循环 for(i = 1; i <= 10000; i++),对每个整数 i,判断 num[i] 是否为 0,如果是,则 i 是自我数,输出。之后,计算整数 i 及其各位数字和 temp,并置 num[temp]=1,表示整数 temp 不是自我数,因为它可以由整数 i 生成。

(2) 源程序 1 及运行结果。

```cpp
#include <iostream>
#include <iomanip>
using namespace std;
int sum(int n)
{
    int s = n;
    while(n)
    {
        s += n%10;    n/ = 10;
    }
    return s;
}
int main()
{
    int num[10001] = {0};
    int i, temp, cnt = 0;
    for(i = 1; i <= 10000; i++)
    {
        if(num[i] == 0)
        {
            cout << setw(5)<< i ;
            cnt++;
        }
```

```
        temp = sum(i);
        if (temp <= 10000)
            num[temp] = 1;
    }
    cout << endl;
    cout <<"Count = "<< cnt << endl;
    return 0;
}
```

编译并执行以上程序,可得到如下所示的结果(由于结果中数据太多,仅保留前后两行)。

```
1  3  5  7  9  20  31  42  53  64  75  86  97  108  110  121
...
   9927 9938 9949 9960 9971 9982 9993
Count = 983
Press any key to continue
```

(3) 连营 1。

上面的程序可以输出 1~10000 以内的全部 983 个自我数。自我数的生成是可以链接成链的。例如,59 可以由 52(52+5+2=59)生成,52 可以由 44(44+4+4=52)生成、44 可以由 40(40+4+0=44)生成,40 可以由 29(29+2+9=40)生成,29 可以由 19 生成,19 可以由 14 生成、14 可以由 7 生成,7 是一个自我数。由此,可以得到一个逆向生成链"59←52←44←40←29←19←14←7"。

输入一个整数 n,怎样输出其逆向生成链呢?

修改源程序 1 中的置 num[temp]=1 为 num[temp]=i,表示整数 temp 可以由整数 i 生成。这样,输入整数 n 后,若 num[n]!=0,输出 num[n],之后,不断倒推,直到某一 num[i]==0。

(4) 源程序 2 及运行结果。

```
#include < iostream >
using namespace std;
int sum(int n) {
    int s = n;
    while(n)
    {   s += n % 10;        n/ = 10;    }
    return s;
}
int main()
{
    int num[10001] = {0};
    int i,temp,n;
    for(i = 1; i <= 10000; i++)
    {
        temp = sum(i);
        if (temp <= 10000)
```

```
                    num[temp] = i;
            }
        cin >> n;
        if (num[n] != 0)
        {
            i = n;
            while (num[i] != 0)
            {
                cout << i << " ← ";
                i = num[i];
            } ;
            cout << i << endl;
        }
        else
            cout << "Is Self Number!" << endl;
        return 0;
    }
```

编译并执行以上程序,可得到如下所示的结果。

```
80
80← 67← 56← 46← 41← 34← 26← 22← 20
Press any key to continue
```

(5) 连营 2。

修改源程序 2 中的倒推输出程序,可以顺推输出一个直到整数 n 的生成序列。

```
        if (num[n] != 0)
        {
            i = n;
            while (num[i] != 0)
                i = num[i];
            while (i != n)
            {
                cout << i << " → ";
                i = sum(i);
            }
            cout << n << endl;
        }
        else
            cout << "Is Self Number!" << endl;
```

编译并执行修改后的源程序 2,得到如下所示的结果。

```
80
20→22→26→34→41→46→56→67→80
Press any key to continue
```

(6) 连营 3。

通过源程序 1 的运行结果知,在 1～10000 中,只有 983 个自我数,其他的 9017 个数都不是自我数。在这个 9017 个数中，大约 90% 的数是由一个数生成的，但 10% 的数由两个数生成。例如，101 可由 91（91＋1＋9＝101）或 100（100＋1＋0＋0＝100）生成，208 可由 194（194＋1＋9＋4＝208）或 203（203＋2＋0＋3＝208）生成。

修改源程序 1 中的置 num[temp]＝1 为 num[temp]++，表示整数 temp 可以由整数 i 生成，其生成源加 1。循环结束后，再循环检测数组 num，元素值为 2 的元素 a[i]，表示 i 可由两个整数生成。

(7) 源程序 3 及运行结果。

```
#include <iostream>
#include <iomanip>
using namespace std;
int sum(int n) {
    int s = n;
    while(n)
    {   s += n%10;   n/= 10;   }
    return s;
}
int main() {
    int num[10001] = {0};
    int i, temp, cnt = 0;
    for(i = 1; i <= 10000; i++)
    {
        temp = sum(i);
        if (temp <= 10000)
            num[temp]++;
    }
    for(i = 1; i <= 10000; i++)
    {
        if (num[i] == 2)
        {
            cout << setw(5)<< i;
            cnt++;
        }
    }
    cout << endl;
    cout <<"Count = "<< cnt << endl;
    return 0;
}
```

编译并执行以上程序，可得到如下所示的结果（由于结果中数据太多，仅保留前后两行）。

```
 101  103  105  107  109  111  113  115  117  202  204  206  208  210
    ...
9833 9918 9920 9922 9924 9926 9928 9930 9932 9934
Count = 954
Press any key to continue
```

实际上,还可以连营。由于有的整数可以由两个数生成。因此,输出逆向链时,可能不止两条。例如,208有两条生成链。一条为"208←203←187",另一条为"208←194←178←170←157←146←136←131←124←116←112←110"。218则有三条生成链,一条为"218←199←185←169←161←148←137←127←122←115←98←85←74←64";另一条为"218←208←194←178←170←157←146←136←131←124←116←112←110";还有一条为"218←208←203←187"。

如何编写程序,使之能输出一个整数的多条生成链呢?请读者自己思考并解决这个问题。

7.2.4　错排问题

10本不同的书放在书架上。现重新摆放,使每本书都不在原来放的位置,问有多少种摆法? 这个问题推广一下,就是错排问题。

错排问题:有n个正整数1,2,3,…,n,将这n个正整数重新排列,使其中的每一个数都不在原来的位置上,这种排列称为正整数1,2,3,…,n的错排,问这n个正整数的错排种数是多少?

【实例7-8】 贺卡全装错了。

马小虎在人人网上结交一批网友,在新年来临之际,马小虎玩起了浪漫,同时给n个网友每人寄了一张各有特色的贺卡,要命的是,激动的他竟然把所有的贺卡都装错了信封!

编写一个程序,计算将所有的贺卡都装错信封,共有多少种不同情况?

(1) 编程思路。

用递推的方法推导错排公式。

设将n张贺卡装入n个信封,贺卡与信封全不对应的方法数用F(n)表示,那么F(n−1)就表示将n−1张贺卡装入n−1个信封中,全装错的方法数。

n个全部装错的信封可以看成前n−1个信封再加一个信封后,将最后一个信封弄错,弄错的方式自然是与之前的信封进行交换,交换的方式有两种:

① 在前n−1个全部装错的信封中取任意一封进行交换。n−1个信封全部装错的方法数为F(n−1),在n−1个信封中任取一封的方法数为n−1,因此,这种情况下,方法数共有F(n−1) * (n−1)种。

② 在前n−1个信封中,有n−2个全装错,有一个正确,取正确的一封进行交换。n−1个信封中只有一封装入正确的方法数有n−1,其余n−2个信封全装错的方法数有F(n−2),因此,这种情况下,方法数共有F(n−1) * (n−1)种。

由此,可得错排的递推公式:F(n)=[F(n−2)+F(n−1)] * (n−1)。

这个递推公式也可以这样来理解。

① 把第n张贺卡装入一个错误的信封,如信封k(k=1,2,…,n−1),一共有n−1种方法。

② 装k信封中的贺卡,有两种情况:

• 把它装入信封n,这时,对于剩下的n−2个信封,全装错就有F(n−2)种方法;

- 不把它装入信封 n,这时,对于除 k 信封外的 n−1 个信封,全装错就有 F(n−1) 种方法。

初始情况为:

F(1)=0(只有一张贺卡不可能装错)

F(2)=1(两封信全装错只有一种情况,即正确的两者交换)

(2) 源程序及运行结果。

```cpp
#include <iostream>
using namespace std;
int main()
{
    int n,i,f[16] = {0,0,1};
    for(i = 3;i <= 15;i++)
    {
        f[i] = (f[i-1] + f[i-2]) * (i-1);
    }
    cout <<"请输入贺卡张数 n : ";
    cin >> n;
    cout << n <<"个信封全装错的情况一共有"<< f[n]<<"种."<< endl;
    return 0;
}
```

编译并执行以上程序,可得到如下所示的结果。

```
请输入贺卡张数 n : 5
5 个信封全装错的情况一共有 44 种.
Press any key to continue
```

上面的程序只是计算出贺卡装错了的种数,下面进行扩展连营。要求将所有的错排情况列举出来。

【实例 7-9】 列举错排情况。

一个有 n 个元素的排列,若一个排列中所有的元素都不在自己原来的位置上,那么这样的排列就称为原排列的一个错排。

例如,有 A、B、C、D 四个元素,原排列为 ABCD,在 4!= 24 个排列之中,只有 9 个是错排:BADC、BCDA、BDAC、CADB、CDAB、CDBA、DABC、DCAB、DCBA。

编写一个程序,输入正整数 n(1≤n≤10),输出全部的错排情况。

(1) 编程思路。

定义一个数组 int a[11] 来保存一个错排序列,其中元素 a[i] 保存第 i 个(1<=i<=n)位置放置的元素,若放置的元素为 1~n 之间的自然数,则 a[i]<>i。

为搜索一种错排情况,可以从 a[1]~a[n] 逐个放置元素。先放置 a[1],放置好 a[1]后,程序向前推进,放置 a[2],…,直到 a[n] 放置好,就找到了一种错排情况。放置 a[i]时,a[i] 上放置的元素 k 必须满足 k!=i 且 k 在 a[1]~a[i−1]中没有被放置。

因为在放置过程中,需要确定某个数 k 是否已被放置过,因此,可以定义一个集合 s,a[i]上放置了元素 k 后,k 就加入到集合 s 中。

用递归来搜索全部的错排情况,算法描述为:

```
void cuopai(int * a, Set &s, int k)          //k为当前需放置元素的位置,序列用数组a保存
{
    if (k == n + 1)                          //递归终止条件:全部n个元素放置完毕
    {
        输出找到的一组解;
        return;
    }
    for(i = 1; i <= n; i++)                  //寻找一个数i放置到位置k上
        if (! IsIn(s, i) && i!= k)           //被放置的数i必须不等于k且没有被放置过
        {
            a[k] = i;                        //将i放置到位置k上
            addSet(s, i);                    //且将i加入到已被放置过的元素集合中
            cuopai(a, s, k + 1);             //向前推进,在位置k+1上去放置元素
            a[k] = 0;                        //回溯,移去位置k上放的数i,以便在位置k上放另一个数
            removeSet(s, i);                 //将位置k上移走的数从集合中删除
        }
}
```

（2）源程序及运行结果。

```
#include < iostream >
using namespace std;
struct Set
{
    int data[10];
    int count;
};
int n, num;
void print(int * a)
{
    num++;
    cout <<"No."<< num <<" : ";
    for(int i = 1; i <= n; i++)
        cout << a[i]<<" ";
    cout << endl;
}
int IsIn(Set s, int i)
{
    int k;
    for (k = 0; k < s.count && s.data[k] != i; k++);
    return k < s.count;
}
void addSet(Set &s, int i)
{
    if (! IsIn(s, i))
        s.data[s.count++] = i;
}
void removeSet(Set &s, int i)
{
    int k, j;
    for (k = 0; k < s.count && s.data[k] != i; k++);
```

```
        if (k < s.count)
        {
            for (j = k; j < s.count - 1; j++)
                s.data[j] = s.data[j + 1];
        }
        s.count -- ;
    }
    void cuopai(int * a, Set &s, int k)
    {
        int i;
        if (k == n + 1)
        {
            print(a);    return;
        }
        for(i = 1; i <= n; i++)
            if (! IsIn(s, i) && i!= k)
            {
                a[k] = i;
                addSet(s, i);
                cuopai(a, s, k + 1);
                a[k] = 0;
                removeSet(s, i);
            }
    }
    int main()
    {
        int a[11];
        cin >> n;
        Set s;
        s.count = 0;
        num = 0;
        cout <<"全部错排情况列举如下: "<< endl;
        cuopai(a, s, 1);
        cout <<"Total = "<< num << endl;
        return 0;
    }
```

编译并执行以上程序,可得到如下所示的结果。

```
4
全部错排情况列举如下:
No.1 : 2 1 4 3
No.2 : 2 3 4 1
No.3 : 2 4 1 3
No.4 : 3 1 4 2
No.5 : 3 4 1 2
No.6 : 3 4 2 1
No.7 : 4 1 2 3
No.8 : 4 3 1 2
No.9 : 4 3 2 1
Total = 9
Press any key to continue
```

上面的程序是全部元素都错排,下面进行连营,解决部分元素错排的情况。也就是先组合,后错排。

【实例 7-10】 考新郎。

国庆期间,某市旅游局在江滩举行了一场盛大的集体婚礼,为了使婚礼进行得丰富一些,司仪临时想出了有一个有意思的节目,叫做"考新郎",具体的操作是这样的:首先,给每位新娘打扮得几乎一模一样,并盖上大大的红盖头随机坐成一排;然后,让各位新郎寻找自己的新娘,每人只准找一个,并且不允许多人找一个;最后,揭开盖头,如果找错了对象就要表演节目。

假设一共有 n 对新婚夫妇,其中有 m 个新郎找错了新娘($1 \leqslant m \leqslant n \leqslant 15$),求发生这种情况一共有多少种可能?

(1) 编程思路。

先求出 m($1 \leqslant m \leqslant 15$)个元素的错排数,用一维数组 a 来保存,其中 a[i]保存 i 个元素的错排数。

再求在 n 个元素中挑选出 m 个元素的组合数 C。$C = C_n^m = \dfrac{n!}{m!(n-m)!}$。

这样,n 对新婚夫妇中 m 个新郎找错了新娘的情况一共有 c * a[m]种。

(2) 源程序及运行结果。

```cpp
#include < iostream >
using namespace std;
int main()
{
    int n,m,c,p,i;
    int sum,a[16] = {0,0,1};
    for(i = 3;i < 16;i++)
    {
        a[i] = (a[i-1] + a[i-2]) * (i-1);
    }
    cout <<"请输入新婚夫妇的对数 n 和找错了新娘的新郎人数 m：";
    cin >> n >> m;
    c = 1;
    if (n-m > m)   p = n-m;
    else    p = m;
    for (i = n; i > p;i-- )
        c = c * i;
    for (i = 1;i <= n-p;i++)
        c = c/i;
    sum = c * a[m];
    cout <<"发生这种情况一共有"<< sum <<"种可能."<< endl;
    return 0;
}
```

编译并执行以上程序,可得到如下所示的结果。

```
请输入新婚夫妇的对数 n 和找错了新娘的新郎人数 m：10 3
发生这种情况一共有 240 种可能.
Press any key to continue
```

7.2.5　排列与组合

排列组合是组合学最基本的概念。所谓排列,就是指从给定个数的元素中取出指定个数的元素进行排序。组合则是指从给定个数的元素中仅仅取出指定个数的元素,不考虑排序。

排列与组合在日常生活中应用较广,比如在考虑某些事物在某种情况下出现的次数时,往往需要用到排列和组合。

【实例 7-11】　n 位二进制数的全排列。

编写一个程序,输入一个自然数 n(1≤n≤10),输出 n 位二进制数的全排列。例如,输入 3,输出 8 个 3 位二进制数的序列 000、001、010、011、100、101、110、111。

(1) 编程思路 1。

可以使用一个数组 a 来产生二进制数序列。首先数组元素的值全为 0,然后从元素 a[0]出发找第一个值为 0 的元素,在还没找到之前将访问过的元素的值变为 0,而第一个找到的 0 元素 a[i]则变为 1,如此重复直到所有的数组元素都变为 1 为止。

(2) 源程序 1 及运行结果。

```cpp
#include <iostream>
using namespace std;
int main()
{
    int a[10];
    int i, n;
    cin >> n;
    for (i = 0; i < n; i++)
        a[i] = 0;
    for (i = 0; i < n ; i++)
        cout << a[i];
    cout << "   ";
    while(1)
    {
                                //找第一个 0,并将找到前所经过的元素变为 0
        for(i = 0; i < n && a[i] == 1; i++)
            a[i] = 0;
        if(i == n)   //找不到 0
            break;
        else
            a[i] = 1;
        for(i = n - 1; i >= 0 ; i--)
            cout << a[i];
        cout << "   ";
    }
    cout << endl;
    return 0;
}
```

编译并执行以上程序,可得到如下所示的结果。

```
3
000   001   010   011   100   101   110   111
Press any key to continue
```

（3）编程思路 2。

用递归来解决问题。

用一维数组 a 来保存产生的 n 位二进制数序列,产生过程是从最低位(第 0 位)到最高位(第 n−1 位)逐位产生的,每位可以有 0 和 1 两种情况,设产生 n 位二进制数中的第 k 位的操作记为 p(int ∗ a,int k,int n),则这一操作过程为:

```
if (k == n)                    //第 0 位到第 n−1 位共 n 位全部产生
{
      输出结果;
      return;                  //递归终止
}
a[k] = 0;                      //当前第 k 位置 0
p(a,k + 1,n);                  //产生第 k + 1 位
a[k] = 1;                      //当前第 k 位置 1
p(a,k + 1,n);                  //产生第 k + 1 位
```

（4）源程序 2。

```cpp
#include < iostream >
using namespace std;
void p( int ∗ a, int k, int n)
{
    if (k == n)
    {
        for (int i = 0;i < n;i++)
          cout << a[i];
        cout << endl;
        return;
    }
    a[k] = 0;
    p(a,k + 1,n);
    a[k] = 1;
    p(a,k + 1,n);
}
int main()
{
    int n,a[10];
    cin >> n;
    p(a,0,n);
    return 0;
}
```

上面的实例产生了 n 位二进制数序列,若每位对应一个元素,0 代表该元素不出现,1 代表该元素出现;或每位对应一个问题,0 代表该问题没有解决,1 代表该问题被正确解决,这样可以在此基础上,解决实际的问题。下面继续连营。

【实例 7-12】 低碳生活大奖赛。

某电视台举办了低碳生活大奖赛。题目的计分规则相当奇怪：

每位选手需要回答 10 个问题(其编号为 1~10)，越后面越有难度。答对的，当前分数翻倍；答错了则扣掉与题号相同的分数(选手必须回答问题，不回答按错误处理)。

每位选手都有一个起步的分数为 10 分。

某获胜选手最终得分刚好是 100 分，如果不让你看比赛过程，你能推断他(她)哪个题目答对了，哪个题目答错了吗？

如果把答对的记为 1，答错的记为 0，则 10 个题目的回答情况可以用仅含有 1 和 0 的串来表示。例如：0010110011 就是可能的情况。

编写程序，输出所有可能的表示回答情况的字符串。

(1) 编程思路 1。

采用实例 7-11 的思路 2 产生 10 位二进制数的全排列，每位二进制数码分别对应一个问题的解答情况，0 代表答错，1 代表回答正确。若计算出的分数恰好为 100，则就是问题的一组解。

(2) 源程序 1 及运行结果。

```cpp
#include <iostream>
using namespace std;
void f(int s[] , int n , int score)
{
    int i;
    if(n >= 11)
    {
        if(score == 100)
        {
            for(i = 1;i <= 10;i++)
                cout << s[i];
            cout << endl;
        }
        return;
    }
    s[n] = 0;                    //第 n 题答错
    f(s, n + 1, score - n);
    s[n] = 1;                    //第 n 题答对
    f(s, n + 1, score * 2);
}
int main()
{   int s[11];
    s[10] = '\0';
    f(s,1,10);
    return 0;
}
```

编译并执行以上程序,可得到如下所示的结果。

```
1011010000
0111010000
0010110011
Press any key to continue
```

（3）编程思路 2。

10 个问题,每个问题有回答正确和回答错误两种情况,共 2^{10} 种情况。用位运算穷举 2^{10} 种情况,也可以方便地解决问题。

（4）源程序 2。

```cpp
#include <iostream>
using namespace std;
int main()
{
    char str[11];
    int i, j, score;
    for(i = 0; i < (1 << 10); i++)   //穷举 1024 种情况
    {
        score = 10;
        for(j = 0; j < 10; j++)
        {
            str[j] = ((i >> j) & 1) + '0';
            if(str[j] == '1')
                score *= 2;
            else
                score -= j + 1;
        }
        str[j] = '\0';
        if(100 == score)
            cout << str << endl;
    }
    return 0;
}
```

【实例 7-13】 可能的集合。

给定一组数字或符号,产生所有可能的集合（包括空集合）。例如,给定数字 1、2、3,则可能的集合为{}、{1}、{1,2}、{1,2,3}、{1,3}、{2}、{2,3}、{3}。

（1）编程思路 1。

如果不考虑字典顺序,则有个简单的方法可以产生所有的集合。对于给定的 n 个数字或符号,它们在产生的某个集合中有出现和不出现两种可能,对应一个 n 位二进制数。因此,产生一个 n 位二进制数后,将二进制数的各位对应一个给定的数字或符号,则由 1 所对应的数字或符号所组成的集合就是一个可能的集合。

在实例 7-11 中,可生成 n 位二进制数的排列序列。在此基础上,输出时,不直接输出二进制数本身,而是输出二进制数中数码 1 所对应的数字或符号即可。

（2）源程序 1 及运行结果。

```cpp
#include < iostream >
using namespace std;
void p( int * a, int k, int n)
{
    if (k == n)
    {
        cout <<"{ ";
        for (int i = 0; i < n; i++)
            if (a[i] == 1) cout << i + 1 <<"    ";
        cout <<"}"<< endl;
        return;
    }
    a[k] = 0;
    p(a, k + 1, n);
    a[k] = 1;
    p(a, k + 1, n);
}
int main()
{
    int n, a[10];
    cin >> n;
    p(a, 0, n);
    return 0;
}
```

编译并执行以上程序, 可得到如下所示的结果。

```
3
{ }
{ 3   }
{ 2   }
{ 2   3   }
{ 1   }
{ 1   3   }
{ 1   2   }
{ 1   2   3   }
Press any key to continue
```

（3）编程思路 2。

如果要产生字典顺序, 如有 4 个元素 1、2、3、4, 其字典顺序为: { } => {1} => {1,2} => {1,2,3} => {1,2,3,4} => {1,2,4} => {1,3} => {1,3,4} => {1,4} => {2} => {2,3} => {2,3,4} => {2,4} => {3} => {3,4} => {4}。

为按字典顺序产生集合, 可以先从空集开始, 递增增加集合中的元素, 这样可以产生到最后一个元素为 n, 此时需要回溯。

回溯方法是: 有 n 个元素要产生可能的集合, 当依序产生集合时, 如果最后一个元素是 n, 而倒数第二个元素是 e 的话, 例如, {a,b,c,d,e,n} 的下一个集合就是 {a,b,c,d,e+1}, 再依序加入后续的元素。

例如,有 4 个元素(n=4),当产生{1,2,3,4}集合时,则下一个集合就是{1,2,3+1},也就是{1,2,4},由于最后一个元素还是 4,所以下一个集合就是{1,2+1},也就是{1,3},接下来再加入后续元素 4,也就是{1,3,4},由于又遇到元素 4,所以下一个集合是{1,3+1},也就是{1,4}。

使用一个一维数组 set 来保存集合中的元素,变量 positon 来记录加入到集合中的元素在数组中的下标,position 的初值设定为 0,且置 set[position] = 1,即将 1 加入到集合中。之后,递增地增加集合中的元素个数,即增加到集合中的下一个元素是前一个元素的值加 1(set[position+1] = set[position] + 1),增加一个元素后,下标前移(position++);在集合中最后一个元素值达到 n 后,进行回溯,即 position−−且 set[position]++,当回溯到第 1 个位置后,回溯结束。

(4) 源程序 2 及运行结果。

```cpp
#include < iostream >
using namespace std;
#define MAXSIZE 20
int main()
{
    int set[MAXSIZE];
    int i, n, position;
    cout <<"输入给定元素个数 n : ";
    cin >> n;
    cout <<"{ }"<< endl;                //先输出空集
    position = 0;
    set[position] = 1;
    while(1)
    {
        cout <<"{ "<< set[0];           //输出第一个数
        for(i = 1; i <= position; i++)
            cout <<" , "<< set[i];
        cout <<" }"<< endl;
        if (set[position] < n)
        {
            set[position + 1] = set[position] + 1;
            position++;                //递增集合中元素个数
        }
        else if(position != 0)
        {
            position -- ;              //如果不是第一个位置,回溯
            set[position]++;
        }
        else                           //已回溯至第一个位置,结束
            break;
    }
    return 0;
}
```

编译并执行以上程序,可得到如下所示的结果。

```
输入给定元素个数 n：4
{ }
{ 1 }
{ 1 , 2 }
{ 1 , 2 , 3 }
{ 1 , 2 , 3 , 4 }
{ 1 , 2 , 4 }
{ 1 , 3 }
{ 1 , 3 , 4 }
{ 1 , 4 }
{ 2 }
{ 2 , 3 }
{ 2 , 3 , 4 }
{ 2 , 4 }
{ 3 }
{ 3 , 4 }
{ 4 }
Press any key to continue
```

上面实例中编程思路 2 采用回溯的方法来按字典顺序产生可能的集合，下面继续连营，用这种方法求出 m 个元素中取出 n 个元素的全部取值组合。

【实例 7-14】 取值组合。

有一个集合拥有 m 个元素{1,2,…,m}，任意的从集合中取出 n 个元素，则这 n 个元素所形成的可能子集有哪些？

假设有 5 个元素的集合，取出 3 个元素的可能子集如下：

{1,2,3}、{1,2,4}、{1,2,5}、{1,3,4}、{1,3,5}、{1,4,5}、{2,3,4}、{2,3,5}、{2,4,5}、{3,4,5}。

编写一个程序，输入整数 m 和 n，输出 m 个元素中，取出 n 个元素的各种情况。

（1）编程思路 1。

用回溯法来解决问题。

从 5 个元素中取出 3 个元素的组合数为 $C_5^3 = \dfrac{5 \times 4 \times 3}{3 \times 2 \times 1} = 10$。题目示例给出的 10 个子集已经使用字典顺序排列，观察给出的 10 个集合，可以看出：

① 如果最右一个元素小于 m，则如同码表一样，应不断加 1。

② 如果右边一位已至最大值 m，则加 1 的位置往左移。

③ 每次加 1 的位置往左移后，必须重新调整右边的元素为递减顺序。

因此，编程关键点就在于确定哪一个位置必须进行加 1 的动作，到底是最右一个位置要加 1？还是其他的位置？

设计时，可以使用一个变量 positon 来记录加 1 的位置，position 的初值设定为 n−1（因为数组最右边的下标值为最大的 n−1），在 position 位置的值若小于 m 就不断加 1，如果大于 m 了，position 就减 1，也就是往左移一个位置；由于位置左移后，右边的元素也可能需要调整，所以必须检查最右边的元素是否小于 m，如果是，则 position 调整回 n−1，如果不是，则 positon 维持不变。

（2）源程序 1 及运行结果。

```cpp
#include < iostream >
using namespace std;
#define MAXSIZE 20
int main()
{
    int set[MAXSIZE];
    int i,m, n, position;
    cout <<"输入给定元素个数 m：";
    cin >> m;
    cout <<"输入取出元素个数 n：";
    cin >> n;
    for(i = 0; i < n; i++)
        set[i] = i + 1;
    cout <<"{ "<< set[0];                    //输出第 1 组解
    for(i = 1; i < n; i++)
        cout <<" , "<< set[i];
    cout <<" }"<< endl;
    position = n - 1;
    while(1)
    {
        if (set[n-1] == m)
            position-- ;                      //回溯
        else
            position = n - 1;                 //向前推进一步
        set[position]++;                      //调整右边元素
        for(i = position + 1; i < n; i++)
            set[i] = set[i-1] + 1;
        cout <<"{ "<< set[0];                 //输出一组解
        for(i = 1; i < n; i++)
            cout <<" , "<< set[i];
        cout <<" }"<< endl;
        if(set[0] >= m - n + 1)               //已回溯到头,结束
            break;
    }
    return 0;
}
```

编译并执行以上程序,可得到如下所示的结果。

```
输入给定元素个数 m：5
输入取出元素个数 n：3
{ 1 , 2 , 3 }
{ 1 , 2 , 4 }
{ 1 , 2 , 5 }
{ 1 , 3 , 4 }
{ 1 , 3 , 5 }
{ 1 , 4 , 5 }
{ 2 , 3 , 4 }
{ 2 , 3 , 5 }
{ 2 , 4 , 5 }
{ 3 , 4 , 5 }
Press any key to continue
```

（3）编程思路2。

用递归程序来解决问题。

从 m 个数中，取出所有 n 个数的所有组合。设 m 个数已存于数组 A[1..m]中。为使结果唯一，可以分别求出包括 A[m]和不包括 A[m]的所有组合。即包括 A[m]时，求出从 A[1..n－1]中取出 k－1 个元素的所有组合（子问题，递归）；不包括 A[m]时，求出从 A[1..n－1]中取出 k 个元素的所有组合（同样是子问题，递归）。

（4）源程序 2 及运行结果。

```cpp
#include <iostream>
using namespace std;
#define MAXSIZE 20
void nkcombination(int i, int k, int j, int a[], int b[])
//从 n(a[0])个数中连续取出 k 个数的所有组合,n 个数已存入数组 A 中
//i 为带取数在数组 A 中的下标,j 为结果数组 B 中的下标
{
    if (k == 0)
    {
        for (int p = 1; p <= b[0]; p++)
            cout << b[p] << " ";
        cout << endl;
    }
    else if (i + k - 1 <= a[0])
    {
        b[j] = a[i];   j++;
        nkcombination(i + 1, k - 1, j, a, b);
        //包括 A[i]时,递归求出从 A[i+1..n]中取出 k-1 个元素的所有组合
        nkcombination(i + 1, k, j - 1, a, b);
            //不包括 A[i]时,递归求出从 A[i+1..n]中取出 k 个元素的所有组合
    }
}
int main()
{
    int set[MAXSIZE], result[MAXSIZE];
    int m, n, i;
    cout << "输入给定元素个数 m : ";
    cin >> m;
    for (i = 1; i <= m; i++)
        set[i] = i;
    cout << "输入取出元素个数 n: ";
    cin >> n;
    set[0] = m;    result[0] = n;
    nkcombination(1, n, 1, set, result);
    return 0;
}
```

编译并执行以上程序,可得到如下所示的结果。

```
输入给定元素个数 m : 4
输入取出元素个数 n: 3
1 2 3
1 2 4
1 3 4
2 3 4
Press any key to continue
```

7.3 集智

在三国杀游戏中,武将黄月英有一个技能是集智,其技能描述是:每当使用一张非延时类锦囊,(在它结算之前)可以立即摸一张牌。也就是说,当黄月英在游戏中打出诸如无中生有、顺手牵羊、过河拆桥、借刀杀人、五谷丰登、南蛮入侵、万箭齐发、决斗、桃园结义、无懈可击、铁索连环等牌时,可以另外摸一张牌。

借用这个概念,在程序设计实践中,设计了一个程序后,可以在这个程序的基础上,再进行优化和扩展,看能否采用另外、更好的方法来解决这个问题。即采用一种方法解决一个问题后,再采用另外的方法来解决这个问题,也就是打出一张非延时类锦囊牌后,再摸一张牌(看能否找到一种更好的解法)。

在前面的章节中,实例 3-2"页码中的数字"、实例 5-1"奇妙数列"等就是这种集智。下面再举几个例子。

【实例 7-15】 火柴棒等式。

用 n 根火柴棍,可以拼出多少个形如 A+B=C 的等式? 等式中的 A、B、C 是用火柴棒拼出的整数(若该数非零,则最高位不能是0)。用火柴棒拼数字 0~9 的拼法如图 7-3 所示。

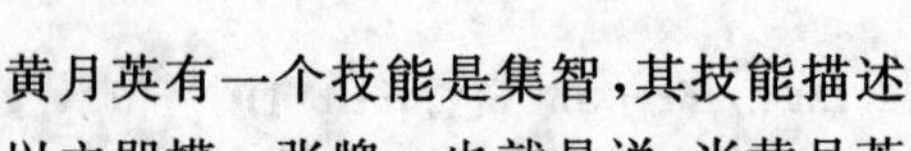

图 7-3 用火柴棒拼的数字 0~9

另外,加号与等号各自需要两根火柴棒。

编写一个程序,输入火柴棒的根数 n,输出能拼成的不同等式的数目。说明:

① 如果 A≠B,则 A+B=C 与 B+A=C 视为不同的等式(A、B、C≥0)。

② A 和 B 最多为 3 位数。

③ n 根火柴棒必须全部用上。

例如,输入 18,输出应为 9。即 18 根火柴棒可以拼出 0+4=4、0+11=11、1+10=11、2+2=4、2+7=9、4+0=4、7+2=9、10+1=11、11+0=11 这 9 个等式。

(1) 编程思路 1。

用一个数组保存 0~9 每个数字所需火柴棒数,另外加号和等号需用去 4 根。

编写一个函数 int needMatch(int num)用于统计数 num 需要的火柴棒个数。

程序中用二重循环对 A(0~999)和 B(0~999)的取值组合进行穷举,调用函数 needMatch(A)、needMatch(B)和 needMatch(A+B)分别返回等式中三个数所需的火柴棒的数目,若 needMatch(A)+needMatch(B)+needMatch(A+B)+4==n,则计数。

(2) 源程序 1 及运行结果。

```cpp
#include < iostream >
using namespace std;
int needMatch( int num) //统计数 num 需要的火柴棒个数
{
    int table[10] = {6,2,5,5,4,5,6,3,7,6};
    int sum = 0;
    if(num == 0)   //数 0 特殊处理
        return(6);
    else
    {
        while(num!= 0)
        {
            sum += table[num % 10];   //分解出每一位并加上此位的火柴棒个数
            num = num/10;             //准备处理下一位
        }
        return(sum);
    }
}
int main()
{
    int n,i,j,sum1,sum2,sum3,cnt;
    cout <<"请输入火柴棒的总数: ";
    cin >> n;
    cnt = 0;
    for(i = 0;i < 1000;i++)
        for(j = 0;j < 1000;j++)          //二重循环枚举两个加数
        {
            sum1 = needMatch( i);
            sum2 = needMatch( j);
            sum3 = needMatch( i + j);     //分别求出两个加数和一个和分别需要的火柴棒
            if( sum1 + sum2 + sum3 + 4 == n)
                cnt++;
        }
    cout <<"可拼出的加法式总数为 "<< cnt << endl;
    return 0;
}
```

编译并执行以上程序,可得到如下所示的结果。

```
请输入火柴棒的总数: 50
可拼出的加法式总数为 72079
Press any key to continue
```

编程思路 1 中调用一个函数 needMatch 来返回每个数字 num 所需火柴棒数,在穷举时,这个函数会被调用 1000 * 1000 * 3=3000000(3 百万次),程序执行速度较慢。下面进行集智,采用以空间换时间的方法,提高程序的执行速度。

(3) 编程思路 2。

由于等式中可能出现的数在 0～1998 之间，因此可以定义一个数组 int needmatch [1999]，保存拼出 0～1998 每个数字所需要的火柴棒数，needmatch[i] 的值为拼出数字 i 所需的火柴棒数。这样，先计算好数组中的每个元素的值后，在对等式中数 A 和 B 进行穷举时，等式中三个数所需的火柴棒数只需直接引用数组元素的值即可。相当于思路 1 中的 needMatch 函数只调用了 1999 次，因此程序的运行速度会大大提高。

(4) 源程序 2。

```cpp
#include < iostream >
using namespace std;
int main()
{
    int n, i, j, cnt;
    int match[10] = {6,2,5,5,4,5,6,3,7,6};   //定义 0～9 每个数字所需要的火柴棒数
    int needmatch[2000];                      //保存拼出 0～1999 每个数字所需要的火柴棒数
    cout <<"请输入火柴棒的总数：";
    cin >> n;
    for (i = 0; i <= 9; i++)
        needmatch[i] = match[i];
    for (i = 10; i < 2000; i++)               //计算 10～1999 中每个数需要的火柴棒数目
    {
        if (i < 100)                          //10～99 两位数
            needmatch[i] = match[i/10] + match[i % 10];
        else if (i < 1000)                    //100～999 三位数
            needmatch[i] = match[i/100] + match[i/10 % 10] + match[i % 10];
        else                                  //1000～1999   四位数
    needmatch[i] = match[i/1000] + match[i/100 % 10] + match[i/10 % 10] + match[i % 10];
    }
    cnt = 0;
    for(i = 0; i < 1000; i++)
        for(j = 0; j < 1000; j++)             //二重循环枚举两个加数
            if(needmatch[i] + needmatch[j] + needmatch[i + j] + 4 == n)
                cnt++;
    cout <<"可拼出的加法式总数为 "<< cnt << endl;
    return 0;
}
```

【实例 7-16】　乘积只含 1 和 0。

任意给定一个正整数 N，求一个最小的正整数 M(M>1)，使得 N * M 的十进制表示形式里只含有 1 和 0。

(1) 编程思路 1。

给定 N，令 M 从 2 开始，穷举 M 的值，直到遇到一个 M 使得 N * M 的十进制表示中只有 1 和 0。

(2) 源程序 1 及运行结果。

```cpp
#include < iostream >
using namespace std;
int HasOnlyOneAndZero(int n)
```

```
{
    while(n)
    {
        if(n % 10 >= 2) return 0;
        n /= 10;
    }
    return 1;
}
int main()
{
    int n, m;
    cin >> n;
    m = 2;
    while(1)
    {
        if(HasOnlyOneAndZero(n * m))
        {
            cout << n << " * " << m << " = " << n * m << endl;
            break;
        }
        m++;
    }
    return 0;
}
```

编译并执行以上程序,可得到如下所示的结果。

```
1949
1949 * 564449 = 1100111101
Press any key to continue
```

(3) 编程思路 2。

因为 N * M 的取值可能是 1,10,11,100,101,110,111,…中的某一个。因此,可以考虑直接在这个空间搜索,这是对编程思路 1 的改进(集智)。搜索这个序列直到找到一个能被 N 整除的数,它就是 N * M,然后可计算出 M。

程序中采用队列来扩展搜索空间,这是宽度优先搜索的典型做法。先将 1 加入到初始队列中,之后,搜索过程时,每次从队列中取出一个数 t,将数 t * 10 和 t * 10＋1 加入到队列中。例如,从队列中取出 10 后,将 100(10 * 10)和 101(10 * 10＋1)加入到队列中。直到某次取出 t 后,t 可以被 n 整除,则 t/n 的值就是所求的 m。

(4) 源程序 2。

```
#include <iostream>
#include <queue>
using namespace std;
int main()
{
    int n, t;
    queue <int> q;
```

```
        cin >> n;
        q.push(1);
        while(!q.empty())
        {
            t = q.front();
            q.pop();
            if(t % n == 0)
            {
                cout << n <<" * "<< t/n <<" = "<< t << endl;
                break;
            }
            q.push(t * 10);
            q.push(t * 10 + 1);
        }
        return 0;
    }
```

集智后,源程序 2 的思路采用对积的可能情况进行穷举,程序的执行速度非常快。例如,输入 1949,按源程序 1 需要穷举到 564449 才能得到结果;而按源程序 2,由于积为一个 10 位的二进制数,因此最多搜索 1024 次即可得到结果。

【实例 7-17】 第 N 个回文数。

将所有回文数从小到大排列,求第 N 个回文数。

一个正数如果顺着和反过来都是一样的(如 13431,反过来也是 13431),就称为回文数。约定:回文数不能以 0 开头;最小回文数是 1。

(1) 编程思路 1。

一个容易想到的方法是,从 1 开始,判断该数是否是回文数,然后用一个计数器记下已找到的回文数的个数,一直到计数器的值为 N,就得到第 N 个回文数。

(2) 源程序 1 及运行结果。

```
#include < iostream >
using namespace std;
int isPN(long num)
{
    long src = num;
    long tmp = 0;
                                        //使用循环把数字顺序反转
    while(src != 0) {
        tmp *= 10;
        tmp += src % 10;
        src /= 10;
    }
                                        //如果原始数与反转后的数相等则返回 true
    if(tmp == num)
        return 1;
    return 0;
}
int main()
```

```
{
    int n;
    int cnt = 0;
    long i = 1;

    cout <<"请输入数 N: ";
    cin >> n;
    while(cnt < n)
    {
        if (isPN(i) == 1)
            cnt++;
        i++;
    }
    cout <<"第"<< n <<"个回文数是"<< i - 1 << endl;
    return 0;
}
```

编译并执行以上程序,可得到如下所示的结果。

```
请输入数 N: 150
第 150 个回文数是 5115
Press any key to continue
```

(3) 编程思路 2。

编程思路 1 采用穷举的方法,直观,可以得到正确结果,但随着用来测试的 N 的增大,效率的问题就浮现了。因为当 N 非常大时,所花的时间是十分大的。

下面进行集智,换另一种思路。

回文数的个数分布其实是有规律的。例如:

1 位回文数: 9 个
2 位回文数: 9 个
3 位回文数: 90 个
4 位回文数: 90 个
5 位回文数: 900 个
6 位回文数: 900 个
…

看 9,9,90,90,900,900,…,是有规律的,以 6 位回文数为例。把回文数 123321 拆开两半来看,两半的变化一致的,这样只算其中一半就行了。首位不能是 0,所以左半边最小为 100,最大为 999,共有 999 − 100 + 1 = 900 个,右半边根据左半边逆序。所以,6 位回文数有 900 个。

这样,可以得到两个结论:

① 回文数的数位每增长 2,回文数的个数为原来的 10 倍。如从 1 位回文数到 3 位回文数,个数从 9 个变为 90 个。

② 个位回文数的个数是 9 个,即 1~9。

因此,可以采用这样的方法得到第 n 个回文数:先按上面的规律求出第 n 个回文数具有的位数;再拼出这个回文数。

（4）源程序2。

```
#include <iostream>
using namespace std;
int main()
{
    int n;
    int count = 0;
    int number = 9;                          //记录数位上的回文数,如个位回文数为9
    int w = 0;                               //记录数位
    long half;                               //保存回文数的左半边的结果
    long h = 1;                              //回文数的左半边的起始基数
    long res;                                //结果
    cout <<"请输人数 N: ";
    cin >> n;
    while(1)
    {
        if(w > 0 && w % 2 == 0)              //每进两个数位,回文数乘以 10
            number * = 10;
        w++;                                 //数位加 1
        if(count + number > n)               //回文数大于查找的回数,退出循环
            break;
        count += number;                     //回文数加上当前数位上的回文数
    }
    n -= count;                              //第 n 个回文数在 w 位回文数中属于第几个数
    for(int i = 0; i < (w - 1) / 2; i++)     //求回文数的左半边的基数,如 5 位回文数为 100
        h * = 10;
    half = h + n - 1;                        //回文数的左半边
    res = half;
    if(w % 2 != 0)                           //如果为位数 w 奇数,则中间那个数不必算入右半边
        half /= 10;
    while(half != 0)                         //拼接回文数
    {
        res = res * 10 + half % 10;
        half /= 10;
    }
    cout <<"第"<<(n + count)<<"个回文数是"<< res << endl;
    return 0;
}
```

【实例 7-18】 逆序对。

Sort 公司是一个专门为人们提供排序服务的公司,该公司的宗旨是:"顺序是最美丽的。"他们的工作是通过一系列移动,将某些物品按顺序摆好。他们的服务是通过工作量来计算的,即移动东西的次数。所以,在工作前必须先考察工作量,以便向用户提出收费数目。

假设将序列中第 i 件物品的参数定义为 Ai,那么,排序就是指将 A 数组从小到大排序。用户并不需要知道精确的移动次数,实质上,大多数人都是凭感觉来认定某一序列物品的混乱程度,根据 Sort 公司的经验,人们一般是根据"逆序对"的数目多少来称呼某一序列的混乱程度。

若数组 A 的元素 $A_1, \cdots, A_n$ 互不相同,所谓数组 A 的"逆序对"是指,若 i<j 且 $A_i > A_j$,则

<A_i,A_j>就是一个"逆序对"。例如,数组(3,1,4,5,2)的逆序对有(3,1)、(3,2)、(4,2)、(5,2),共 4 对。

请编写一个程序,给定一个数组,统计出该数组中包含的"逆序对"的数目。

(1) 编程思路 1

对于具有 n 个元素的数组,为统计逆序对的个数,可以顺序扫描整个数组,循环为 for $(i = 0; i<n-1; i++)$。每扫描到一个数字时,逐个比较该数字和它后面的每个数字的大小(循环为 for$(j = i + 1; j < n; j++)$)。如果后面的数字比它小,则这两个数字就组成了一个逆序对。

(2) 源程序 1 及运行结果。

```
#include < iostream >
using namespace std;
int main()
{
    int a[10],cnt = 0,i,j;
    cout <<"请输入 10 个整数: "<< endl;
    for (i = 0;i < 10;i++)
        cin >> a[i];
    for (i = 0 ;i < 10-1 ;i ++)
        for(j = i + 1; j < 10 ;j++)
            if (a[i] > a[j])
                cnt ++;
    cout <<"逆序对有"<< cnt <<"对."<< endl;
    return 0;
}
```

编译并执行以上程序,可得到如下所示的结果。

```
请输入 10 个整数:
34 18 23 89 39 15 56 14 48 24
逆序对有 23 对.
Press any key to continue
```

源程序 1 中的采用的方法,由于每个数字都要和其后的每个数字比较,因此算法的时间复杂度为 $O(n^2)$。

下面进行集智,尝试找更快的算法。

(3) 编程思路 2。

其实,归并排序就是一种天然地求解逆序对对数的算法。

假设有一个数组 $A[0..n-1]$,利用分治的方法把它分成两部分,称为左数组 A_1 和右数组 A_2,那么 $A[0..n-1]$ 的逆序对对数=左数组 A_1 的逆序对对数+右数组 A_2 的逆序对对数+合并 A_1、A_2 时 A_1 数组里比 A_2 数组里的数大的数目。

(4) 源程序 2 及运行结果。

```
#include < iostream >
using namespace std;
#define MAX_VALUE 99999
//合并时计算逆序对数目
```

```cpp
int MergeCountReverse(int * a, int low, int mid, int high)
{
    int num1 = mid - low + 1;
    int num2 = high - mid;
    int count = 0;
    int * a1, * a2;
    a1 = new int[num1 + 1];
    a2 = new int[num2 + 1];
    for(int i = 0;i < num1;++i)
        * (a1 + i) = * (a + low + i);
    * (a1 + num1) = MAX_VALUE;
    for(i = 0;i < num2;++i)
        * (a2 + i) = * (a + mid + 1 + i);
    * (a2 + num2) = MAX_VALUE;
    int index1 = 0;
    int index2 = 0;
    for(int k = low;k <= high;++k)
    {
        if( * (a1 + index1) > * (a2 + index2))
        {
            * (a + k) = * (a2 + index2);
            ++index2;
            count += num1 - index1;        //逆序对数
        }
        else
        {
            * (a + k) = * (a1 + index1);
            ++index1;
        }
    }
    delete [] a1;
    delete [] a2;
    return count;
}
//递归计算逆序对数目：采用分治法
int CountReverse(int * a, int low, int high)
{
    int mid,count = 0;
    if(high > low)
    {
        mid = (low + high) / 2;
        count += CountReverse(a,low,mid);
        count += CountReverse(a,mid + 1,high);
        count += MergeCountReverse(a,low,mid,high);
    }
    return count;
}
int main()
{
    int n, i, temp, count;
    int * a;
```

```
cout <<"请输入序列中元素的个数:"<< endl;
cin >> n;
a = new int[n];
cout <<"请依次输入序列中的"<< n <<"个元素: "<< endl;
for(i = 0;i < n;++i)
{
    cin >> temp;
    *(a + i) = temp;
}
count = CountReverse(a,0,n - 1);
cout <<"逆序对的数目为 : "<< count << endl;
return 0;
}
```

编译并执行以上程序,可得到如下所示的结果。

```
请输入序列中元素的个数:
10
请依次输入序列中的 10 个元素:
34 18 23 89 39 15 56 14 48 24
逆序对的数目为 : 23
Press any key to continue
```

【实例 7-19】 格雷码。

Gray code 是一种二进制编码,编码顺序与相应的十进制数的大小不一致。其特点是,对于两个相邻的十进制数,对应的两个格雷码只有一个二进制位不同。另外,最大数与最小数间也仅有一个二进制位不同,以 4 位二进制数为例,编码如表 7-1 所示。

表 7-1 4 位二进制数编码表示的格雷码

十进制数	格雷码	十进制数	格雷码
0	0000	8	1100
1	0001	9	1101
2	0011	10	1111
3	0010	11	1110
4	0110	12	1010
5	0111	13	1011
6	0101	14	1001
7	0100	15	1000

如果把每个二进制的位看做一个开关,则将一个数变为相邻的另一个数,只需改动一个开关。因此,格雷码广泛用于信号处理、数-模转换等领域。

编写一个程序,由键盘输入二进制的位数 $n(n<16)$,再输入一个十进制数 $m(0 \leqslant m < 2^n)$,然后输出对应于 m 的格雷码(共 n 位,用数组 gr[ ]存放)。

(1) 编程思路

格雷码和二进制码的转换公式为 $G(n) = B(n)$ XOR $B(n+1)$。因此,可以先将 m 转换成二进制数,然后按公式转换成格雷码。

（2）源程序 1 及运行结果。

```cpp
#include <iostream>
using namespace std;
int main()
{
    int m,n,i,b;
    int gr[15],bin[15];
    cout <<"请输入二进制的位数 n(n<16): ";
    cin >> n;
    b = 1;
    for(i = 1;i <= n;i++)
        b = b * 2;
    while(1)
    {
        cout <<"请输入一个十进制数 m(0≤m<"<< b <<"): ";
        cin >> m;
        if (m < 0 || m >= b)
            cout <<"数据输入错误,请重新输入!"<< endl;
        else
            break;
    }
    b = 0;
    while (m!= 0)                          //将 m 转换成二进制数保存在数组 bin 中
    {
        bin[b++] = m % 2;
        m = m/2;
    }
    for (i = b;i < n;i++)
        bin[i] = 0;
    for (i = 0;i < n-1;i++)
        gr[i] = bin[i]^bin[i+1];
    gr[n-1] = 0 ^ bin[n-1];
    for (i = n-1; i >= 0;i--)
        cout << gr[i];
    cout << endl;
    return 0;
}
```

编译并执行以上程序,可得到如下所示的结果。

```
请输入二进制的位数 n(n<16): 5
请输入一个十进制数 m(0≤m<32): 17
11001
Press any key to continue
```

上面的程序可以输出十进制数 m 的 n 位格雷码,若要输出 $0 \sim 2^n - 1$ 范围内的全部十进制数的 n 位格雷码。只需,在上面的程序段中,套一个外循环 for ($m = 0$;$m < 2^n$;$m++$) 对每个 m 输出其格雷码即可。

（3）源程序 2 及运行结果。

```cpp
#include <iostream>
#include <iomanip>
using namespace std;
int main()
{
    int m,n,i,b,p,bound;
    int gr[15],bin[15];
    cout <<"请输入二进制的位数 n(n<16): ";
    cin >> n;
    bound = 1;
    for(i = 1;i <= n;i++)
        bound = bound * 2;
    for (m = 0;m < bound;m++)
    {
        b = 0;   p = m;
        while (p!= 0)
        {
          bin[b++] = p % 2;
          p = p/2;
        }
        for (i = b;i < n;i++)
            bin[i] = 0;
        for (i = 0;i < n - 1;i++)
            gr[i] = bin[i]^bin[i + 1];
        gr[n - 1] = 0 ^ bin[n - 1];
        cout << setw(3)<< m <<" : ";
        for (i = n - 1; i >= 0;i--)
            cout << gr[i];
        if ((m + 1) % 4 == 0)   cout << endl;
        else cout <<"    ";
    }
    return 0;
}
```

编译并执行以上程序,可得到如下所示的结果。

```
请输入二进制的位数 n(n<16): 5
  0 : 00000      1 : 00001      2 : 00011      3 : 00010
  4 : 00110      5 : 00111      6 : 00101      7 : 00100
  8 : 01100      9 : 01101     10 : 01111     11 : 01110
 12 : 01010     13 : 01011     14 : 01001     15 : 01000
 16 : 11000     17 : 11001     18 : 11011     19 : 11010
 20 : 11110     21 : 11111     22 : 11101     23 : 11100
 24 : 10100     25 : 10101     26 : 10111     27 : 10110
 28 : 10010     29 : 10011     30 : 10001     31 : 10000
Press any key to continue
```

实际上,格雷码的产生是有规律的。

假设 n 位格雷码的初始值从 n 个 0 开始,格雷码产生的规律是:

① 改变最右边的位元值。

② 改变右起第一个为 1 的位元的左边位元。

③ 重复步骤(1)和步骤(2),直到所有的 n 位格雷码产生完毕。

例如,要产生三位格雷码,初始值为 000

① 改变最右边的位元值 : 000 → 001。

② 改变右起第一个为 1 的位元的左边位元: 001 → 011。

③ 改变最右边的位元值: 011 → 010。

④ 改变右起第一个为 1 的位元的左边位元: 010 → 110。

⑤ 改变最右边的位元值: 110 → 111。

⑥ 改变右起第一个为 1 的位元的左边位元: 111 → 101。

⑦ 改变最右边的位元值: 101 → 100。

至此,三位格雷码全部产生完毕。

(4) 源程序 3。

```cpp
#include < iostream >
#include < iomanip >
using namespace std;
int main()
{
    int m,n,i,bound;
    int gr[15];
    cout <<"请输入二进制的位数 n(n < 16): ";
    cin >> n;
    bound = 1;
    for( i = 1; i < = n; i++)
        bound = bound * 2;
    cout << setw(3) << 0 <<" : ";
    for (i = n - 1; i > = 0; i -- )
    {
        gr[i] = 0;
        cout << gr[i];
    }
    cout <<"   ";
    for (m = 1; m < bound; m++)
    {
        if (m % 2 != 0)
            gr[0] = 1 - gr[0];
        else
        {
            for (i = 0; gr[i] != 1 && i < = n - 1; i++) ;   //确定右起第一个为 1 的位元
            gr[i + 1] = 1 - gr[i + 1];
        }
        cout << setw(3) << m <<" : ";
        for (i = n - 1; i > = 0; i -- )
            cout << gr[i];
        if ((m + 1) % 4 == 0)   cout << endl;
        else cout <<"   ";
```

```
        }
        return 0;
    }
```

7.4 巧变

在三国杀游戏中,武将张郃的技能是巧变,其技能描述是:可以弃一张手牌来跳过自己的一个阶段(回合开始和回合结束阶段除外),若此法跳过摸牌阶段,从其他至多两名角色手里各抽取一张牌;若此法跳过出牌阶段,可以将场上的一张牌移动到另一个合理的位置。

在游戏中,张郃的使用是比较灵活的,因为他可以在一回合跳过最多4个阶段,即判定阶段、摸牌阶段、出牌阶段、弃牌阶段,可分别称为巧变一、巧变二、巧变三和巧变四。

巧变一,跳过判定阶段。张郃弃一张手牌可以不受闪电、乐不思蜀、兵粮寸断等的影响。这决定了张郃基本上不可能被乐不思蜀和兵粮寸断这种限制能力极强的战略牌限制。

巧变二,弃掉一张手牌发动一次突袭,与标准版张辽颇为相似。

巧变三,跳过出牌阶段。张郃发动巧变三意味着敌对方靠延时锦囊(乐不思蜀、兵粮寸断等)的战略基本泡汤,甚至有可能张郃还会把扔出去的延时锦囊反贴给敌对方的人,另外转移装备的能力也是强大控场能力的表现,移动防具保命兼坑敌人,移动武器控距离,可以说巧变三是张郃真正的主打技能,用好这个技能是用张郃的精髓。

巧变四,弃一张牌跳过弃牌阶段,类似标准版吕蒙的克己技能。

张郃的特点在于"灵活",借用这个概念,在程序设计实践中,一定要注意培养自己的知识迁移能力。在掌握程序设计方法和算法设计的基础上,善于在学过的经典算法中,进行灵活选择和恰当变换,将其思路迁移过来解决新的问题。即解决一个问题时,有多种方法可供选择,究竟用哪个方法更合适,需灵活变通,也就是究竟是否需要巧变、怎样巧变,得根据场上局势灵活运用。巧变巧变,机巧变化。

7.4.1 位运算

位运算是把整数用二进制表示后,对每一位上的0或者1进行运算。位运算有6种运算:与($\&$)、或($|$)、非($\sim$)、异或($\wedge$)、左移($<<$)和右移($>>$)。灵活地使用位运算,有时可以巧妙地解决问题。

【实例7-20】 完全二叉搜索树。

二叉搜索树(Binary Search Tree,BST)是这样一棵树,它或是一棵空树,或是一棵具有下列特性的非空二叉树。

① 若它的左子树不空,则左子树上所有结点的值均小于它的根结点的值。

② 若它的右子树不空,则右子树上所有结点的值均大于它的根结点的值。

③ 它的左、右子树也分别为二叉搜索树。

若一棵二叉树既是一棵满二叉树,又是一棵二叉搜索数,则这棵树是一棵完全二叉搜索树。例如,图7-4给出的就是一棵由1~15共15个整数构成的完全二叉搜索树。

设有一棵由整数$1 \sim 2^n - 1$构成的完全二叉搜索树,编写一个程序,输入一个整数num($1 \leqslant num \leqslant 2^n - 1$),输出在完全二叉搜索树中以该整数为根结点的子树的所有结点值

中的最小值和最大值。例如,输入 12,输出 9 和 15;输入 14,输出 13 和 15;输入 13,输出
13 和 13。

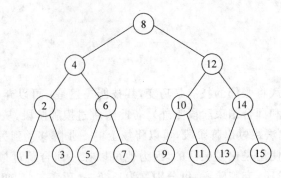

图 7-4　一棵完全二叉搜索树

(1) 编程思路。

将 2^n-1 个整数的完全二叉搜索树先构造出来,然后找到整数 num 所在的结点 p,则以
p 结点为根的子树的中序遍历序列的第 1 个结点就是所求的最小值、中序遍历的最后一个
结点就是所求得最大值。这样虽然能够解决问题,但显然不是一个好的办法。

将图 7-4 所示的完全二叉搜索树中整数全部写成二进制数 $a_3a_2a_1a_0$,可以发现:

① 奇数全部在最底层。最底层数据的二进制数的最右边一定是 1(即 $a_0=1$)。

② 倒数第 2 层为 2 的倍数,其二进制数据的最右边只有一个 0,即 $a_0=0$、$a_1=1$。

③ 倒数第 3 层为 4 的倍数,其二进制数据的最右边有两个 0,即 $a_0=0$、$a_1=0$、$a_2=1$。

④ 倒数第 4 层为 8 的倍数,其二进制数据的最右边有三个 0,即 $a_0 \sim a_2=0$、$a_3=1$。

将整数 num(num=6,10,14,4,12,8)及所求的最小值和最大值列成如表 7-2 所示的
表格。

观察表 7-2 中的二进制数据,不难得出结论:

① 以二进制数 X 为根的子树的最小值是将 X 最右之 1 换成 0,再加 1 所得的数。

② 以二进制数 X 为根的子树的最大值是将 X 最右之 1 右边的 0 全换成 1 所得的数。

设二进制数 X 最右边有连续 k 个 0,若连续 k 个 1 组成的二进制数为 P,则按上面的结
论:最小值为 X−P,最大值为 X+P。

表 7-2　以 num 为根结点的 BST 的最小值和最大值(括号中为对应二进制数)

num	最小值	最大值
6 (0110)	5 (0101)	7 (0111)
10 (1010)	9 (1001)	11 (1011)
14 (1110)	13 (1101)	15 (1111)
4 (0100)	1 (0001)	7 (0111)
12 (1100)	9 (1001)	15 (1111)
8 (1000)	1 (0001)	15 (1111)

(2) 源程序及运行结果。

```
#include< iostream >
```

```
using namespace std;
int main()
{
    int a,p;
    scanf(" % d",&a);
    for(p = 2;a % p == 0;p * = 2);
    p = p/2 - 1;
    printf(" % d % d\n",a - p,a + p);
    return 0;
}
```

编译并执行以上程序,可得到如下所示的结果。

```
12
9 15
Press any key to continue
```

【实例 7-21】 二进制数中 1 的个数相同。

给定一个大于 0 的整数 n,把它转换为二进制,则其二进制数中至少有 1 位是“1”。编写一个程序,找出比给定的整数 n 大的最小整数 m。要求 m 和 n 两个整数转换成二进制数后,二进制数中包含的 1 的个数相同。

例如,120 的二进制数为 01111000,则比 120 大且二进制数中 1 的个数相同的最小整数为 135(10000111)。

(1) 编程思路。

寻找比 n 大的最小的整数 m,最容易想到的方法是从 n+1 开始穷举。首先把十进制整数 n 转化为二进制,然后穷举比这个十进制整数大的数 m,判断 m 和 n 两个数对应的二进制数中 1 的个数是否相同。判断的方法就是,把十进制数用 n&1 的位运算依次取出末位然后全部加起来,若两个数的所有二进制位加起来相等,则这两个数的二进制位一定有相同个 1。

(2) 源程序 1 及运行结果。

```
#include < iostream >
using namespace std;
int main()
{
    int n,a,b,d,m;
    do {
        cin >> n;
    } while (n < = 0);
    a = n;   b = 0;
    while(a)
    {
        b += a&1;    a >> = 1;
    }
    m = n;
    do {
        d = 0;   m++;   a = m;
        while(a)
```

```
            {
                d += a&1;   a >>= 1;
            }
        } while(d != b);
        cout << m << endl;
        return 0;
    }
```

编译并执行以上程序,可得到如下所示的结果。

```
92
99
Press any key to continue
```

（3）巧变 1。

对十进制数 n 转化成的二进制数直接进行位变换,求出最小的整数 m。

具体方法是：先找到整数 n 对应的二进制数的最右边的一个 1,从这个 1 开始,从右向左将连续出现的 k 个 1 变为 0 后,高 1 位的 0 变为 1,再从最低位开始,将 k−1 个 0 变为 1,即可得到最小的数 n。

例如,32 对应的二进制数为 00100000,将最右边的连续一个 1 变为 0,高一位 0 变为 1,即为 01000000,对应整数为 64。

又如,92 对应的二进制数为 01011100,将最右边的连续 3 个 1 变为 0(得 01000000),高一位变为 1(得 01100000),再将最低位的 2(3−1)个 0 变为 1,即为 01100011,对应整数为 99。

（4）源程序 2。

```
#include < iostream >
using namespace std;
int main()
{
    int n,a,b,k,m;
    do {
        cin >> n;
    } while (n <= 0);
    for (a = 0; (n & (1 << a)) == 0; a++) ;       //找到最右边的 1 个 1 所在位置 a
    for (b = a; (n & (1 << b)) != 0; b++) ;       //找到从 a 位开始向左的连续个 1
    m = n | (1 << b);                             //把 b 位改成 1
    for (k = a; k < b; k++)   m ^= (1 << k);      //将从 a 位到 b−1 位的 1 全部取反变为 0
    for (k = 0; k < b − a − 1; k++) m |= 1 << k;  //将最低的 b−a−1 个位的 0 变为 1
    cout << m << endl;
    return 0;
}
```

（5）巧变 2。

仔细琢磨整数的补码表示和位运算,可以将上面程序中的几个循环用一个表达式来完成。

① 按补码的表示法,正数的补码与原码相同,负数的补码是相应正数的补码的各位取

反后加1。例如,以8位为例,32的补码是00100000,−32的补码是11100000;又如,92的补码是01011100,−92的补码是10100100。可以看出,把绝对值相等的正负两个整数用二进制数补码表示出来,从最低位开始到第1次出现1的地方为止,两者是一致的,高位部分的0和1恰好是相反的。利用这个特性,将正数m和相应的负数 −m 进行逻辑与(&)的话,就能得到最初1出现的地方。

设x是整数n的二进制数保留最右边一个1,其余各位变为0后,所得到的数,则 $x = n\&(-n)$。例如,

$$n=92(01011100),则-n=-92(10100100),$$
$$x=n\&(-n)=01011100 \ \& \ 10100100=00000100$$

② $n+x$ 是从右往左将整数n的第一个01转化为10。这是因为从最右边的一个1到第一个01,之间必然全是1,加上x后会一直进位,直到把01变为10,此时10的右边必然全是0。例如,

$$n=92,则 \ n+x=01011100 + 00000100=01100000$$

③ 表达式 $n\wedge(n+x)$ 可将整数n中最右边的第1个1开始,连续出现的1保留下来,且第1个01转化成的10中的1也保留下来,其余位全部为0。n/x 可以去掉最右边的所有0。例如,

$$n=92,n\wedge(n+x) = 01011100 \wedge 01100000 = 00111100$$
$$n\wedge(n+x)/x = 00111100/00000100 =00001111$$

即 $n\wedge(n+x)/x$ 相当于将k+1(k为从整数n的最右边的一个1开始,从右向左连续出现的1的个数)个1全部右移到最右边,且左边全部清0。由于最右边只需将k−1个0变为1,因此,将 $n\wedge(n+x)/x/4$ 可以右移两位,去掉两个1。

④ $n+x+(n\wedge(n+x))/x/4$ 就是所求的最小整数。

(6)源程序3。

```cpp
#include <iostream>
using namespace std;
int main()
{
    int n,x,m;
    do {
        cin>>n;
    } while (n<=0);
    x = n&-n;
    m = n+x+(n^(n+x))/x/4;
    cout << m << endl;
    return 0;
}
```

一个简单的表达式,完成一个问题的求解。这显示位运算的强大,应用的巧妙。

【实例7-22】 找出单身。

在七夕节A公司组织了一个晚会,先给公司员工每人发了两张票,每张票上印有一个整数,每位员工的两张票上的整数相同,不同员工的票上的整数互不相同。要求出席晚会时,每位员工带伴侣。入场前,将票投入票箱中,工作人员还会在纸上记下票上的整数,由于员工及伴侣不一定同时到场,因此相同的整数在纸上记下的位置不一定连续。晚会过程中

会抽奖,抽到一个整数后,员工及伴侣上场秀恩爱后领奖。在即将抽奖前,细心的工作人员小红发现,参加晚会的人除小王(小王是公司有名的钻石王老五)外,全都成双成对。为避免尴尬和冷场,应将小王的票号找出来,这样不会抽到小王。

请编写一个程序,完成这个任务。

(1) 编程思路。

设用一个数组保存所有记下的票上整数,显然数组中除了一个数字之外,其他的数字都出现了两次。

最直接的方法是采用蛮力法:从头到尾顺序访问数组 a[n]中的每个元素。每访问一个元素 a[i]($0 \leqslant i \leqslant n-1$)的时候,将它与数组中除自身外的每个元素 a[j]($0 \leqslant j \leqslant n-1$ 且 i <> j)比较。如果某个 a[i]与所有的其他元素都不相同,则它就是要找出的单身。程序代码段如下:

```
int a[9] = {2,3,4,4,5,2,3,8,5};
int i,j;
for (i = 0; i < 9; i++)
{
    for (j = 0; j < 9; j++)
        if (j!= i && a[i] == a[j]) break;
    if (j == 9)
    {
        cout << a[i] << endl;
        break;
    }
}
```

显然,这种方法采用的是二重循环,时间复杂度为 $O(n^2)$,不是一种高效的算法。

下面采用位运算进行巧变。

因为问题强调的是除了一个单身外,全部成双成对。联想到异或运算的性质:任何一个数字异或它自己都等于0。也就是说,如果从头到尾依次异或数组中的每一个数字,那么最终的结果刚好是那个只出现一次的数字,因为那些出现两次的数字全部在异或中抵消掉了。

(2) 源程序1及运行结果。

```
#include <iostream>
using namespace std;
int main()
{
    int a[9] = {2,3,4,4,5,2,3,8,5};
    int i,n = 0;
    for (i = 0; i < 9; i++)
        n ^= a[i];
    cout << n << endl;
    return 0;
}
```

编译并执行以上程序,可得到如下所示的结果。

```
8
Press any key to continue
```

下面,对实例中的问题进行一次扩展,假设有两个单身者,怎么快速找出两个单身者呢?

如果能够把原数组分为两个子数组。在每个子数组中,包含一个只出现一次的数字,而其他数字都出现两次。那么,按照源程序 1 中的方法就可分别求出这两个只出现一次的数字了。

关键是怎样拆分出两个子数组?

先还是从头到尾依次异或数组中的每一个数字,那么最终得到的结果就是两个只出现一次的数字的异或结果。因为其他数字都出现了两次,在异或中全部抵消掉了。由于这两个数字肯定不一样,那么这个异或结果肯定不为 0,也就是说在这个结果数字的二进制表示中至少就有一位为 1。若将在结果数字中找到的第一个为 1 的位的位置记为第 N 位,那么就可以将第 N 位是不是 1 为标准把原数组中的数字分成两个子数组,第一个子数组中每个数字的第 N 位都为 1,而第二个子数组的每个数字的第 N 位都为 0。

这样,可以把原数组分成了两个子数组,每个子数组都包含一个只出现一次的数字,而其他数字都出现了两次。

(3) 源程序 2 及运行结果。

```cpp
#include <iostream>
using namespace std;
bool IsBit1(int num, int indexBit);
int main()
{
    int a[10] = {2,3,4,4,6,5,2,3,8,5};
    int i,n,indexBit, num1,num2;
    for (n = 0, i = 0; i < 10 ; i++)
        n ^= a[i];
    //找到 n 最右边的一个 1 所在位置 indexBIt
    for (indexBit = 0; (n & (1 << indexBit)) == 0; indexBit++) ;
    num1 = num2 = 0;
    for (i = 0; i < 10; i++)
    {
        if(IsBit1(a[i], indexBit))
            num1 ^= a[i];
        else
            num2 ^= a[i];
    }
    cout << num1 <<"      "<< num2 << endl;
    return 0;
}
//判断数字 num 的第 indexBit 位是不是 1
bool IsBit1(int num, int indexBit)
{
    num = num >> indexBit;
    return (num & 1);
}
```

编译并执行以上程序,可得到如下所示的结果。

```
6    8
Press any key to continue
```

7.4.2　哈希表

在数据结构中,有一种数据存储方式是哈希表。哈希表的基本思想是:在建立数据集合的存储结构时利用记录的关键字进行某种运算后直接确定记录的存储位置,从而在记录的存储位置和其关键字之间建立某种直接关系,这样在进行检索时,就无须比较或做很少次的比较而按照这种关系可以直接由关键字找到相应的记录。

根据哈希表的思想,针对具体问题作相应迁移变化,可以利用它来解决问题。

【实例 7-23】　第一个只出现一次的字符。

在一个字符串中找到第一个只出现一次的字符,如输入"abacadcdceff",则输出"b"。

(1) 编程思路。

最直接的方法是采用蛮力法:从头开始扫描给定字符串中的每个字符。当访问到某字符时拿这个字符和字符串中的每个字符相比较,如果在字符串中没有发现与其重复的字符,则该字符就是只出现一次的字符。程序代码段如下:

```cpp
char str[80];
 cin.getline(str,81,'\n');
 int len,i,j;
 len = strlen(str);
 for (i = 0; i < len; i++)
 {
      for (j= 0; j< len;j++)
         if (j!= i && str[i] == str[j]) break;
      if (j == len)
      {
          cout << str[i]<< endl;
          break;
      }
 }
```

程序段中,输入字符串采用 getline 函数。getline 的原型如下:

```cpp
getline(char * c,int i,char ch);
```

表示读入 i 个字符,或遇到结束符 ch 为止的字符串,保存到 c 中。"getline(char * ,int);"表示读入 i 个字符到 c 中。注意,读入的字符数应比实际的大 1,因为读入的是字符串,字符串会以'\0' 作为结束,因此若要读入 3 个字符,那么 i 的值应该设定为 4。

显然,这种方法采用的是二重循环,时间复杂度为 $O(n^2)$,不是一种高效的算法。

下面试着去找一个更高效的方法。

由于问题与字符出现的次数相关,那么是不是可以统计每个字符在该字符串中出现的次数呢? 要达到这个目的,需要一个数据容器来存放每个字符的出现次数。在这个数据容器中可以根据字符来查找它出现的次数,也就是说这个容器的作用是把一个字符映射成一个数字。在常用的数据容器中,哈希表正是这个用途。

由于字符(char)是一个长度为 1 个字节(8 个二进制位)的数据类型,因此总共有 256 种可能。于是创建一个长度为 256 的数组,每个字母根据其 ASCII 码值作为数组的下标对应数组的相应元素,而数组中存储的是每个字符对应出现的次数。这样就创建了一个大小为256,以字符 ASCII 码为键值的哈希表。

程序对字符串进行两次扫描。第一遍扫描字符串时,每碰到一个字符,在哈希表中找到对应的元素并把出现的次数增加一次。第二次扫描字符串时,就能直接从哈希表中得到每个字符出现的次数了,第1个字符出现次数为1的字符即可输出。

(2) 源程序及运行结果。

```cpp
#include <iostream>
using namespace std;
int main()
{
    char str[80];
    unsigned int table[256] = {0};
    cout <<"请输入一个长度不超过 80 的字符串: "<< endl;
    cin.getline(str,81,'\n');
    char * p = str;
    while( * p != '\0')
        table[ * p++]++;
    p = str;
    while( * p!= '\0')
    {
        if(table[ * p] == 1)
        {
            cout <<"第一个只出现一次的字符是"<< * p << endl;
            break;
        }
        p++;
    }
    if ( * p == '\0')
        cout <<"字符串为空或串中每个字符都至少出现 2 次."<< endl;
    return 0;
}
```

编译并执行以上程序,可得到如下所示的结果。

```
请输入一个长度不超过 80 的字符串:
the string is empty or every char in the string appears at least twice
第一个只出现一次的字符是 m
Press any key to continue
```

【实例 7-24】 剔除相同字符。

输入两个字符串,从第一字符串中删除其在第二个字符串中出现的所有字符。例如,输入"They are students."和"aeiou",则删除之后的第一个字符串变成"Thy r stdnts."。

(1) 编程思路。

这个问题并不难,基本的解决思路就是从头到尾对第一个字符串进行扫描中,对于扫描到的每一个字符,在第二个字符串中查找一下,看它是不是在第二个字符串中出现。如果在的话,就从第一个字符串中删除。

问题虽然不难,但要把效率优化到让人满意的程度,也不是一件容易的事情。也就是说,如何在第一个字符串中删除一个字符,以及如何在第二字符串中查找一个字符,都是需要一些小技巧的。

① 在字符串中删除一个字符。

由于字符串的内存分配方式是连续分配的,因此从字符串当中删除一个字符,需要把后面所有的字符往前移动一个字节的位置。但如果每次删除都需要移动字符串后面的字符的话,对于一个长度为 n 的字符串而言,删除一个字符的时间复杂度为 $O(n)$。对于剔除相同字符这个问题而言,有可能要删除的字符的个数是 n,因此该方法就删除而言的时间复杂度为 $O(n^2)$。

在实例 3-36"去掉负数"中,给出了一种时间复杂度为 $O(n)$ 的解决方法。借鉴这种算法,不需要在每次删除一个字符的时候都去移动后面所有的字符。具体做法是:定义两个指针 p1 和 p2,初始的时候都指向第一字符的起始位置。当 p1 指向的字符是需要删除的字符,则 p1 直接跳过,指向下一个字符。如果 p1 指向的字符是不需要删除的字符,那么把 p1 指向的字符赋值给 p2 指向的字符,并且 p1 和 p2 同时向后移动指向下一个字符。这样,前面被 p1 跳过的字符相当于被删除了。

② 在一个字符串中查找一个字符。

最直接的办法就是从头到尾扫描整个字符串。显然,这种方法需要一个循环,对于一个长度为 n 的字符串,时间复杂度是 $O(n)$。

利用哈希表,定义一个大小为 256 的数组,把所有元素都初始化为 0。然后扫描第 2 个字符串,对于字符串中的每一个字符,把它的 ASCII 码映射成数组下标,把数组中该下标对应的元素设为 1。这样,要查找一个字符就变得很快了:根据这个字符的 ASCII 码,在数组中对应的下标找到该元素,如果为 0,表示字符串中没有该字符,否则字符串中包含该字符。按这种方法,查找一个字符的时间复杂度是 $O(1)$。

(2) 源程序及运行结果。

```cpp
#include < iostream >
using namespace std;
int main()
{
    unsigned int table[256] = {0};
    char str1[81],str2[81], * p1, * p2;
    cin.getline(str1,80,'\n');
    cin.getline(str2,80,'\n');
    p1 = str2;
    while ( * p1 != '\0')
        table[ * p1++] = 1;
    p1 = p2 = str1;
    while ( * p1!= '\0')
    {
        if(table[ * p1]!= 1)
        {
            * p2 = * p1;
            ++p2;
        }
        ++p1;
```

```
        }
        * p2 = '\0';
        cout << str1 << endl;
        return 0;
    }
```

编译并执行以上程序,可得到如下所示的结果。

```
every char in the string appears at least twice
learn
vy ch i th stig pps t st twic
Press any key to continue
```

【实例 7-25】 变位词。

在英语中,把某个词的字母的位置(顺序)加以改换所形成的新词,叫做 Anagram,词典把这个词翻译成"变位词"。譬如,said(说,say 的过去式)就有 dais(讲台)这个变位词;triangle(三角形)就有 integral(构成整体所必要的)这个变位词;Silent(不要吵)就有 Listen(听我说)这个变位词。

编写一个程序,判断输入的两个字符串是否互为变位词。

(1) 编程思路。

同样定义一个长度为 26 的数组,并所有元素都初始化为 0(int table[26]={0})。每个字母根据其 ASCII 码值(字母不区分大小写)作为数组的下标对应数组的相应元素,数组中存储的是每个字母对应出现的次数。

程序进行三次循环处理。第一次循环扫描第 1 个单词对应的字符串,每碰到一个字符,若是字母,在哈希表中找到对应的元素并把出现的次数增加一次。第二次循环扫描第 2 个单词对应的字符串,每碰到一个字符,若是字母,在哈希表中找到对应的元素并把出现的次数减少一次。第三次循环扫描 table 数组,若所有的元素值均为 0,则两个单词就互为变位词。

(2) 源程序及运行结果。

```
#include < iostream >
using namespace std;
int main()
{
    unsigned int table[26] = {0};
    int n, m, i;
    char word1[21], word2[21], * p;
    cin.getline(word1, 20, '\n');
    cin.getline(word2, 20, '\n');
    p = word1;   n = 0;
    while ( * p != '\0')
    {
        if ( * p >= 'A' && * p <= 'Z') table[ * p - 'A'] ++;
        else if ( * p >= 'a' && * p <= 'z') table[ * p - 'a'] ++;
        else n++;
        p++;
```

```
        }
    p = word2;    m = 0;
    while ( *p != '\0')
    {
        if ( *p >= 'A' && *p <= 'Z') table[ *p - 'A'] --;
        else if ( *p >= 'a' && *p <= 'z') table[ *p - 'a'] --;
        else m++;
        p++;
    }
    if (n!= 0 || m!= 0)
        cout <<"两个单词中含有非字母字符!"<< endl;
    else
    {
        for (i = 0;i < 26;i++)
            if (table[i]!= 0) break;
        if (i == 26) cout <<"Yes!"<< endl;
        else        cout <<"No!"<< endl;
    }
    return 0;
}
```

编译并执行以上程序,可得到如下所示的结果。

```
Listen
Silent
Yes!
Press any key to continue
```

7.4.3　花朵数

一个 N 位的十进制正整数,如果它的每个位上的数字的 N 次方的和等于这个数本身,则称其为花朵数。

例如,当 N=3 时,153 就满足条件,因为 $1^3 + 5^3 + 3^3 = 153$,这样的数字也被称为水仙花数。

当 N=4 时,1634 满足条件,因为 $1^4 + 6^4 + 3^4 + 4^4 = 1634$。

当 N=5 时,54748 满足条件,因为 $5^5 + 4^5 + 7^5 + 4^5 + 8^5 = 54748$。

实际上,对 N 的每个取值,可能有多个数字满足条件。

编写一个程序,求 N=21 时,所有满足条件的花朵数(注意,这个整数有 21 位,它的各位数字的 21 次方之和正好等于这个数本身。)

由于 21 位整数太大,先来讨论 5 位的花朵数。

【实例 7-26】　5 位花朵数。

编写一个程序,输出所有的 5 位花朵数。

(1) 编程思路 1

在实例 2-29"水仙花数"中采用穷举的方法求出了所有的 3 位花朵数(即水仙花数),同样也可以采用穷举的方法求出所有的 5 位花朵数。

（2）源程序 1 及运行结果。

```cpp
#include <iostream>
#include <ctime>
using namespace std;
int power(int num, int n)
{
    int p = 1, i;
    for (i = 1; i <= n; i++)
        p = p * num;
    return p;
}
int main()
{
    int start = clock();
    int n, a, b, c, d, e;                    //n,a,b,c,d,e分为五位数自身及其万、千、百、十和个位
    for(a = 1 ;a <= 9;a++)
      for (b = 0; b <= 9;b++)
        for(c = 0;c <= 9;c++)
          for(d = 0;d <= 9;d++)
            for(e = 0;e <= 9;e++)
            {
                n = 10000 * a + 1000 * b + 100 * c + 10 * d + e;
                if(power(a,5) + power(b,5) + power(c,5) + power(d,5) + power(e,5) == n)
                    cout << n <<"   ";
            }
    cout << endl <<"Running Time :"<< clock() - start <<" ms. "<< endl;
    return 0;
}
```

编译并执行以上程序,可得到如下所示的结果。

```
54748 92727 93084
Running Time :15 ms.
Press any key to continue
```

若要求 7 位花朵数,可以在源程序 1 的基础上再加上两层循环,并适当修改程序为:

```cpp
#include <iostream>
#include <ctime>
using namespace std;
int power(int num, int n)
{
    int p = 1, i;
    for (i = 1; i <= n; i++)
        p = p * num;
    return p;
}
int main()
{
    int start = clock();
```

```
            int n, a, b, c,d,e,f,g;
            for(a = 1 ;a <= 9;a++)
             for (b = 0; b <= 9;b++)
              for(c = 0;c <= 9;c++)
               for(d = 0;d <= 9;d++)
                for(e = 0;e <= 9;e++)
                 for(f = 0;f <= 9;f++)
                 for(g = 0;g <= 9;g++)
                 {
                     n = 1000000 * a + 100000 * b + 10000 * c + 1000 * d + 100 * e + 10 * f + g;
                     if(power(a,7) + power(b,7) + power(c,7) + power(d,7) + power(e,7) +
                       power(f,7) + power(g,7) ==  n)
                           cout << n <<"   ";
                 }
            cout << endl <<"Running Time :"<< clock( ) - start <<" ms."<< endl;
            return 0;
      }
```

重新编译并执行修改后的程序,得到如下所示的结果。

```
1741725 4210818 9800817 9926315
Running Time :2281 ms.
Press any key to continue
```

(3) 编程思路 2。

上面的程序可以求出所有的 5 位花朵数,并且套用这种思路也可以求 7 位的花朵数,但从执行结果可以看出,求 7 位花朵数用时 2281ms,比求 5 位花朵数的 15ms 多得多。如果这样来求 21 位的花朵数,其时间复杂度更是难以接收。因此,换一种思路进行巧变,来解决问题。

思路 1 是对所有的 90000 个 5 位数(10000~99999)进行穷举,看每个数的各位数字的 5 次方之和是否等于这个数字。实际上,可以穷举 0~9 这 10 个数字出现的次数(每个数字都可能出现 0~5 次),当所有数字出现次数之和等于 5 时,说明这时数字的组合有可能为 5 位花朵数,进而求出每个数字的 5 次方分别乘以其出现的次数的和值 sum,再判断 sum 内各个数字出现的次数是否与穷举各个数字时每个数字出现的次数分别相同,若相同,则 sum 就是一个 5 位花朵数。

例如,当穷举到数字 2 出现了 2 次、7 出现 2 次、9 出现 1 次时,由于 2+2+1=5,此时计算 $sum = 2^5 \times 2 + 7^5 \times 2 + 9^5 \times 1 = 64 + 33614 + 59049 = 92727$,检查得到的和 sum 的各个位,若恰好出现 2 个 2、2 个 7 和一个 9,说明这种数字组合使得其和为 5 位花朵数。

按思路 1 穷举需处理 90000 种情况,而按思路 2 穷举,只需处理 2002 种情况。这是因为思路 2 是对数字出现的次数进行穷举。共有 7 种情形:

① 5 位数中每个数字只出现一次(即 1+1+1+1+1),有 $C_{10}^5 = 252$ 种情况。

② 5 位数中一个数字出现 2 次、另 3 个数字各出现 1 次(即 1+1+1+2),有 $C_{10}^1 \times C_9^3 = 840$ 种情况。

③ 1+2+2 有 $C_{10}^1 \times C_9^2 = 360$ 种情况。

④ 1+1+3 有 $C_{10}^2 \times C_8^1 = 360$ 种情况。

⑤ 1+4(即一个数字出现 1 次,另一个数字出现 4 次)有 $C_{10}^1 \times C_9^1 = 90$ 种情况。

⑥ 2+3(即一个数字出现 2 次,另一个数字出现 3 次)有 $C_{10}^1 \times C_9^1 = 90$ 种情况。

⑦ 一个数字出现 5 次有 10 种情况。

252+840+360+360+90+90+10=2002。

另外,由于 9 的 5 次方等于 59049,因此 9 最多只能在 5 位数中出现一次,否则和值会超过 5 位数,因此可以对和值可能超过 5 位数的情况进行剪枝;当小数字用得太多,还可能导致和值的位数达不到。例如,4 的 5 次方为 1024,5 个 4 的 5 次方的和值才 5120,因此若 5 位数全部由 5 以下的数字组成,5 次方之和不可能达到 5 位数,可以直接进行下次穷举,增加大数字的个数。实验验证,经过两次剪枝后,处理的情况为 1329 种,又会大大减少。

为列举 5 位数中每个数字的出现次数,采用回溯法。利用深度优先搜索的思想,求出 5 位数中 0~9 每个数字出现的次数,并存储在 take 数组中。

(4) 源程序 2 及运行结果。

```cpp
#include <iostream>
#include <ctime>
using namespace std;
#define DIGIT 5
#define MAX power(10,DIGIT)
#define MIN power(10,DIGIT-1)
int take[10] = {0};
bool Judge(int sum)
{
    int a[10] = {0};
    int i;
    while (sum)
    {
        a[sum % 10]++;
        sum /= 10;
    }
    for(i = 0; i < 10 && a[i] == take[i];i++);
    return i == 10;
}
int power(int num, int n)
{
    int p = 1,i;
    for (i = 1;i <= n;i++)
        p = p * num;
    return p;
}
void DFS(int index, int Sum, int leave)
{
    int i,tmp,tmp1;
    if(index == 10)                    //0~9 各数字使用个数列举完成
    {
        if(leave > 0)   return;        //位数不足,直接返回
        if(Judge(Sum))
```

```
            {
                cout << Sum <<"   ";
            }
            return ;
        }
        for(i = 0;i < = leave;i++)
        {
            take[index] = i;
            tmp = Sum + i * power(index,DIGIT);
            if (tmp > = MAX)   break;              //剪枝1,和值已超过位数
            tmp1 = tmp + (leave - i) * power(9,DIGIT);
            if(tmp1 < MIN)   continue;              //剪枝2,小数字用得太多,和值不可能达到位数
            DFS(index + 1,tmp,leave - i);
        }
    }
    int main()
    {
        int start = clock();
        int sum = 0;
        DFS(0,sum,DIGIT);
        cout << endl <<"Running Time :"<< clock() - start <<" ms."<< endl;
        return 0;
    }
```

编译并执行以上程序,可得到如下所示的结果。

```
54748 92727 93084
Running Time :0 ms.
Press any key to continue
```

只将源程序 2 中的"＃define DIGIT 5"改写为"＃define DIGIT 7",重新编译并执行以上程序,可得到如下所示的结果。

```
9926315 1741725 4210818 9800817
Running Time :15 ms.
Press any key to continue
```

从这个执行结果看出,思路 2 的程序比思路 1 效率好很多。

【实例 7-27】 21 位花朵数。

编写一个程序,输出所有的 21 位花朵数。

(1) 编程思路。

按照求 5 位花朵数的思路 2,可以求 21 位花朵数。由于 21 位整数超出了 long 整型数的范围,因此采用大整数来处理。定义结构体 BigNum 如下:

```
struct BigNum
{
```

```
        int dig[4];
        int len;
    };
```

其中,数组元素 dig[0]~dig[3]分别保存大整数从低位到高位的数字,为节省空间,每个数组元素保存大整数中的 8 位数字。即存储大整数时,从低位到高位每 8 位一组,每组保存到一个数组元素中。Len 表示每 8 位一组的组数,意即大整数的位数(不过以 8 位为一个单位)。

在大整数的基础上,编写如下 6 个函数,来进行大整数的处理。

```
void Init(BigNum &a);                    //大整数 a 初始化为 0
void PrintBigNum(BigNum a);              //输出大整数 a
BigNum CarryUp(BigNum a);                //大整数 a 的处理进位
BigNum Multi(BigNum a, int n);           //大整数 a 和整数 n 相乘
int Cmp(BigNum a, BigNum b);             //大整数 a 和 b 比较大小
BigNum Add(BigNum a, BigNum b);          //大整数 a 和 b 相加
```

另外,由于求一个数字的 21 次方也较耗时。为了减少程序运行时间,可以先把 0~9 的 21 次方及其不同的出现次数的值先算出来,存储到指定的数组中。

定义数组"BigNum　pow[10];",其中 pow[i](0≤i≤9)存储数字 i 的 21 次方。

定义数组"BigNum sp[10][22];",其中 sp[i][j] 存储数字 i 的 21 次方乘以 j(出现次数)得到的值,即 $sp[i][j] = j \times i^{21}$。

这样,程序中需要用到这些值时,可直接引用相应数组元素的值,从而最多只需计算 10 个大数连加(想想为什么?),无须计算求幂和乘法,大大节约时间。

(2) 源程序及运行结果。

```
#include <iostream>
#include <ctime>
using namespace std;
const int BIT = 100000000;              //每 8 位一组
struct BigNum
{
    int dig[4];
    int len;
};
BigNum pow[10],MAX,MIN;
BigNum sp[10][22];
int take[10] = {0};
int LEN = 21;
void Init(BigNum &a)
{
    a.len = 1;
    for (int i = 0;i < 4;i++)
        a.dig[i] = 0;
}
void PrintBigNum(BigNum a)
{
    int i;
```

```
        cout << a.dig[a.len - 1];
        for(i = a.len - 2; i >= 0; i-- )
        {
            cout.fill('0');                         //定义填充字符'0'
            cout.width(8);   cout << a.dig[i];
        }
        cout << endl;
}
BigNum CarryUp(BigNum a)                            //处理进位
{
        int i;
        for(i = 0; i < a.len; i++)
        {
            a.dig[i + 1] += a.dig[i]/BIT;
            a.dig[i] % = BIT;
        }
        return a;
}
BigNum Multi(BigNum a, int n)
{
        BigNum c;
        int i;
        Init(c);
        c.len = a.len + 1;
        for(i = 0; i < a.len; i++)
        {
            c.dig[i] = (a.dig[i]) * n;
        }
        c = CarryUp(c);
        if(c.len > 0 && c.dig[c.len - 1] == 0)c.len-- ;
        return c;
}
int Cmp(BigNum a, BigNum b)
{
        if(a.len > b.len)    return 1;
        if(a.len < b.len)    return - 1;
        int i;
        for(i = a.len - 1;i >= 0 && a.dig[i] == b.dig[i];i-- );
        if(i == - 1)    return 0;
        return a.dig[i] - b.dig[i];
}
BigNum Add(BigNum a, BigNum b)
{
        int i;
        if(b.len > a.len) a.len = b.len;
        for(i = 0; i < a.len; i++)
        {
            a.dig[i] += b.dig[i];
        }
        a = CarryUp(a);
        if(a.dig[a.len]) a.len++;
```

```
        return a;
}
bool Judge(BigNum sum)
{
    int aa[10] = {0};
    int i,j;
    for(i = 1;i < = 8;i++)                    //求 sum 中 0~9 各个数字出现的次数,保存到数组 aa 中
        for (j = 0;j < 3; j++)
        {
            aa[sum.dig[j] % 10]++;
            sum.dig[j]/ = 10;
        }
    aa[0] = aa[0] - 3;
    for(i = 0; i < 10 && aa[i] == take[i];i++);
    return i == 10;
}
void DFS(int deep,BigNum Sum,int leave)
{
    BigNum check;
    BigNum cc;
    int i;
    if(deep == 10)
    {
        if(leave > 0)return;
        if(Judge(Sum))
        {
            PrintBigNum(Sum);
        }
        return ;
    }
    for(i = 0;i < = leave;i++)
    {
        take[deep] = i;
        check = Add(Sum,sp[deep][i]);
        if(Cmp(check,MAX)> = 0)   break;   //剪枝 1
        cc = Add(check,sp[9][leave - i]);
        if(Cmp(cc,MIN)< 0)   continue;        //剪枝 2
        DFS(deep + 1,check,leave - i);
    }
}
int main()
{
    int start = clock();
    int i, j;
    BigNum sum;
    Init(pow[0]);
    for(i = 1;i < 10;i++)
    {
        Init(pow[i]);   pow[i].dig[0] = 1;
        for (j = 1;j < = 21;j++)
            pow[i] = Multi(pow[i],i);
```

```
        }
        for(i = 0;i < 10;i++)
            Init(sp[i][0]);
        for(j = 0;j < 10;j++)
            for(i = 1;i < 22;i++)
            {
                sp[j][i] = Add(sp[j][i - 1],pow[j]);
            }
        Init(sum);
        MAX.dig[2] = 100000;MAX.len = 3;
        MIN.dig[2] = 10000;   MIN.len = 3;
        DFS(0,sum,LEN);
        cout << endl <<"Running Time :"<< clock() - start <<" ms."<< endl;
        return 0;
}
```

编译并执行以上程序,可得到如下所示的结果。

```
128468643043731391252
4491773991460038697307

Running Time :32046 ms.
Press any key to continue
```

7.5 Online Judge

随着各类程序设计竞赛的推广,各种程序在线评判网站也应运而生,为程序设计的学习提供了一种新的实践方法——在线程序实践。

Online Judge 系统(简称 OJ)是一个在线的判题系统。用户可以在线提交给定问题的多种程序(如 C、C++、Pascal、Java)源代码,系统对源代码进行编译和执行,并通过预先设计的测试数据来检验程序源代码的正确性。

一个用户提交的程序在 Online Judge 系统下执行时将受到比较严格的限制,包括运行时间限制、内存使用限制和安全限制等。用户程序执行的结果将被 Online Judge 系统捕捉并保存,然后再转交给一个裁判程序。该裁判程序或者比较用户程序的输出数据和标准输出样例的差别,或者检验用户程序的输出数据是否满足一定的逻辑条件。最后系统返回给用户一个状态:通过(Accepted)、答案错误(Wrong Answer)、超时(Time Limit Exceed)、超过输出限制(Output Limit Exceed)、超内存(Memory Limit Exceed)、运行时错误(Runtime Error)、格式错误(Presentation Error)、无法编译(Compile Error),并返回程序使用的内存、运行时间等信息。在线测评系统的评判情况如表 7-3 所示。

Online Judge 系统最初使用于 ACM-ICPC 国际大学生程序设计竞赛和 OI 信息学奥林匹克竞赛中的自动判题和排名。现广泛应用于世界各地高校学生程序设计的训练、参赛队员的训练和选拔、各种程序设计竞赛以及数据结构和算法的学习和作业的自动提交判断中。

表 7-3　测评系统的评判结果

评　　判	缩　　写	说　　明
Accepted	AC	程序通过了所有的测试点,被判为正确
Presentation Error	PE	程序的输出结果是正确的,但是格式不符
Time Limit Exceeded	TLE	程序运行超过了限定的时间,可能是超过总时间限定,也可能是超过单个测试点时间限制
Memory Limit Exceeded	MLE	程序运行超过了所需的内存限制
Wrong Answer	WA	程序的输出结果不对
Runtime Error	RE	程序在运行时产生了无法处理的异常
Output Limit Exceeded	OLE	程序产生了多余的输出
Compile Error	CE	程序无法通过编译
System Error		在线测评平台无法运行该程序
Validator Error		检验程序在校验输出结果时出现异常

国内较好的在线测评系统有:

- 北京大学的 PKU JudgeOnline(http://poj.org/);
- 浙江大学 ACM 在线测试(http://acm.zju.edu.cn/onlinejudge/);
- 杭州电子科技大学的 HDU Online Judge System (http://acm.hdu.edu.cn/)。

7.5.1　PKU JudgeOnline

北京大学的 PKU JudgeOnline 在线测评系统是亚洲规模最大、品质最高的在线测评系统。在 IE 浏览器的地址栏输入 http://poj.org/,打开 PKU JudgeOnline 网站,出现如图 7-5 所示的主页。

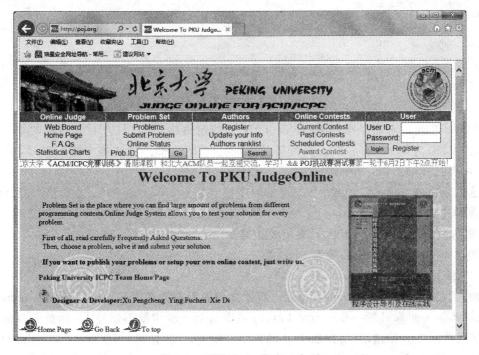

图 7-5　PKU JudgeOnline 主页

在 PKU JudgeOnline 网站中,提供了 4 千多道题目。用户可以在该网站中注册一个用户 ID,然后选择某个问题进行求解。用户可以将编写的程序通过网页提交给在线测评系统,每一次提交后,测评系统都会将评判结果显示在网页上。

用户可以根据测评系统反馈回来的评判结果修改程序,直到最终收获 Accepted。这个过程不仅能培养用户独立分析问题、解决问题的能力,而且每成功解决一个问题都能给用户带来极大的成就感。

在 PKU JudgeOnline 主页单击超链接 Problems,可打开如图 7-6 所示的页面。在页面中用列表的形式显示了系统中提供的各个问题,例如,页面中显示的"1000、A+B Problem、54%(160083/292947)、2013-6-11",表示 ID 号为 1000 的题目 A+B Problem 截止到 2013 年 6 月 11 日,有 292947 人次提交了程序,其中有 160083 次通过。

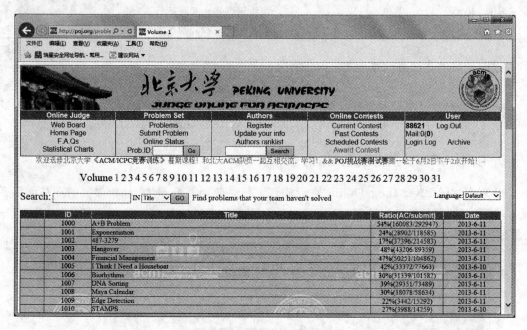

图 7-6　Problems 列表

在列表中可以选定某个问题,单击 Title 下的超链接,可以打开对应问题的页面。例如,单击 ID 号为 2590 的问题 Steps 超链接,或者在"Prob ID:"文本框中输入 2590,单击 Go 按钮,可以打开如图 7-7 所示的页面。

这道题目的意思是:给出在数轴上的两个整点 x、y($0 <= x, y < 2^{31}$),问从 x 移动到 y 至少需要几步?移动时要求:

① 每一步可以比上一步长 1、短 1 或相等。

② 步骤①和最后一步必须是 1。

(1)编程思路。

输入数轴上的两个点 from 和 to 后,需要移动的距离就确定了 distance=to−from。由于移动时,第一步和最后一步必须是 1,且每一步与上一步相差不超过 1。因此最快的移动方式应该为从 1 开始递增(每次加 1)移动到中点附近,然后递减(每次减 1)移动到终点。由于递增和递减的两个过程可以基本看成是对称的,因此设置一个变量 cnt 来记录每次移动

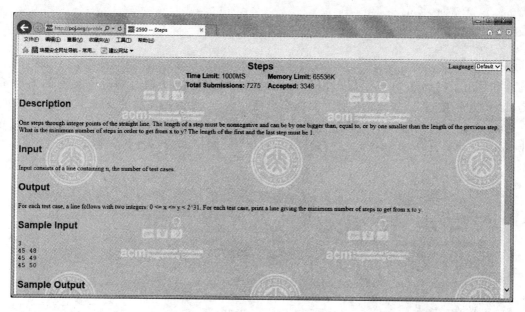

图 7-7　题目 Steps 的描述信息

的步数,初始值为 0。移动时,从总距离 distance 上减去递增过程中的 cnt 和递减过程中的
cnt,直到 distance 不再大于 0。

例如,从 10 移动到 19,需要移动的情况为 distance＝19－10＝9。

9－1(第 1 步)＝8,8－1(最后一步)＝7,7 ＞ 0

7－2(第 2 步)＝5,5－2(倒数第 2 步)＝3,3 ＞ 0

3－3(第 3 步)＝0 结束。

(2) 源程序。

```cpp
#include < iostream >
using namespace std;
int main()
{
    int n, from, to, distance, cnt, ans;
    cin >> n;
    while(n -- )
    {
        cin >> from >> to;
        distance = to - from;
        cnt = ans = 0;;
        while(distance > 0)
        {
            distance -= ++cnt;
            ++ans;
            if(distance > 0)
            {
                distance -= cnt;
                ++ans;
            }
        }
```

```
            cout << ans << endl;
        }
        return 0;
    }
```

在写出了该问题的程序后，可以将其提交给测评系统评判。单击主页中的 Submit Problem 超链接，打开如图 7-8 所示的提交页面。在 Problem ID 后的文本框中输入 2590，在 Language 下拉列表框中选择语言为 C++，在 Source 多行文本框中输入所编写的程序，单击 Submit 按钮，即可将程序提交给测评系统。之后，测评系统会打开一个页面显示评判后的结果。

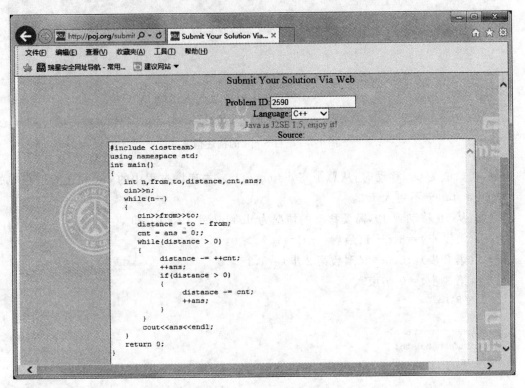

图 7-8　程序提交页面

7.5.2　PKU JudgeOnline 典型题目解析

在使用计算机求解的问题中，有许多问题是无法用数学公式进行计算推导且找出答案的。这样的问题往往需要程序员根据问题所给定的一些条件，在问题的所有可能解中用某种方式找出问题的解来，这就是所谓的搜索法或搜索技术。

通常用搜索技术解决的问题可以分成两类：一类问题是给定初始结点，要求找出符合约束条件的目标结点；另一类问题是给出初始结点和目标结点，找出一条从初始结点到达目标结点的路径。

常见的搜索算法有穷举法、深度优先搜索法、广度优先搜索法、双向广度优先搜索法，A＊算法、回溯法、分支定界法等。在本书第 2 章介绍了穷举法，第 6 章介绍了回溯法。本节用 PKU JudgeOnline 上的几个典型题目来讨论一下深度优先搜索法和广度优先搜索法。

【**实例 7-28**】　POJ 1011 木棒问题。

- Description

George took sticks of the same length and cut them randomly until all parts became at most 50 units long. Now he wants to return sticks to the original state，but he forgot how many sticks he had originally and how long they were originally. Please help him and design a program which computes the smallest possible original length of those sticks. All lengths expressed in units are integers greater than zero.

- Input

The input contains blocks of 2 lines. The first line contains the number of sticks parts after cutting，there are at most 64 sticks. The second line contains the lengths of those parts separated by the space. The last line of the file contains zero.

- Output

The output should contains the smallest possible length of original sticks，one per line.

- Sample Input

```
9
5 2 1 5 2 1 5 2 1
4
1 2 3 4
0
```

- Sample Output

```
6
5
```

(1) 深度优先搜索算法。

采用搜索算法解决问题时，需要构造一个表明状态特征和不同状态之间关系的数据结构，这种数据结构称为结点。不同的问题需要用不同的数据结构描述。

根据搜索问题所给定的条件，从一个结点出发，可以生成一个或多个新的结点，这个过程通常称为扩展。结点之间的关系一般可以表示成一棵树，被称为解答树。搜索算法的搜索过程实际上就是根据初始条件和扩展规则构造一棵解答树并寻找符合目标状态的结点的过程。

深度优先搜索(Depth First Search，DFS)是从初始结点开始扩展，扩展顺序总是先扩展最新产生的结点。这就使得搜索沿着状态空间某条单一的路径进行下去，直到最后的结点不能产生新结点或者找到目标结点为止。当搜索到不能产生新的结点的时候，就沿着结点产生顺序的反方向寻找可以产生新结点的结点，并扩展它，形成另一条搜索路径。

为了便于进行搜索，要设置一个表存储所有的结点。由于在深度优先搜索算法中，要满足先生成的结点后扩展的原则，所以存储结点的表一般采用栈这种数据结构。

深度优先搜索算法的搜索步骤一般是：

① 从初始结点开始，将待扩展结点依次放到栈中。

② 如果栈空，即所有待扩展结点已全部扩展完毕，则问题无解，退出。

③ 取栈中最新加入的结点，即栈顶结点出栈，并用相应的扩展原则扩展出所有的子结

点,并按顺序将这些结点放入栈中。若没有子结点产生,则转步骤②。

④ 如果某个子结点为目标结点,则找到问题的解(这不一定是最优解),结束。如果要求得问题的最优解,或所有解,则转步骤②,继续搜索新的目标结点。

深度优先搜索算法的框架一般为:

```
void  DFS()
{
    栈 S 初始化;
    初始结点入栈;
    置搜索成功标志 flag = false;
    while (栈不为空 && !flag)
    {
        栈顶元素出栈,赋给 current;
        while  (current 还可以扩展)
        {
            由结点 current 扩展出新结点 new;
            if  (new 重复于已有的结点状态) continue;
            new 结点入栈;
            if  (new 结点是目标状态)
            {
                置 flag = true;    break;
            }
        }
        if  (flag) 输出结果;
        else    输出无解信息;
    }
}
```

由于深度优先搜索是一个递归的过程,因此通常也使用递归函数来实现。一般框架为:

```
void  DFS(结点类型 current)              //从结点 current 出发递归地深度优先搜索
{
    置 visited[current] = true;          //表示结点 current 已被处理
    if  (current 结点是目标状态)
    {
        置搜索成功标志 flag = false;
        return ;
    }
    while  (current 还可以扩展)
    {
        由 current 结点扩展出新结点 new;
        if (! visited[new]) DFS(new);     //对未处理的结点 new 递归调用 DFS
    }
    置 visited[current] = flase;          //表示结点 current 以后可能被处理
}
```

深度优先搜索中扩展结点的原则是先产生的后扩展。因此,深度优先搜索第一个找到的解,并不一定是问题的最优解,要搜索完整个状态空间,才能确定哪个解是最优解。

(2)编程思路。

定义数组"int * stick＝new int[n];"用来保存所输入的 n 根木棒的长度,数组"bool *

visit=new bool[n];"用来记录对应的 n 根木棒是否被用过,初始时值全为 false。

由于木棒越长,拼接灵活度越低,因此搜索前先对所有的棒子按降序排序,即将 stick 数组的元素按从大到小排序。

编写一个递归的搜索函数 bool dfs(int * stick,bool * visit,int len,int InitLen,int s, int num)。其中,参数 len 表示当前正在组合的棒长;InitLen 表示所求的目标棒长; s(stick[s])表示搜索的起点;num 代表已用的棒子数量。如果按 InitLen 长度拼接,可以将 n 根木棒全用掉,则函数返回 true,搜索成功;否则函数返回 false,表示 InitLen 不可能是所求的最短原始棒长。

令 InitLen 为所求的最短原始棒长,maxlen 为给定的棒子堆中最长的棒子"(maxlen= stick[0]);",sumlen 为这堆棒子的长度之和,那么所要搜索的原始棒长 InitLen 必定在范围 [maxlen,sumlen]中。

实际上,如果能在[maxlen,sumlen−InitLen]范围内找到最短的 InitLen,该 InitLen 必也是[maxlen,sumlen]范围内的最短;若不能在[maxlen,sumlen−InitLen]范围内找到最短的 InitLen,则必有 InitLen=sumlen。因此,可以只在[maxlen,sumlen−InitLen]范围内搜索原始棒长。即搜索的循环为 for(int InitLen=maxlen;InitLen<= sumlen−InitLen; InitLen++)。

在搜索时,为提高效率,还可以进行剪枝。具体是:

① 由于所有原始棒子等长,那么必有 sumlen%Initlen==0,因此,若 sumlen%Initlen!=0, 则无需对 Initlen 值进行搜索判断。

② 由于所有棒子已降序排列,在 DFS 搜索时,若某根棒子不合适,则跳过其后面所有与它等长的棒子。

③ 对于某个目标 InitLen,在每次构建新的长度为 InitLen 的原始棒时,检查新棒的第一根棒子 stick[i],若在搜索完所有 stick[]后都无法组合,则说明 stick[i]无法在当前组合方式下组合,不用往下搜索(往下搜索只会令 stick[i]被舍弃),直接返回上一层。

(3) 源程序。

```cpp
#include<iostream>
#include<algorithm>
using namespace std;
int n;   //木棒数量
int cmp(const void * a,const void * b)
{
    return * (int * )b− * (int * )a;
}
bool dfs(int * stick,bool * visit,int len,int InitLen,int s,int num);
int main()
{
    while(cin>>n && n)
    {
        int * stick = new int[n];
        bool * visit = new bool[n];
        int sumlen = 0,i;
        bool flag;
```

```
            for(i = 0;i < n;i++)
            {
                cin >> stick[i];
                sumlen += stick[i];
                visit[i] = false;
            }
            qsort(stick,n,sizeof(stick),cmp);
            int maxlen = stick[0];
            flag = false;
            for(int InitLen = maxlen;InitLen <= sumlen - InitLen;InitLen++)
            {
                if(!(sumlen % InitLen))              //剪枝(1)
                    if (dfs(stick,visit,0,InitLen,0,0))
                    {
                        cout << InitLen << endl;
                        flag = true;
                        break;
                    }
            }
            if(!flag)
                cout << sumlen << endl;
            delete stick;
            delete visit;
        }
    return 0;
}
bool dfs(int * stick,bool * visit,int len,int InitLen,int s,int num)
{
    if(num == n)
        return true;
    int sample = - 1;
    for(int i = s;i < n;i++)
    {
        if(visit[i] ‖ stick[i] == sample)
            continue;                              //剪枝(2)
        visit[i] = true;
        if(len + stick[i]< InitLen)
        {
            if(dfs(stick,visit,len + stick[i],InitLen,i,num + 1))
                return true;
            else
                sample = stick[i];
        }
        else if(len + stick[i] == InitLen)
        {
            if(dfs(stick,visit,0,InitLen,0,num + 1))
                    return true;
            else
                sample = stick[i];
        }
```

```
            visit[i] = false;
            if(len == 0)                        //剪枝(3)
                break;
        }
        return false;
    }
```

将上面的源程序提交给 POJ 系统，系统显示的评测结果为"Accept，Memory 为 248K、Time 为 16MS"。

【实例 7-29】 POJ 1077 八数码难题。

• Description

The 15-puzzle has been around for over 100 years; even if you don't know it by that name, you've seen it. It is constructed with 15 sliding tiles, each with a number from 1 to 15 on it, and all packed into a 4 by 4 frame with one tile missing. Let's call the missing tile 'x'; the object of the puzzle is to arrange the tiles so that they are ordered as:

```
1       2       3       4
5       6       7       8
9       10      11      12
13      14      15      x
```

where the only legal operation is to exchange 'x' with one of the tiles with which it shares an edge. As an example, the following sequence of moves solves a slightly scrambled puzzle:

```
1  2  3  4      1  2  3  4      1  2  3  4      1  2  3  4
5  6  7  8      5  6  7  8      5  6  7  8      5  6  7  8
9  x  10 12     9  10 x  12     9  10 11 12     9  10 11 12
13 14 11 15     13 14 11 15     13 14 x  15     13 14 15 x
               r→              d→              r→
```

The letters in the previous row indicate which neighbor of the 'x' tile is swapped with the 'x' tile at each step; legal values are 'r','l','u' and 'd', for right, left, up, and down, respectively.

Not all puzzles can be solved; in 1870, a man named Sam Loyd was famous for distributing an unsolvable version of the puzzle, and frustrating many people. In fact, all you have to do to make a regular puzzle into an unsolvable one is to swap two tiles (not counting the missing 'x' tile, of course).

In this problem, you will write a program for solving the less well-known 8-puzzle, composed of tiles on a three by three arrangement.

• Input

You will receive a description of a configuration of the 8 puzzle. The description is just a list of the tiles in their initial positions, with the rows listed from top to bottom, and the tiles listed from left to right within a row, where the tiles are represented by numbers 1 to 8, plus 'x'. For example, this puzzle

```
1 2 3
x 4 6
7 5 8
```

is described by this list：

```
1 2 3 x 4 6 7 5 8
```

• Output

You will print to standard output either the word "unsolvable"，if the puzzle has no solution，or a string consisting entirely of the letters 'r'，'l'，'u' and 'd' that describes a series of moves that produce a solution. The string should include no spaces and start at the beginning of the line.

• Sample Input

```
2 3 4 1 5 x 7 6 8
```

• Sample Output

ullddrurdllurdruldr

（1）广度优先搜索算法。

广度优先搜索（Breadth First Search，BFS）也称为宽度优先搜索，它是一种先生成的结点先扩展的策略。

在广度优先搜索算法中，解答树上结点的扩展是按它们在树中的层次进行的。首先生成第一层结点，同时检查目标结点是否在所生成的结点中，如果不在，则将所有的第一层结点逐一扩展，得到第二层结点，并检查第二层结点是否包含目标结点……对层次为 n＋1 的任一结点进行扩展之前，必须先考虑层次完层次为 n 的结点的每种可能的状态。因此，对于同一层结点来说，求解问题的价值是相同的，可以按任意顺序来扩展它们。通常采用的原则是先生成的结点先扩展。

为了便于进行搜索，要设置一个表存储所有的结点。由于在广度优先搜索算法中，要满足先生成的结点先扩展的原则，所以存储结点的表一般采用队列这种数据结构。

广度优先搜索算法的搜索步骤一般如下：

① 从队列头取出一个结点，检查它按照扩展规则是否能够扩展，如果能则产生一个新结点。

② 检查新生成的结点，看它是否已在队列中存在，如果新结点已经在队列中出现过，就放弃这个结点，然后回到步骤①；否则，如果新结点未曾在队列中出现过，则将它加入到队列尾。

③ 检查新结点是否目标结点。如果新结点是目标结点，则搜索成功，程序结束；若新结点不是目标结点，则回到步骤①，再从队列头取出结点进行扩展。

最终可能产生两种结果：找到目标结点，或扩展完所有结点而没有找到目标结点。

如果目标结点存在于解答树的有限层上，广度优先搜索算法一定能保证找到一条通向它的最佳路径，因此广度优先搜索算法特别适用于只需求出最优解的问题。当问题需要给出解的路径，则要保存每个结点的来源，也就是它是从哪一个节点扩展来的。

对于广度优先搜索算法来说，问题不同则状态结点的结构和结点扩展规则是不同的，但搜索的策略是相同的。广度优先搜索算法的框架一般如下：

```
void  BFS()
{
    队列初始化;
    初始结点入队;
    while(队列非空)
    {
        队头元素出队,赋给current;
        while  (current 还可以扩展)
        {
            由结点current扩展出新结点new;
            if  (new 重复于已有的结点状态) continue;
            new结点入队;
            if  (new结点是目标状态)
            {
                置flag = true;    break;
            }
        }
    }
}
```

对于不同的问题,用广度优先搜索法的算法基本上都是一样的。表示问题状态的结点数据结构、新结点是否为目标结点和是否为重复结点的判断等方面则有所不同。对具体的问题需要进行具体分析,这些函数要根据具体问题进行编写。

(2) 编程思路1。

① 定义结点。

用数组来表示棋盘的布局,如果将棋盘上的格子从左上角到右下角按 0~8 编号,就可用一维数组 board[9]来顺序表示棋盘上棋子的数字,空格用 9 表示,数组元素的下标是格子编号。为方便处理,状态结点还包括该布局的空格位置 space,否则需要查找 9 在数组中的位置才能确定空格的位置。另外,为节约存储空间,将数组类型定义为 char(每个元素只占一个字节存储空间,还是可以存储整数 1~9)。因此在程序中,定义状态结点为结构数据类型:

```
struct node{
    char board[9];
    char space;                    //空格所在位置
};
```

② 状态空间。

由于棋盘有 9 个格子,每种布局可以看成是数字 1~9 的一个排列,因此全部的布局数应为 9!(362880)种。为了便于判断两种布局是否为同一种布局,可以编写一个函数 int hash(const char ∗ s)把数字 1~9 的排列映射为一个整数 num($0 <= num <= (9!-1)$)。例如,排列 123456789 映射为 0、213456789 映射为 1、132456789 映射为 2、231456789 映射为 3、…、987654312 映射为 362878、987654321 映射为 362879。

这样,每种状态就可以对应一个整数。反过来说,0~(9!-1)之间的任一整数,也可以唯一对应一种状态。因此,判断两个状态结点 cur 和 nst 是否为同一种状态,只需判断 hash(cur. board)和 hash(nst. board)是否相等即可,无需对两个格局数组的每个元素进行交互比较。

为保存状态空间,定义三个全局数据:

```
char visited[MAXN]; //visited[i]=1 表示状态 i 被访问过;为 0,表示未被访问
int parent[MAXN];   //parent[i]=k 表示状态结点 i 是由结点 k 扩展来的
char move[MAXN];    //move[i]=d 表示状态结点 i 是由结点 k 按照方式 d 扩展来的
```

③ 结点扩展规则。

棋子向空格移动实际上是空格向相反方向移动。设空格当前位置是 cur. space,则结点 cur 的扩展规则为:

- 空格向上移动,"cur. space＝cur. space－3;"空格向左移动,"cur. space＝cur. space－1;"空格向右移动,"cur. space＝cur. space＋1;"空格向下移动,cur. space＝cur. space＋3。

  设向上移动 k＝0、向左移动 k＝1、向右移动 k＝2、向下移动 k＝3,则上述规则可归纳为一条:空格移动后的位置为 cur. space＝cur. space－5＋2 * (k＋1)。为此,定义一个数组

  ```
  const char md[4] = {'u', 'l', 'r', 'd'};
  ```

  表示这 4 种移动方向。

- 空格的位置 cur. space ＜ 3,不能上移;空格的位置 cur. space ＞ 5,不能下移;空格的位置 cur. space 是 3 的倍数,不能左移;空格的位置 cur. space＋1 是 3 的倍数,不能右移。

④ 搜索策略。

将初始状态 start 放入队列中,求出 start 对应的 hash 值 k = hash(start. board),并置 parent[k] = −1、visited[k] = 1。

- 从队列头取一个结点,按照向上、向左、向右和向下的顺序,检查移动空格后是否可以产生新的状态 nst。

- 如果移动空格后有新状态产生,则检查新状态 nst 是否已在队列中出现过(visited [hash(nst. board)]== 1),是则放弃,返回 1)。

- 如果新状态 nst 未在队列中出现过,就将它加入队列,再检查新状态是否目标状态 (hash(nst. board)==0),如果是,则找到解,搜索结束;否则从队列头取一个结点进行扩展。

(3) 源程序 1。

```cpp
#include< iostream >
#include< queue >
using namespace std;
struct node{
    char board[9];
    char space;   //空格所在位置
};
const int MAXN = 362880;
int fact[] = { 1, 1,2,6,24,120,720,5040,40320};
//对应  0!,1!,2!,3!,4!,5!,6!,7!,8!
int hash(const char * s)
```

```
//把 1..9 的排列 * s 映射为数字 0..(9! - 1)
{
    int i, j, temp, num;
    num = 0;
    for (i = 0; i < 9 - 1; i++)
    {
        temp = 0;
        for (j = i + 1; j < 9; j++)
        {
            if (s[j] < s[i])
                temp++;
        }
        num += fact[s[i] - 1] * temp;
    }
    return num;
}
char visited[MAXN];
int parent[MAXN];
char move[MAXN];
const char md[4] = {'u', 'l', 'r', 'd'};

void BFS(const node & start)
{
    int k, i;
    node cur, nst;
    for(k = 0; k < MAXN; ++k)
        visited[k] = 0;
    k = hash(start.board);
    parent[k] = -1;
    visited[k] = 1;
    queue < node > que;
    que.push(start);
    while(!que.empty())
    {
        cur = que.front();
        que.pop();
        for(i = 0; i < 4; ++i)
        {
            if(!(i == 0 && cur.space < 3 || i == 1 && cur.space % 3 == 0 || i == 2 && cur.space % 3 ==
2 || i == 3 && cur.space > 5))
            {
                nst = cur;
                nst.space = cur.space - 5 + 2 * (i + 1);
                nst.board[cur.space] = nst.board[nst.space];
                nst.board[nst.space] = 9;
                k = hash(nst.board);
                if(visited[k] != 1)
                {
                    move[k] = i;
                    visited[k] = 1;
                    parent[k] = hash(cur.board);
```

```
                    if(k == 0)   //目标结点 hash 值为 0
                        return;
                    que.push(nst);
                }
            }
        }
    }
}
void print_path()
{
    int n, u;
    char path[1000];
    n = 1;
    path[0] = move[0];
    u = parent[0];
    while(parent[u] != -1)
    {
        path[n] = move[u];
        ++n;
        u = parent[u];
    }
    for(int i = n-1; i >= 0; --i)
    {
        cout << md[path[i]];
    }
    cout << endl;
}
int main()
{
    node start;
    char ch;
    int i;
    for(i = 0; i < 9; ++i)
    {
        cin >> ch;
        if(ch == 'x')
        {
            start.board[i] = 9;
            start.space = i;
        }
        else
            start.board[i] = ch - '0';
    }
    for (i = 0; start.board[i] == i + 1 && i < 9; ++i) ;
    if (i == 9) cout << endl;
    else
    {
        BFS(start);
        if(visited[0] == 1)
            print_path();
        else
```

```
            cout <<"unsolvable"<< endl;
        }
        return 0;
}
```

将上面的源程序提交给 POJ 系统。系统显示的评测结果是，Accept，Memory 为 3844K，Time 为 782MS。

（4）双向广度优先搜索算法。

双向广度优先搜索算法是对广度优先算法的一种扩展。广度优先算法从起始结点以广度优先的顺序不断扩展，直到遇到目的结点；而双向广度优先算法从两个方向以广度优先的顺序同时扩展，一个是从起始结点开始扩展；另一个是从目的结点扩展，直到一个扩展队列中出现另外一个队列中已经扩展的结点，也就相当于两个扩展方向出现了交点，那么可以认为找到了一条路径。

双向广度优先算法相对于广度优先算法来说，由于采用了从两个根结点开始扩展的方式，搜索树的深度得到了明显的减少，所以在算法的时间复杂度和空间复杂度上都有较大的优势。双向广度优先算法特别适合于给出了起始结点和目的结点，要求它们之间的最短路径的问题。

（5）编程思路 2。

状态空间的表示、结点的扩展规则与编程思路 1 中的方法基本相同。但结点稍作修改，定义为" struct state ｛ char a[N]；｝;"，不再定义空格的位置，并且程序中空格用 0 表示。对于某一当前状态 cur，执行一个循环 for (i = 0；cur.a[i] && i <＝ N；++i) 后，就可以确定空格位置 space＝i。

定义全局数组 state Q[MAXN＋1]来作为一个队列使用，全局数组 char vis[MAXN] 来表示状态结点是否被访问，其中 vis[i]＝0，表示状态 i 未被访问过；vis[i]＝1，表示状态 i 是正向扩展（从初始状态开始）来访问过的；vis[i]＝2，表示状态 i 是反向扩展（从目标状态开始）来访问过的。全局数组 foot p[MAXN]用来存储访问过的每种状态的访问足迹，其中，p[nt].k = ct 表示状态 nt 是由状态结点 ct 扩展来的，p[nt].d = i(i 为 0~3 之一)表示状态 nt 是由状态结点 ct 按方式 i 扩展来的。

用 front 和 rear 变量指示队列的队头和队尾。初始化时，初始状态 start 和目标状态 goal 均入队。

```
        Q[front = 1] = start;
        Q[rear = 2] = goal;
        vis[hash(start)] = 1;                    //1 代表正向
        vis[hash(goal)] = 2;                     //2 代表反向
```

采用双向广度优先算法搜索的算法描述为：

```
        while (front <= rear)                    //队列非空
        {
            从队列头取出一个结点, cur = Q[front++];
            检查它按照扩展规则是否能够扩展,如果能则产生一个新结点 nst
            if (!vis[nst])                       //新生成的结点是否已在扩展的队列中存在
            {
```

```
                        将它加入到队列尾,并做相应记录; 具体为 Q[++rear] = nst;
                        p[nt].k = ct;    p[nt].d = i;    vis[nt] = vis[ct];
                    }
                    else if (vis[ct] != vis[nt])          //正反两个方向是否扩展到同一个结点
                    {
                        输出路径信息;
                        返回;
                    }
                }
```

实际上,在给出的算法中,并没有定义两个队列,通过 vis 数组标识出扩展方向的。由于初始时,初始状态 start 和目标状态 goal 均入队。因此,先正向扩展结点,之后反向扩展结点。正向扩展与反向扩展交叉进行,找到两者在某状态相遇。

(6) 源程序 2。

```cpp
#include < iostream >
using namespace std;
#define N 9
#define MAXN 362880
struct foot  { int k; char d;};
struct state { char a[N]; };
const char md[4] = {'u', 'l', 'r', 'd'};
const int fact[9] = {1, 1, 2, 6, 24, 120, 720, 720 * 7, 720 * 56};
state Q[MAXN + 1];
char vis[MAXN];
foot p[MAXN];
int hash(state s)
//把状态 s 中的 0..8 的排列映射为数字 0..(9! - 1)
{
    int i, j, temp, num;
    num = 0;
    for (i = 0; i < 9 - 1; i++)
    {
        temp = 0;
        for (j = i + 1; j < 9; j++)
        {
            if (s.a[j] < s.a[i])
                temp++;
        }
        num += fact[8 - i] * temp;
    }
    return num;
}
void print_path(int x, char f)
{
    if (p[x].k == 0) return ;
    if (f)   cout << md[3 - p[x].d];
    print_path(p[x].k, f);
    if (!f) cout << md[p[x].d];
}
```

```cpp
void bfs(state start, state goal)
{
    char t;
    state cur, nst;
    int front, rear, i;
    int space, ct, nt;
    Q[front = 1] = start;
    Q[rear = 2] = goal;
    vis[hash(start)] = 1;                    //1 代表正向
    vis[hash(goal)] = 2;                     //2 代表反向
    while (front <= rear)
    {
        cur = Q[front++];
        ct = hash(cur);
        for (i = 0; cur.a[i] && i < N; ++i) ;
        space = i;
        for (i = 0; i < 4; ++i)
        {
            if(!(i == 0 && space < 3 || i == 1 && space % 3 == 0 || i == 2 && space % 3 == 2 || i ==
3 && space > 5))
            {
                nst = cur;
                nst.a[space] = cur.a[space - 5 + 2 * (i + 1)];
                nst.a[space - 5 + 2 * (i + 1)] = 0;
                nt = hash(nst);
                if (!vis[nt])
                {
                    Q[++rear] = nst;
                    p[nt].k = ct;
                    p[nt].d = i;
                    vis[nt] = vis[ct];
                }
                else if (vis[ct] != vis[nt])
                {
                    t = (vis[ct] == 1 ? 1:0);
                    print_path(t ? ct:nt, 0);
                    cout << md[t ? i:3 - i];
                    print_path(t ? nt:ct, 1);
                    cout << endl;
                    return ;
                }
            }
        }
    }
    cout <<"unsolvable"<< endl;
}
int main()
{
    char i, ch;
    state start, goal;
    for (i = 0; i < N; ++i)
```

```
    {
        cin >> ch;
        start.a[i] = (ch == 'x' ? 0:ch - '0');
    }
    goal.a[8] = 0;
    for (i = 0; i < N - 1; ++i)
        goal.a[i] = i + 1;
    for (i = 0; start.a[i] == goal.a[i] && i < N; ++i) ;
    if (i == N)
        cout << endl;
    else
        bfs(start, goal);
    return 0;
}
```

　　将上面的源程序提交给 POJ 系统。系统显示的评测结果是，Accept，Memory 为 3420K，Time 为 16MS。从系统返回的评测结果看，采用双向广度优先搜索算法，搜索效率大幅提高。

　　PKU JudgeOnline 作为一个优秀的开放式程序在线评测平台，值得程序设计爱好者好好利用。特别是计算机类专业的学生，可以充分利用自己的课余时间和上机实验课时间，随时上网做题，一旦提交答案，马上可以知道对错，从而极大地调动学习的积极性和主动性，大大提高实际的编程能力。

实例索引表

参 考 文 献

[1] 闵联营,何克右. C++程序设计. 北京:清华大学出版社,2010.

[2] 闵联营,何克右. C++程序设计习题集和实验指导. 北京:清华大学出版社,2010.

[3] 严蔚敏,吴伟民. 数据结构(C语言版). 北京:清华大学出版社,2008.

[4] 王晓东. 算法设计与分析. 第2版. 北京:清华大学出版社,2008.

[5] 戴艳. 零基础学算法. 第2版. 北京:机械工业出版社,2012.

[6] 何海涛. 剑指Offer:名企面试官精讲典型编程题. 北京:电子工业出版社,2012.

[7] 《编程之美》小组. 编程之美——微软技术面试心得. 北京:电子工业出版社,2008.

[8] 何昊,叶向阳,窦浩. 程序员面试笔试宝典. 北京:机械工业出版社,2012.